“十四五”普通高等院校计算机类专业系列教材

操 作 系 统

侯海霞　李雪梅　冯晓媛　李烨东　李晓茹　编著

中国铁道出版社有限公司
CHINA RAILWAY PUBLISHING HOUSE CO., LTD.

内 容 简 介

本书是“山西省高等教育教学改革创新项目——基于openEuler的信创教育背景下操作系统课程实例化教学内容研究”成果之一。全书内容分为两部分：第一部分为操作系统基本理论，以操作系统对计算机系统资源的管理为线索，讲述操作系统的基本概念、基本原理、设计方法和实现技术，包含操作系统概述、操作系统用户接口、处理器管理、存储管理、文件管理和设备管理六章；第二部分为操作系统实验，精选八个实验项目，从安装openEuler操作系统出发，开始练习openEuler基础命令的使用，在openEuler环境下创建进程、实现进程同步与通信，进行用户及权限管理、软件管理、文件管理，并介绍了shell脚本语言的基础知识。实验中涉及的具体操作给出了详细的操作步骤，涉及程序开发的给出了参考源代码，以方便教师和学生使用。

本书适合作为普通高等院校计算机专业及相关专业的“操作系统”课程教材，也可作为从事计算机科学、工程和应用等方面工作科技人员的参考用书。

图书在版编目（CIP）数据

操作系统/侯海霞等编著. —北京：中国铁道出版社有限公司，2024. 9

“十四五”普通高等院校计算机类专业系列教材

ISBN 978-7-113-31287-9

Ⅰ. ①操… Ⅱ. ①侯… Ⅲ. ①操作系统-高等学校-教材 Ⅳ. ①TP316

中国国家版本馆CIP数据核字(2024)第106331号

书　　名：**操作系统**
作　　者：侯海霞　李雪梅　冯晓媛　李烨东　李晓茹

策　　划：侯　伟　　编辑部电话：（010）63551006
责任编辑：王春霞　彭立辉
封面设计：郑春鹏
责任校对：安海燕
责任印制：樊启鹏

出版发行：中国铁道出版社有限公司（100054，北京市西城区右安门西街8号）
网　　址：https://www.tdpress.com/51eds/
印　　刷：河北宝昌佳彩印刷有限公司
版　　次：2024年9月第1版　2024年9月第1次印刷
开　　本：850 mm×1 168 mm 1/16　印张：20　字数：561千
书　　号：ISBN 978-7-113-31287-9
定　　价：59.80元

前言

在信息化浪潮席卷全球的今天，操作系统作为计算机系统的核心，其重要性不言而喻。党的二十大报告明确指出，要坚持教育优先发展、科技自立自强、人才引领驱动，加快建设教育强国、科技强国、人才强国。这一战略部署为我们指明了前进的方向，也为《操作系统》这本书的编写提供了重要的指导和遵循。

操作系统是计算机系统的灵魂，它负责管理和控制计算机的硬件和软件资源，为上层应用程序提供稳定、高效的运行环境。在信息化时代，操作系统更是国家信息安全的关键所在。因此，推动国产操作系统在教育领域的落地应用，培养具备操作系统理论知识和实践能力的专业人才，对于实现教育强国、科技强国、人才强国的战略目标具有重要意义。

本书是“山西省高等教育教学改革创新项目——基于openEuler的信创教育背景下操作系统课程实例化教学内容研究”成果之一，是山西省一流课程建设课程——“操作系统”的配套教材。

本书旨在传授操作系统对计算机系统管理的基本理论知识，使学生能够全面了解操作系统的组成、基本概念、常用算法和基本配置，并配套动画演示，帮助学生加深对操作系统基本理论的理解。

在能力培养方面，本书注重理实结合、实验促能。将国产操作系统openEuler作为实验基本环境，通过丰富的实验项目和案例分析，使学生能够运用操作系统理论进行创新应用，提升他们解决实际应用问题的能力。

本书内容分为两部分：第一部分为操作系统基本理论，共六章，第1章简要介绍操作系统的概念、发展历程、分类、主要特征和功能，以及操作系统结构；第2～6章以操作系统对计算机系统资源的管理为线索，对操作系统的用户接口、处理器管理、存储管理、文件管理和设备管理做了全面、深入、准确的讲解，每章最后都编有一个讲述计算机行业重要事件和关键人物的拓展阅读，以使学生更加深入地了解计算机行业的发展历程和现状；第二部分为操作系统实验，精选八个实验项目，从安装openEuler操作系统出发，开始练习openEuler基础命令的使用，在openEuler环境下创建进程、实现进程同步与通信，在openEuler环境下进行用户及权限管理、软件管理、文件管理，并介绍了shell脚本语言的基础知识。实验中涉及的具体操作给出了详细的操作步骤，涉及程序开发的给出了参考源代码，方便教师和学生使用。

本书基础理论部分讲授建议安排40～48学时，实验操作建议安排16～24学时，教师可根据自己的培养方案随机调整教学计划学时安排。

本书由侯海霞、李雪梅、冯晓媛、李烨东、李晓茹编著。其中，第1章、第4章由李雪梅编著，第2章、第6章、第10章、第11章由冯晓媛编著，第3章、第7～9章由侯海霞编著，第5章由李晓茹编著，第12～14章由李烨东编写。

本教材由太原学院教材专项基金资助。感谢太原学院领导和广大师生对本书的支持和关注。我们期待与您共同见证中国操作系统事业的蓬勃发展!

由于编者水平有限，加之时间仓促，书中难免有疏漏和不足之处，敬请读者批评指正。

编著者

2024年3月

目录

第一部分　操作系统基本理论

第二部分 操作系统实验

第一部分 操作系统基本理论

本部分以操作系统对计算机系统资源的管理为线索，讲述操作系统的基本概念、基本原理、设计方法和实现技术。操作系统基本理论共六章，第1章操作系统概述，第2章操作系统用户接口，第3章处理器管理，第4章存储管理，第5章文件管理，第6章设备管理。

第1章

操作系统概述

现代计算机系统由一个或多个处理器、内存、磁盘、打印机、键盘、鼠标、显示器、网络接口，以及各种其他输入/输出设备组成。一般而言，现代计算机系统是一个复杂的系统。管理所有部件并加以优化使用，是一件挑战性极强的工作。所以，计算机安装了一层软件，称为操作系统，其任务是为用户程序提供一个更好、更简单、更清晰的计算机模型，并管理所有设备。本章主要介绍操作系统的概念、发展历程、分类、特征、功能及结构。

知识导图

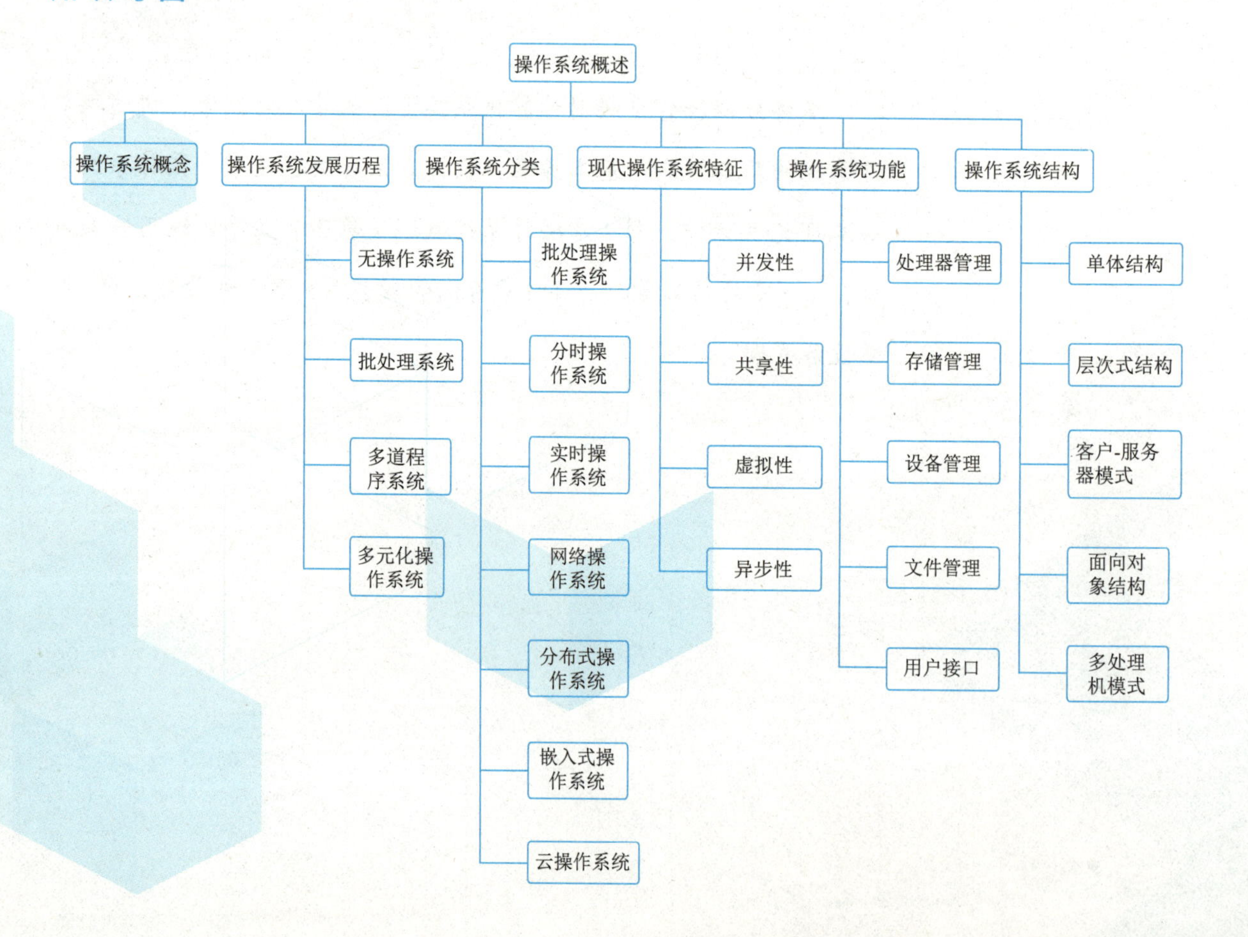

学习目标

• 了解：操作系统的发展历程、计算机硬件常识、算法描述、研究操作系统的几种观点、操作系统运行机理。

• 理解：操作系统的主要类型及特点。

• 掌握：操作系统的定义、操作系统的特性。

• 应用：操作系统的主要功能。

• 培养：通过操作系统发展历程的讲解，描述人类遇到问题并解决问题的过程。任何事物有其自身的发展规律，“用户的需求”驱动新一代操作系统的发展，对此应坚持用发展的观点看问题；同时，每种操作系统功能的侧重发展蕴含着用户需求和自身发展统一，引导学生学习工作中遇到问题，要分清主次矛盾；操作系统的发展是应用户需求不断发展的，对学生进行敬业精神引导，从事软件开发，实现用户需求是重点。厘清国产操作系统发展过程，重点介绍国产操作系统开发历程，激发学生的爱国主义精神、民族自豪感和自信心。

1.1 操作系统概念

计算机系统是一个复杂系统，由硬件系统和软件系统两部分组成。操作系统（operating system，OS）是配置在计算机硬件上的第一层软件。

1.1.1 操作系统与计算机系统

计算机系统的硬件主要由中央处理器（CPU）、存储器、输入/输出（I/O）设备组成。硬件是计算机系统运行的物质基础，物理设备按系统结构的要求构成一个有机整体，为软件运行提供载体和支撑。软件系统是计算机系统的灵魂，包括系统软件和应用软件，而操作系统是灵魂中的基石，它是对硬件系统的第一次扩充，是安装在计算机硬件系统之上的第一层软件。因此，计算机的硬件和软件是相互依存、相互配合的关系，二者缺一不可，构成了计算机系统。计算机的硬件和软件以及应用之间是一种层次结构的关系，如图1-1所示。

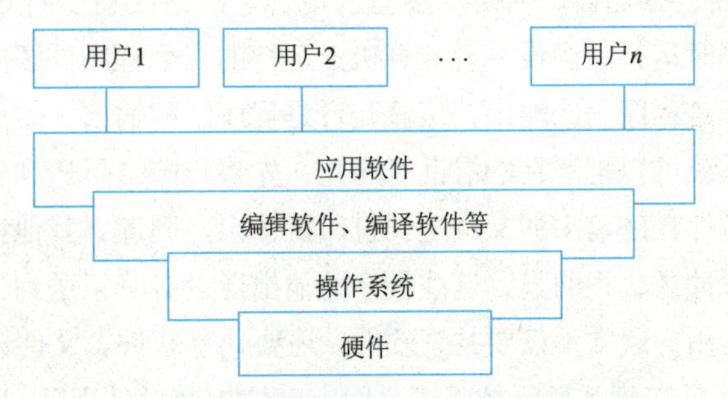

图1-1　操作系统与硬件和应用软件之间的关系

1.1.2 操作系统定义

操作系统的定义在不同的教材中描述有所不同，但核心思想基本一致。它是计算机硬件系统上配置的第一大型软件，同时满足如下要求：

1．管理各类资源

操作系统有效地管理系统中的所有软硬件资源，使其得到充分利用。

2．方便用户使用

操作系统通过提供用户与计算机之间的友好界面来方便用户使用。

3．扩充机器功能

操作系统具有很好的可扩充性，满足计算机硬件、体系结构及应用发展的要求。

4．构筑开放环境

操作系统遵循世界标准规范，特别是遵循开放系统互连（OSI）国际标准。凡遵循国际标准所开发的硬件和软件，均能彼此兼容，可方便地实现互连。

5．提高系统效率

操作系统合理地组织和控制计算机的工作流程，改进系统性能，提高计算机系统的资源利用率和系统吞吐量问题。

总之，计算机操作系统是在研究计算机系统的工作方式和使用方式基础上，提出对计算机系统进行管理、控制的原理和方法，让计算机能够更好地为人们的学习、工作和生活服务。

1.1.3 研究操作系统的几种观点

不同的人出发点不同，看待操作系统的角度也不同，不同的观点体现操作系统的不同侧面。

1．用户观点

对于一般用户来说，只需要计算机系统提供服务，并不需要了解计算机内部是如何工作的。用户希望计算机系统界面友好，使用户无须了解许多硬件和软件细节，就能方便使用计算机，用户还希望计算机提供的服务安全可靠、高效。这些任务都是由计算机操作系统来完成的。操作系统就是用户和计算机之间的接口。

2．系统管理人员的观点

从系统管理人员的观点来看，引入操作系统是为了合理组织计算机工作流程，管理和分配计算机系统硬件及软件资源。操作系统是计算机资源的管理者。

现代计算机包括处理器、存储器、时钟、磁盘、鼠标、网络接口、打印机以及许多其他设备。现代操作系统允许多道程序同时运行。假设一台计算机上运行的三个程序试图同时在同一台打印机上输出结果，那么开始的几行可能是程序一的输出，接着几行是程序二的输出，然后又是程序三的输出等，最终结果将是一团糟。操作系统可以把潜在的混乱有序化，先将打印结果送到磁盘的缓冲区，在一个程序结束后，操作系统可以将暂存在磁盘中的文件送到打印机输出。同理，其他程序也一样，可以继续产生更多的输出结果，并暂存缓冲区，很明显，这些程序的输出还没有真正送到打印机。最后，在操作系统的控制下有序输出。另外，用户通常不仅要共享硬件，还要共享软件（文件、数据库等）。

因此，操作系统的任务是在相互竞争的程序之间有序地控制对处理器、存储器以及其他输入/输出设备和软件资源的分配，是计算机资源的管理者。

3．发展的观点

引入操作系统可为计算机系统的功能扩展提供平台。使计算机系统在追加新的服务和功能时更加容易，并且不影响系统原有的服务和功能。

1.2 操作系统发展历程

操作系统与其所运行的计算机体系结构的联系非常密切。操作系统的发展是随着计算机硬件的发展而发展的。下面将分析连续几代的计算机，看一下它们的操作系统是什么样的。这种把操作系统分代映射到计算机的研究办法有些粗糙，但从某种程度上能让人们更好理解操作系统的发展历史。

本节按时间线索叙述操作系统的发展，且时间上是有重叠的，每个发展并不是等到先前一种发展完成后才开始。

1.2.1 无操作系统——第一代计算机

由于冯·诺依曼计算机的产生，软件开发也从此开始。但在第一代计算机时期，计算机存储容量小，运算速度慢（只有几千次/秒），输入/输出设备只有纸带输入机、卡片阅读机、打印机和控制台。在那个年代，同一个小组的人（通常是工程师）设计、建造、编程、操作并维护一台机器。所有的程序设计是用纯粹的机器语言编写的，没有程序设计语言（甚至汇编语言也没有），就从来没有听说过操作系统。这个时代的计算机主要用来做数字运算。计算机也只能通过人工操作工作。

1. 人工操作

用户使用计算机时，先把手编程序穿成纸带（或卡片），装上输入机，然后经过人工操作把程序和数据输入计算机，接着通过控制台开关开启启动程序运行。待计算完毕，用户拿走打印结果，并卸下纸带（或卡片）。在这个过程中需要人工装纸带、人工控制程序运行、人工卸纸带等一系列“人工干预”计算机的工作。这种人工操作方式有以下两方面的缺点：

（1）用户独占全机

此时，计算机及其全部资源只能由上机用户独占。

（2）CPU等待人工操作

当用户进行装带（卡）、卸带（卡）等人工操作时，CPU及内存资源是空闲的。

这种操作方式在计算机运行速度较慢的时代是允许的，20世纪50年代后期，计算机运行速度有了很大提高，人工操作的慢速和计算机运行的高速形成了鲜明的对比，使得计算机系统利用率降低。

2. 脱机输入/输出

为了减少人工干预，提高计算机系统的利用率，出现了脱机输入/输出技术。该技术是指事先将装有用户程序和数据的纸带（或卡片）装入纸带输入机（或卡片机），在一台外围机的控制下，把纸带（卡片）上的数据（程序）输入到磁带上，当CPU需要这些程序和数据时，再从磁带上高速调入内存运行。类似地，当CPU需要输出时，可由CPU直接高速地把数据从内存送到磁带上，然后在另一台外围机的控制下，将磁带上的结果通过相应的输出设备输出。

这里的外围机是一台相对便宜的计算机，它适用于读卡片、复制磁带和输出打印，但不适用于数值计算。完成真正计算的计算机比较昂贵。

由于程序和数据的输入/输出都是在外围机的控制下（脱离主机的情况下）完成，所以称为脱机输入/输出方式；反之，在主机的直接控制下进行输入/输出的方式称为联机输入/输出方式。脱机输入/输出示意图如图1-2所示。

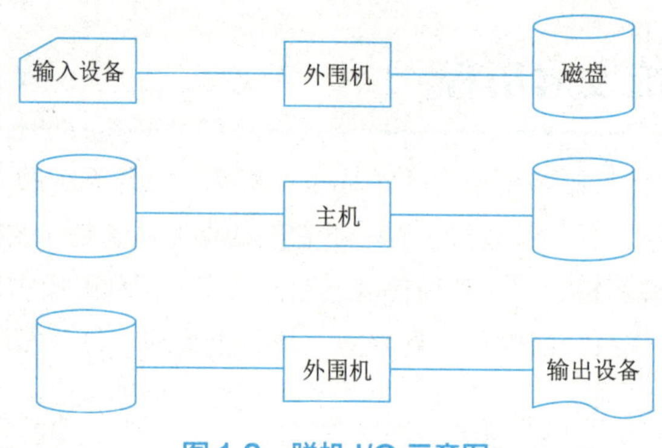

图 1-2 脱机 I/O 示意图

脱机批处理的主要优点如下：

（1）减少了CPU的空闲时间

装带（卡）、卸带（卡）以及数据从低速I/O设备送到高速磁带（或盘）上，都是在脱机情况下进行的，都不占用主机时间，从而有效减少了CPU的空闲等待时间，缓和了人机矛盾。

（2）提高I/O速度

当CPU在运行中需要数据时，是直接从高速的磁带或磁盘上将数据调入内存的，不再是从低速I/O设备上输入，从而大大缓和了CPU和I/O设备速度不匹配的矛盾。

脱机输入/输出技术仍存在许多缺陷，如外围机与主机之间的磁带装卸仍需要人工完成，操作员需要监督机器的状态信息。由于系统没有任何保护自身的措施，因此当目标程序执行一条引起停机的非法指令时，或程序进入死循环时，需要操作员干预。

1.2.2 批处理系统——第二代计算机

随着计算机硬件的发展，计算机进入第二代——批处理时代。计算机的运行速度有了很大提高，从每秒几千次、几万次发展到每秒几十万次、上百万次。这时，手工操作的慢速度和计算机运算的高速度之间出现了矛盾，即人-机矛盾。与此同时，随着CPU 速度的迅速提高，而I/O设备的速度提高缓慢，又使CPU 与I/O设备之间速度不匹配的矛盾日益突出。要解决这些矛盾，最有效的解决办法就是摆脱人的手工操作，实现作业自动过渡。这样就出现了批处理系统。

1. 单道批处理系统

把一批作业以脱机方式输入到磁带上，并在系统中配上监督程序（现代操作系统的前身），在它的控制下使这批作业能一个接一个地连续处理。首先，监督程序将磁带上的第一个作业装入内存，并把运行控制权交给作业。当该作业处理完成时，又把控制权交还给监督程序，再由监督程序把磁带（盘）上的第二个作业调入内存。计算机系统就这样自动地按作业进行处理，直至磁带（盘）上的所有作业全部完成，这样就形成了早期的批处理。由于系统对作业的处理都是成批进行的，且在内存中始终只保持一道作业，故称为单道批处理系统。

2. 多道批处理系统

在单道批处理系统中，内存中仅有一个作业，无法充分利用系统中的所有资源，致使系统的利用率较低。为了进一步提高计算机系统性能，在20世纪60年代中期引入了多道程序设计技术，由此形成了多道批处理系统。

多道批处理系统具有两个特点：

① 多道：系统内可同时容纳多个作业。这些作业放在外存中，组成一个后备队列，系统按一定的调度原则每次从后备作业队列中选取一个或多个作业进入内存运行，运行作业结束、退出运行和后备作业进入运行均由系统自动实现，从而在系统中形成一个自动转接的、连续的作业流。

② 成批：在系统运行过程中，不允许用户与其作业发生交互作用，即作业一旦进入系统，用户就不能直接干预其作业的运行。

- 批处理系统的追求目标：提高系统资源利用率和系统吞吐量，以及作业流程的自动化。
- 批处理系统的缺点：不提供人机交互能力，给用户使用计算机带来不便。

虽然用户独占全机资源，并且直接控制程序的运行，可以随时了解程序的运行情况，但这种工作方式因独占全机造成资源效率极低。

- 一种新的追求目标：既能保证计算机效率，又能方便用户使用计算机。20世纪60年代中期，计算机技术和软件技术的发展使这种追求成为可能。

1.2.3 多道程序系统——第三代计算机

电子集成电路的出现，催生了第三代计算机问世。计算机发展进入集成电路时期以后，在计算机中形成了相当规模的软件子系统，高级语言种类进一步增加，操作系统日趋完善。其中最重要的应该是多道程序设计。

中断和通道技术出现以后，输入/输出设备和中央处理器可以并行操作，初步解决了高速处理器和低速设备的矛盾，提高了计算机的工作效率。但不久发现，这种并行是有限度的，并不能完全消除中央处理器对外部传输的等待。若当前作业因等待磁带或其他I/O操作而暂停时，CPU就只能简单地踏步直至该I/O完成。对于CPU操作密集的科学计算问题，I/O操作较少，因此浪费的时间很少。然而，对于商业数据处理时，I/O操作等待的时间通常占80%～90%。这种现象出现的原因是输入/输出处理与本道程序相关，所以必须采取某种措施减少CPU的空闲时间。

解决方案就是采用多道程序设计技术。该方案将内存分为几部分，每一部分存放不同的作业，如图1-3所示。当一个作业等待I/O操作完成时，另一个作业可以使用CPU。如果内存中可以同时存放足够多的作业，则CPU利用率可以接近100%。在内存中同时驻留多个作业需要特殊的硬件来对其进行保护，以避免作业的信息被窃取或受到攻击。

图1-4描述了两道程序的工作过程。用户程序A首先在处理器上运行，当它需要输入新的程序而转入等待时，系统帮它启动输入工作，并让用户程序B开始计算，直到程序B请求打印输出时，再启动相应的外围设备进行工作。如果此时程序A的输入尚未结束，也无其他用户程序需要计算，则处理器处于空闲状态，直到程序A在输入结束后重新开始。如此进行，直到程序运行结束。

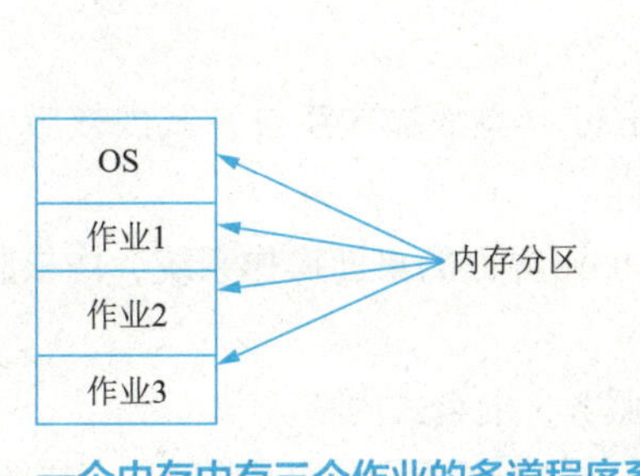

图1-3 一个内存中有三个作业的多道程序系统

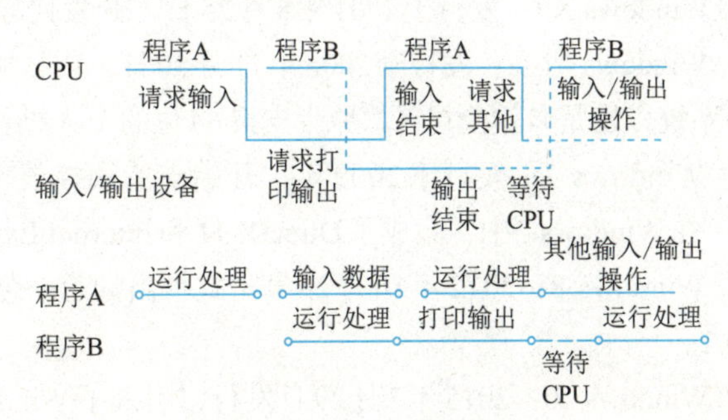

图1-4 两道程序工作过程

在单处理器系统中，多道程序运行的特点如下：

1. 多道

计算机内同时存放几道相互独立的程序。

2. 宏观上并行

同时进入系统的几道程序都处于运行过程中，即它们先后开始了各自的运行，但都未运行完毕。

3. 微观上串行

各道程序轮流使用CPU，交替执行。

多道程序系统的出现标志着操作系统日渐趋于成熟。

1.2.4 多元化操作系统——第四代计算机

随着大规模集成电路（LSI）的发展，在每平方厘米的芯片上可以集成数千个晶体管，进入了个人计算机时代。从体系结构上看，个人计算机（最早称为微型计算机）与PDP-11并无二致，但就价格而言却相去甚远。以往，公司的一个部门或大学里的一个院系才配备一台小型计算机，而微处理器却使每个人都能拥有自己的计算机。

1974年，第一代通用8位CPU（Intel 8080）出现。Kildall为8080写了一个基于磁盘的操作系统，称为CP/M（control program for microcomputer）。1977年再次重写，使其可以在使用8080、Zilog Z80以及其他CPU芯片的多种微型计算机上运行。

20世纪80年代早期，MS-DOS出现并主导了IBM PC市场。用于早期微型计算机的操作系统，都是通过键盘输入命令的。微软为了巩固其地位，陆续推出了名为Windows的一系列操作系统：一开始运行在MS-DOS上层（它更像shell而不像真正的操作系统）的基于GUI系统，到后续的如下版本。

① Windows 95：一个混合的16位/32位Windows系统，其内核版本号为NT4.0，发行于1995年8月24日。

② Windows 98：基于Windows 95编写，改良了硬件标准的支持，发行于1998年6月25日的混合16位/32位的Windows系统，其内核版本号为4.1，开发代号为Memphis。

③ Windows Me：在Windows 95和Windows 98的基础上开发，系统内核无大的改进，是一个16位/32位混合的Windows系统，于2000年9月14日发行。Windows Me是最后一个基于DOS的混合16位/32位Windows系统，其内核版本号为NT4.9。

④ Windows 2000：发行于1999年12月19日的32位图形商业性质的操作系统，内核版本号为NT5.0。

⑤ Windows XP：发行于2001年8月25日，开发代号为Windows Whistler，内核版本号为NT 5.1。

⑥ Windows Vista：发行于2006年11月30日，内核版本号为NT6.0，为Windows NT6.X内核的第一种操作系统，也是微软公司首款原生支持64位的个人操作系统。

⑦ Windows 7：发行于2009年，开始支持触控技术的Windows桌面操作系统，其内核版本号为NT6.1。在Windows 7中，集成了DirectX 11和Internet Explorer 8。

⑧ Windows 8：2012年10月25号正式推出的第一款带有Metro界面的桌面操作系统，内核版本号为NT6.2。

⑨ Windows 10：2015年7月29日发行，引入了Windows即服务，混合式内核。

⑩ Windows 11：2021年10月5日发行，与Windows 10一样，进行了重大的免费更新，但对硬件的

要求显著提高，整个系统和内置应用程序都有全新的视觉体验，且提升了外观和性能。

在微软个人计算机的发展过程中，出现了像UNIX和Linux这样的竞争者。

20世纪60年代中期，计算机的性能和可靠性有了很大提高，造价亦大幅度下降，导致计算机应用越来越广泛，逐步应用于工业控制、军事等领域。软件也进一步发展，出现了分时操作系统、实时操作系统。

进入20世纪80年代，随着大规模集成电路技术的飞跃发展以及微处理器的出现和发展，一方面迎来了个人计算机时代，同时又向计算机网络、分布式处理、巨型计算机和智能化方向发展，操作系统有了进一步的发展，形成了网络操作系统、分布式操作系统、嵌入式操作系统等多种操作系统。

1.3 操作系统分类

随着计算机技术和软件技术的长期发展，形成了多种类型的操作系统，以满足不同的应用需求。根据操作系统使用环境和处理方式的不同，操作系统可分为以下几种类型。

1.3.1　批处理操作系统

早在20世纪60年代就出现了多道批处理操作系统，但至今它仍是操作系统的基本类型之一，在大多数大、中、小型计算机中都配置了此系统。多道批处理系统的特点上文已讲过，其主要优缺点如下：

1. 资源利用率高

由于在内存中驻留了多道程序，它们共享资源，可保持资源处于忙碌状态，从而使各种资源得以充分利用。

2. 系统吞吐量大

系统吞吐量是指系统在单位时间内所完成的总工作量。能提高系统吞吐量的主要原因可归结为：第一，CPU和其他资源保持“忙碌”状态；第二，仅当作业完成时或运行不下去时才进行切换，系统开销小。

3. 平均周转时间长

作业的周转时间是指从作业进入系统开始，直至其完成并退出系统为止所经历的时间。在批处理系统中，由于作业要排队、依次进行处理，因此作业的周转时间较长。

4. 无交互能力

用户一旦把作业提交给系统后，直至作业完成，都不能与自己的作业进行交互，这对修改和调试程序极不方便。

值得一提的是，不要把多道程序系统（multiprogramming）和多重处理系统（multiprocessing）相混淆。

一般来讲，多重处理系统配置多个CPU，因而能真正同时执行多道程序。当然，要想有效地使用多重处理系统，必须采用多道程序设计技术；反之不然，多道程序设计原则上不一定要求有多重处理系统的支持。多重处理系统同单处理系统相比，虽增加了硬件设施，却换来了提高系统吞吐量、可靠性、计算能力和并行处理能力等优点。

1.3.2　分时操作系统

在多道系统中，若采用了分时技术，就是分时操作系统。

分时操作系统的工作方式：一台主机连接若干个终端，每个终端有一个用户在使用。用户交互式地向系统提出命令请求，系统接受每个用户的命令，采用时间片轮转方式处理服务请求，并通过交互方式在终端向用户显示结果。用户根据上步结果发出下道命令。分时操作系统将CPU的时间划分成若干个片段，称为时间片。操作系统以时间片为单位，轮流为每个终端用户服务。每个用户轮流使用一个时间片且并不感到有别的用户存在。

分时操作系统与批处理操作系统之间的主要差别在于，所有用户都是通过使用显示器和键盘组成的联机终端与计算机交互。现今流行的操作系统中Linux、Windows、OS/2以及UNIX都采用了分时技术，其中UNIX和Linux可连接多个终端。

分时操作系统的特点如下：

1. 多路性

众多联机用户可以同时使用一台计算机，所以也称同时性。从宏观上看，多个用户在同时工作，共享系统的资源；从微观上看，各终端程序是轮流地运行一个时间片。多路性提高了系统资源的整体利用率。

2. 交互性

用户在终端上能随时通过键盘与计算机进行“会话”，从而获得系统的各种服务，并控制作业程序的运行。

3. 独立性

每个用户在自己的终端彼此独立操作，互不干扰，感觉不到其他用户的存在，如同自己“独占”该系统。

4. 及时性

用户程序轮流执行一个 CPU 的时间片，由计算机的高速处理能力，能保证在较短和可容忍的时间内对用户请求进行响应和完成处理。

在某些计算机系统中配置的操作系统结合了批处理能力和交互作用的分时能力。它以前台/后台方式提供服务，前台以分时方式为多个联机终端服务，当终端作业运行完毕时，系统就可以运行批量方式的作业。

1.3.3 实时操作系统

所谓“实时”，是指能及时响应随机发生的外部事件，并对事件做出快速处理的能力。而“外部事件”，是指与计算机相连接的设备向计算机发出的各种服务请求。

实时操作系统是能对来自外部的请求和信号在限定的时间范围内做出及时响应的一种操作系统。同时对响应时间的要求比分时操作系统更高，一般要求响应时间为秒级、毫秒级甚至微秒级。

实时操作系统按其使用方式不同分为两类：实时控制系统和实时信息处理系统。

实时控制是指利用计算机对实时过程进行控制和提供环境监督。过程控制系统是把从传感器获得的输入数据进行分析处理后，激发一个活动信号，从而改变可控过程，以达到控制的目的。例如，对轧钢系统中炉温的控制，就是通过传感器把炉温传给计算机控制程序，控制程序通过分析后再发出相应的控制信号以便对炉温进行调整，以满足温度要求。

实时信息处理系统是指利用计算机对实时数据进行处理的系统。这类应用大多属于实现服务性工作，如自动购票系统、火车票系统、情报检索系统等。

实时操作系统主要是为联机实时任务服务的，其特点如下：

1. 高及时性

对外部事件信号的接收、分析处理，以及给出反馈信号进行控制，都必须在严格的时间限度内完成。

2. 高可靠性

无论是实时控制系统还是实时信息处理系统，都必须有高可靠性。因为任何差错都可能带来巨大的经济损失，甚至是无法预料的灾难性后果。因此，在实时系统中，往往采取了多级容错措施来保障系统的安全性及数据的安全性。

3. 交互会话功能较弱

实时操作系统没有分时系统那样强的交互会话功能，通常不允许用户通过实时终端设备去编写新的程序和修改已有的程序。实时终端设备通常只作为执行装置或询问装置，是为特殊的实时任务设计的专用设备。

批处理操作系统、分时操作系统和实时操作系统是操作系统的三种基本类型，在此基础上又发展了具有多种类型操作特征的操作系统，称为通用操作系统，它可以同时兼有批处理、分时、实时处理和多重处理的功能。

1.3.4 网络操作系统

计算机网络是通过通信设施将物理上分散的具有自治功能的多个计算机系统互联起来的，实现信息交换、资源共享、可互操作和协作处理的系统。

在网络范围内，用于管理网络通信和共享资源，协调各计算机上任务的运行，并向用户提供统一的、有效方便的网络接口的程序集合，称为网络操作系统。

网络操作系统的研制开发是在原来各自计算机操作系统的基础上进行的。按照网络体系结构的各个协议标准进行开发，包括网络管理、通信、资源共享、系统安全和多种网络应用服务等诸方面。

网络操作系统有如下四个基本功能：

1. 网络通信

为通信双方建立和拆除通信通路，实施数据传输，对传输过程中的数据进行检查和校正。

2. 资源管理

采用统一、有效的策略，协调诸用户对共享资源的使用，用户使用远地资源同使用本地资源类似。

3. 提供网络接口

向网络用户提供统一的网络使用接口，以便用户能方便地上网，方便地使用共享资源，方便地获得网络提供的各种服务。

4. 提供网络服务

向用户提供多项网络服务，如电子邮件服务，它为各用户间发送与接收信息，提供快捷、简便、廉价的现代化通信手段；如远程登录服务，使一台计算机能登录到另一台计算机上，使自己的计算机就像一台与远程计算机直接相连的终端一样进行工作，获取与共享所需要的各种信息；再如文件传输服务，允许用户把自己的计算机连接到远程计算机上，查看那里有哪些文件，然后将所需文件从远程计算机复制到本地计算机，或者将本地计算机中的文件复制到远程计算机中。

由于网络计算的出现和发展，现代操作系统的主要特征之一就是具有上网功能，因此，除了在20

世纪90年代初期时，Novell公司的NetWare等系统称为网络操作系统之外，人们一般不再特指某个操作系统为网络操作系统。

1.3.5 分布式操作系统

一组相互连接并能交换信息的计算机形成了一个网络。这些计算机之间可以相互通信，任何一台计算机上的用户可以共享网络上其他计算机的资源。但是，计算机网络并不是一个一体化的系统，它没有标准的、统一的接口。网上各站点的计算机有各自的系统调用命令、数据格式等。若一台计算机上的用户希望使用网上另一台计算机的资源，就必须指明是哪个站点上的哪一台计算机，并以那台计算机上的命令、数据格式来请求才能实现共享。为完成一个共同的计算任务，分布在不同主机上的各合作进程的同步协作也难以实现。大量的实际应用要求一个完整的一体化的系统，而且又具有分布处理能力。

如果一个计算机网络系统，其处理和控制功能被分散在系统的各台计算机上，系统中的所有任务可动态地分配到各台计算机中，使它们并行执行，实现分布处理。其上配置的操作系统，被称为“分布式操作系统”。

在分布式操作系统里，操作系统是以全局方式来管理系统的。用户把自己的作业交付给系统后，分布式操作系统会根据需要，在系统里选择最适合的若干计算机去并行地完成该任务；在完成任务过程中，分布式操作系统会随意调度使用网络中的各种资源；在完成任务后，分布式操作系统会自动把结果传送给用户。

在分布式操作系统管理下，用户只需提出需要什么，不必具体指出需要的资源在哪里，这是高水平的资源共享。

分布式操作系统的特点如下：

1. 分布式操作系统的基础是网络

它和常规网络一样具有模块性、并行性、自治性和通用性等特点，但它比常规网络又有进一步的发展。分布式操作系统由于更强调分布式计算和处理，因此对于多机合作和系统重构、坚强性和容错能力有更高的要求，希望系统有更短的响应时间、高吞吐量和高可靠性。

2. 系统的透明性

分布式操作系统负责全系统的资源分配和调度、任务划分、信息传输控制协调工作，并为用户提供一个统一的界面和标准的接口。用户通过这一界面实现所需要的操作和使用系统资源，至于操作定在哪一台计算机上执行或使用哪台计算机的资源由系统来决定，用户是不用知道的，即系统对用户是透明的。

3. 并行性

一方面，系统内有多个实时处理的部件（如计算机），可以进行真正的并行操作；另一方面，分布式操作系统的功能也被分解成多个任务，分配到系统的多个处理部件中同时执行。这样，提高了系统的吞吐量，缩短了响应时间。

4. 可靠性和健壮性

分布式操作系统把工作分散到众多计算机上，单个部件的故障，最多只会影响到一台计算机。当系统中的设备出现故障时，可通过容错技术实现系统的重构，以保证系统的正常运行。

5. 扩展性

分布式操作系统可方便地增加新的部件或新的功能模块。例如，公司业务增加到一定程度时，原先的计算机系统可能不再胜任。采用分布式操作系统，只需要为系统增加一些处理器就可以解决问题。

1.3.6　嵌入式操作系统

嵌入式系统是用来控制或者监视机器、装置、工厂等大规模设备的系统。嵌入式系统是以应用为中心、以计算机技术为基础、软硬件可裁剪，功能、可靠性、成本、体积、功耗严格要求的专用计算机系统。嵌入式系统是一种专用的计算机系统，作为装置或设备的一部分。通常，嵌入式系统是一个控制程序存储在ROM中的嵌入式处理器控制板。事实上，所有带有数字接口的设备，如手表、微波炉、录像机、汽车等，都使用嵌入式系统，有些嵌入式系统还包含操作系统，但大多数嵌入式系统都是由单个程序实现整个控制逻辑。

用于嵌入式系统的操作系统，为嵌入式操作系统。嵌入式操作系统是嵌入式系统的软件核心。

嵌入式操作系统的特征如下：

1．专用性

采用专用的嵌入式处理器。嵌入式处理器与通用型PC处理器的最大不同就是嵌入式处理器大多工作在为特定用户群设计的系统中。它通常都具有低功耗、体积小、集成度高等特点，能够把通用处理器中许多由板卡完成的任务集成在芯片内部，从而有利于嵌入式系统设计趋于小型化，移动能力大幅增强，与网络的耦合也越来越紧密，同时有利于降低成本。

功能算法的专用性。嵌入式操作系统是面向具体算法和具体应用的，因此它总是被设计成为完成某一特定任务，一旦设计完成就不再改变。例如，移动心脏监视器或心肌震颤消除器等嵌入式系统就不用设计为能运行电子表格或字处理软件。

系统对用户是透明的。用户在使用这种设备时只是按照预定的方式使用，既不需要用户进行编程，也不需要用户知道设备内部计算机系统的设计细节，用户也不能改变它。

2．小型化与有限资源

嵌入式系统往往结构紧凑、坚固可靠，计算资源（包括处理器的速度和资源、存储容量和速度等）有限。例如，较通用操作系统，嵌入式操作系统的内核很小；嵌入式系统的软件通常以固件形式固态化存储在ROM、Flash或NVRAM中，对该软件的升级是使用专用烧录机或仿真器重写这些程序。这是由嵌入式系统专用性、嵌入的空间约束以及适用环境所决定的。

3．系统软硬件设计的协同一体化

嵌入式系统的专用性决定了其设计目标是单一的，硬件与软件的依赖性强，因而一般硬件和软件要进行协同设计，量体裁衣、去除冗余，力争在同样的硅片面积上实现更高的性能。

应用软件与操作系统的一体化设计开发。在通用计算机系统中，像操作系统等系统软件与应用软件之间的界限分明，应用软件是独立设计、独立运行的。但是，嵌入式系统中，操作系统与应用软件是一体化设计开发的。

4．软件开发需要交叉开发环境

由于受到嵌入式系统本身资源开销的限制，嵌入式系统的软件开发采用交叉开发环境。交叉开发环境由宿主机和目标机组成，宿主机作为开发平台，目标机作为执行机，宿主机可以是与目标机相同或不相同的机型。

嵌入式操作系统大多用于控制，因而具有实时特性，嵌入式操作系统与一般操作系统相比具有比较明显的差别：

① 可裁剪性：因为嵌入式操作系统的硬件配置和应用需求的差别很大，要求嵌入式操作系统必须

具备比较好的适应性，即可裁剪性。在一些配置较高、功能要求较多的环境中，能够通过加载较多的模块来满足需求；而在配置较低、功能单一的环境中，系统必须能够通过裁剪方式把一些不需要的模块裁剪掉。

② 可移植性：在嵌入式开发中，存在多种多样的CPU和底层硬件环境，仅流行的CPU就会达到十几款，在设计时必须充分考虑，通过一种可移植方案来实现不同硬件平台上的移植。例如，可把硬件相关部分单独剥离出来，在一个相对独立的模块或源文件中实现，或者增加一个硬件抽象层来实现不同硬件的底层屏蔽。

③ 可扩展性：指可以很容易地在嵌入式操作系统中扩展新的功能。例如，随着Internet的快速发展，可以根据需要，在对嵌入式系统不做大量改动的情况下，增加TCP/IP协议功能和HTTP协议解析功能。这样要求在进行嵌入式系统设计时，充分考虑功能之间的独立性，并将未来的扩展预留接口。

因为存在上述特征和差别，嵌入式操作系统一般采用微内核结构。所谓微内核就是非常小巧的操作系统核心，其中只包含绝对必要的操作系统功能，其他功能（如与应用有关的设备驱动程序）则作为应用服务程序置于核心之上，并且以目态运行。当然也有采用单核结构的嵌入式操作系统，这种结构的速度快，但是适应性不及微内核结构。

尽管目前微内核尚无统一的规范，一般认为内核应当包括如下功能：处理器调度、基本内存管理、通信机制、电源管理。而虚拟存储管理、文件系统、设备驱动程序则处于核心之外，以目态形式运行。随着嵌入式系统的发展和成熟，有理由相信在不远的将来会形成相应的工业标准。

微内核结构的优点是可靠性高、可移植性好。但是它也有不可忽视的缺点，即系统效率低。应用程序关于文件和设备的操作一般需要经过操作系统转到另一个应用程序，然后再返回到原来的应用程序，其中设计两次进程切换。

嵌入式操作系统具有微小、实时、专业、可靠、易裁剪等优点。代表性的嵌入式操作系统有WinCE（微软公司的Vinus计划）、PalmOS、μC Linux、Vx Works、国内的Hopen等。

1.3.7 云操作系统

云操作系统又称云OS、云计算操作系统、云计算中心操作系统，是以云计算、云存储技术作为支撑的操作系统，是云计算后台数据中心的整体管理运营系统（也有人认为云计算系统包括云终端操作系统，例如现在流行的各类手机操作系统，这与先行的单机操作系统区别不大，在此不做讨论）。它是指构架于服务器、存储、网络等基础硬件资源和单机操作系统、中间件、数据库等基础软件之上，管理海量的基础硬件、软件资源的云平台综合管理系统。

云操作系统通常包含大规模基础软硬件管理、虚拟计算管理、分布式文件系统、业务/资源调度管理、安全管理控制等几大模块。简单来讲，云操作系统具有以下几个作用：一是治众如治寡，能管理和驱动海量服务器、存储等基础硬件，将一个数据中心的硬件资源逻辑上整合成一台服务器；二是为云应用软件提供统一、标准的接口；三是管理海量的计算任务及资源调配。

云操作系统是实现云计算的关键一步，从前端看，云计算用户能够通过网络按需获取资源，并按使用量付费，如同打开电灯用电，打开水龙头用水一样，接入即用；从后台看，云计算能够实现对各类异构软硬件基础资源的兼容，实现资源的动态流转，如西电东送、西气东输等。将静态、固定的硬件资源进行调度，形成资源池，云计算的这两大基本功能就是通过云计算中心操作系统实现的，但是操作系统的重要作用远不止于此。

云操作系统能够根据应用软件（如搜索网站的后台服务软件）的需求，调度多台计算机的运算资源进行分布计算，再将计算结果汇聚整合后返回给应用软件。相对于单台计算机的计算耗时，通过云操作系统能够节省大量的计算时间。

云操作系统还能够根据数据的特征，将不同特征的数据分别存储在不同的存储设备中，并对它们进行统一管理。当云操作系统根据应用软件的需求，调度多台计算机的运算资源进行分布计算时，每台计算机可以根据计算需要，从不同的存储设备中快速地获取自己所需要的数据。

云操作系统与普通计算机中运行的操作系统相比，就好像高效协作的团队与个人一样。个人在接受用户的任务后，只能逐步逐个完成任务涉及的众多事项。而高效协作的团队则是由管理员在接收到用户提出的任务后，将任务拆分为多个小任务，再把每个小任务分派给团队的不同成员；所有参与此任务的团队成员，在完成分派给自己的小任务后，将处理结果反馈给团队管理员，再由管理员进行汇聚整合后，交付给用户。

1.4 现代操作系统特征

现代计算机硬件已发展到多核、多CPU阶段，程序的执行是多道程序并发执行。本书把硬件限制在“单处理器”情况下对操作系统进行研究。

配置操作系统的目的是提高计算机系统的处理能力，充分发挥系统的资源利用率，方便用户使用计算机。以多道程序设计为基础的现代操作系统具有以下特性。

1.4.1 并发性

并行性和并发性是既相似又有区别的两个概念，并行性是指两个或多个事件在同一时刻发生，即在同一时刻，多核处理器能够同时运行多个程序；而并发性是指两个或多个事件在同一时间间隔内发生。

在多道程序环境下，并发性是指在一段时间内，宏观上有多个程序在同时运行，但在单处理器系统中，每一时刻却仅能有一道程序执行，故微观上这些程序只能是分时地交替执行。倘若在计算机系统中有多个处理器，则这些可以并发执行的程序便可被分配到多个处理器上，实现并行执行，即利用每个处理器来处理一个可并发执行的程序，这样，多个程序便可同时执行。

应当指出，通常的程序是静态实体，它们是不能并发执行的。为使多个程序能并发执行，系统必须分别为每个程序建立进程。简单来说，进程是指在系统中能独立运行并作为资源的分配单位，它是由一组机器指令、数据和堆栈等组成的，是一个活动实体。多个进程之间可以并发执行和交换信息。一个进程在运行时需要一定的资源，如CPU、存储空间和I/O设备等。

事实上，进程和并发是现代操作系统中最重要的基本概念，也是操作系统运行的基础，为了更好地促使多道程序并发执行，中断是其实现的基础。那么什么是中断？为何引入中断？中断能实现什么？这都是需要考虑的。在此简略引出，本书关于数据的四种传输方式中程序中断控制方式在第6章会详细介绍。

中断是指当出现需要时，CPU暂时停止当前程序的执行转而执行处理新情况的程序和执行过程。即在程序运行过程中，系统出现了一个必须由CPU立即处理的情况，此时，CPU暂时中止程序的执行转而处理这个新的情况的过程就叫作中断。

中断的引入提高了CPU的使用效率（主动告知机制避免了反复查询设备状态，但仍需要占用CPU）；适合随机出现的服务；需要专门的硬件。

为了说明这个问题，举一个例子。假设有一个朋友来拜访你，但是由于不知道何时到达，你只能在大门等待，于是什么事情也干不了。如果在门口装一个门铃，就不必在门口等待而去干其他的工作，朋友来了按门铃通知，这时你才中断工作去开门，从而避免等待和浪费时间。计算机也一样，例如打印输出，CPU传送数据的速度快，而打印机打印的速度慢，如果不采用中断技术，CPU将经常处于等待状态，效率极低。而采用了中断方式，CPU可以进行其他的工作，在打印机缓冲区中的当前内容打印完毕发出中断请求之后，才予以响应，暂时中断当前工作向缓冲区传送数据，传送完成后又返回执行原来的程序。这样就大幅提高了计算机系统的效率。

1.4.2 共享性

在操作系统环境下，所谓共享是指系统中的资源可供内存中多个并发执行的进程（线程）共同使用。由于资源属性的不同，进程对资源共享的方式也不同，目前主要有以下两种资源共享方式。

1. 互斥共享方式

系统中的某些资源，如打印机、磁带机，虽然它们可以提供给多个进程（线程）使用，但为使所打印或记录的结果不致造成混淆，应规定在一段时间内只允许一个进程（线程）访问该资源。为此，当一个进程A要访问某资源时，必须先提出请求，如果此时该资源空闲，系统便可将其分配给请求进程A使用，此后若再有其他进程也要访问该资源时（只要A未用完）则必须等待。仅当A进程访问完并释放该资源后，才允许另一进程对该资源进行访问。通常把这种资源共享方式称为互斥式共享，而把在一段时间内只允许一个进程访问的资源称为临界资源或独占资源。计算机系统中的大多数物理设备，以及某些软件中所用的栈、变量和表格，都属于临界资源，它们要求被互斥地共享。

2. 同时访问方式

系统中还有另一类资源，允许在一段时间内由多个进程“同时”对它们进行访问。这里所谓的“同时”往往是宏观上的，而在微观上，这些进程可能是交替地对该资源进行访问。典型的可供多个进程“同时”访问的资源是磁盘设备，一些用重入码编写的文件，也可以被“同时”共享，即若干个用户同时访问该文件。

并发和共享是操作系统的两个最基本的特征，它们又是互为存在的条件。一方面，资源共享是以程序（进程）的并发执行为条件的，若系统不允许程序并发执行，自然不存在资源共享问题；另一方面，若系统不能对资源共享实施有效管理，协调好诸进程对共享资源的访问，也必然影响到程序并发执行的程度，甚至根本无法并发执行。

1.4.3 虚拟性

操作系统中所谓的“虚拟”，是指通过某种技术把一个物理实体变为若干个逻辑上的对应物。物理实体（前者）是实的，即实际存在的；而后者是虚的，是用户感觉上的东西。相应地，用于实现虚拟的技术，称为虚拟技术。在操作系统中利用了多种虚拟技术，分别用来实现虚拟处理器、虚拟内存、虚拟外围设备和虚拟信道等。

在虚拟处理器技术中，是通过多道程序设计技术，让多道程序并发执行的方法，来分时使用一台处理器的。此时，虽然只有一台处理器，但它能同时为多个用户服务，使每个终端用户都认为有一个CPU在专门为他服务。

类似地，可以通过虚拟存储器技术，将一台机器的物理存储器变为虚拟存储器，以便从逻辑上扩充存储器的容量。此时，虽然物理内存的容量可能不大（如32 MB），但它可以运行比它大得多的用户程序（如128 MB）。这使用户所感觉到的内存容量比实际内存容量大得多，认为该机器的内存至少也有128 MB。这时用户所感觉到的内存容量是虚的，把用户所感觉到的存储器称为虚拟存储器。

此外，还可以通过虚拟设备技术，将一台物理I/O设备虚拟为多台逻辑上的I/O设备，并允许每个用户占用一台逻辑上的I/O设备，这样便可使原来仅允许在一段时间内由一个用户访问的设备（即临界资源），变为在一段时间内允许多个用户同时访问的共享设备。例如，原来的打印机属于临界资源，而通过虚拟设备技术，可以把它变为多台逻辑上的打印机，供多个用户“同时”打印。此外，也可以把一条物理信道虚拟为多条逻辑信道（虚信道）。在操作系统中，虚拟的实现主要是通过分时使用的方法。显然，如果n是某物理设备所对应的虚拟的逻辑设备数，则虚拟设备的平均速度必然是物理设备速度的$1/n$。

1.4.4　异步性

在多道程序环境下，允许多个进程并发执行，但只有进程在获得所需的资源后方能执行。在单处理器环境下，由于系统中只有一个处理器，因而每次只允许一个进程执行，其余进程只能等待。当正在执行的进程提出某种资源要求时（如打印请求），而此时打印机正在为其他某进程打印，由于打印机属于临界资源，因此正在执行的进程必须等待，且放弃处理器，直到打印机空闲，并再次把处理器分配给该进程时，该进程方能继续执行。可见，由于资源等因素的限制，使进程的执行通常都不是“一气呵成”，而是以“停停走走”的方式运行。

内存中的每个进程在何时能获得处理器运行，何时又因提出某种资源请求而暂停，以及进程以怎样的速度向前推进，每道程序总共需要多少时间才能完成，等等，都是不可预知的。由于各用户程序性能的不同，（例如，有的侧重于计算而较少需要I/O；又有的程序其计算少而I/O多），很可能是先进入内存的作业后完成，而后进入内存的作业先完成。或者说，进程是以人们不可预知的速度向前推进，此即进程的异步性。尽管如此，但只要运行环境相同，作业经多次运行，都会获得完全相同的结果。因此，异步运行方式是允许的，是操作系统的一个重要特征。

1.5　操作系统功能

现代操作系统有三个非常重要的任务：

1. 程序监控

操作系统是从监督程序发展起来的，它可监控硬件平台在做什么，监控系统资源的分配，监控其他多道程序的运行，但操作系统本身就是一个软件。

2. 提供资源

操作系统要为在计算机平台上运行的所有程序提供满足需要的资源，资源的分配和调度是现代操作系统非常重要的一部分功能。

3. 提供服务

操作系统可为应用提供服务。在服务的框架上为操作系统提供了许多外围的层次，但这些层次不作为操作系统核心的主体部分。

操作系统作为一个特殊的系统软件，对运行在计算机上的多道程序进行“程序监控”，其目的是通过监测多道程序的运行情况和资源需求，合理地分配系统中的资源，即对多道程序“提供资源”，以保证多道程序有条不紊、高效地运行，并能最大限度地提高系统中各种资源的利用率和方便用户使用。

因此，可以从资源管理的角度来看待操作系统的功能。操作系统的功能如下：

1.5.1 处理器管理

计算机系统中最重要的资源是中央处理器（CPU），没有它，任何计算都不可能进行。在处理器管理中，为了提高处理器的利用率，操作系统采用了多道程序设计技术。当一个程序因等待某一事件而不能运行下去时，就把处理器的占有权转让给另一个可运行的程序。或者，当出现了一个比当前运行的程序更重要的可运行程序时，后者就能抢占处理器。为了描述多道程序的并发执行，引入了进程的概念，通过进程管理协调多道程序之间的关系，可以解决对处理器的调度分配及回收等问题。处理器管理可以分为以下几个方面。

1. 进程控制

在多道程序环境下，要使一个作业运行，就要为其创建一个或多个进程，并给它分配必需的资源。该进程完成其任务后，要立即撤销该进程，并回收其占有的资源。进程控制就是创建进程、撤销进程，以及控制进程在运行过程中的状态转换。

2. 进程同步

进程在执行过程中是以不可预知的方式向前推进的，进程之间有时需要进行协调。这种协调关系有以下两种：

① 互斥方式：系统中有些资源要求同时只能有一个进程对它们进行访问，如打印机或者程序中的一段代码。多个进程在对这些资源进行访问时，应采用互斥方式。

② 同步方式：进程在执行时，有时需要协作，一个进程运行时需要另一个进程的运行结果，此时就要求进程的执行必须按照规定的次序进行，否则就得不到需要的结果。进程之间的这种协作关系称为进程同步。

为了实现进程之间的互斥和同步，操作系统必须设置相应的机制，而最简单的进程互斥和同步机制就是信号量，有关内容将在第3章介绍。

3. 进程通信

多道程序环境下的诸多进程在执行过程中有时需要传递信息，例如有三个进程，分别是输入进程、计算进程和打印进程。输入进程负责输入数据，然后传给计算进程；计算进程利用输入的数据进行计算，并把计算结果送给打印进程；打印进程将结果打印出来。这三个进程需要传递信息，进程通信的任务就是用来实现相互合作进程之间的信息传递。

相互合作的进程可以在同一计算机系统中，也可以在不同的计算机系统中。不同计算机系统中进程之间的通信页称为计算机网络通信。

4. 进程调度

引入多道程序设计技术后，计算机的内存中将同时存放若干个程序，进程调度的任务就是从若干个已经准备好运行的进程中，按照一定的算法选择一个进程，让其占用中央处理器，使之投入运行。

1.5.2　存储管理

存储器要管理的资源是内存。它的任务是方便用户使用内存，提高内存的利用率，以及从逻辑上扩充内存。

存储管理的主要工作包括内存分配、地址映射、存储保护和内存扩充。

1．内存分配

如何分配内存，以保证系统及各用户程序的存储区互不冲突。

2．地址映射

要把用户编辑的从0开始的逻辑地址转化成内存的物理地址，方便CPU调用，这一过程就是地址映射，也称为地址重定位。

3．存储保护

保证一道程序在执行过程中不会有意或无意地破坏另一道程序，保证用户程序不会破坏系统程序。

4．内存扩充

当用户作业所需要的内存容量超过计算机系统所提供的内存容量时，把内部存储器和外部存储器结合起来管理，为用户提供一个容量比实际内存大得多的虚拟存储器。

1.5.3　设备管理

设备管理是操作系统中最庞杂、最琐碎的部分。其主要任务是完成用户提出的I/O请求，为用户分配I/O设备，提高CPU和I/O设备的利用率，提高I/O速度，以及方便用户使用I/O设备。设备管理要做到以下两点：

1．通道、控制器、输入/输出设备的分配和管理

设备管理的任务就是根据一定的分配策略，把通道、控制器和输入/输出设备分配给请求输入/输出操作的程序，并启动设备完成实际的输入/输出操作。为了尽可能发挥设备和主机的并行工作能力，经常需要采用虚拟技术和缓冲技术。

2．设备独立性

输入/输出设备种类很多，使用方法各不相同。设备管理应为用户提供一个良好的界面，而不必涉及具体的设备特性，以使用户能方便、灵活地使用这些设备。

1.5.4　文件管理

计算机系统总的来说由硬件和软件两部分组成。上述三种管理都是针对计算机硬件资源的管理，文件管理是针对系统的软件资源的管理。其主要任务是对用户文件和系统文件进行管理，以方便用户使用，并保证文件的安全性。为此，文件管理应具有对文件存储空间的管理、目录管理、文件的读/写管理，以及文件的共享与保护等功能。

1.5.5　用户接口

前述的四项功能是操作系统对资源的管理，操作系统还为用户提供一个友好的用户接口。一般来说，该接口以命令或系统调用的形式呈现在用户面前，命令提供给用户在键盘终端使用，系统调用提供给用户在编程时使用。现在，操作系统又向用户提供了图形接口，如Windows系统。

用户使用计算机工作，让计算机为用户提供服务，事实上是在计算机上运行事先编辑好的具有特定功能的应用程序。粗略地看，程序在执行时，首先需要用户通过操作系统提供的“用户接口”把程序输入计算机，即将执行的程序首先调入内存，在恰当的时机占用资源CPU投入运行，在运行过程中或多或少地和I/O设备进行交互，最终通过输出设备输出运行结果，暂时不用的程序可放在磁盘保存。如此，计算机系统实现了为用户服务的功能。在多道程序运行时，多道程序协调有序地在有限的计算机资源中工作，完全离不开操作系统的控制和管理。

1.6 操作系统结构

操作系统由于具有高度的动态性和随机性、逻辑上的并发性和物理上的并行性，其研究和开发必须从软件结构入手，力求设计出结构良好的系统程序。操作系统结构设计有三层含义：一是研究操作系统的整体结构，如功能如何分块，相互之间如何交互，并要考虑构造过程和方法；二是研究操作系统的局部结构，包括数据结构和控制结构；三是操作系统运行时的组织，如系统是组织成进程还是线程，在系统空间还是在用户空间运行，等等。本章从单体结构、层次式结构、微内核与客户-服务器模式、面向对象结构和多处理器模式五方面依次叙述。

1.6.1 单体结构

操作系统单体结构又称模块组合法，是基于结构化程序设计的一种软件结构设计方法。早期操作系统都采用这种设计方法，主要设计思想和步骤如下：

① 把模块作为操作系统的基本单位，按照功能需要而不是根据程序和数据的特性首先把整个系统分解为若干模块，每个模块具有一定的独立功能，若干个关联模块协作完成某项功能。

② 明确各个模块之间的接口关系，各个模块间可以不加控制地自由调用，所以又称无序调用法，数据多数作为全局变量使用。

③ 模块之间需要传递参数或返回结果时，其个数和方式也可以根据需要随意约定；然后分别设计、编码、调试各个模块，最后把所有模块连接成一个完整的单体系统。

单体结构设计方法的主要优点如下：

① 结构紧密、组合方便，针对不同环境和用户的不同需求，可以组合不同模块，灵活性大。

② 针对某项功能可用最有效的算法和任意调用其他模块中的过程来实现，因此，系统效率高。

单体结构设计方法的主要缺点如下：

① 模块独立性差，模块之间牵连甚多，形成复杂的调用关系，甚至有循环调用，造成系统结构不清晰，正确性难保证，可靠性降低。

② 系统功能的增、删、改困难。

随着系统规模的扩大，采用这种结构的系统复杂性迅速增长，这就促使人们去研究操作系统新的结构及设计方法。

1.6.2 层次式结构

为了能让操作系统的结构更加清晰，使其具有较高的可靠性和较强的适应性，易于扩充和移植，在模块接口结构基础上产生了层次式结构操作系统。这种结构把操作系统划分为内核和若干模块，这些模块按功能的调用次序排列成若干层次，各层之间只能存在单向依赖或单向调用关系，即低层为高层服务，高层可以调用低层功能，反之则不能。这样不但系统结构清晰，而且不构成循环调用。

层次式结构的优点如下：

① 整体问题局部化。由于把复杂的操作系统，依照一定原则分解成若干单一功能的模块，这些模块组织成层次结构，具有单向依赖性，使层次间的依赖和调用关系更加清晰规范。上一层功能是下一层功能的扩充或延伸，下一层功能为上一层功能提供了支撑和基础，因此整个系统中的接口比其他接口方式接口要少且简单。下一层模块设计是正确的，就为上一层模块设计的正确性提供了基础，整个系统的正确性必须通过各层正确性来保证。

② 增加、修改或替换层次，不影响其他层次，有利于系统的维护或扩充。

层次式结构的缺点如下：

层次结构是分层、单向、依赖的，必须要建立模块间的通信机制，系统花费在通信上的开销较大，就这一点来说，系统效率也会降低。

1.6.3 微内核与客户 - 服务器模式

在分层设计中，设计者要确定在哪里划分内核与用户的边界。在传统模式上，所有的层都在内核层。事实上，尽可能减少内核态中功能的做法更好，因为内核中的错误会快速拖累系统。相反，可以把用户进程设置为具有较小的权限，这样某一错误的后果就不会是致命的。

为了实现高可靠性，操作系统仅将所有应用必需的核心功能放入内核，称为微内核（microkernel），其他功能都在内核之外，由在用户态运行的服务进程实现。特别地，由于把每个设备驱动和文件系统分别作为普通用户进程，这些模块中的错误虽然会使这些模块崩溃，但是不会使得整个系统死机。所以，在音频驱动中的错误会使声音断续或停止，但是不会使整个计算机垮掉。相反，在单体系统中，由于所有的设备驱动都在内核中，一个有故障的音频驱动会很容易引起对无效地址的引用，从而造成系统立即死机。

操作系统通过微内核所提供的消息传递机制完成进程间消息通信，其结构如图1-5所示。

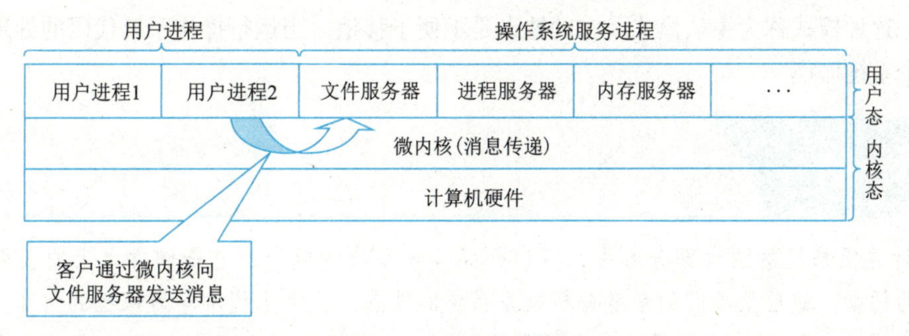

图1-5 微内核结构

微内核结构的实现思想如下：

将操作系统分成两部分：一是运行在核心态的内核，它提供系统的基本功能，如进程管理及调度、消息传递和设备驱动，内核构成操作系统的基本部分，只完成极少的核心态任务；二是运行在用户态并以客户 - 服务器方式运行的进程层，操作系统其他部分功能由相对独立的若干服务器进程来实现，如文件管理服务、进程管理服务、存储管理服务、网络通信服务等。用户进程也在这一层运行。

由于进程具有不同的虚拟地址空间，客户和服务器进程之间采用消息传递机制进行通信，而内核被映射到所有进程的虚拟地址空间内，故可以控制所有进程。客户进程发出消息，内核将消息传递给相应服务器进程，它实现客户所提出的服务请求，在满足要求后，再通过内核发送消息，把结果返回给客户。于是，客户进程与服务器进程形成了在微内核支持下的客户-服务器关系。

微内核结构的优点如下：

① 对进程的请求提供一致性接口。不必区分内核级服务和用户级服务，所有服务均借助消息传递机制提供。

② 具有较好的可扩充性和易修改性。增加新服务或替换老功能，只需要增加或替换服务器。

③ 可移植性好。与特定CPU有关的代码均在微内核中，把系统移植到新平台所做的修改较小。

④ 对分布式系统提供有力的支撑。当消息从客户机发送给服务器进程时，不必知道它驻留在哪台机器上，客户的处理都是发送请求和接收请求。

微内核结构的缺点如下：

运行效率较低。因为进程间必须通过内核的通信机制才能进行通信。

1.6.4 面向对象结构

面向对象的程序设计方法是把系统中的所有资源都看作对象。对象是将一组数据或使用它的一组基本操作或方法封装在一起，而将此封装体看成一个实体。

从程序设计者角度看，对象是一个程序模块；从用户角度看，对象为他们提供了所希望的行为。采用这种方法设计操作系统，直观而又自然，符合人的思维方式。程序员可以把主要精力放在系统结构上，而不必关心实现的细节。

1.6.5 多处理器模式

多处理器操作系统的处理方式可以采用对称多处理和非对称多处理两种模式。

对称多处理操作系统可在所有处理器上运行，并且它们共享同一内存。这种模式适用于共享存储器结构的多处理器系统。对于非对称多处理操作系统，指定一个处理器执行操作系统，其他处理器只执行用户程序，这种模式称为主从模式。它的缺点是不便于移植，当运行操作系统代码的处理器及发生故障时将使整个系统瘫痪。

小 结

本章从计算机系统的两大部分着手，突出介绍操作系统的概念，它是硬件之上的软件，是用户与计算机交流的桥梁。随后从不同的角度分析操作系统的特点，让学生找准学习课程的角度。接着从人们使用计算机，是否能提高计算机系统效率的角度出发，介绍了操作系统从无到有直至多元化的发展历程，总结了各个阶段下计算机系统的特点，为学生后续认识和学习操作系统作铺垫。操作系统发展至今经历了批处理、分时、实时、网络、嵌入式、云计算等各种类型，不同的操作系统有不同的特点。现在使用的操作系统是上述各种的结合，称为现代操作系统。它的功能包括进程管理、存储管理、设备管理、文件管理和用户接口，具备了并发性、共享性、虚拟性、异步性等特点，是符合当代技术发展，满足现代社会需求的一种操作系统。虽然在不同的教材中对于操作系统的介绍有些许差异，但操作系统的结构一直是衡量计算机的重要标志。本章从单体、层次式、客户-服务器、面向对象、多处理器这五种模式分析讨论计算机操作系统结构。

拓展阅读

雄起——国产操作系统

思考与练习

一、选择题

1. 操作系统是一种（　　），它负责为用户和用户程序完成所有（　　）的工作，（　　）不是操作系统关心的问题。

A. ① 通用软件　② 系统软件　③ 应用软件　④ 软件包

B. ① 与硬件无关并与应用无关　② 与硬件相关而与应用无关
③ 与硬件无关而与应用相关　④ 与硬件相关并与应用相关

C. ① 管理计算机裸机　② 设计、提供用户程序与计算机硬件系统的接口
③ 管理计算机中的信息资源　④ 高级程序设计语言的编译

2. 在计算机系统中配置操作系统的主要目的是（　　）。操作系统的主要功能是管理计算机系统中的（　　），其中包括（　　）、（　　），以及文件和设备。这里的（　　）管理主要是对进程进行管理。

A. ① 增强计算机系统的功能　② 提高系统资源的利用率
③ 提高系统运行速度　④ 合理组织系统的工作流程，以提高系统吞吐量

B. ① 程序和数据　② 进程　③ 资源　④ 作用　⑤ 软件　⑥硬件

C. ① 存储器　② 虚拟存储器　③ 运算器　④ 控制器　⑤ 输入/输出设备

D. ① 硬盘　② 打印机　③ 辅存　④ 处理器　⑤ 控制器

E. ① 控制器　② 运算器　③ 处理器　④ 外围设备　⑤ 存储器

3. 操作系统的基本类型主要有（　　）。

A. 批处理操作系统、分时操作系统和多任务操作系统

B. 批处理操作系统、分时操作系统和实时操作系统

C. 单用户系统、多用户系统和批处理系统

D. 实时操作系统、分时操作系统和多用户系统

4. 分时系统的响应时间（及时性）主要是由（　　）确定的，而实时系统的响应时间是由（　　）确定的。

A. 时间片大小　B. 用户数目

C. 计算机运行速度　D. 用户所能接受的等待时间

E. 控制对象所能接受的时延　F. 实时调度

5. [2016统考真题]下列关于批处理系统的叙述中，正确的是（　　）。

① 批处理系统允许多个用户与计算机直接交互

② 批处理系统分为单道批处理系统和多道批处理系统

③ 中断技术使得多道批处理系统的I/O设备可与CPU并行工作

A. 仅②、③　B. 仅②　C. 仅①、②　D. 仅①、③

6. [2017统考真题]与单道程序系统相比，多道程序系统的优点是（　　）。

① CPU利用率高　② 系统开销小

③ 系统吞吐量大　④ I/O设备利用率高

A. 仅①、③　　B. 仅①、④　　C. 仅②、③　　D. 仅①、③、④

7. (　　) 不是设计实时操作系统的主要追求目标。

A. 安全可靠　　B. 资源利用率　　C. 及时响应　　D. 快速处理

8. 用 (　　) 设计的操作系统结构清晰且便于调试。

A. 分层式架构　　B. 模块化构架　　C. 微内核构架　　D. 宏内核构架

9. 下列关于操作系统结构的说法中，正确的是 (　　)。

① 当前广泛使用的Windows操作系统，采用的是分层式OS结构

② 模块化的OS结构设计的基本原则是，每一层都仅使用其底层所提供的功能和服务，这样就使系统的调试和验证都变得容易

③ 由于微内核结构能有效支持多处理机运行，故非常适合于分布式系统环境

④ 采用微内核结构设计和实现操作系统具有诸多好处，如添加系统服务时，不必修改内核，使系统更高效

A. ①和②　　B. ①和③　　C. ③　　D. ③和④

二、填空题

1. 计算机系统由________和________两部分组成，________是对硬件的第一次扩充。
2. 操作系统的基本功能是________。
3. 现代操作系统的两个重要特征是________和________。
4. 操作系统中的异步性主要是指在系统中进程推进的顺序是________。

三、问答题

1. 操作系统具有哪些特性？它们之间有何关系？
2. 试从交互性、及时性和可靠性三方面，比较分时系统和实时系统。
3. 分布式系统为什么具有健壮性？
4. 试说明操作系统与硬件、其他系统软件以及用户之间的关系。
5. 为何引入多道程序设计？在多道程序系统中，内存中作业的道数是否越多越好？
6. 从透明性和资源共享两方面说明网络操作系统与分布式操作系统之间的差别。
7. 为什么嵌入式操作系统通常采用微内核结构？微内核结构的内容和优缺点分别是什么？

第2章 操作系统用户接口

操作系统利用接口为用户提供服务，操作系统的用户接口是计算机系统的一个重要组成部分。接口设计力图寻找最佳的人-机通信方式。早期的操作系统只为用户提供命令接口和程序接口。现代操作系统把命令接口延伸为图形接口和语言接口，以图形、窗口、菜单为主要操作界面，甚至提供一种立体空间的操作环境。用户通过接口向计算机系统提交服务需求，计算机通过用户接口向用户提供用户所需要的服务。

知识导图

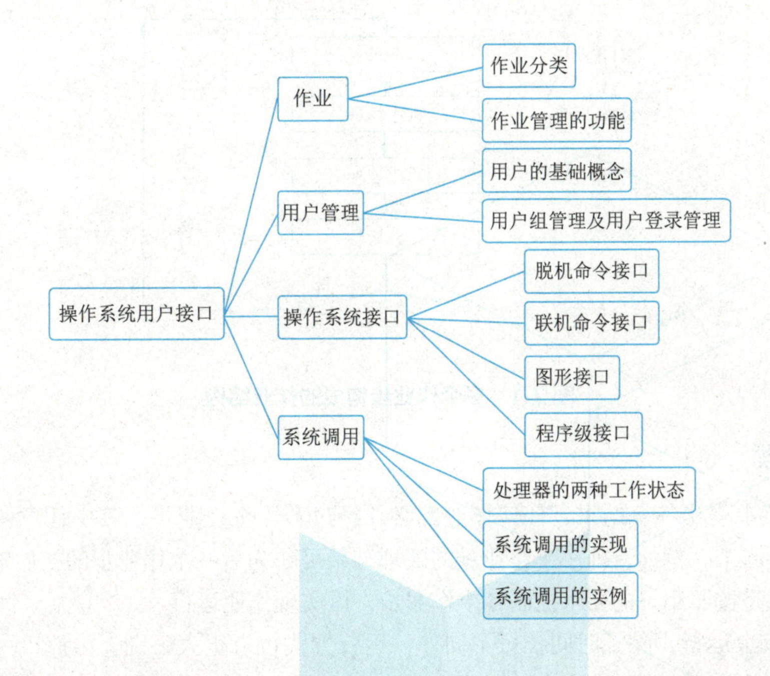

学习目标

- **了解：**用户组及用户登录的管理。
- **理解：**作业的概念、用户管理的方式及系统调用的原理。
- **应用：**掌握本章所介绍的几种接口方式和类型，并能够在实践中灵活运用。
- **分析：**学会分析处理器的两种工作方式。
- **培养：**引导学生要善于发现问题、勇于开拓，理解在当今社会无不体现以人为本、用户至上的服务理念。

2.1 作业

作业是操作系统中最古老的概念之一，使用非常广泛。早期的操作系统就是以作业管理为中心的“作业监控系统”。那么，什么是作业？作业是用户交给计算机做的一项工作，如计算一个方程组的根、打印一个表格、发送一个电子邮件等。

按照作业的概念，运行Windows操作系统下的表格处理程序Excel编辑并打印一份表格，就是一个作业。更进一步说，在键盘上输入一条命令、用鼠标点击方式执行一个程序、启动一个批处理文件等都是作业。作业在计算机中的运行时间有长有短，有些作业复杂一些，可能需要运行几个小时甚至几天，有的作业比较简单，仅几分钟就可做完。

一个作业通常包括用户用某种计算机语言编写的源程序、作业运行所需的初始数据，以及控制作业运行的命令等。一个程序在计算机上运行时，往往需要执行编辑程序（如UNIX中的vi）将作业录入，然后运行编译程序（如cc）对程序进行编译，接下来运行连接程序（如link）将作业装配成一个整体，最后让程序在计算机上运行。在此期间，任何一步如果出现错误，都要重新做前面的步骤予以修正，直到运行正确为止。通常，将上述每个处理称作一个“作业步”。图2-1所示为由多个作业步构成的作业结构。

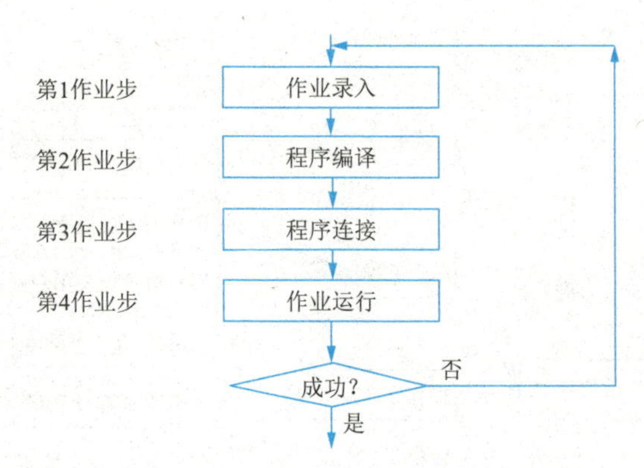

图2-1 多个作业步构成的作业结构

2.1.1 作业分类

为了在计算机上得出计算结果，任何作业都必须经过若干个作业步。其中任意两个作业步之间应通过某种关系连接起来，例如，前一个作业步的处理结果可作为后一个作业步的初始输入信息等。作业管理的主要任务就是按照用户的要求控制各个作业步，以实现作业运行。

作业在计算机上运行，除了时间长短不同外，运行方式也有很大区别。由此，可以将作业划分为三类：批处理型作业、交互型作业和实时型作业。

1. 批处理型作业

这是巨型机和大型服务器上主要处理的一类作业。这些作业的运行时间一般都比较长。用户将自己的作业通过与主机相连的前端机——工作站或PC提交给系统，系统将所有作业组织成一个作业流，然后对它们逐一进行控制和调度。

在微型机上，批处理作业是在批处理文件中启动的。批处理文件中含有多条命令，每一条命令启动一个作业。系统总是按照批处理文件中规定的顺序来控制作业的执行。

脱机运行是批处理型作业的主要特征。用户提交了作业之后就可以离开机房，数小时乃至数天后来取运算结果。

2. 交互型作业

如果一个作业是通过交互方式启动的，例如，通过鼠标或键盘启动，则该作业称为交互型作业。各用户可以独占一台终端机，对自己的作业实施交互控制。这类作业有计算机游戏软件、计算机辅助设计程序、虚拟现实系统等。另外，交互型作业特别适合对程序的动态调试，如边改动程序，边观看运行结果。

交互型作业的主要特征是联机特征，用户需要随时干预运行过程。因此，若将交互型作业放到批处理系统中是不适宜的。

3. 实时型作业

这是一类适合于特定应用场合的作业。按它们对系统的响应时间要求予以划分，这类作业可分为三种。

① 时间要求苛刻型的实时作业：响应时间一般为微秒量级，有的甚至更小。

② 普通型的实时作业：响应时间一般为毫秒量级。响应快的可达0.1 ms，慢的不高于数百毫秒。

③ 时间要求宽松型的实时作业：响应时间一般为秒量级。

如果将实时型作业按截止时间的类型划分，又可分为硬实时型作业和软实时型作业两类。

- 硬实时型作业：系统必须满足作业对截止时间的要求，否则将出现不可挽回的后果。
- 软实时型作业：这种作业对截止时间的要求并不十分严格，它们提出的截止时间仅仅是一个最佳的响应时间。若错过这个时间，作业的运行效果可能受一定的影响，但不至于造成无法挽回的后果。图 2-2 所示为两种作业响应时间与效益之间的关系图。

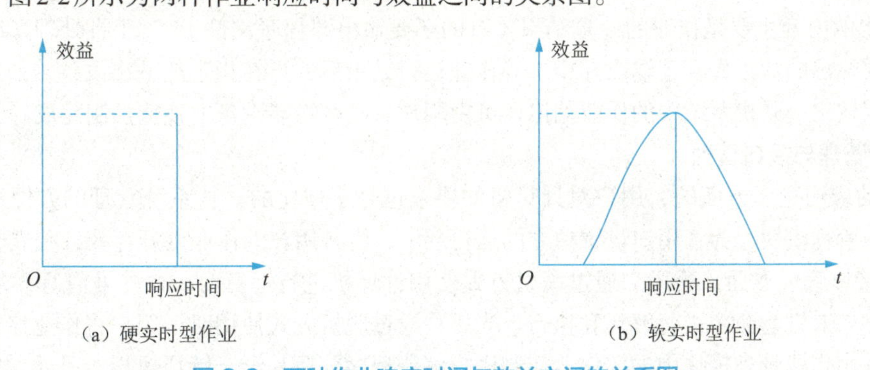

图 2-2　两种作业响应时间与效益之间的关系图

2.1.2　作业管理的功能

通常，作业管理模块为使用户更好地运行自己的作业，更方便地使用计算机并确保整个系统的资源被高效且合理的利用，主要包含以下五项功能。

1. 作业收容

无论哪种系统，都要提供一种允许用户输入作业的设备，通过它将作业输入计算机中。目前流行的微型计算机结构比较简单，作业输入基本上通过键盘完成。

作业收容是作业管理的前期阶段，由专门的录入控制软件实现。其主要有“代码录入”和“作业登录”两项功能。当用户向计算机系统提交一个作业时，系统通过代码录入把作业从外围设备输入，送到外存的“作业输入井”中。然后，由作业登录程序把作业的有关信息登到一张称作“作业控制块”的表格上，然后等待调度运行。

2. 作业控制

一般来讲，作业运行应当有一些系统资源支持，作业管理的一项重要功能就是为作业申请所需的资源，这些资源包括内存空间和外存空间、各种输入/输出设备等。

对于批处理系统来说，作业运行前需要读入用户的“作业控制命令”，通过解释这些命令，得到关于作业的描述信息，如作业名、作业长度、作业优先权值、设备需求等，并将它们登记到作业控制块中，以便调度作业用。对于分时系统来说，用户使用的终端设备就是作业必需的外围设备。系统要将终端机指定给相关的用户作业。对于用作实时控制的计算机系统来说，作业控制部分还要负责读入用户的“过程控制语言命令”，并将其翻译为具体的操作指令。

3. 作业调度

作业调度的主要功能是，按照某种算法从输入井中选出一部分后备作业，加载到内存中，将它们的全部信息整理好后交给“进程管理”模块，使它们投入运行。调度算法的依据有：作业优先权值、作业截止时间、预估的运行时间，以及输入/输出量等。不同的调度算法所规定的作业运行顺序是不同的。

4. 作业撤销

一个作业经过一段时间的运行后，有可能正常结束，也有可能出现异常情况而不能继续运算下去。这两种情况，系统都将转入操作系统的控制之下，由操作系统中的作业管理模块来实现作业的后处理。

后处理的主要工作是把作业占有的系统资源收回来。这一工作通常由作业管理系统调用一个具有“作业卸出”功能的程序来完成。该程序按用户的指定，将文件从系统中消除或者转存于某个位置，将作业的运行结果输出。

作业输出的内容主要是作业的计算结果（有的还要输出源程序文件）。对于批处理系统中的作业输出，通常把要输出的数据先存于输出井中，等作业运行结束后，再在指定的输出设备（如某台行式打印机）上将数据输出。联机系统中的作业输出，可由用户自己在终端设备上直接控制完成。

5. 用户管理与接口管理

计算机的应用是多方面的，用户对计算机的要求也是多样化的。从系统管理的方便性考虑，操作系统设有用户管理模块，为各用户设置独立的运行环境，将各用户的作业分开存放，独立管理。

在系统接口管理方面，当用户通过联机方式使用计算机进行运算时，由作业管理模块中的“键盘命令解释程序”对键盘命令进行解释和执行。当用户通过脱机方式使用时，用户将作业控制命令附加到作业代码上，由作业管理模块中的“作业控制语言解释程序”对其给予解释执行。另外，操作系统还提供一种程序级接口，允许用户在自己的应用程序中调用系统中提供的一些功能模块。

应当看到，随着个人计算机的普及与应用，作业的概念已经逐渐淡化。但是，上面列出的五项功能，几乎在所有的计算机操作系统中都能找到对应的部分，只不过有的系统由于强调某一部分而将其他部分进行了简化或合并而已。

2.2 用户管理

操作系统中设有用户（或账号）管理部分，最初是为了便于费用结算。但呈现出来的优越性是，作业管理的方便性提高和系统的安全性增加。

用户管理涉及创建新用户、删除老用户、验证用户身份、配置各个用户的运行环境等。另外，要将所有用户划分为多个组，对用户组进行管理，例如，为每个组授予一定的操作权限，对组外用户进行某些限制等。

2.2.1　用户的基础概念

操作系统启动以后，一般会自动创建一个具有特权操作的用户，通常称为管理员（administrator）或超级用户。操作系统通过与管理员的交互会话，获知管理员的意图，从而进行相应的处理。

除了管理员之外，操作系统中大量存在的是普通用户，他们利用计算机进行科学计算和信息处理。普通用户需要经过一个"用户创建"过程，才能成为操作系统的合法用户，这一过程也称为"用户注册"。操作系统通常提供一个专门的用户创建命令，供管理员调用，Linux是一个多用户的操作系统，用户是能够获取系统资源权限的集合；每个用户都会分配一个特有的id号——UID。UID指的是用户的ID（user ID），一个用户UID标示一个给定用户。UID是用户的唯一标示符，通过UID可以区分不同用户的类别（用户在登录系统时是通过UID来区分用户，而不是通过用户名来区分）：

① 超级用户：也称为root用户，它的UID为0。超级用户拥有系统的完全控制权，可以进行修改、删除文件等操作，也可以运行各种命令，所以在使用root用户时要十分谨慎。

② 普通用户：也称为一般用户，它的UID为1 000～60 000，普通用户可以对自己目录下的文件进行访问和修改，也可以对经过授权的文件进行访问。

③ 虚拟用户：也称为系统用户，它的UID为1～999，虚拟用户最大的特点是不提供密码登录系统，它们的存在主要是为了方便系统管理。

通过查看不同用户UID来区分用户的类别为超级用户、普通用户或者虚拟用户。

查看UID命令：`id [option] [user_name]`

相关参数：

-u，-user：只输出有效UID。

-n，-name：对于-ugG输出名字而不是数值

-r，-real：对于-ugG输出真实ID而不是有效ID。

UID为0时，标识的是超级用户（即root用户）；UID为1 000～60 000，标识的是普通用户；UID为1～999，标识的是虚拟用户（即系统用户）。

1. 创建用户

创建了一个用户之后，系统一般要为该用户设一个用户工作目录，专供该用户使用。日后当用户进入系统时，该目录将成为他的默认目录。用户工作目录的名字一般取自创建用户时登记的用户名。例如，Linux系统中的用户usename，其用户目录为：

```
/home/username
```

在不同的系统中，添加命令的处理稍有区别。有的系统要为用户指定终端机、限定登录的时间段、划定用户所在的用户组等。

在操作系统OpenEuler中用useradd命令创建用户账号，并保存在/etc/passwd文件中。

语法：`useradd [options] user_name`

其中的命令选项说明如下：

-u：指定用户UID。

-o：配合“-u”属性，允许UID重复。

-g：指明用户所属基本组，既可为用户组名，也可为GID（该组必须已存在）。

-d：指定用户的home目录，并自动创建用户home目录、

-s：指明用户的默认shell程序。

-D：显示或更改默认配置。

2. 删除用户

当用户不再使用系统时，管理员可使用删除命令将用户从系统中删除。删除的内容除了用户基本信息外，还包括用户的工作目录。通常，删除用户的力度分为三级：

① 用户注册封锁：保留用户信息和用户工作目录，仅阻止用户注册。

② 删除用户信息：删除用户信息，但保留用户工作目录。

③ 删除用户：将用户信息和用户工作目录全部删除，让该用户及其全部信息从系统中彻底消失。

在操作系统OpenEuler中userdel命令用于删除指定的用户以及用户相关的文件，实际上是对系统的用户账号文件进行了修改。

语法：`userdel [options] user_name`

其中的命令选项说明如下：

-f：强制删除用户账号，即使用户当前处于登录状态。

-r：删除用户，同时删除与用户相关的所有文件。

-h：显示命令的帮助信息。

2.2.2 用户组管理及用户登录管理

1. 用户组管理

系统中注册的用户可按其性质划分为多个用户组，相同性质的用户分为一组。系统管理员可以为每个用户指定一个用户组或多个用户组。设置用户分组的目的是便于对用户实施管理。例如，系统为外存上的文件赋予“组所有权”和“组访问权”后，组内用户和组外用户可享受不同的访问权限。

每个用户组包括的内容有组名、口令、组标识符（GID）、组内成员等信息，如图2-3所示。

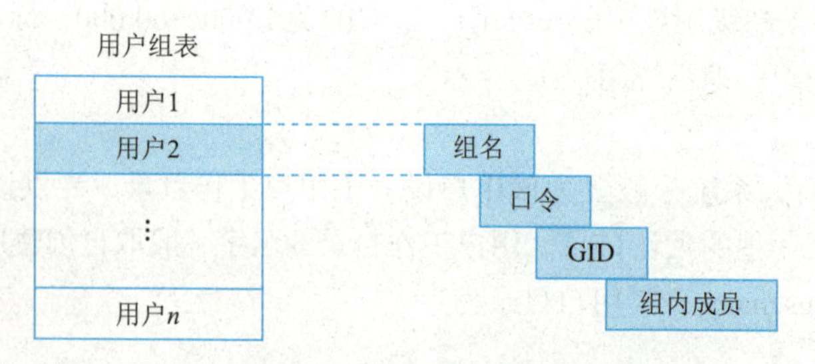

图2-3 用户组表

具有相同特性用户的逻辑集合，通过组的形式使得具有相同特性的多个用户能够拥有相同的权限，便于管理；每一个用户都拥有自己的私有组；同一组内的所有用户可以共享该组下的文件；每一个用户组都会被分配一个特有的id号-gid。

随着用户的不断增多，用户权限的把控变得复杂繁重，对系统的安全管理产生了负面影响。用户组的加入，使得每一个用户至少属于一个用户组，从而便利了权限管理。用户和用户组管理是系统安全管理的重要组成部分，通过操作命令行能够对用户组文件进行创建、修改、删除，以及关联用户等操作。

在操作系统OpenEuler中，groupadd命令可用来创建一个新的用户组，并将新用户组信息添加到系统文件中。

语法：`groupadd [options] group_name`

groupdel命令可用来删除用户组，但若是用户组中包含一些用户，需要先删除用户后再删除用户组：

语法：`groupdel [options] group_name`

2．用户登录管理

用户注册以后就成为系统的合法用户。若用户要进入系统使用计算机，需要进行登录。登录的目的是核实用户的身份：注册名、口令及其他信息。

用户可以根据屏幕提示，回答系统的提问。例如，用户wang，使用的口令是123456，做出的回答可以是命令行中的下画线部分：

Login（登录）：wang

Password（口令）：123456

系统根据用户的回答，查看用户注册表进行核对。当然，除了核对用户名和口令，还要核对用户登录的终端机和登录时间等信息，经核对正确后允许用户使用。

当用户使用完毕时，可以使用注销命令（如logoff命令）退出系统。

2.3 操作系统接口

一般来说，计算机系统有两类用户：一类是使用和管理计算机应用程序的用户，也就是被服务者；另一类是程序开发人员。被服务者又可进一步分为普通用户和管理员用户。对于不同的用户操作系统提供不同的用户接口。总的来说，操作系统接口可分为两大类：一类是为普通用户和管理员用户提供的操作命令接口，用户通过这个操作接口来组织自己的工作流程和控制程序的运行；另一类是为程序开发人员提供的系统功能调用，也就是程序一级的接口，任何一个用户程序在其运行过程中，都可以使用操作系统提供的功能调用来请求操作系统的服务。

2.3.1 脱机命令接口

在大型机和巨型机系统中，硬件设备的造价相当昂贵。如国外的蓝色基因计算机、CRAY计算机，以及国内的“天河三号”（国家超级计算天津中心同国防科技大学研制）、“神威•太湖之光”（中国国家高性能计算中心研制），造价都在千万元以上。这些机器运行速度相当快，其中，“天河三号”浮点计算处理能力达到10的18次方，工作一小时相当于13亿人万年的工作量。它们主要承担着石油地质勘探模拟、气象预报分析、飞行器仿真等领域的计算任务。在这些系统中，都设有专门的“作业收容软件”，将用户从前端机上提交的作业，挂入后备作业队列中供系统管理和调度。

视 频

命令处理程序工作流程

用户在提交自己的作业时，一般要同时提交一份关于作业的说明书。它是一个说明如何运行作业的文件，其中的每一项说明都是作业控制语言（job control language，JCL）的一条命令。作业说明书中的内容有作业步的定义、程序和数据的说明等。

作业控制语言，是由一组作业控制命令组成的集合，专门用于批处理系统。其中，每一条作业控制命令给出作业的一条说明。如果作业在执行过程中出现了异常现象，系统也根据作业说明书上的指示进行干预。这样，作业一直在作业说明书的控制下运行，直至遇到作业结束语句时，系统才停止该作业的运行。

2.3.2 联机命令接口

这是一种适合终端用户使用的操作命令接口，主要实现人-机交互。用户通过终端命令控制作业的运行。该接口需要涉及两个程序：终端处理程序和命令解释程序。

1. 终端处理程序

终端处理程序实现的功能：字符接收及存储缓冲、字符回显、控制字符处理等。因该程序较多地涉及终端机的物理性能，所以常将该程序与其他外部围设备处理程序一并划归设备管理模块。

（1）字符接收及存储缓冲

这是终端处理程序最基本的功能。中断处理程序不断地从终端接收字符，暂存在内存的缓冲区中（又称为字符缓冲区，或行缓冲区），遇到行结束符后，再将这一行字符转送到命令解释程序。在转送之前，用户可对缓冲区内的字符进行编辑修改。这种方式一般称为“熟”（look）方式。还有一种“生”（raw）方式，用户每输入一个字符，就立即不加修改地转送给用户程序。

有些键盘硬件中不具备键盘扫描码转换功能，因此送出的不是ASCII码。此时终端处理程序需要参照相关表格将扫描码转换成ASCII码。

缓冲区的管理方式千差万别，可以说因系统而异。一种适合于终端数量较多的大型系统的缓冲方式是让所有的终端共享一个公用缓冲池，池中每一个缓冲区大小等同，各缓冲区分别对应一台终端的输入。另一种是系统为各终端单独设一个缓冲区存放用户输入的字符。这种方式适合终端数量较少的小系统。

（2）字符回显

当用户从终端键盘上输入字符后，终端处理程序就将该字符送到终端显示器上显示。这一功能称作字符回显。字符回显的实现方式有两种：硬件方式和软件方式。

用硬件方式，用户在键盘上输入的字符都被显示在屏幕上。字符的显示速度比较快，但灵活性较差。

软件方式是近年来比较流行的一种方式。用户在键盘上输入一个字符后，相关的终端驱动程序负责将字符显示出来。该程序可具有字符转换功能（如由小写字母转换成大写字母，或相反），以及在显示前确定字符显示位置的功能。另外，用户输入的字符，有些是不希望显示的（如用户输入的口令），驱动程序可将这些输入的字符隐去。总之，软件方式的灵活性较强一些，但速度比较慢。

（3）控制字符处理

在终端键盘上有许多控制用的字符，是非显示字符。每一个控制字符都关联着一个控制程序。终端处理程序需要实时地识别它们，并立即启动所关联的控制程序。控制字符有单字符型的和多字符组合型的。

常用的单字符型的有Print Screen、Pg_up、Esc等。

多字符组合型的有Ctrl+Break、Alt+F1、Ctrl+Alt+Del等。

2. 命令解释程序

在联机控制方式中，使用计算机是通过一系列操作命令实现的。在系统的作业控制模块中有一个重要的程序，提供了用户使用操作系统的接口，这就是“命令解释程序”。该程序的主要功能是接收用户的操作命令，对命令进行解释，并负责调用操作系统内部的各种模块，以实现用户的要求。下面示意性地给出一个简单的命令处理程序工作流程，如图2-4所示。

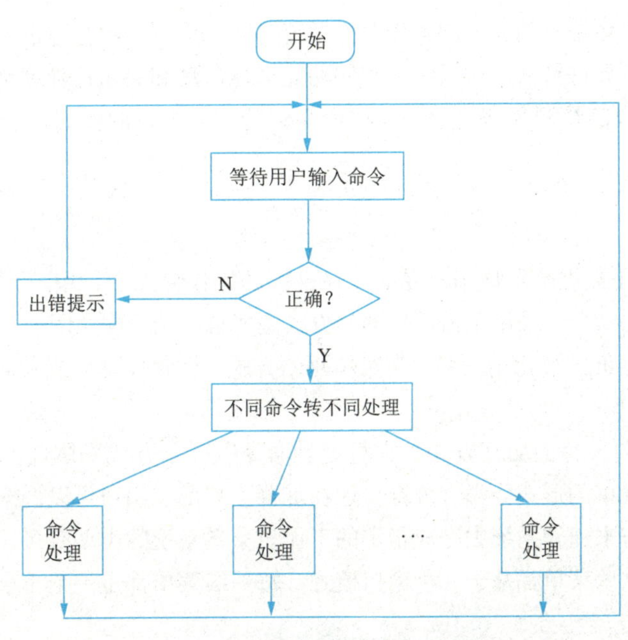

图 2-4　命令处理程序工作流程

命令解释程序每收到一条操作命令，立即按命令要求控制作业的执行，当操作系统完成命令所要求的工作后，便给出一个提示性的符号，通知用户该命令已执行完成，可以输入下一条命令来控制作业继续进行。

操作命令通常分为两种：一种是供用户使用的；另一种是专门供操作员使用的。供用户使用的命令是在计算机的终端设备上输入的，称为“用户命令”或“终端命令”。供操作员使用的命令是在计算机的控制台上输入的，称为“专用命令”或“控制台命令”。对于微型机来说，由于所有的信息都是在键盘设备上输入，因此不做区分地称作“键盘命令”。不同的操作系统所规定的操作命令功能和格式差别很大。从功能上说，大体可分为以下几种：

① 系统访问类：这类命令允许用户通过登录进入系统，使用完毕时退出等。例如，login 命令、logoff 命令及 password 命令等。

② 磁盘操作类：管理员可通过这类命令进行磁盘管理，而对普通终端用户来说，这些命令一般只限于在自己定义的磁盘上使用。常用的命令有磁盘内容备份和恢复、磁盘初始化、比较两个磁盘的内容等。

③ 目录和文件操作类：用户在外存上建立的目录和文件，可以在访问权限许可的情况下用此类命令进行操作。常用的目录操作命令有建立目录、显示目录、删除目录、指定当前目录等。文件操作命令有文件复制、文件显示、文件命名、文件移动、文件删除等。

④ 编辑、编译和程序运行类：编辑命令允许用户将程序或数据通过此类命令进行编辑，并以文件的形式存储于外存中。编译命令是将用户编制的源程序编译成目标程序的一组命令。当一个可执行的程序以文件的形式存储于外存上时，运行类命令可以将其调入内存并启动运行。

⑤ 辅助命令类：系统还提供一些辅助命令，如查询系统的某些信息、数据通信、管道操作、启动批处理、输入/输出重定向等命令。

⑥ 专用命令类：这是专门由系统管理员使用的一类命令，允许查看系统内各作业的运行状态、管

理系统时钟、建立或修改系统时间、询问各作业的运行时间、占用的内存容量、外存上各扇区的存储情况及剩余空间等。另外，允许管理员对系统的某些功能进行启动和关闭、管理普通用户和用户组、向普通用户发布消息、系统故障检测与恢复等。这些命令只能在计算机的控制台上发出，以便指挥系统的运行。

2.3.3 图形接口

现代操作系统一般还提供图形化用户界面，在这样的操作界面中，用户可以方便地借助鼠标等标记性设备，选择所需要的命令，采用单击或拖动的方式完成自己的操作意图。

现在十分受用户欢迎的图形化用户界面是菜单驱动方式、图符驱动方式和面向对象技术的集成。

1. 菜单驱动方式

菜单驱动方式是面向屏幕的交互方式，它将键盘命令以屏幕方式来体现。系统将所有的命令和系统提供的操作，用类似菜单的形式分类、分窗口地在屏幕上列出。用户可以根据菜单提示，像点菜一样选择某个命令或某种操作来通知系统去完成指定的工作。菜单系统的类型有多种，如下拉式菜单、上推式菜单和快捷菜单等。这些菜单都基于一种窗口模式。每一级菜单都是一个小小的窗口，在菜单中显示的是系统命令和控制功能。

2. 图符驱动方式

图符驱动方式也是一种面向屏幕的图形菜单选择方式。图符也称为图标，是一个很小的图形符号。它代表操作系统中的命令、系统服务、操作功能、各种资源。例如，用小矩形代表文件，用小剪刀代表剪贴。所谓图形化的命令驱动方式就是当需要启动某个系统命令、操作功能或请求某个系统资源时，可以选择代表它的图符，并借助鼠标一类的标记输入设备（也可以采用键盘），采用点击和拖动功能，完成命令和操作的选择及执行。

3. 面向对象技术

面向对象技术是一种编程思想和方法，它强调将问题分解为一系列对象，通过对象之间的交互实现整个应用程序的功能。面向对象技术有三大特征：封装、继承和多态。

图形化用户界面是良好的用户交互界面，它将菜单驱动方式、图符驱动方式、面向对象技术集成在一起，形成一个图文并茂的视窗操作环境。

Windows操作系统和Linux操作系统都为用户提供图形化用户界面。

2.3.4 程序级接口

程序级接口是操作系统提供给用户的另一个接口。用户在编制程序时，经常要用到外围设备。而外围设备的使用往往是非常烦琐的。例如，在进行读/写之前，需要使用启动命令和设备状态检查命令，确认设备是否工作正常。在进行读/写访问时，为了找准位置需要对存储介质进行前进、回退、反绕等操作。另外，还要有一些操作来检查数据通路的工作状态。

如果让用户在程序中写入这些设备操作命令，显然会增加用户的编程难度。为了便于用户使用计算机，大部分操作系统都提供了一些实现上述功能的“系统功能模块”供用户调用。这样一来，设备的物理性能就对用户透明了。当用户的应用程序需要使用某台设备时，只要在其程序的有关位置写入“调用系统功能”的有关命令即可，这种命令称作“系统调用命令”。

2.4 系统调用

系统调用命令又称“访管指令”，是操作系统提供给用户的程序级接口，通过该接口，用户程序可以调用系统的底层程序模块，完成一些烦琐的操作。

系统调用命令通常被纳入机器的汇编语言中，与普通的汇编语言命令一样使用，但是，它们的实现过程却是不一样的。而且，同一台计算机上如果安装不同的操作系统，系统调用命令的格式及功能也可能不同。

系统调用是为用户程序在执行中访问系统资源而设置的，是用户程序取得操作系统服务的唯一途径。

2.4.1　处理器的两种工作状态

在多道程序设计环境下，多个程序共享系统资源。正是由于要实现对资源的“共享”，涉及资源管理的硬指令就不能随便使用。例如，如果每个进程都有权自己去启动外围设备进行输入/输出，那么必然会造成混乱。因此，常把CPU指令系统中的指令划分为两类：一类是操作系统和用户都能使用的指令，称为“非特权指令”；另一类是操作系统使用的指令，称为“特权指令”。例如，启动外围设备、设置时钟，以及设置中断屏蔽等指令均为特权指令。

为了确保只在操作系统范围内使用特权指令，计算机系统让CPU取两种工作状态：管态和目态（又称核心态和用户态）。规定当CPU处于管态时，可以执行包括特权指令在内的一切机器指令；当其处于目态时，只能执行非特权指令，禁止使用特权指令。如果在目态下发现取了一条特权指令，中央处理器就会拒绝执行，发出“非法操作”中断。于是，一方面转交操作系统去处理该事件，另一方面提示“程序中有非法指令”的信息，通知用户进行修改。

CPU是处于管态还是目态？硬件会自动设置与识别。当CPU的控制权移到操作系统时，硬件就把CPU工作的方式设置成管态；当操作系统选择用户程序占用处理器时，CPU的工作方式就会由管态转换成目态。用户想在自己的程序中调用操作系统的子功能，就必须改变机器的状态。

2.4.2　系统调用的实现

视频

系统调用过程

1. 系统调用的定义

对于用户所需要的各种模块，在设计操作系统时，就确定和编制好能实现这些功能的例行子程序，它们属于操作系统的内核模块。用户要使用这些例行子程序，就要采用系统调用的方式。

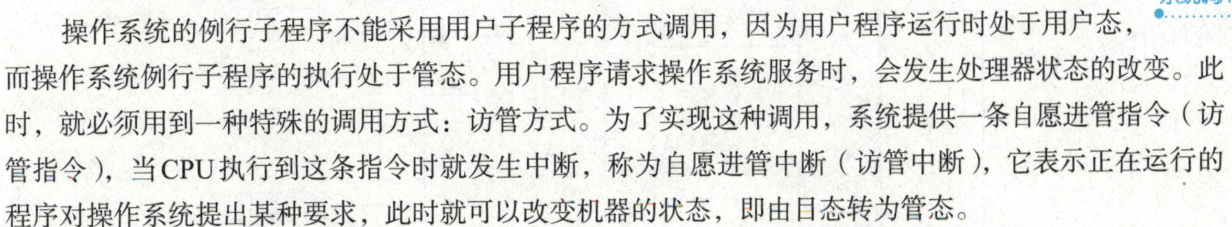

操作系统的例行子程序不能采用用户子程序的方式调用，因为用户程序运行时处于用户态，而操作系统例行子程序的执行处于管态。用户程序请求操作系统服务时，会发生处理器状态的改变。此时，就必须用到一种特殊的调用方式：访管方式。为了实现这种调用，系统提供一条自愿进管指令（访管指令），当CPU执行到这条指令时就发生中断，称为自愿进管中断（访管中断），它表示正在运行的程序对操作系统提出某种要求，此时就可以改变机器的状态，即由目态转为管态。

为了使控制命令能跳到用户当前所需要的例行子程序中，需要指令提供一个地址码，用这个地址码表示系统调用的功能号（它也是操作系统提供的例行子程序的编号），然后在访管指令中输入相应的号码，以完成用户当前所需要的服务。因此，一个带有一定功能号的访管指令就定义了一条系统调用命令。用户可以用带有不同功能号的访管指令来请求各种不同的功能。例如：

```
Svc   0    //显示一个字符
Svc   1    //打印一个字符串
...
```

【提示】访管指令的一般形式为：svc n；其中，svc表示机器访管指令的操作码记忆符，n为地址码（功能号），svc是supervisor call（访问管理程序）的编写。

系统功能调用是用户在程序一级请求操作系统服务的一种手段，它的功能不由硬件来直接提供，而是由软件来实现的，也可说是由操作系统中的某段程序来实现的。

系统调用大致可分为如下几类：

（1）设备管理：该类系统调用被用来请求和释放有关设备，以及启动设备操作等。

（2）文件管理：对文件的读、写、创建和删除等。

（3）进程控制：进程是一个在功能上独立的程序的一次执行过程。进程控制的有关系统调用包括进程创建、进程执行、进程撤销、执行等待和执行优先级控制等。

（4）进程通信：该类系统调用被用在进程之间传递消息或信号。

（5）存储管理：包括调查作业占据内存区的大小、获取作业占据内存区的起始地址等。

（6）线程管理：包括线程的创建、调度、执行、撤销等。

2. 系统调用的实现过程

系统调用对用户屏蔽了操作系统的具体动作而只提供有关的功能。不同的系统提供不同的系统调用，一般每个系统为用户提供几十到几百条系统调用。

在系统中为控制系统调用服务的处理器构称为陷阱（trap）处理器构。与此相对应，把由于系统调用引起处理器中断的指令称为陷阱指令（或称访管指令）。

不同的计算机提供的系统功能调用的格式和功能号的解释都不同，但都具有以下共同的特点：每个系统调用对应一个功能号，要调用操作系统的某一特定例程，必须在访管时给出对应的功能号，当程序执行到系统调用命令时，发生中断，系统由目态转为管态；按功能号实现调用的过程大体相同，都是由软件通过对功能号的解释分别转入对应的例行子程序；在完成了用户所需要的服务功能后，退出中断，返回到用户程序的断点继续执行。

系统调用的实现过程如图2-5所示。

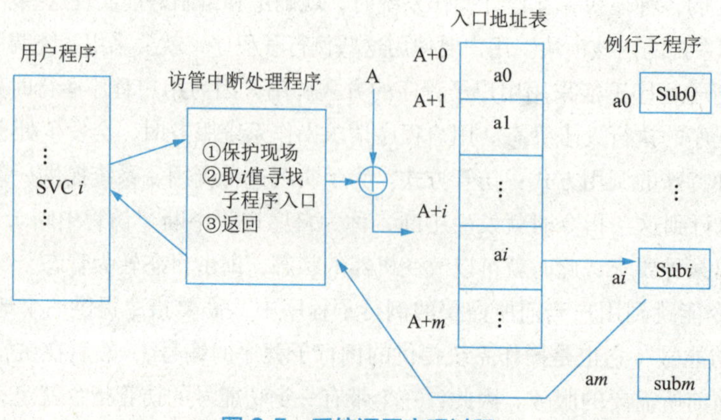

图2-5　系统调用实现过程

为了实现系统调用，操作系统设计者必须完成的工作如下：

① 编写调试好能实现各种功能的例行子程序，如sub0,sub1, … , sub*i*, …, sub*m*。

② 编写并调试好访管中断处理程序。其功能是：做常规的现场保护后，取*i*值，然后寻找例行子程序入口地址。

③ 构造例行子程序入口地址表。假定该表首址为A，每个例行子程序的入口地址占一个字长，将各例行子程序的入口地址 #sub0,#sub1,…, #sub*i*,…, #sub*m*（即 a0,a1,…, a*i*,…,a*m*）分别送入 A+0, A+l,…, A+*i*,…, A+*m* 单元中。

从形式上看，操作系统提供的系统调用与一般的过程调用（或称子程序调用）相似，但它们有着明显的区别。

① 一般的过程调用，调用者与被调用者都运行在相同的CPU状态，即都处于目态（用户程序调用用户程序）或都处于管态（系统程序调用系统程序）；但发生系统调用时，发出调用命令的调用者运行在目态，而被调用的对象则运行在管态。

② 一般的过程调用，是直接通过转移指令转向被调用的程序；但系统调用时，只能通过访管指令提供的统一入口，由目态进入管态，然后转向相应的系统调用命令。

③ 一般的过程调用，执行完后直接返回断点继续执行；但系统调用可能会招致进程状态变化，从而引起系统重新分配处理器，因此系统调用处理结束后，不一定是返回调用者断点处继续执行。

2.4.3　系统调用的实例

不同的程序设计语言提供的操作系统服务的调用方式不同，它们有显式调用和隐式调用之分。在汇编语言中是直接使用系统调用对操作系统提出各种请求，因为在这种情况下，系统调用具有汇编指令的特点。而在高级语言中一般是隐式的调用，经过语言编译程序处理后转换成直接调用形式。

例如，在C语言中，write(fd,buf,count)是UNIX型有关文件的一个系统调用命令。通过它，用户可以实现写操作，即把buf指向的内存缓冲区中的count个字节内容写到文件号为fd的磁盘文件中。因此，在C语言的源程序中，write表示一个UNIX的系统调用命令，且要求调用文件写功能的系统调用命令，括号里的 fd、buf 和 count 是由用户提供的，表示要求系统按何种条件去完成文件写操作的参数。

C编译程序在编译C的源程序时，总是把系统调用命令翻译成能够引起软中断的访管指令trap。该指令长2字节，第一字节为操作码，第二字节为系统调用命令的功能编码。trap的十六进制操作码为89，write的功能码为04，即write将被翻译成一条二进制为1000100100000100的机器指令（其八进制是104404）。write命令括号中的参数，将由编译程序把它们顺序放在trap指令的后面。于是源程序中的write(fd, buf, count)经过编译后，就对应于图2-6所示的trap机器指令。

trap	功能码	104404
fd		
buf		
count		

图 2-6　trap 机器指令

trap指令中的功能码是用来区分不同的功能调用的。在UNIX操作系统中，有一张“系统调用程序入口地址表”。该表表目从0开始，以系统调用命令所对应的功能码为顺序进行排列。例如，write的功能码是04，那么该表中的第5个表目内容对应于write的系统调用程序，入口地址表的每个表目形式由两部分组成：一是给出该系统调用所需要的参数个数；二是给出该系统调用功能程序的入口地址。

图2-7可以清楚地描绘系统调用处理过程。C语言编译程序把系统调用命令write(fd, buf, count)翻译成一条trap指令104404，简记为trap 04。当处理器执行到 trap 04 这条指令时，就产生中断，硬件自动

把处理器的工作方式由目态转变为管态。于是CPU去执行操作系统中的trap中断处理程序，该程序根据trap后面的功能码04，从系统调用处理程序入口地址表中的第5个表目中，得到该系统调用应该有3个参数（它跟随在目标程序 trap 04 指令的后面）。另外，从表目中也得到该系统调用处理程序的入口地址。于是，就可以携带三个参数去执行write的处理程序，从而完成用户提出的输入/输出操作请求。执行完毕，又把处理器恢复到目态，返回目标程序中trap指令的下一条指令（即断点）继续执行。

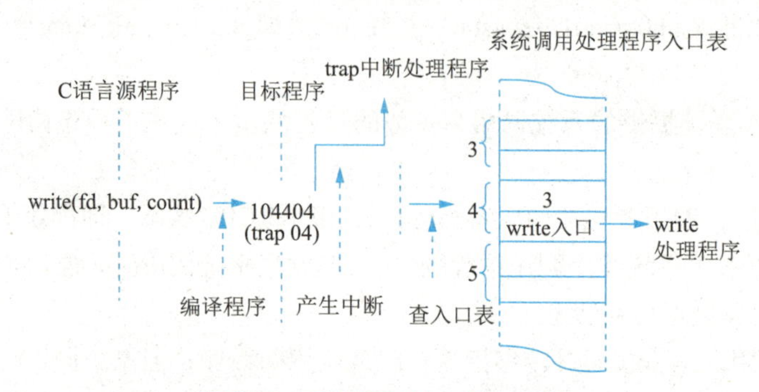

图 2-7　系统调用处理过程示例

系统调用本质上是一种过程调用，但它是一种特殊的过程调用，与一般用户程序中的过程调用有明显的区别。系统调用的调用过程和被调用过程运行在不同的状态，系统调用必须通过软中断机制首先进入系统核心，然后才能转向相应的命令处理程序。在采用抢先式调度的系统中，当系统调用返回时，要重新进行调度分析——是否有更高优先级的任务就绪。

小　结

•拓展阅读

脑机接口——突破中创新

本章首先介绍了作业的基本概念，它是操作系统面向用户的部分，讲述了用户的管理、作业的控制和调度。在这一过程中，系统要核准用户的合法性，登记用户程序占用的时机和资源使用情况。这些由作业管理模块来实现，作业管理模块涵盖了对作业的控制，控制过程涉及用户接口管理以及代码转入、卸出等。系统调用提供了底层硬件和系统资源的访问；提供了进程间通信的机制和安全保护机制；最终实现统一接口，系统调用成为操作系统提供给程序设计人员的一种服务。

思考与练习

一、单选题

1. 为了确保只在操作系统范围内使用特权指令，计算机系统让CPU取两种工作状态（　　）。

A. 管态和目态　　B. 管态和核心态

C. 目态和用户态　　D. 核心态和非核心态

2. 用户程序请求操作系统服务时，会发生处理器状态的改变，此时要用到一种特殊的调用方式（　　）。

A. I/O方式　　B. 中断　　C. 访管方式　　D. 系统调用

3. 用户用（　　）把需要对作业进行的控制和干预，事先写在作业说明书上，然后将作业连同说明书一起提交给系统。

A. PCB　　B. TCB　　C. JCL　　D. GDI

4. 使用操作命令进行作业控制的主要方式有脱机和（　　）。

A. 批处理　　B. 实时　　C. 联机　　D. 交互

5. 下列说法错误的是（　　）。

A. 一般的过程调用，调用者与被调用者都运行在相同的CPU状态

B. 发生系统调用，发出调用命令的调用者运行在目态

C. 一般的过程调用，执行完后直接返回断点继续执行

D. 系统调用可能会发生进程状态的变化，因此，调用结束一定会返回调用者断点继续执行

二、简答题

1. 什么是作业？作业由哪几部分组成？各部分有什么功能？
2. 操作系统为用户提供哪些接口？它们的区别是什么？
3. 什么是系统调用？系统调用与一般用户程序有什么区别？与库函数和实用程序又有什么区别？
4. 简述系统调用的执行过程。

第3章 处理器管理

处理器作为计算机系统的核心部件，其重要性不言而喻。它不仅是执行程序指令的关键，也是实现多任务并发执行的关键。因此，对处理器的有效管理显得尤为重要。

操作系统对处理器的管理，实际上就是对在其上运行的进程进行管理与调度。进程是程序执行时的动态实体，它们共享处理器的资源，并竞争执行权。如何合理地安排这些进程，使它们能够有序、高效地运行，是处理器管理的核心问题。此外，如何选择作业进入内存并占用处理器，也是本章要讨论的问题。操作系统还通过中断处理、同步与互斥机制等手段，协调处理器与其他硬件设备的交互，确保系统的稳定性和可靠性。

知识导图

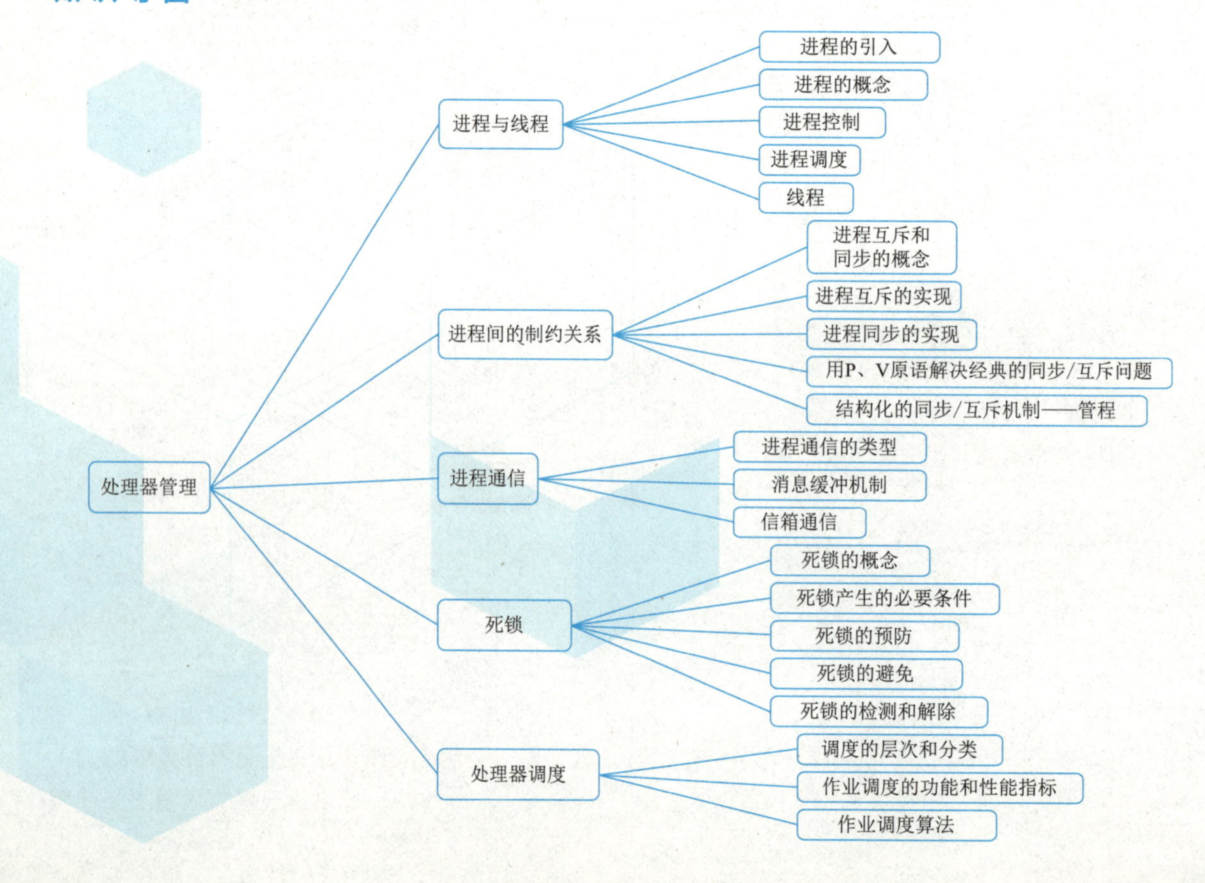

学习目标

• 了解：多道程序操作系统环境下程序执行的特点。

• 理解：进程和线程的概念、进程/线程的状态与转换及实现、进程间的制约关系、同步与互斥机制、进程间通信的方式、死锁的概念、处理器调度的过程。

• 应用：在理解基本概念的基础上，能解决实际的同步、互斥问题，并会选择合适的调度算法进行处理器调度，会预防、检测和解除死锁。

• 分析：学会分析进程间的制约关系、处理器调度的各种算法实施情况、死锁问题。

• 培养：通过对处理器管理原理和实践的学习，引导学生深入理解计算机系统的复杂性和挑战性，从而培养学生的敬业精神和专业素养；处理器作为计算机系统的核心部件，其安全性直接关系到国家的网络安全和信息安全，因此，要引导学生树立国家安全意识；通过案例分析、实验操作等方式，提高学生的实践应用能力，使他们能够将所学知识应用于实际问题的解决中，提高解决复杂问题的能力。

3.1 进程与线程

现代操作系统的重要特点是程序的并发执行。操作系统的重要任务之一是使用户充分、有效地利用计算机系统资源。为了提高资源利用率和系统吞吐量，通常会采用多道程序设计技术将多个程序同时装入内存，使它们并发执行。采用一个什么样的概念来描述计算机程序的执行过程和作为资源分配的基本单位，才能充分反映操作系统的执行并发、资源共享及用户随机的特点？这个概念就是进程。

3.1.1 进程的引入

要理解进程的概念，必须先了解单道程序和多道程序操作系统环境下程序执行的特点。

1. 程序的顺序执行及特点

人们在用计算机完成各种功能时，总是使用“程序”这一概念。程序是一个在时间上按严格次序前后相继的操作序列，体现了程序开发人员要求计算机完成相应任务时应该采取的顺序步骤，是一个静态的概念。

程序的执行分为顺序执行和并发执行。

在引入“多道程序设计”概念之前，不严格区分“程序”和“程序的运行”。这是因为任何一个程序运行时，都是单独使用系统中的一切资源，如处理器（指它里面的指令计数器、累加器、各种寄存器等）、内存、外围设备、软件等，没有竞争者与其争夺或共享，程序是顺序执行的。

程序的顺序执行具有如下特点：

（1）执行的顺序性

内存中每次只有一个程序，各个程序是按次序执行的，即完成一个，再进行下一个，绝对不可能在一个程序运行过程中，又夹杂进另一个程序。

（2）封闭性

在单道程序系统中，程序在封闭的环境下运行，即程序运行时独占全机资源，只有程序本身才能改变资源的状态（除初始状态外），程序一旦开始执行，其执行结果不受外界因素的影响。

（3）结果的可再现性

程序执行的结果与它的执行速度无关（即与时间无关），而只与初始条件有关。只要输入的初始条件相同，则无论何时重复执行该程序都会得到相同的结果。

2. 程序的并发执行及特点

在多道程序设计环境下，内存中允许有多个程序存在，它们轮流地使用CPU。例如，原来内存中的程序运行输入/输出时，CPU就只能空转，以等待输入/输出的完成。现在，当程序A运行输入/输出操作时，就可以把CPU分配给内存中另一个可运行的程序B去使用。这样，CPU在运行程序B，外部程序在为程序A服务。这时，程序顺序执行的三个特点就荡然无存了。

在多道程序设计环境下，系统具有如下特点：

（1）执行的并发性

从宏观上看，多个程序都在运行着；而从微观上看，每个时刻CPU只能为一个程序服务，运行着的程序都是"走走停停"，具有间断性。

程序的并发执行可总结为：一组在逻辑上互相独立的程序或程序段在执行过程中，其执行时间在客观上互相重叠，即一个程序段的执行尚未结束，另一个程序段的执行已经开始的执行方式。

并发执行是为了增强计算机系统的处理能力和提高资源利用率所采取的一种同时操作技术。

程序的并发执行可进一步分为两种：

① 多道程序系统的程序执行环境变化所引起的多道程序的并发执行。由于资源的有限性，多道程序的并发执行总是伴随着资源的共享与竞争，从而制约各道程序的执行速度，而无法做到在微观上，也就是在指令级上的同时执行。因此，尽管多道程序的并发执行在宏观上是同时进行的，但在微观上仍是顺序执行的。

② 在某道程序的几个程序段（或几个程序）中，包含着一部分可以同时执行或颠倒顺序执行的代码。例如，语句：

```
read (a);
read (b);
```

它们既可以同时执行，也可颠倒次序执行。对于这样的语句，同时执行不会改变顺序程序所具有的逻辑性质。因此，可以采用并发执行来充分利用系统资源以提高计算机的处理能力。

（2）"封闭性"被打破

内存不再只由一个程序占用，而是分配给若干个程序使用。多道程序共享内存，并发交替占用处理器运行，程序运行不再具有"封闭性"。

（3）"结果的可再现性"被打破

在多道程序设计环境中，各个程序的执行不再具有可能完全依照自己的执行次序执行，程序运行结果不再具有可再现性。

【例3-1】设程序A和程序B是两个并发执行的循环程序，它们共享一个公用变量N。程序A每执行一次循环都对变量N做加1操作，程序B每隔一定时间打印共享变量N中的值，然后将N重新设置为"0"。程序描述如下所述，其中cobegin和coend是并行语句，表示它们之间的程序是可以并发执行的。

```
main()
{  int N=0;
   cobegin
     程序A;
     程序B;
```

```
    coend
}
程序A                               程序B
{   …                               {   …
    N++                                 printf("N is %d \n",N);
    …                                   N=0;
    …                                   …
}                                   }
```

程序A和程序B在完成各自的功能时，包括对共享变量N的操作，为了简便，在程序描述中只给出了对变量N的操作语句。

由于程序A和程序B的执行都以各自的速度向前推进，故程序A的N++操作既可在程序B的printf操作和N=0操作之前，也可在其后或中间。因此，程序的执行有可能出现三种不同情况。假设两个程序开始某个循环之前，N的值为a，则本次循环中可能出现的三种不同情况及其对应的变量值如下：

① …；N++；printf(N)；N=0；…。打印的N值为a+1，循环结束后的N值为0。

② …；printf(N)；N=0；N++；…。打印的N值为a，循环结束后的N值为1。

③ …；printf(N)；N++；N=0；…。打印的N值为a，循环结束后的N值为0。

上例说明，程序在并发执行时，由于失去了封闭性，其计算结果与并发程序间的执行速度有关，从而使程序的执行失去了可再现性。

程序并发执行时，若共享了公共变量，给定相同的初始条件，若不加以控制，也可能得到不同的结果，称此为与时间有关的错误。

3．进程的引入

由于程序在顺序执行时具有顺序性、封闭性和可再现性，使程序和其执行过程之间具有一一对应关系，因此程序这个静态概念完全可以用来代替程序执行过程这个动态概念。但是，程序的并发执行破坏了程序顺序执行的特点，并产生了一些新的特点，使程序这个静态概念不足以描述程序的执行过程。因此，需要引入一个新的概念"进程"来描述程序的并发执行过程。

3.1.2　进程的概念

进程这一术语是20世纪60年代初期，首先在麻省理工学院的Multics系统和IBM公司的TSS/360系统中引用的。人们对进程下过许多的定义：

① 进程是可以并行执行的计算部分（S.E.Madnick，J.T.Donovan）。

② 进程是一个独立的可以调度的活动（E.Cohen，D.Jofferson）。

③ 进程是一个抽象实体，当它执行某个任务时，将要分配和释放各种资源（P.Denning）。

④ 行为的规则称为程序，程序在处理器上执行时的活动称为进程（E.W.Dijkstra）。

以上进程的定义，尽管各有侧重，但在本质上是相同的，即主要注重进程是一个动态的执行过程这一概念。

1．进程的定义

1978年，在庐山召开的国内操作系统讨论会上给出的进程定义如下：进程是具有一定独立功能的程序关于一个数据集合的一次运行活动。

进程是程序的运行过程，是系统进行资源分配和调度的一个独立单位。

进程和程序是两个既有联系又有区别的概念，它们的区别和关系可简述如下：

① 进程是程序的一次执行，属于动态概念；而程序仅是指令的有序集合，属于静态概念。

② 进程有一个生命周期，它的存在是暂时的，它动态地被创建，被调度执行后消亡；而程序的存在则是永久的。

③ 进程具有并行特征，而程序没有。由进程的定义可知，进程具有并行特征的两个方面，即独立性和异步性。也就是说，在不考虑资源共享的情况下，各进程的执行是独立的，执行速度是异步的。显然，由于程序不反映执行过程，所以不具有并行特征。

④ 一个进程可执行一个或几个程序，一个程序可产生多个进程。

2. 进程的特征

进程的基本特征可概括如下：

① 动态性：进程是程序的一次执行，它有着创建、活动、暂停、终止等过程，具有一定的生命周期，是动态地产生、变化和消亡的。动态性是进程最基本的特征。

② 并发性：指多个进程同存于内存中，能在一段时间内同时运行。引入进程的目的就是使进程能和其他进程并发执行。并发性是进程的重要特征，也是操作系统的重要特征。

③ 独立性：指进程是一个能独立运行、独立获得资源和独立接受调度的基本单位。凡未建立PCB（program cortrol block，进程控制块）的程序，都不能作为一个独立的单位参与运行。

④ 异步性：由于进程的相互制约，使得进程按各自独立的、不可预知的速度向前推进。异步性会导致执行结果的不可再现性，为此在操作系统中必须配置相应的进程同步机制。

3. 进程的状态及状态转换

视频

进程状态转换

进程在其生存期内可能处于以下三种基本状态之一：

① 就绪态（ready）：一个进程已经具备运行条件，但由于无CPU暂时不能运行的状态。当调度给其CPU时，立即可以运行。处于就绪态的进程位于“就绪队列”中。

② 运行态（running）：进程占用了包括CPU在内的全部资源，并在CPU上运行。

③ 等待态（blocked）：阻塞态、睡眠态。指进程因等待某种事件的发生而暂时不能运行的状态（即使CPU空闲，该进程也不可运行）。处于等待态的进程位于等待队列中。

进程三个基本状态之间是可以相互转换的。具体来说，当一个就绪进程获得处理器时，其状态由就绪态变为运行态；当一个运行进程被剥夺处理器资源时，如用完分给它的时间片，或者出现高优先级别的其他进程，其状态由运行态变为就绪态；当一个运行进程因某事件受阻时（如所申请资源被占用、启动数据传输未完成），其状态由运行态变为等待态；当所等待的事件发生时（如得到被申请资源、数据传输完成），其状态由等待状态变为就绪态。进程基本状态转换关系如图3-1所示。

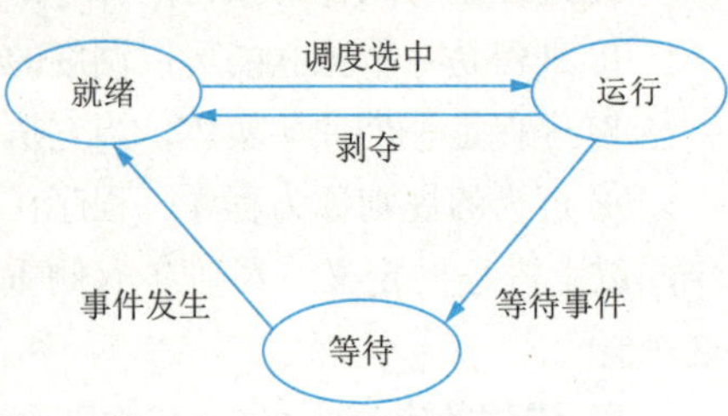

图3-1 进程基本状态转换关系

就绪、执行、等待是进程最基本的三种状态，对于一个具体的系统来说，为了实现某种设计目标，进程状态的数量可能多于三个。例如：

① 创建状态：一个进程正在初创时期，操作系统还没有把它列入可执行的进程队列中。

② 终止状态：一个进程正常结束，或因某种原因被强制结束。这时，系统正在为其进行善后处理。

③ 挂起状态：把一个进程从内存转到外存。

一个进程被阻塞，整个进程仍然驻留在内存。这时，可以将CPU进行分配去运行其他的进程。由于CPU的处理速度很快（要比I/O快很多），就有可能出现这样的情形：内存中现有的进程都在等待I/O的完成，CPU只能空闲运转。

让某些进程占用着内存长时间地等待，让CPU空闲运转，无疑是对系统资源的一种浪费。若这时内存无充足的空余空间，那么从内存调出阻塞的进程到外存，腾出一定的空间，再从外存调入可运行的进程，就能达到提高CPU利用率的目的。为了能使用这种外存与内存的交换技术，增设“就绪/挂起”和“等待/挂起”状态。

① 就绪/挂起状态：进程在外存。只要被激活，进程就可以进入内存，如果获得CPU，就可以投入运行。

② 等待/挂起状态：进程在外存等待事件的发生。若等待事件发生了，就成为就绪/挂起状态。若被激活，进程就可以调入内存去等待事件的发生。有挂起状态的进程状态模型如图3-2所示。

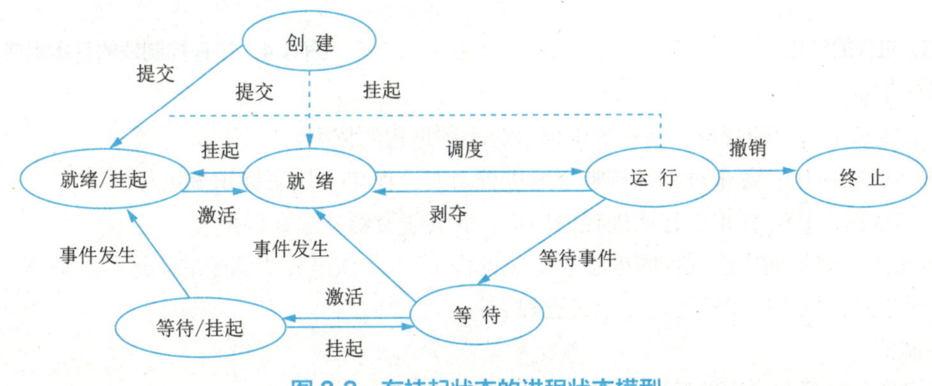

图3-2 有挂起状态的进程状态模型

4．进程的组成

从概念的角度看，进程是程序的活动过程。那么，从系统管理的角度看，系统又如何描述和识别进程的活动？为了便于系统描述和管理进程，系统应该具有一个能够描述进程存在和能够反映进程变化的物理实体，该实体就是进程控制块（PCB）。从系统管理的角度看，进程由三部分组成：进程控制块、程序段和该程序段对其进行操作的数据结构集，如图3-3所示。

进程的程序部分描述进程所要完成的功能，数据结构集是程序在执行时必不可少的工作区和操作对象。这两部分是进程完成所需功能的物质基础。

5．进程控制块

PCB作为进程实体的一个组成部分，包含了有关进程的描述信息、控制信息及资源信息，是系统对进程实施管理的唯一依据和系统能够感知到进程存在的唯一标识。几乎在所有的多道操作系统中，一个进程的PCB结构都是全部或部分常驻内存的；在大部分多道操作系统中，进程的程序部分和数据结构集放在外存中，直到该进程执行时再调入内存。

进程控制块和进程之间存在一一对应关系，在创建一个进程时，应首先创建其PCB，然后才能根据PCB中信息对进程实施有效的管理和控制。当一个进程完成其功能之后，系统则释放PCB，进程也随之消亡。

一般来说，根据操作系统的要求不同，进程的PCB所包含的内容也会有所不同。其基本内容由描述信息、控制信息、资源管理信息、CPU现场信息四部分组成，如图3-4所示。

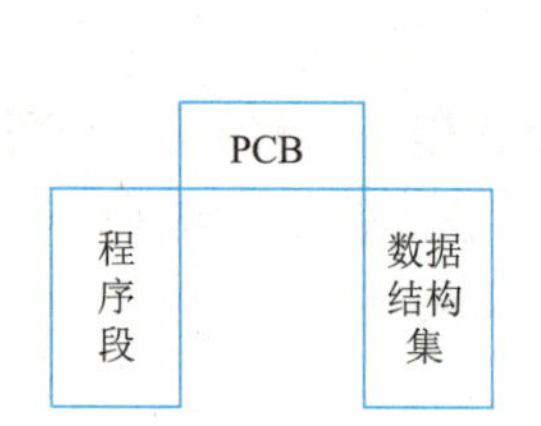

图 3-3　进程的结构

描述信息	进程名或进程ID
	用户名或用户ID
	家族关系
控制信息	进程当前状态
	进程优先级
	程序开始地址
	各种计时信息
	通信信息
资源管理信息	内存使用信息
	程序共享信息
	I/O设备使用信息
	文件系统指针及标识
CPU现场信息	通用寄存器内容
	控制寄存器内容
	程序状态字寄存器内容

图 3-4　进程控制块的基本组成

（1）描述信息

描述信息代表了进程的身份，是系统内部区分不同进程的依据。

① 进程名或进程ID：每个进程都有唯一的进程名或进程ID，用来标识该进程。

② 用户名或用户ID：标识创建该进程的用户，有利于资源共享和保护。

③ 家族关系：记录创建该进程的进程（即父进程），以及该进程所创建的子进程。通常，父进程可以创建多个子进程，但子进程只能有一个父进程。

（2）控制信息

控制信息能随时反映进程的情况。

① 进程当前状态：说明进程当前处于何种状态。

② 进程优先级：是选取进程占有处理器的重要依据。与进程优先级有关的PCB表项还有占用CPU时间、进程优先级偏移、占据内存时间等。

③ 程序开始地址：规定该进程的程序以此地址开始执行。

④ 各种计时信息：给出进程占有和利用资源的有关情况。

⑤ 通信信息：通信信息用来说明该进程在执行过程中与别的进程所发生的信息交换情况。

（3）资源管理信息

PCB 中包含最多的信息是资源管理信息，具体包括存储器的信息、使用输入/输出设备的信息、有关文件系统的信息等。

① 内存使用信息：包括占用内存大小及其管理用数据结构指针，例如后叙内存管理中所用到的进程页表指针等。

② 程序共享信息：共享程序段大小及起始地址。

③ I/O设备使用信息：包括输入/输出设备的设备号，所要传送的数据长度、缓冲区地址、缓冲区长度，以及所用设备的有关数据结构指针等。这些信息在进程申请释放设备进行数据传输中使用。

④ 文件系统指针及标识：进程可使用这些信息对文件系统进行操作。

（4）CPU 现场信息

当前进程因等待某个事件而进入等待状态或因某种事件发生被中止在处理器上的执行时，为了以后该进程能在被打断处恢复执行，需要保护当前进程的CPU现场（或称进程上下文）。PCB中设有专门的CPU现场保护结构，以存储退出执行时的进程现场数据。

3.1.3 进程控制

进程和处理器管理的一个重要任务是进程控制。进程控制是系统使用一些具有特定功能的程序段来创建、撤销进程，以及完成进程各状态间的转换，从而达到多进程高效率并发执行和协调、实现资源共享的目的。

系统在创建、撤销一个进程以及要改变进程的状态时，都要调用相应的程序段来完成这些功能。在操作系统中，通常把进程控制用程序段做成原语。

原语是指在执行过程中不可中断的、实现某种独立功能的、可被其他程序调用的程序。

原语可分为两类：一类是机器指令级原语，其特点是执行期间不允许中断，在操作系统中，它是一个不可分割的基本单位；另一类是功能级原语，其特点是作为原语的程序段不允许并发执行。这两类原语都在系统态下执行，且都是为了完成某个系统管理所需要的功能和被高层软件所调用。

用于进程控制的原语有创建原语、撤销原语、阻塞原语、唤醒原语等。

1. 进程创建原语

进程创建是实现进程从无到有的过程。调用进程创建原语者有可能是系统程序模块（即系统创建方式），也有可能是某个用户进程（即为新建进程的父进程）。

由系统统一创建的进程之间的关系是平等的，它们之间一般不存在资源继承关系。而在父进程创建的进程之间则存在隶属关系，且互相构成树状结构的家族关系。属于某个家族的一个进程可以继承其父进程所拥有的资源。另外，无论是哪一种方式创建进程，在系统生成时，都必须由操作系统创建一部分承担系统资源分配和管理工作的系统进程。

无论是系统创建方式还是父进程创建方式，都必须调用创建原语来实现。创建原语扫描系统的PCB链表，申请一个空白PCB，填写用于控制和管理进程的信息，最后形成代表进程的PCB结构。这些参数包括进程名、进程优先级、进程正文段起始地址、资源清单等，其实现过程如图3-5所示。

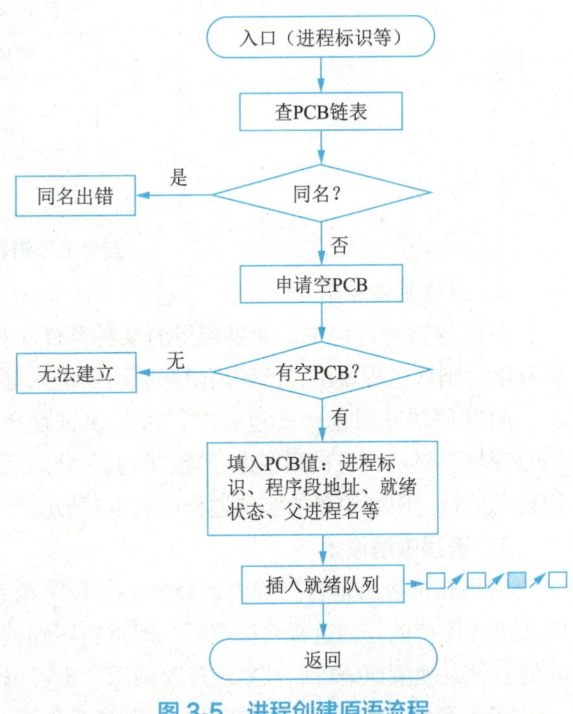

图3-5 进程创建原语流程

注意：进程的创建并不影响调用者的状态，而新建的进程总是进入就绪队列的。这是因为被创建进程的父进程并没有安排运行的资格，新建的进程是否能进入运行状态，完全取决于系统所采用的进程调度策略。

2. 进程撤销原语

进程撤销是进程消亡的过程，以下几种情况都将导致进程被撤销。

① 该进程已完成所要求的功能而正常终止。

② 由于某种错误导致该进程非正常终止。

③ 祖先进程要求撤销某个子进程。

无论哪一种情况导致进程被撤销，进程都必须释放它占用的各种资源和PCB本身，以利于资源回收利用。当然，一个进程所占用的某些资源在使用结束时可能早已释放。另外，当一个父进程撤销某个子进程时，需要审查该子进程是否还有自己的子孙进程，若有，还需要撤销其子孙进程的PCB结构并释放它们所占有的资源。撤销原语的实现过程如图3-6所示。

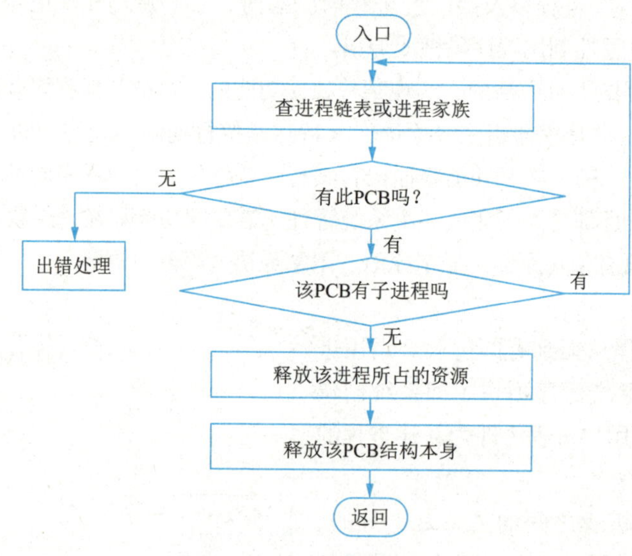

图 3-6 进程撤销原语流程

3. 进程阻塞原语

在进程运行过程中，如果期待的某种条件（如键盘输入数据、写盘、其他进程发来的数据等）没有发生，则该进程就由自己调用阻塞原语而进入等待状态。

阻塞原语在阻塞一个进程时，由于该进程正处于执行状态，故应先中断处理器和保存该进程的CPU现场。然后，将被阻塞进程置“阻塞”状态后插入等待队列中，再转进程调度程序选择新的就绪进程投入运行。阻塞原语的实现过程如图3-7所示。

4. 进程唤醒原语

如果在进程的运行过程中，释放了某种资源者使某种条件具备，这意味着等待该资源或条件而被阻塞进入等待队列的进程将被唤醒，即重新回到就绪状态。显然，一个处于等待状态的进程不可能自己唤醒自己，唤醒原语可以被系统进程调用，也可以被事件发生进程调用。

当由系统进程唤醒等待进程时，系统进程统一控制事件的发生并将“事件发生”这一消息通知等待进程，从而使得该进程因等待事件已发生而进入就绪队列。由事件发生进程唤醒时，事件发生进程和被唤醒进程之间是合作关系。因此，唤醒原语既可被系统进程调用，也可被事件发生进程调用。

调用唤醒原语的进程称为唤醒进程。唤醒原语首先将被唤醒进程从相应的等待队列中取出，将被唤醒进程置为就绪状态之后，送入就绪队列。在把被唤醒进程送入就绪队列之后，唤醒原语既可以返回原调用程序，也可以转向进程调度，以便让调度程序有机会选择一个合适的进程执行。进程唤醒原语流程如图3-8所示。

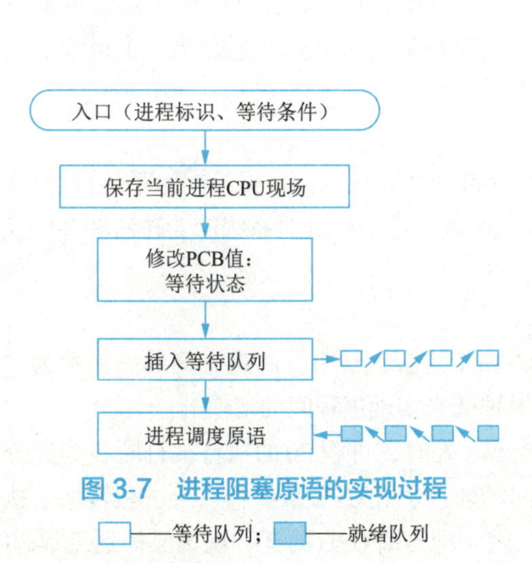

图 3-7 进程阻塞原语的实现过程

□——等待队列；■——就绪队列

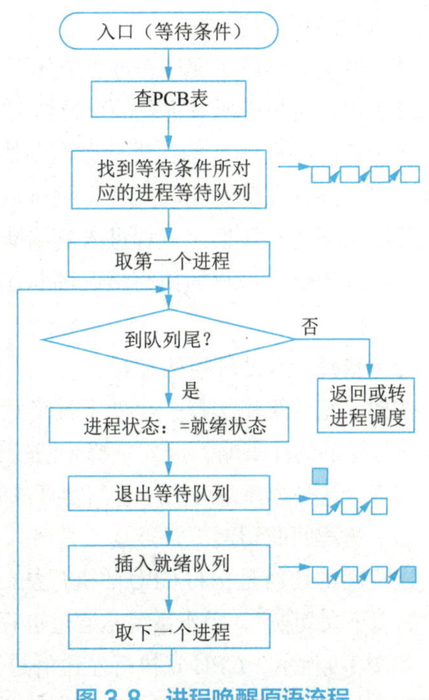

图 3-8 进程唤醒原语流程

5. 进程调度原语

当一个进程运行完分配给它的CPU时间片，或者因为申请某一种条件得不到满足时，就需要放弃CPU。这时，操作系统就要从就绪队列中选择一个新的进程来占有CPU而运行，这就是进程调度原语要做的工作。

进程调度原语从就绪队列的头指针开始，按照某种调度算法（在后续内容中予以详细介绍）选出一个进程，将该进程PCB结构中的状态改为运行状态，然后使其退出就绪队列，恢复该进程的现场参数，该进程就占有了CPU时间而进入了运行状态。

3.1.4 进程调度

在多道程序系统中，用户进程数一般都多于处理器数，这将导致用户进程互相争夺处理器。另外，系统进程也同样需要使用处理器。这就要求进程调度程序按一定的策略，动态地把处理器分配给处于就绪队列中的某一个进程，以使其执行。

1. 进程调度的时机

运行进程执行完毕、运行进程因某种原因被阻塞、运行进程时间片用完，或者在CPU可剥夺方式下，就绪队列中有优先级高于当前运行进程优先级的进程出现，都会引起进程调度。执行完系统调用，在系统程序返回用户进程时，可认为系统进程执行完毕，从而可调度选择新的用户进程执行。

【提示】所谓可剥夺方式，即就绪队列中一旦有优先级高于当前执行进程优先级的进程存在，便立即发生进程调度，转让处理器。而非剥夺方式或不可剥夺方式即使在就绪队列存在有优先级高于当前执行进程时，当前进程仍将继续占有处理器，直到该进程自己因调用原语操作或等待I/O而进入阻塞、睡眠状态，或者时间片用完时才重新发生调度让出处理器。

2．进程调度的实现

进程调度的具体实现过程可总结如下：

（1）记录系统中所有进程的执行情况

作为进程调度的准备，进程管理模块必须将系统中各进程的执行情况和状态特征记录在各进程的PCB表中。进程在活动期间其状态是可以改变的，相应地，该进程的PCB就在运行指针、各种等待队列和就绪队列之间转换。进程进入就绪队列的排序原则体现了调度思想。进程调度模块通过PCB变化来掌握系统中所有进程的执行情况和状态特征，并在适当的时机从就绪队列中选择出一个进程占据处理器。

（2）选择占有处理器的进程

按照一定的策略选择一个处于就绪状态的进程，使其获得处理器执行。根据不同的系统设计目的，有各种各样的选择策略，例如系统开销较少的静态优先数调度法、适合于分时系统的轮转法和多级反馈轮转法等。这些选择策略决定了调度算法的性能。

（3）进程间的切换

进程间的切换是指将CPU的执行从一个进程切换到另一个进程。也有人将进程间的切换称为“进程间的上下文切换”。操作系统是通过进程PCB中的现场保护区来实现进程间的切换的。

如图3-9所示，CPU先执行左边的进程P0。当运行到点x处时，进程P0的执行被打断。为充分利用CPU，须将CPU分配给其他的进程使用，即进行进程间的切换。让CPU从执行一个进程转而去执行另一个进程，为此进入操作系统。若现在要运行进程P1，就先把当前CPU的运行现场保护到进程P0的PCB0中，然后用进程P1的PCB1中的现场信息对CPU进行加载（即恢复进程P1的运行现场）。这样，CPU就开始运行右边的进程P1。到点y时，若进程P1的运行被打断，于是又进入操作系统去做进程间的切换。若现在是要运行进程P0，就先把当前CPU的运行现场保护到进程P1的PCB1中，然后用进程P0的PCB0中的现场信息对CPU进行加载。这样，CPU就开始从点x往下运行左边的进程P0。

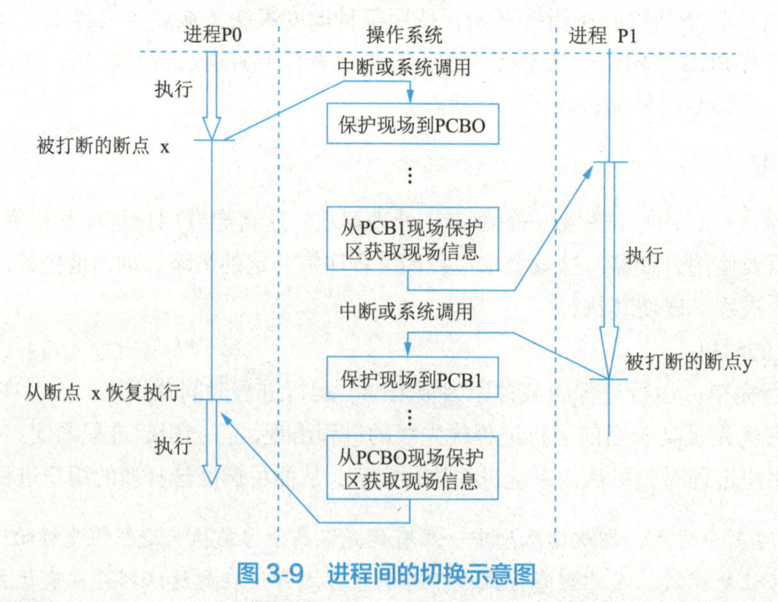

图3-9 进程间的切换示意图

3．进程调度算法

调度算法既要体现多个就绪进程之间的公平性、进程的优先程度；又要考虑到用户对系统响应时间的要求；还要有利于系统资源的均衡和高效率使用，尽可能地提高系统的吞吐量。当然，这些设计原则有些是相互矛盾的，在一个实际系统中不可能使每项原则都很好地体现。例如，要提高系统资源利用率就无法保障很短的响应时间，要提高系统的吞吐量就难保证对每个就绪进程都公平。因此，实际系统中往往还要根据操作系统的设计和使用目标来确定选择策略。

常用的进程调度算法有先来先服务法、时间片轮转法、多级反馈轮转法和优先级法等。

（1）先来先服务法

就绪进程按提交顺序或变为就绪状态的先后排成队列，并按照先来先服务（first come first serve，FCFS）的方式进行调度处理。每个进程都按照它们在队列中等待时间长短来决定它们是否优先享受服务，进程一旦占有处理器，就一直用下去，直至结束或因等待某事件而让出处理器。

视 频

先来先服务调度算法

从处理的角度来看，该算法易于实现，且在一般意义下是公平的。不过对于那些执行时间较短的进程来说，如果它们在某些执行时间很长的进程之后到达，则它们将等待很长时间，就显得不公平。

【例3-2】就绪队列中依次有三个进程A、B、C，A进程需要运行24 ms，B和C进程各需要运行3 ms。按照FCFS的顺序，进程A先占用处理器，然后是B，最后是C。按照这种调度顺序，它们的平均等待时间是（0+24+27）/3=17 ms。假定调度顺序换成B、C、A，则它们的平均等待时间是：(0+3+6)/3=3 ms。

在实际操作系统中，很少单独使用FCFS算法，该算法总是和其他一些算法配合使用。例如，基于优先级的调度算法就是对具有同样优先级的作业或进程采用的FCFS方式。

（2）时间片轮转法

视 频

时间片轮转法

将所有的就绪进程按到达的先后顺序排队，并将CPU的处理时间分成固定大小的时间片。如果一个进程在被调度选中之后用完了系统规定的时间片，但未完成要求的任务，则它自行释放自己所占有的CPU而排到就绪队列的末尾，等待下一次调度。同时，进程调度程序又去调度当前就绪队列中的第一个进程，如图3-10所示。

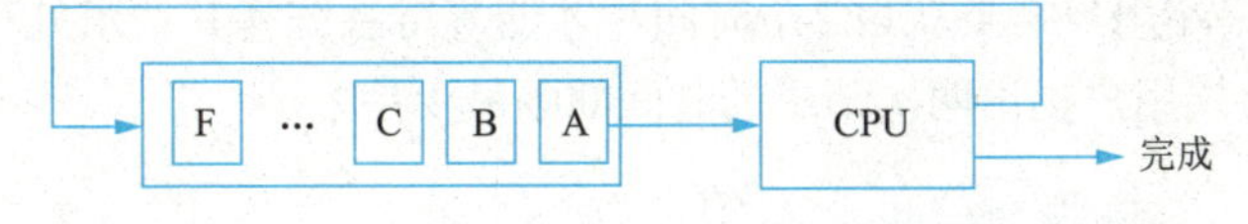

图3-10 时间片轮转法进程调度

时间片轮转法的基本思路是让每个进程在就绪队列中的等待时间与享受服务的时间成正比。显然，该算法只能用来调度分配那些可以抢占的资源。将它们随时剥夺再分配给别的进程。CPU是可抢占资源的一种，但打印机等资源是不可抢占的。

时间片轮转法中，时间片长度的选取非常重要，它会直接影响系统开销和响应时间。如果时间片长度过短，则调度程序剥夺处理器的次数增多。这将使运行进程和就绪进程切换次数也大幅增加，从而加重系统开销，降低系统的实际运行效率。反过来，如果时间片长度选择过长（例如，一个时间片能保证就绪队列中所需执行时间最长的进程能执行完毕），则轮转法变成了先来先服务法。

在实际的操作系统中，确定CPU时间片长度值主要应考虑以下几个因素：

① 系统的设计目标：决定了系统中运行的进程类型。用于工程运算的计算机系统往往需要较长的时间片，因为这类进程主要是占用CPU时间进行运算，而只有少量的输入/输出工作，这样可以降低进

程之间频繁切换所致的系统开销。用于输入/输出工作的系统需要较短的时间片，因为这类进程一般只需要在一个时间片范围内完成少量的输入/输出所需要的准备和善后工作。用于普通多用户联机操作的系统，其CPU时间片的长度主要取决于用户响应时间。

② 系统性能：计算机系统本身的性能也对时间片大小的确定产生影响。时钟频率越高，单位时间内能够执行的指令数就越多，其时间片也就可以较短；CPU指令周期越长，程序的执行速度就越慢，时间片就需要较长。但长的时间片又有可能影响用户响应时间，这就需要进行折中取值。但不管怎么说，系统性能越好，时间片大小的确定范围就越大。

轮转过程中，时间片可以是固定长度的，也可以是可变长度的。

时间片长度的选择是根据系统对响应时间的要求R和就绪队列中所允许的最大进程数N_{max}确定的。可表示为：

$$q=R/N_{max}$$

在q为常数的情况下，即为固定时间片轮转法，其特征是就绪队列中的所有进程都以相等的速度向前推进。如果就绪队列中的进程数远小于N_{max}，则响应时间R看上去会大幅减小。但是，就系统开销来说，由于q值固定，从而进程切换的时机不变，系统开销也不变。通常，系统开销也是处理器执行时间的一部分。CPU的整个执行时间等于各进程执行时间加上系统开销。

在进程执行时间大幅度减少的情况下，如果系统开销也随之减少，系统的响应时间有可能更短一点。例如，在一个用户进程的情况下，如果q值增大到足够该进程执行完毕，则进程调度所引起的系统开销就没有了。因此，产生了可变时间片轮转的策略，每当一轮调度开始时，系统便根据就绪队列中已有进程数目计算一次q值，作为新一轮调度的时间片。这种方法得到的时间片随就绪队列中的进程数变化。

【例③-3】有一个分时系统，允许10个终端用户同时工作，时间片设置为100 ms。若对用户的每一个请求，CPU将耗费200 ms的时间进行处理。试问终端用户提出两次请求的时间间隔最少是多少？

因为时间片长度是100 ms，有10个终端用户同时工作，所以轮流一次需要花费100 ms × 10=1s。这就是说，在1 s内，一个用户可以获得100 ms的CPU时间。又因为终端用户的每一次请求需要耗费200 ms的时间进行处理，于是终端用户需要获取2个时间片才能等待系统将其请求处理完毕。每1 s终端用户获得一次时间片，所以终端用户提出两次请求的时间间隔最少是2 s。

（3）优先级法

对于用户而言，时间片轮转法是一种绝对公平的算法，但对于系统而言，这种算法还没有考虑到系统资源的利用率以及不同用户级别的差别。优先级调度算法为进程设置不同的优先级，就绪队列按进程优先级的不同而排列，每次总是从就绪队列中选取优先级最高的进程运行（在相同优先级的进程中通常是按FCFS的原则选取）。显然，优先级进程调度算法的核心是如何确定进程的优先级。

① 静态优先级：指在进程创建时确定其优先级，一旦开始执行其优先级就不能改变。进程的静态优先级确定原则如下：

- 根据进程的性质、类型和对资源的要求来决定优先级。总体来说，系统进程通常享有比用户进程更高的优先级；对于用户进程，又以分为I/O繁忙的进程、CPU繁忙的进程、I/O和CPU均衡的进程等类型，一般给予I/O繁忙的进程较高的优先级，充分发挥CPU和外围设备之间的并行能力；根据资源需求，给予使用资源如CPU时间短或内存容量少的进程较高的优先级，可以提高系统吞吐率；对于系统进程，也可按功能划分为调度进程、I/O进程、中断处理进程和存储管理进程等而赋予不同的优先级。

- 根据进程执行任务的重要性和用户请求来决定。例如，系统中处理紧急情况的报警进程的重要性不言而喻，一旦有紧急事件发生，让其立即占有处理器投入运行；根据用户请求，给予进程较高的优先级，做“加急”处理。

② 动态优先级。基于静态优先级的调度算法实现简单，系统开销小，但由于静态优先级一旦确定之后，直到进程执行结束为止始终保持不变，从而系统效率较低，调度性能不高。现在的操作系统中，如果使用优先级调度，则大多采用动态优先级的调度策略。

进程的动态优先级一般根据以下原则确定：

- 根据进程占有CPU时间的长短来决定。一个进程已经占有CPU的时间越长，则在被阻塞之后再次获得调度的优先级就越低，反之，其获得调度的可能性就会越大。
- 根据就绪进程等待CPU的时间长短来决定。一个就绪进程在就绪队列中等待的时间越长，则其获得调度选中的优先级就越高。

【例3-4】一个动态优先级的例子。早期UNIX操作系统中，为动态改变一个进程的优先级，采取了设置和系统计算并用的方法。设置用于一个进程变为阻塞时，系统会根据不同的阻塞原因，赋予阻塞进程不同的优先数。这个优先级将在进程被唤醒后发挥作用。计算进程优先级的公式为：

p_pri=min{127，(p_cpu/16+PUSER+p_nice)}

其含义是在127和(p_cpu/16+PUSER+p_nice两个数之间取最小值。其中，PUSER是一个常数；p_nice是用户为自己的进程设置的优先级，反映该用户进程工作任务的轻重缓急程度；p_cpu是进程使用处理器的时间。

这里最关键的是p_cpu。系统通过时钟中断来记录每个进程使用处理器的情况。时钟中断处理程序每20 ms做一次，每做一次就将运行进程p_cpu加1。到1s时，依次检查系统中所有进程的p_cpu。如果这个进程的p_cpu<10，表明该进程在这1s内占用处理器的时间没到200 ms，于是就把p_cpu修改为0；如果这个进程的p_cpu＞10，表明该进程在这1s内占用处理器的时间超过了200 ms，于是就在其原有p_cpu的基础上减10。图3-11所示为p_cpu的变化对进程优先级的影响，从而影响了进程被调度到的可能性。

p_cpu(↑)①→p_pri(↑)②→进程的优先级(↓)③→进程被调度到的可能性(↓)④→p_cpu(↓)⑤→p_pri(↓)⑥→

进程的优先级(↑)⑦→进程被调度到的可能性(↑)⑧

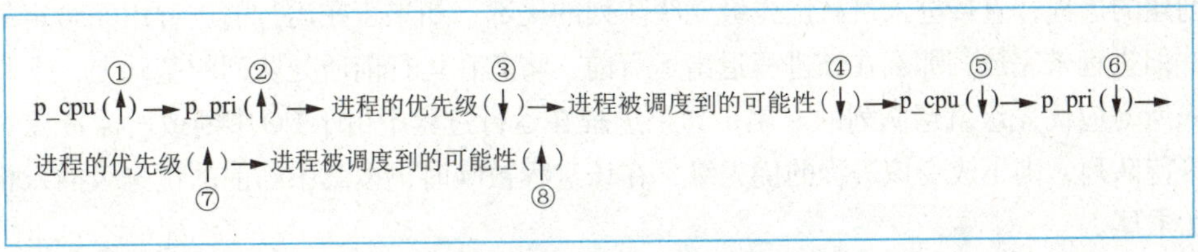

图 3-11　p_cpu 的变化对进程优先级的影响

如果一个进程逐渐占用了较多的处理器时间，那么其PCB中的p_cpu值就逐渐加大，呈上升的趋势（见图3-11中①）。由于p_cpu增加，根据公式计算出来的优先数也呈上升趋势（见图3-11中②）。进程优先数的上升，意味着它获得处理器的优先级下降（见图3-11中③），也就是被调动到的可能性减小（见图3-11中④）。由于调度到的可能性减小了，使用处理器的机会就少了，于是p_cpu值下降（见图3-11中⑤）。p_cpu值下降，意味着由公式计算出来的进程优先数也呈下降的趋势（见图3-11中⑥）。一个进程优先数减小，表示它的优先级上升（见图3-11中⑦），也就是这个进程获得处理器的机会增多（见图3-11中⑧）。可见，通过这样的处理，UNIX让每个进程都有比较合理的机会获得处理器的服务。

（4）多级反馈轮转法

多级反馈轮转法（round robin with multiple feedback）是一种综合的调度算法，在CPU时间片的选择上，引用了时间片轮转法中的多值时间片策略；而在进程优先级的确定上，又采取了动态优先级的策略。也就是说，多级反馈轮转法综合考虑了进程到达的先后顺序、进程预期的运行时间、进程使用的资源种类等诸多因素。

① 多级反馈队列：多级反馈轮转算法的核心是就绪进程的组织采用了多级反馈队列。在系统中设置多个就绪队列，并为每个队列赋予不同的优先级。第一个队列的优先级最高，第二个队列次之，其余队列的优先级依次降低。该算法为不同队列中的进程所赋予的执行时间片的大小也各不相同，在优先级越高的队列中，其时间片越小。例如，第二个队列的时间片要比第一个队列的时间片长1倍，…，第$i+1$个队列的时间片要比第i个队列的时间片长1倍，如图3-12所示。一个进程在其生存期内，将随着运行情况而不断地改变其优先级和能分配到的时间片长度，即调整该进程所处的队列。

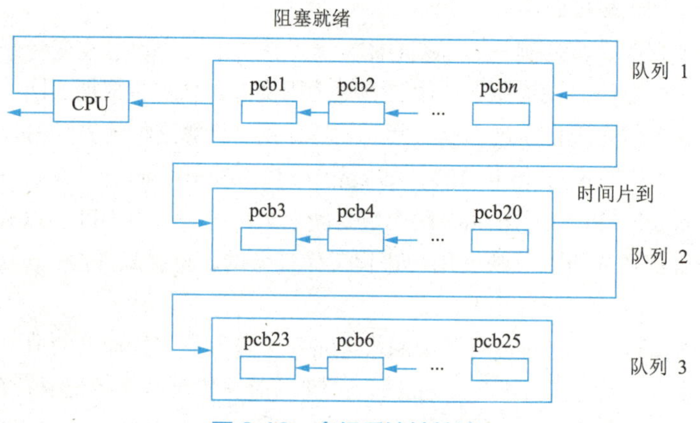

图3-12 多级反馈轮转法

② 调度算法：多级反馈轮转法每次总是选择优先级最高的队列，如果该队列为空，则指针移到下一个优先级队列，直到找到不为空的队列，再选择这个队列中的第一个进程运行，其运行的时间片由该队列首部指定。那么，什么时候、采取怎样的策略来调整一个进程所处的队列及其位置？其原则是：对于一个新创建的进程，直接进入最高优先级就绪队列的尾部；如果正在运行的进程用完给定的时间片而放弃CPU，但进程未完成，那么在该进程退出运行前，将其在运行前所处队列的基础上，下降一个优先级后再进入所对应优先级就绪队列的末尾；如果进程在运行过程中由于I/O中断或所需资源的不满足而阻塞进入等待队列，则不改变该进程的优先级，在该进程被唤时仍按其中断前的优先级插入相应优先级就绪队列的末尾。

③ 算法特点：可以看出，多级反馈轮转法有如下特点。

- 较快的响应速度和短作业优先。因为新创建的进程总是进入优先级最高的队列，所以能在较短的时间内被调度到而运行。而且如果作业所需要的运行时间很短，那么在较高优先级队列中被几次调度运行即可完成。
- 输入/输出进程优先。因为这类进程在运行时需要的CPU时间极短，往往是因I/O中断而进入等待队列，而当I/O结束被唤醒返回就绪队列时，其优先级不会降低。
- 运算型进程有较长的时间片。由于运算型进程需要较长的CPU运行时间，虽然每次运行后都会下移一个优先级队列，但一旦运行起来却拥有较长的时间片，直到最后获得最长的时间片。

• 采用了动态优先级，使那些较多占用珍贵资源CPU的进程优先级不断降低；采用了可变时间片，以适应不同进程对时间的要求，使运算型进程能获得较长的时间片。

总之，多级反馈轮转算法不仅体现了进程间的公平性、进程的优先程度，而且兼顾了用户对响应时间的要求，还考虑到了系统资源的均衡和高效率使用，提高了系统的吞吐能力。

从介绍的几种调度算法可以看出，把处理器分配给进程后，还有一个允许它占用多长时间的问题。具体有两种处理方法：一种是不可抢占式，即只能由占用处理器的进程自己自愿放弃处理器。例如，进程运行结束，自动放弃处理器；或进程因某种原因阻塞而自愿放弃处理器。另一种是抢占式，即系统中出现某种条件时就立即从运行进程手中抢夺过处理器，重新进行分配。先来先服务法属于不可抢占式，时间片轮转法属于抢占式，优先数法既可设计成抢占式也可设计成不可抢占式。

3.1.5 线程

20世纪60年代中期，人们在设计多道程序操作系统时，引入了进程的概念，从而解决了在单处理器环境下的程序并发执行问题。此后在长达20年的时间里，在多道程序操作系统中一直以进程为能够拥有资源并独立调度（运行）的基本单位。直到20世纪80年代中期，人们才提出了比进程更小的基本单位——线程（thread）的概念，并试图用它来提高程序并发执行的程度，以进一步改善系统的服务质量。特别是在进入20世纪90年代后，多处理器系统得到迅速发展，由于线程能更好地提高程序的并发执行程度，近些年推出的多处理器操作系统无一例外地都引入了线程，用于改善操作系统的性能。

1. 线程的引入

如果说在操作系统中引入进程的目的，是为了使多个程序并发执行，以改善资源利用率及提高系统的吞吐量；那么，在操作系统中再引入线程则是为了减少程序并发执行时所付出的时空开销，使操作系统具有更好的并发性。

（1）进程的两个基本属性

进程之所以可以独立运行，是因为：

① 进程是一个可拥有资源的独立单位，包括用于存放程序正文和数据的磁盘、内存地址空间，以及它在运行时所需要的I/O设备、已打开的文件、信号量等。

② 进程是一个可独立调度和分派的基本单位。每个进程在系统中均有唯一的PCB，系统可以根据PCB来感知进程的存在，也可以根据PCB 中的信息对进程进行调度，还可将断点信息保存在进程的PCB中。反之，可利用进程PCB中的信息来恢复进程运行的现场。正是由于具有这两个基本属性，进程才成了一个能独立运行的基本单位，从而也就构成了进程并发执行的基础。

（2）程序并发执行时所付出的时空开销

为使程序能并发执行，系统还必须进行以下操作：

① 创建进程：系统在创建进程时，必须为其分配必需的、除处理器以外的所有资源，如内存空间、I/O设备，以及建立相应的PCB。

② 撤销进程：系统在撤销进程时，必须先对这些资源进行回收操作，然后再撤销PCB。

③ 进程切换：在对进程进行切换时，由于要保留当前进程的CPU环境和设置新选中进程的CPU环境，为此需花费不少处理器时间。

简言之，由于进程是一个资源拥有者，因而在进程的创建、撤销和切换中，系统必须为之付出较大的时空开销。也正因为如此，在系统中所设置的进程数目不宜过多，进程切换的频率也不宜太高，但这也限制了并发程度的进一步提高。

如何能使多个程序更好地并发执行，同时又尽量减少系统的开销，已成为设计操作系统时所追求的重要目标。于是，操作系统的研究人员有了新的想法：可否将进程的属性分开，由操作系统分别进行处理。即把处理器调度和其他资源的分配针对不同的活动实体进行，以使其轻装运行；而对拥有资源的基本单位，又不频繁地对其进行切换。正是在这种思想的指导下，产生了线程概念。

2. 线程的定义

在引入线程的操作系统中，线程是进程中的一个实体，是被系统独立调度和分配的基本单位。线程基本上不拥有系统资源，只拥有一些在运行中必不可少的资源（如程序计数器、一组寄存器和栈等），但它可与同属一个进程的其他线程共享进程所拥有的全部资源。一个线程可以创建和撤销另一个线程；同一进程中的多个线程之间可以并发执行。由于线程之间的相互制约，致使线程在运行中也呈现出间断性。相应地，线程也同样有就绪、阻塞和执行三种基本状态，有的系统中线程还有终止状态。

线程控制块（TCB）是标志线程存在的数据结构，包含对线程管理需要的全部信息。不过线程控制块中的内容较少，因为有关资源分配等信息已经记录在所属进程的进程控制块中。

图3-13所示为多进程结构。如果这两个进程具有一定的逻辑联系，例如，二者是执行相同代码的服务程序，或者二者为协同进程，则可以用多线程结构实现，如图3-14所示。

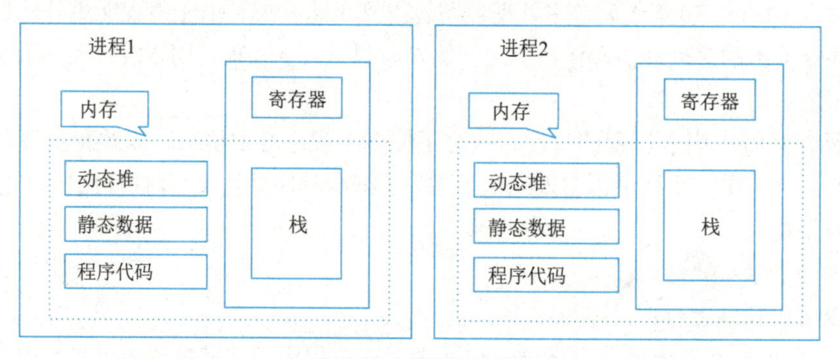

图3-13 多进程结构

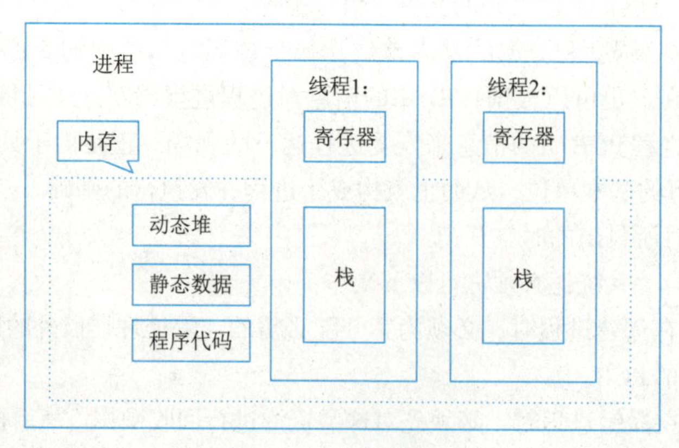

图3-14 多线程结构

3. 线程与进程的比较

线程具有传统进程具有的许多特征，故又称为轻型进程（light-weight process）或进程元；而把传统的进程称为重型进程（heavy-weight process），它相当于只有一个线程的任务。在引入了线程的操作系统中，通常一个进程都有若干个线程，且至少需要有一个线程。下面从调度、并发性、系统开销、拥有资源等方面比较线程与进程。

（1）调度

在传统的操作系统中，拥有资源的基本单位、独立调度和分配的基本单位都是进程。而在引入线程的操作系统中，则把线程作为调度和分配的基本单位，而把进程作为拥有资源的基本单位，使传统进程的两个属性分开，显著提高了系统的并发程度。在同一进程中，线程的切换不会引起进程的切换，在由一个进程中的线程切换到另一个进程中的线程时，将会引起进程的切换。

（2）并发性

在引入线程的操作系统中，不仅进程之间可以并发执行，而且在一个进程中的多个线程之间，亦可并发执行，使操作系统具有更好的并发性，从而能更有效地使用系统资源和提高系统吞吐量。例如，在一个未引入线程的单CPU操作系统中，若仅设置一个文件服务进程，当它由于某种原因而被阻塞时，便没有其他的文件服务进程来提供服务。在引入了线程的操作系统中，可以在一个文件服务进程中，设置多个服务线程，当第一个线程等待时，文件服务进程中的第二个线程可以继续运行；当第二个线程阻塞时，第三个线程可以继续执行，从而显著提高了文件服务的质量及系统吞吐量。

（3）拥有资源

不论是传统的操作系统，还是设有线程的操作系统，进程都是拥有资源的一个独立单位，它可以拥有自己的资源。一般来说，线程自己不拥有系统资源（只有一些必不可少的资源，线程控制块记录了线程执行的寄存器和栈等现场状态），但它可以访问其隶属进程的资源。例如，一个进程的代码段、数据段以及系统资源（如已打开的文件、I/O设备等），可供同一进程的所有线程共享。

（4）系统开销

由于在创建或撤销进程时，系统都要为之分配或回收资源，如内存空间、I/O设备等。因此，操作系统所付出的开销将显著大于在创建或撤销线程时的开销。类似地，在进行进程切换时，涉及当前进程整个CPU环境的保存以及新被调度运行的进程的CPU环境的设置。而线程切换只需要保存和设置少量寄存器的内容，并不涉及存储器管理方面的操作。可见，进程切换的开销也远大于线程切换的开销。此外，由于同一进程中的多个线程具有相同的地址空间，致使它们之间的同步和通信的实现，也变得比较容易。在有的系统中，线程的切换、同步和通信都无须操作系统内核的干预。

（5）独立性

每个进程都拥有独立的地址空间和资源，除了共享全局变量，不允许其他进程访问。某个进程中的线程对其他进程不可见。同一进程中的不同线程是为了提高并发性及进行相互之间的合作而创建的，它们共享进程的地址空间和资源。

（6）支持多处理器系统

对于传统单线程进程，不管有多少个CPU，进程只能运行在一个CPU上。对于多线程进程，可将进程中的多个线程分配到多个CPU上执行。

4．线程控制块

与进程类似，系统也为每个线程配置一个线程控制块，用于记录控制和管理线程的信息。线程控制块通常包括：① 线程标识符，为每个线程赋予一个唯一的线程标识符；② 一组寄存器，包括程序计数器、状态寄存器和通用寄存器；③ 线程运行状态，用于描述线程正处于何种状态；④ 优先级，描述线程执行的优先程度；⑤ 线程专有存储区，线程切换时用于保存现场等；⑥ 堆栈指针，用于过程调用时保存局部变量及返回地址等。

同一进程中的所有线程都完全共享进程的地址空间和全局变量。各个线程都可以访问进程地址空间的每个单元，所以一个线程可以读、写或甚至清除另一个线程的堆栈。

5．线程的实现

线程的实现可以分为两类：用户级线程（user level thread，ULT）和内核级线程（kermel-level thread，KLT）。内核级线程又称内核支持的线程。

（1）用户级线程

用户级线程就是“从用户视角能看到的线程”，是在用户空间中实现的。在用户级线程中，有关线程创建、撤销和切换等所有工作都由应用程序在用户空间内（用户态）完成。这些线程的线程控制块都设置在用户空间，线程所执行的操作也无须内核支持，内核只关心对常规进程进行管理，内核意识不到ULT的存在。

需要说明的是，对于设置了ULT的系统，其调度仍是以进程为单位进行的。在采用时间片轮转调度算法时，各个进程轮流执行一个时间片，这对于各进程而言貌似是公平的。但假如在进程A中包含了1个ULT，而在进程B中包含了100个ULT，那么，进程A中线程的运行时间将会是进程B中各线程运行时间的100倍；相应地，进程A的运行速度也要快上100倍。

假如系统中设置的是KLT，则调度便会以线程为单位进行。在采用时间片轮转调度算法时，各个线程轮流执行一个时间片。同样假定进程A中只有1个KLT，而进程B中有100个KLT。此时，进程B可以获得的CPU时间是进程A的100倍，且进程B可使100个系统调用并发执行。

使用ULT方式的优点：① 线程切换不需要转换到内核空间，节省了模式切换的开销。② 调度算法可以是进程专用的。在不干扰OS调度的情况下，不同的进程可以根据自身需要选择不同的调度算法，以对自己的线程进行管理和调度，而与OS的低级调度算法无关。③ 用户级线程的实现与OS平台无关，因为面向线程管理的代码属于用户程序的一部分，所有的应用程序都可以共享这段代码。因此，ULT甚至可以在不支持线程机制的OS平台上实现。

使用ULT方式的主要缺点：① 系统调用的阻塞问题。当线程执行一个系统调用时，不仅该线程会被阻塞，而且进程内的所有线程均会被阻塞。而在KLT方式下，进程中的其他线程仍然可以运行。② 不能发挥多CPU的优势，内核每次分配给一个进程的仅有一个CPU，因此，进程中仅有一个线程能执行，在该线程放弃CPU之前，其他线程只能等待。

（2）内核级线程

内核级线程在内核的支持下运行，它们的创建、阻塞、撤销和切换等也都是在内核空间实现的。为了对内核支持线程进行控制和管理，在内核空间也为每个内核支持线程设置了一个TCB，内核根据该TCB来感知某线程的存在，并对其加以控制。

这种实现方式的优点：① 内核支持线程具有很小的数据结构和堆栈，线程的切换比较快，切换开销小；② 内核调度以线程为单位，如果进程中的一个线程被阻塞，则内核可以调度该进程中的其他线程来占用CPU，也可运行其他进程中的线程；③ 在多处理器系统中，内核能够同时调度同一进程中的多个线程并行运行，能发挥多CPU的优势；④ 内核本身也可以采用多线程技术，可以提高系统的执行速度和效率。

内核级线程的主要缺点：对于用户的线程切换而言，其模式切换的开销较大。这是因为，在同一个进程中，从一个线程切换到另一个线程时需要从用户态转到内核态进行，用户进程的线程在用户态运行，而线程调度和管理是在内核中实现的。

（3）两种线程的组合

有些系统同时支持用户级线程和内核级线程，把ULT和KLT两种线程进行组合，提供了组合方式的ULT/KLT线程。

6．多线程模型

在组合方式的线程系统中，由于ULT和KLT的连接方式不同，由此产生了不同的多线程模型，即实现用户级线程和内核级线程的连接方式。

（1）多对一模型

将多个用户级线程映射到一个内核级线程上。如图3-15（a）所示，这些用户级线程一般属于一个进程，运行在该进程的用户空间，对这些线程的调度和管理也是在该进程的用户空间中完成的。仅当用户级线程需要访问内核时，才会将其映射到一个内核级线程上，但每次只允许一个线程进行映射。此模式中，用户级线程对操作系统不可见（即透明）。

优点：线程管理是在用户空间进行的，无须切换到核心态，因而效率比较高。

缺点：一个线程在使用内核服务时被阻塞，则整个进程都会被阻塞；在任一时刻，只有一个线程能够访问内核，多个线程不能同时在多个CPU上运行。

（2）一对一模型

将每个用户级线程映射到一个内核级线程。如图3-15（b）所示，为每个用户级线程都设置了一个内核级线程与之连接。

优点：当一个线程被阻塞后，允许另一个线程继续执行，所以并发能力较强。

缺点：每创建一个用户级线程都需要创建一个内核级线程与其对应，开销较大，因此需要限制整个系统的线程数。Linux和Windows操作系统都实现了一对一模型。

（3）多对多模型

将n个用户级线程映射到m个内核级线程上，要求$m \leqslant n$，如图3-15（c）所示。特点：多对多模型是多对一模型和一对一模型的折中，既克服了多对一模型并发度不高的缺点，又克服了一对一模型的一个用户进程占用太多内核级线程而开销太大的缺点。此外，还拥有多对一模型和一对多模型各自的优点，可谓集两者之所长。

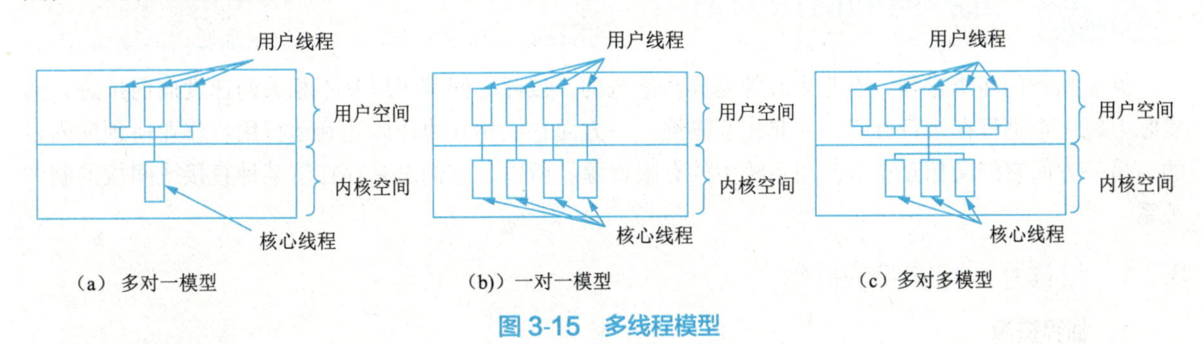

图3-15 多线程模型

7．线程的应用

在实际应用中，并不是在所有的计算机系统中线程都是适用的。事实上在那些很少进行进程调度和切换的实时系统、个人数字助理系统中，由于任务的单一性，设置线程相反会占用更多的内存空间和寄存器。

使用线程的最大好处是在有多个任务需要处理器处理时，能减少处理器的切换时间；而且，线程的创建和结束所需要的系统开销也比进程的创建和结束要少很多。由此，可以推出最适合使用线程的系统是多处理器系统、网络系统或分布式系统。在多处理器系统中，同一用户程序可以根据不同的功能划分为不同的线程，放在不同的处理器上执行。在网络或分布式系统中，服务器可对多个不同用户的请求按不同的线程进行处理，从而提高系统的处理速度和效率。

用户程序可以按功能划分为不同的小段时，单处理器系统也可因使用线程而简化程序的结构和提高执行效率。几种典型的应用如下：

（1）服务器中的文件管理或通信控制

在局域网的文件服务器中，对文件的访问要求可被服务器进程派生出的线程处理。由于服务器同时可能接受许多个文件访问要求，则系统可以同时生成多个线程来处理。如果计算机系统是多处理器的，这些线程还可以被安排到不同的处理器上执行。

（2）前后台处理

前后台处理，即把一个计算量较大的程序或实时性要求不高的程序安排在处理器空闲时执行。对于同一个进程中的上述程序来说，线程可用来减少处理器切换时间和提高执行速度。例如，在表处理进程中，一个线程可用来显示菜单和读取用户输入，而另一个线程则可用来执行用户命令和修改表格。由于用户输入命令和命令执行分别由不同的线程在前后台执行，从而提高了操作系统的效率。

（3）异步处理

程序中的两部分如果在执行时没有顺序规定，则这两部分程序可用线程执行。

（4）某些单处理器系统中的用户程序

例如，Word文字处理程序，该程序在运行时一方面需要接收用户输入的信息，另一方面需要对文本进行词法检查，同时需要定时修改结果保存到临时文件中以防意外事件发生。可见，这个应用程序涉及三个相对独立的控制流，这三个控制流共享内存缓冲区中的文本信息。以单进程或多进程模式都难以恰当地描述和处理这一问题，而同一进程中的三个线程是最恰当的模型。

另外，线程方式还可用于数据的批处理、网络系统中的信息发送与接收，以及其他相关处理等。

3.2 进程间的制约关系

并发执行的多个进程，看起来好像是异步前进的，彼此之间都可以互不相关的速度向前推进，而实际上每一个进程在运行过程中并非相互隔绝。一方面它们相互协作以达到运行用户作业所预期的目的，另一方面它们又相互竞争使用系统中的有限资源。所以，它们总是存在着某种直接或间接的制约关系。

3.2.1 进程互斥和同步的概念

1. 临界资源

在计算机中有许多资源一次只能允许一个进程使用，如果有多个进程同时使用这类资源，则会引起激烈的竞争，即互斥。因此必须保护这些资源，避免两个或多个进程同时访问这类资源，例如打印机、磁带机等硬件设备和变量、队列等数据结构。通常把那些某段时间内只允许一个进程使用的资源称为临界资源。

2. 临界区

一组进程共享某一临界资源，这组进程中的每一个进程对应的程序中都包含了一个访问该临界资源的程序段。在每个进程中，访问该临界资源的程序段称为临界区或临界段。

【例3-5】如下程序段是为两个终端用户服务的图书借阅系统，变量x代表图书的剩余数量。

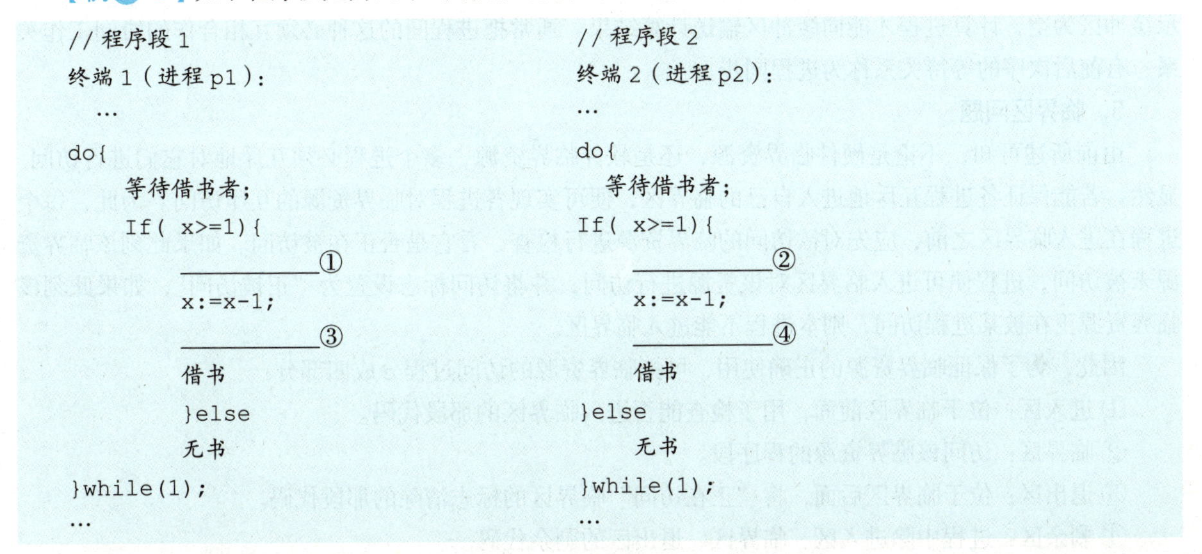

```
//程序段1
终端1(进程p1):
  …
do{
   等待借书者;
   If( x>=1){
      __________①
      x:=x-1;
      __________③
      借书
      }else
      无书
}while(1);
…
```

```
//程序段2
终端2(进程p2):
…
do{
   等待借书者;
   If( x>=1){
      __________②
      x:=x-1;
      __________④
      借书
   }else
      无书
}while(1);
…
```

假设当前只剩一本书，即x=1。有读者在终端1上借书，进程p1执行。当程序执行到① 处时被中断，终端2上有读者借书，进程2执行。当程序执行到② 处时被中断，此时p1和p2都判断有书，此后二者并发执行，分别将x减1，将一本书借给两位读者，即发生了错误。

分析可知，进程p1执行程序段1时会访问变量x，进程p2执行程序段2时也会访问变量x，x为进程p1和p2的共享变量。为了不发生错误，对于变量x在一段时间内只允许p1或p2一个进程使用，即当进程p1进入程序段1执行时，不允许p2进入程序段2执行。

由前面的定义可知，这里共享变量x即为临界资源，程序段1和程序段2即为关于临界资源x的临界区。

3. 互斥

为保证与一个临界资源（共享变量）交往的多个进程各自运行的正确性，其中一个进程正在对该临界资源（共享变量）进行操作时，绝不允许其他进程同时对它进行操作。进程间的这种对公有资源的竞争而引起的间接制约关系称为“互斥”。也就是说，不允许两个以上的共享该资源的并发进程同时进入临界区。

引起资源不可同时共享的原因：一是资源的物理特性决定的，如打印机等；二是某些资源如果同时被几个进程使用，则一个进程的动作可能会干扰其他进程的动作，共享资源如数据、队列、缓冲区、表格和变量等。

4. 同步

除了对公有资源的竞争而引起的间接制约之外，并发进程间还存在着一种直接制约关系。当两个进程配合起来完成同一个计算任务时，经常出现这种情况，即当一个进程执行到某一步时，必须等待另一个进程发来的信息（例如必要的数据，或某个事件已发生）才能继续运行下去。有时，还需要两个进程相互交换信息后才能共同执行下去。

例如，有一个单缓冲区为两个相互合作的进程所共享，计算进程对数据进行计算，而打印进程输出计算的结果。计算进程未完成计算则不能向缓冲区传送数据，此时打印进程未得到缓冲区的数据而无法输出打印结果。一旦计算进程向缓冲区输送了计算结果，就应向打印进程发出信号，以便打印进程立即进行工作，输出打印结果。反过来也一样，打印进程取走了计算结果，也应向计算进程发出信号，表示缓冲区为空，计算进程才能向缓冲区输送计算结果。通常把进程间的这种必须互相合作的协同工作关系、有前后次序的等待关系称为进程同步。

5. 临界区问题

由前所述可知，不论是硬件临界资源，还是软件临界资源，多个进程必须互斥地对它们进行访问。显然，若能保证各进程互斥地进入自己的临界区，便可实现各进程对临界资源的互斥访问。为此，每个进程在进入临界区之前，应先对欲访问的临界资源进行检查，看它是否正在被访问。如果此刻该临界资源未被访问，进程便可进入临界区对该资源进行访问，并将访问标志设置为“正被访问”；如果此刻该临界资源正在被某进程访问，则本进程不能进入临界区。

因此，为了保证临界资源的正确使用，可把临界资源的访问过程分成四部分：

① 进入区：位于临界区前面，用于检查能否进入临界区的那段代码。

② 临界区：访问该临界资源的程序段。

③ 退出区：位于临界区后面，将“正在访问”临界区的标志清除的那段代码。

④ 剩余区：进程中除进入区、临界区、退出区的剩余代码。

为实现进程互斥地进入自己的临界区，可使用软件方法，更多的情况是在系统中设置专门的同步机构来协调各进程间的运行。解决临界区问题的同步机制应遵循以下四条准则：

① 空闲让进：当无进程处于临界区时，表明临界资源处于空闲状态，应允许一个请求进入临界区的进程立即进入自己的临界区，以有效地利用临界资源。

② 忙则等待：当已有进程进入临界区时，表明临界资源正在被访问，因而其他试图进入临界区的进程必须等待，以保证对临界资源的互斥访问。

③ 有限等待：对于要求访问临界资源的进程，应保证其在有限时间内能进入自己的临界区，以免陷入“死等”状态。

④ 让权等待（非必须）：当进程不能进入自己的临界区时，应立即释放处理器，以免进程陷入“忙等”状态。

3.2.2 进程互斥的实现

1. 软件实现方法

Peterson算法是一个经典的基于软件的临界区问题解决方案。

它的基本思想是在进入区设置并检查一些标志来标明是否有进程在临界区中，若已有进程在临界区，则在进入区通过循环检查进行等待，进程离开临界区后则在退出区修改标志。

该算法设置一个公用整型变量turn, 用于指示被允许进入临界区的进程编号，当turn=0时，表示允许P0进程进入临界区；当turn=1时，表示允许P1进程进入临界区。设置一个布尔型数组flag［i］，用来标记各个进程想进入临界区的意愿，flag[i]=turn表示Pi进程想要进入临界区。在每个进程进入临界区之前，先设置自己的flag标志，再设置允许进入turn标志；之后，再同时检测对方的flag和turn标志，以保证双方同时要求进入临界区时，只允许一个进程进入。

```
Pi进程:                          Pj进程:
flag[i]=TRUE; turn=j;            flag[j]=TRUE; turn=i;            //进入区
while(flag[j]&&turn==j);         while(flag[i]&&turn==i);         //进入区
critical section;                critical section;                //临界区
flag[i]=FALSE;                   flag[j]=FALSE;                   //退出区
remainder section;               remainder section;               //剩余区
```

为进入临界区，先将 flag［i］置为true，并将turn置为j，表示P_i进程想进入临界区但优先让对方P_j进入临界区。若双方试图同时进入，则turn几乎同时被置为i和j，但只有一条赋值语句的结果会保持，另一条也会执行，但会被立即重写。变量turn的最终值决定了哪个进程被允许先进入临界区，若turn的值为i，则Pi进入临界区。当Pi退出临界区时，将flag［i］置为false，以允许Pj进入临界区，则Pj在Pi退出临界区后很快就进入临界区。

由此可见，Peterson 算法很好地遵循了"空闲让进""忙则等待""有限等待"三个准则，但未遵循"让权等待"准则。需要说明的是，尽管前文提到了解决临界区问题的同步机制需要遵循四个准则，但此处只需满足前三个。这是因为第四个准则"让权等待"属于较高要求，在早期的解决方案中均未对此做出要求。因为该做法虽然会影响系统效率，但不影响临界区问题的解决。

2．硬件实现方法

虽然利用软件方法可以解决各进程互斥进入临界区的问题，但有一定难度，并且存在很大的局限性，因而现在已很少采用。目前许多计算机已提供了一些特殊的硬件指令，允许对一个字中的内容进行检测和修正，或者对两个字的内容进行交换等。因此，可利用这些特殊的指令来解决临界区问题。

（1）关中断

当一个进程正在执行它的临界区代码时，防止其他进程进入其临界区的最简单方法是关中断。因为CPU只在发生中断时引起进程切换，因此屏蔽中断能够保证当前运行的进程让临界区代码顺利地执行完，进而保证互斥的正确实现，然后执行开中断。其模式如下：

```
…
关中断;
临界区;
开中断;
…
```

关中断的方法存在着许多缺点：① 滥用关中断权力可能导致严重后果。对内核来说，在它执行更新变量的几条指令期间，关中断是很方便的，但将关中断的权限交给用户则很不明智，若一个进程关中断后不再开中断，则系统可能会因此终止。② 关中断时间过长会影响系统效率，进而会限制CPU交叉执行程序的能力。③ 关中断方法不适用于多CPU系统，因为在一个CPU上进行关中断并不能防止进程在其他CPU上执行相同的临界区代码。

（2）上锁和开锁

实际上，在对临界区进行管理时，可以将标志看作一个锁，"锁开"进入，"锁关"等待，初始时锁是打开的。每个要进入临界区的进程，必须先对锁进行测试，当锁未开时，则必须等待，直至锁被打开。当锁打开时，则应立即将其锁上，以阻止其他进程进入临界区。显然，为防止多个进程同时测试到"锁开"，测试和关锁操作必须是连续的，不允许分开进行。

对临界区加锁可以实现进程互斥。

在锁同步机构中，对应于每一个共享的临界资源（如数据块或设备）都要有一个单独的锁位。常用锁位值为“0”表示资源可用，“1”表示资源已被占用。设w代表锁位，进程使用临界资源必须做如下三个不可分割的操作。

① 检测w的值。w=1时，表示资源正在使用，于是返回继续进行检查；w=0时，表示资源可以使用，则置w为1（关锁）。

② 进入临界区，访问资源。

③ 临界资源使用完毕，将置w为0（开锁）。

系统提供在一个锁位w上的两个原语操作lock(w)和unlock（w）。其算法描述如下：

算法3-1 上锁原语：

```
算法  lock
输入：锁变量 w
输出：无
{  test:  if (w= = 1)
   goto  test;                    //测试锁位的值
   else  w=1;                     //上锁
}
```

算法3-2 开锁原语：

```
算法  unlock
输入：锁变量 w
输出：无
{  w=0;            //开锁
}
```

需要注意的是，在检查w的值和置w为1（关锁）这两步之间（test-and-set），w值不能被其他进程所改变。

图3-16所示为两个使用同一临界资源的并发程序的执行过程。

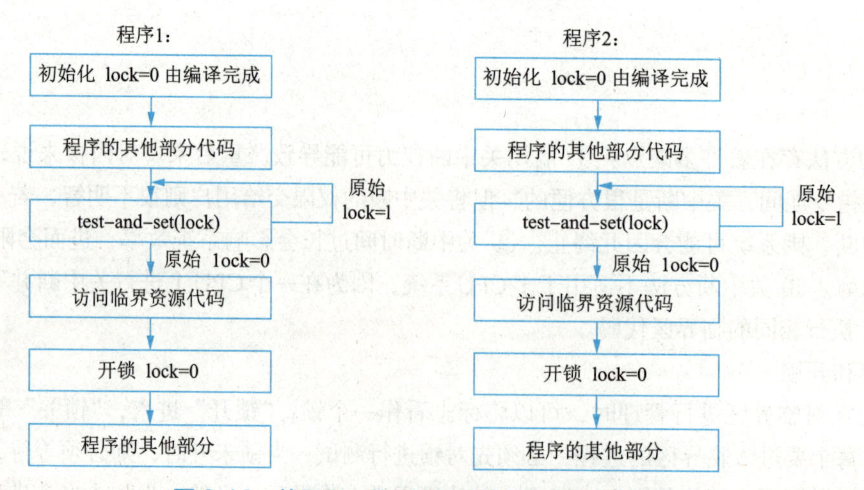

图3-16 使用同一临界资源的并发程序的执行过程

（3）硬件指令方法——Swap指令

用Swap指令管理临界区时，为每个临界资源设置一个共享布尔变量lock，初值为false；在每个进程中再设置一个局部布尔变量key，初值为true，用于与lock交换信息。从逻辑上看，Swap 指令和TS（test-and-set锁）指令实现互斥的方法并无太大区别，都先记录此时临界区是否已加锁（记录在变量key中），再将锁标志lock置为true，最后检查key，若key为false，则说明之前没有其他进程对临界区加锁，于是跳出循环，进入临界区。其处理过程描述如下：

```
boolean  key=true;
while(key!=false)
   Swap(&lock,&key);
进程的临界区代码段;
lock=false;
进程的其他代码;
```

用硬件指令方法实现互斥的优点：① 简单、容易验证其正确性；② 适用于任意数目的进程，支持多处理器系统；③ 支持系统中有多个临界区，只需要为每个临界区设立一个布尔变量。缺点：① 等待进入临界区的进程会占用CPU执行while循环，不能实现“让权等待”；② 从等待进程中随机选择一个进程进入临界区，有的进程可能一直选不上，从而导致“饥饿”现象。

3．信号量和P/V操作

（1）信号量

从前面的讲述可以看出，尽管用加锁的方法可以实现进程之间的互斥，但这种方法有其自身的缺陷：一是效率低、浪费处理器资源，因为循环测试锁定位将损耗较多的 CPU计算时间。如果一组并发进程的进程数较多，且由于每个进程在申请进入临界区时都得对锁定位进行测试，这种开销是很大的。二是使用加锁法实现进程间互斥时，还将导致在某些情况下出现不公平现象。如果一个进程在退出临界区并执行了开锁原语后紧跟着执行goto语句又要进入临界区，该进程可能会长久占用处理器。

这正如某些学生想使用公共教室一样，每个学生必须首先申请获得使用该教室的权利，然后到教室查看该教室是否被锁上了。教室门被锁则教室不可用，门开则教室可用。如果该教室被锁上了，只好下次再来观察，看该教室的门是否已被打开，这种反复将持续到他进教室后为止。从这个例子中，可以得到解决“加锁法”所带来的问题的方法。一种最直观的办法是，设置一名教室管理员。当有学生申请使用教室而未能如愿时，由教室管理员进行登记，并等到教室门一打开则通知该学生进入。这样，既减少了学生多次来去教室检查门是否被打开的时间，又减少了学生自发检查造成的不公平现象。在操作系统中，这个管理员就是信号量。信号量管理相应临界区的公有资源，代表可用资源实体。

信号量的概念和下面所述的P、V原语是荷兰学者迪杰斯特拉E.W.Dijkstra提出来的。

信号灯是交通管理中的一种常用设备，交通管理人员利用信号灯颜色的变化来实现交通管理。在操作系统中，信号量正是从交通管理中引用过来的一个实体。信号量S是一整数。$S\geqslant 0$时，代表可供并发进程使用的资源实体数，$S<0$时，S的绝对值表示正在等待使用临界区的进程数。

建立一个信号量必须说明所建信号量所代表的意义、赋初值，以及建立相应的数据结构，以便指向那些等待使用该临界区的进程。

显然，进程互斥执行时，可供并发进程使用的资源实体只有1个，所以用于实现互斥机制的信号量的初值设置为1。

（2）P、V原语

信号量的数值仅能由P、V原语操作改变（P和V分别是荷兰语 Passeren 和Verhoog 的头一个字母，相当于英文的Pass和Increment）。

当一个进程执行P操作原语P(S)时，应顺序执行下述两个动作：

① S:=S-1。

② 如果S≥0，则表示有资源，该进程继续执行；如果S<0，则表示已无资源，执行原语的进程被置成阻塞状态，并使其在S信号量的队列中等待，直至其他进程在S上执行V操作释放它为止。

当一个进程执行V操作原语V(S)时，应顺序执行下述两个动作：

① S:=S+1。

② 如果S＞0，则该进程继续执行；如果S≤0，则释放S信号量队列的排头等待者并清除其阻塞状态，即从阻塞状态转变到就绪状态，执行V(S)者继续执行。

需要注意的是，P、V操作在执行过程中各个动作都是不可分割的。这就是说，一个正在执行P、V操作的进程，不允许任何其他进程中断它的操作，这样就保证了同时只能有一个进程对信号量S实行P操作或V操作。

由P操作中的S:=S-1可知请求的进程获得了一个资源，P操作是申请资源操作。由V操作中的S:=S+1可知请求的进程释放了一个资源，V操作是释放资源操作。

P操作和V操作的算法描述参见算法3-3和算法3-4。

算法3-3　P操作。

```
//算法 P
输入：变量 S
输出：无
{  S--;
   if(S<0)
   {  保留调用进程 CPU 现场；
      将该进程的 PCB 插入 S 的等待队列；
      置该进程为等待状态；
      转进程调度；
   }
}
```

算法3-4　V操作。

```
//算法 V
输入：变量 S
输出：无
{  S++;
   if(S<=0)
   {  移出 S 等待队列首元素；
      将该进程的 PCB 插入就绪队列；
      置该进程为就绪状态；
   }
}
```

4. 用P、V原语实现进程互斥

利用P、V原语和信号量，可以方便地解决并发进程的互斥问题，而且不会产生使用加锁法解决互斥问题时所出现的问题。

用信号量实现两并发进程PA、PB互斥的方法如下：

① 设sem为互斥信号量，赋初值为1，表示初始时该信号量代表的临界资源未被占用。

② 将进入临界区的操作置于P(sem)和V(sem)之间，即可实现进程互斥。

这里设相对于信号量sem的临界区是CS，其算法描述参见算法3-5。

算法3-5 进程互斥。

```
main()
{  int sem=1;    //互斥信号灯
   cobegin       /*并行语句cobegin和coend之间的Pa()、Pb()可以并
      pa();      发执行，这是由Dijkstra首先提出来的*/
      pb();
   coend
}
pa()                        pb()
{                           {
   ⋮                           ⋮
   p(sem);                     p(sem);
   csa;                        csb;
   v(sem);                     v(sem);
   ⋮                           ⋮
}                           }
```

上述方法能正确实现进程互斥。当一个进程想要进入临界区时，它必须先执行P原语操作以将信号量sem减1。在一个进程完成对临界区的操作之后，它必须执行V原语操作以释放它所占用的临界区。由于信号量初始值为1，所以，任一进程在执行P原语操作之后将sem的值变为0，表示该进程可以进入临界区。在该进程未执行V原语操作之前如果有另一进程想进入临界区，它也应先执行P原语操作，从而使sem的值变为-1，因此，第二个进程将被阻塞。直到第一个进程执行V原语操作之后，sem的值变为0，从而可唤醒第二个进程进入就绪队列，经调度后再进入临界区。在第二个进程执行完V原语操作之后，如果没有其他进程申请进入临界区，则sem又恢复到初始值。

这里的互斥信号量sem有3个值，分别是sem=1，表示没有进程进入临界区；sem=0，表示有一个进程进入临界区；sem=-1，表示有一个进程进入临界区，另一个进程等待进入。

由算法3-5可以看出，在用信号量机制和P、V操作解决互斥问题时，当有一个进程占用临界资源时，其他进程必须等待。只有当占用临界资源的进程释放了资源并唤醒等待进程时，被唤醒的等待进程才有机会占用临界资源，进入临界区。所以，互斥是同步的特例。

【提示】① 对不同的临界资源需要设置不同的互斥信号量。② P（S）和V（S）必须成对出现，缺少P（S）就不能保证对临界资源的互斥访问；缺少V（S）会使临界资源永远不被释放，从而使因等待该资源而阻塞的进程永远不能被唤醒。③ 考试还会考查多个资源的问题，有多少资源就将信号量初值设为多少，申请资源时执行P操作，释放资源时执行V操作。

3.2.3 进程同步的实现

可以使用信号量和P、V原语操作实现进程间的同步。其方法分为三步：

① 为各并发进程设置私用信号量（把各进程之间发送的消息作为信号量看待，这里的信号量只与制约进程及被制约进程有关而不是与整组并发进程有关，称该信号量为私用信号量。相对应，互斥时使用的信号量是公用信号量。一个进程P*i*的私用信号量Sem*i*是从制约进程发送来的进程P*i*的执行条件所需要的消息）。

② 为私用信号量赋初值。

③ 最后利用P、V原语和私用信号量规定各进程的执行顺序。

在实际应用中，需要解决的同步问题特别多，按照特点可将同步问题分为两类：一类是保证一组合作进程按逻辑需要所确定的执行次序；另一类是保证共享缓冲区（或共享数据）的合作进程的同步。下面分别讨论这两类问题的解决方法。

1. 合作进程的执行次序

若干进程为了完成一个共同任务而并发执行。这些并发进程之间的关系是十分复杂的，有的操作可以没有时间上的先后次序，即不论谁先做，最后的计算结果都是正确的。但有的操作有先后次序，它们必须遵循一定的同步规则，才能保证并发执行的最后结果是正确的。

图3-17描述了进程Pa、Pb和Pc的执行轨迹，图中s表示一组任务的启动，f表示任务完成。这三个进程的同步关系是：任务启动后Pa先执行，当它结束后，Pb和Pc可以开始执行，当Pb和Pc都执行完毕时，任务结束。为了确保这一执行顺序，设两个同步信号量Sb、Sc，分别表示进程Pb和Pc能否开始执行，其初值赋为0。

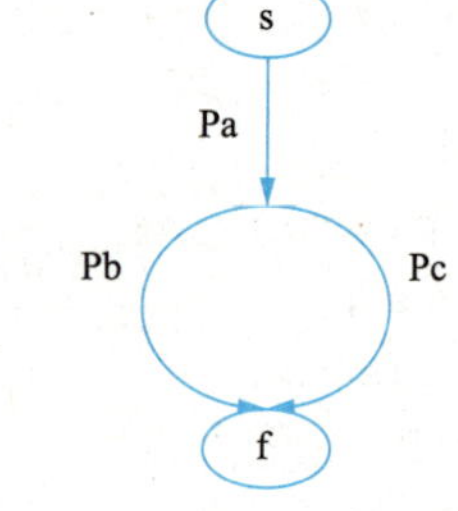

图3-17 三个并发进程的进程流图

这三个进程的同步描述参见算法3-6。

算法3-6 进程同步。

```
main()
{  int  sb=0;            //表示pb进程能否开始执行
   int  sc=0;            //表示pc进程能否开始执行
   cobegin
      pa();
      pb();
      pc();
   coend
}
pa()                 pb()               pc()
{     ⋮              {  p(sb);          { p(sc);
   v(sb);                  ⋮                 ⋮
   v(sc);                  ⋮                 ⋮
}                    }                  }
```

【提示】程序的并发执行可用如下语句描述：

```
cobegin
```

```
S1;S2;…;Sn;
coend
```

并行语句括号cobegin和coend之间的S1,S2,…,Sn可以并发执行,Si表示一个具有独立功能的程序段,这是由Dijkstra首先提出来的。

2. 共享缓冲区的合作进程的同步

多进程的另一类同步问题是共享缓冲区的同步。通过例3-6可说明这类问题的同步规则及信号量用法。

【例3-6】设进程Pa和Pb通过缓冲区队列传递数据。Pa为发送进程，Pb为接收进程。Pa发送数据时调用发送过程deposit(data)，Pb接收数据时调用过程remove(data)，且数据的发送和接收过程满足如下条件：

- 在Pa至少送一块数据入一个缓冲区之前，Pb不可能从缓冲区中取出数据（假定数据块长等于缓冲区长度）。
- Pa往缓冲队列发送数据时，至少有一个缓冲区是空的。
- 由Pa发送的数据块在缓冲队列中按先进先出（FIFO）方式排列。

描述发送过程deposit(data)和接收过程remove(data)。

由题意可知，进程Pa调用的过程deposit(data)和进程Pb调用的过程remove(data)必须同步执行，因为过程 deposit(data)的执行结果是过程remove(data)的执行条件。而当缓冲队列全部装满数据时，remove(data)的执行结果又是deposit(data)的执行条件，满足同步定义。从而，按以下三步描述过程deposit(data)和remove(data)。

① 设Bufempty为进程Pa的私用信号量，Buffull 为进程Pb的私用信号量。

② 令Bufempty的初始值为n（n 为缓冲队列的缓冲区个数），Buffull 的初始值为0。

③ 实现过程如下：

```
main()
{ int  Bufempty=n;              //空缓冲区个数为
  int  Buffull =0;              //装有数据的缓冲区个数为 0
  cobegin
     deposit(data);
     remove(data);
  coend
}
deposit(data)
{  {  while(发送数据未完成)
      P(Bufempty);
      按 FIFO 方式选择一个空缓冲区;
      把数据放入缓冲区;
      V(Buffull);
   }
}
remove(data)
{  {  while(接收数据未完成)
      P(Buffull);
      选择一个装满数据缓冲区;
      取数据;
      V(Bufempty);
   }
}
```

【思考】在该题中需要考虑互斥吗？为什么？如果每次只允许一个进程对缓冲区队列进行操作怎么办？

【提示】

① P(S)、V(S)总是配对出现：互斥时，配对出现在同一进程中；同步时，配对常出现在不同的进程中，发送消息用V(S)，接收消息用P(S)。

② 在使用多个信号量时，注意P(S)操作的顺序。

3.2.4 用P、V原语解决经典的同步/互斥问题

1. 生产者-消费者问题

生产者-消费者问题是对多个合作进程之间关系的一种抽象。例如，对于输入进程和计算进程之间的关系，输入进程是生产者，而计算进程是消费者；对于计算进程和输出进程，计算进程是生产者，输出进程是消费者。再如，计算机系统中，每个进程都申请使用和释放各种不同类型的资源，这些资源既可以是外设、内存及缓冲区等硬件资源，也可以是临界区、数据等软件资源。把系统中使用某一类资源的进程称为该资源的消费者，而把释放同类资源的进程称为该资源的生产者。因此，生产者-消费者问题具有重要的实用价值。

生产者-消费者问题的结构如图3-18所示。该图中，P1，P2,…，P*m*是一群生产者进程，C1，C2,…，C*k*是一群消费者进程，它们共享一个长度为*n*（*n*>0）的有界缓冲区。

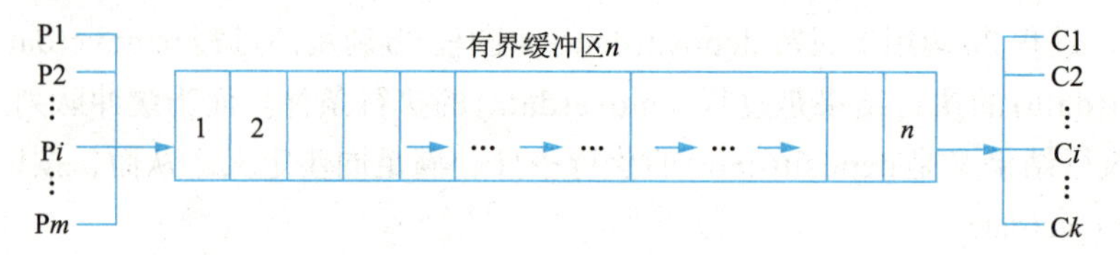

图3-18 生产者-消费者问题

设生产者进程和消费者进程是互相等效的，它们具有同步关系：只有当缓冲区未满时，才允许生产者进程往缓冲区中放入产品；类似地，只有当缓冲区未空时，才允许消费者进程从缓冲区中取走产品。另外，由于有界缓冲区是临界资源，因此，各生产者进程和各消费者进程之间必须互斥执行。

为解决生产者-消费者问题，应该设置两个同步信号量：一个表示有界缓冲区中的空单元数，用empty表示，其初值为有界缓冲区的大小n；另一个表示有界缓冲区中非空单元数，用full表示，其初值为0。设公用信号量mutex保证生产者进程和消费者进程之间的互斥，表示可用有界缓冲区的个数，初值为1。

生产者-消费者问题的算法描述参见算法3-7。

算法3-7 生产者-消费者问题。

```
main()
{  int  full=0;          //满缓冲区的数目
   int  empty=n;         //空缓冲区的数目
   int  mutex=1;         //对有界缓冲区进行操作的互斥信号量
   cobegin
      producer1(); producer2();... producerm();
      consumer1(); consumer2();... consumerk();
   coend
}
```

```
producer i()                          consumer j()
{  while(生产未完成)                   {   while(还要继续消费)
   {                                       {  p(full);
      ⋮                                       p(mutex);
      生产一个产品;                             从有界缓冲区中取产品;
      p(empty);                                v(mutex);
      p(mutex);                                v(empty);
      送一个产品到有界缓冲                       消费一个产品;
      v(mutex);                                ⋮
      v(full);                              }
   }                                    }
}
```

【思考】在生产者-消费者问题中，生产者进程中的p(empty)和p(mutex)、消费者进程中的p(full)和p(mutex)的顺序可以互换吗？为什么？

2．读者-写者问题

读者-写者问题也是一个经典的同步问题。它是对多个并发进程共享数据对象的一种抽象。

一个数据对象（如一个文件或记录）若被多个并发进程所共享，且其中一些进程只要求读该数据对象的内容，而另一些进程则要求修改它，对此，可把那些只想读的进程称之为“读者”，而把要求修改的进程称为“写者”。显然，允许多个读者同时读一个共享对象，但绝不允许一个写者和其他读者或多个写者同时访问一个共享对象，也禁止多个写者访问一个共享对象，否则会产生混乱。可见，读者-写者问题实际上是一个保证一个写者进程必须与其他写进程或读进程互斥访问同一共享对象的同步问题。

利用信号量和P、V原语解决读者-写者问题，需要设置一个整型变量和两个互斥信号量。问题分析如下：

① 读者和写者互斥，写者与写者互斥。

② 共享的数据对象是临界资源。

可以设置一个互斥信号量w_mutex：用于实现一个写者与其他读者或写者对共享数据对象的互斥访问，由第一个进入和最后一个离开共享数据对象的读者以及所有写者共同使用，初值为1。

③ 读者可以共享读，实际上，只有第一个进入读者需要和写者互斥。

这里定义一个整型变量read_count：一个计数器，用来记录当前正在读此共享数据对象的读者进程个数，初值为0，进一个加1，走一个减1。

④ 读者-读者之间新增的互斥关系。

读者需要互斥地访问read_count，故需要再设一个初值为1的互斥r_mutex：用于实现所有读者进程对计数器read-count访问的互斥，供所有读者进程使用。

读者-写者问题的算法描述参见算法3-8。

算法3-8　读者-写者问题。

```
main()
{  int  read_count=0;                          //用于记录当前的读者数量
```

```
    int  r_mutex=1;                          //保证更新变量count时的互斥
    int  w_mutex=1;                          //保证写者和其他读者写者的互斥
    cobegin
       reader(); writer ();
    coend
}
reader()
{  while(1)
   {  ⋮
      P(r_mutex);                            //计数器访问的互斥
      read_count=read_count+1;               //判断是否为第一个读者,是则互斥写者
      If (read_count= =1) Then P(w_mutex);
      V(r_mutex);
         ⋮
      read;
         ⋮
      P(r-mutex);
      read_count=read_count-1;
      If (read_count= =0) Then V(w_mutex); //最后一个读者离开则取消对写者的互斥
      V(r_mutex);
   }
}
Writer()
{  while(1)
   {  P(w_mutex);
      Write;
      V(w_mutex);
   }
}
```

在上面的算法中，读进程是优先的，即当存在读进程时，写操作将被延迟，且只要有一个读进程活跃，随后而来的读进程都将被允许访问文件。这样的方式会导致写进程可能长时间等待，且存在写进程“饿死”的情况。若希望写进程优先，即当有读进程正在读共享文件时，有写进程请求访问，这时应禁止后续读进程的请求，等到已在共享文件的读进程执行完毕，立即让写进程执行，只有在无写进程执行的情况下才允许读进程再次运行。为此，增加一个信号量并在上面程序的writer()和reader()函数中各增加一对PV操作，就可以得到写进程优先的解决算法3-9。

算法3-9　读者-写者问题。

```
reader():{
while(1){
P(w);                                        //在无写进程请求时进入
P(r_mutex);                                  //互斥访问count变量
   若read_count =0则 P( w_mutex );
   read_count加1;
```

```
V(r_mutex);                                  //释放互斥变量count
V(w);                                        //恢复对共享文件的访问
  读数据对象;
P(r_mutex);
  read_count减1;
  若read_count=0则 V( w_mutex );
V(r_mutex);
}
}
Writer():{
while(1){
P(w);                                        //在无写进程请求时进入
P(w_mutex);
对数据对象进程写操作;
V(w_mutex);
V(w);                                        //恢复对共享文件的访问
}
}
```

这里的写进程优先是相对而言的，有些书上把这个算法称为读/写公平法，即读/写进程具有一样的优先级。当一个写进程访问文件时，若先有一些读进程要求访问文件，后有另一个写进程要求访问文件，则当前访问文件的进程结束对文件的写操作时，会是一个读进程而不是一个写进程占用文件（在信号量w的阻塞队列上，因为读进程先来，因此排在阻塞队列队首，而V操作唤醒进程时唤醒的是队首进程），所以说这里的写优先是相对的。想要了解如何做到真正写者优先，可参考其他相关资料。

读者-写者问题有一个关键的特征，即有一个互斥访问的计数器count，因此遇到一个不太好解决的同步互斥问题时，要想一下用互斥访问的计数器count能否解决问题。

3．哲学家进餐问题

哲学家进餐问题是另一种典型的同步问题，是由Dijkstra提出并解决的。该问题的描述是：有5位哲学家，共享一张放有5把椅子的桌子，每人分得一把椅子，他们的生活方式是交替地进行思考和进餐。但是，桌子上总共只有5支筷子，在每人两边分开各放一支。哲学家们在肚子饥饿的时候才试图分两次从两边拾起筷子就餐。条件如下：

① 只有拿到两支筷子时，哲学家才能吃饭。

② 如果筷子已在他人手上，则该哲学家必须等到他人吃完之后才能拿到筷子。

③ 任一哲学家在自己未拿到两支筷子吃饭之前，决不会放下自己手中的筷子。

针对哲学家就餐，请解决如下两个问题：

① 试描述一个保证不会出现两个邻座同时要求吃饭的通信算法。

② 描述一个既没有两邻座同时吃饭，又没有人饿死（永远拿不到筷子）的算法。

在什么情况下，5位哲学家全部吃不上饭?

假定食物足够，筷子就成了哲学家进餐需要竞争的临界资源，并且每根筷子都是一个临界资源，都需要一个互斥信号量来描述，为此，可设置信号量c[0] ～c[4]，初始值均为1，分别表示i号筷子被拿（i=0，1，2，3，4），开始时5根筷子均可被申请使用。这样，第i个哲学家要吃饭，可描述如下：

```
struct semaphone c[5]={1,1,1,1,1};
philosopheri()
{  while(1)
   {   think;
       P(c[i]);
       P(c[i+1]%5);
       eat;
       V(c[i+1] %5);
       V(c[i]);
   }
}
```

虽然上述过程能保证两邻座不同时吃饭，但会出现5位哲学家一人拿一支筷子，谁也吃不上饭的死锁情况。解决这种死锁现象的方法有以下几种：

① 至多只允许4位哲学家同时拿起自己左边的筷子，以保证至少有一位哲学家可以进餐。当该哲学家用餐完毕放下筷子后，就可以使更多的哲学家进餐。

② 让奇数号的哲学家先取右手边的筷子，让偶数号的哲学家先取左手边的筷子。这样，总会有一个哲学家能获得两根筷子而进餐。

③ 仅当哲学家左、右两根筷子均可用时，才允许他拿起筷子进餐，即左右两个筷子一起申请，而不是分两次申请，以预防死锁的发生。

如果按照第一种方法，需要增设一个互斥信号量，如count，初值是4。每个想拿起左边筷子的哲学家必须先对count执行一个P操作，这就限制了同时拿到左边筷子的人数。其程序描述如下：

```
struct semaphone c[5]={1,1,1,1,1};
int count=4;
cobegin
   philosopheri()          / *i=0,1,2,3,4* /
    int i;
   { while(1)
       { think;
         P(count);
         P(c[i]);
         P(c[i+1] %5);
         eat;
         V(c[i+1] %5);
         V(c[i]);
         V(count);
       }
   }
coend
```

第二种方法的程序描述如下：

```
struct semaphone c[5]={1,1,1,1,1};
cobegin
```

```
philosopheri()                          / *i=0,1,2,3,4* /
int i;
{  if i% 2= =0
   {   P(c[i]);
       P(c[i+1] % 5);
       eat;
       V(c[i]);
       V(c[i+1] %5);
   }
   else
   {   P(c[i+1] % 5);
       P(c[i]);
       eat;
       V(c[i+1] %5);
       V(c[i]);
   }
}
coend
```

第三种不会发生死锁的哲学家就餐算法请读者自己思考。

3.2.5　结构化的同步/互斥机制——管程

前面介绍的信号量及P、V操作属于分散式同步机制，由于对临界区的执行分散在各进程中，这样不便于系统对临界资源的控制和管理，也很难发现和纠正分散在用户程序中的对同步原语的错误使用等问题。为此，应把分散的各同类临界区集中起来，并为每个可共享资源设立一个专门的管程来统一管理各进程对该资源的访问。这样既便于系统管理共享资源，又能保证互斥访问。

1. 管程的定义

系统中的各种硬件资源和软件资源，均可用数据结构抽象地描述其资源特性。用少量信息和对资源所执行的操作来表征该资源，而忽略它们的内部结构和实现细节。

利用共享数据结构抽象地表示系统中的共享资源，而把对该数据结构实施的操作定义为一组过程。进程对共享资源的申请、释放等操作，都通过这组过程来实现，这组过程还可以根据资源情况，或接受或阻塞进程的访问，确保每次仅有一个进程使用共享资源，这样就可以统一管理对共享资源的所有访问，实现进程互斥。

这个代表共享资源的数据结构，以及由对该共享数据结构实施操作的一组过程所组成的资源管理程序，称为管程（monitor）。

管程定义了一个数据结构和能为并发进程所执行（在该数据结构上）的一组操作，这组操作能同步进程和改变管程中的数据。Hansen在并发Pascal语言中首先引入了管程，将它作为语言中的一个并发数据结构类型。

由上述定义可知，管程由四部分组成：

① 管程的名称。

② 局部于管程内部的共享结构数据说明；

③ 对该数据结构进行操作的一组过程（或函数）；

④ 对局部于管程内部的共享数据设置初始值的语句。

由此可看出，管程有两个重点：

① 局部于该管程的共享数据，这些数据表示了相应资源的状态。

② 局部于该管程的若干过程，每个过程完成关于上述数据的某种规定操作。局部于管程内的数据结构只能被管程内的过程所访问；反之，局部于管程内的过程只能访问该管程内的数据结构。

管程的定义举例如下：

```
monitor Demo{                         //①定义一个名称为 Demo 的管程
    共享数据结构 s;                    //②定义共享数据结构，对应系统中的某种共享资源
    / * ④ 对共享数据结构初始化的语句 * /
    init_ code()
    {
    s=5;                              //初始资源数等于 5
    }
    take away(){                      //③过程 1：申请一个资源
    对共享数据结构 x 的一系列处理 ;
    S--;                              //可用资源数 -1
    …
}
give_ back(){                         //④过程 2：归还一个资源
    对共享数据结构 x 的一系列处理 ;
    S++;                              //可用资源数 +1
    …
    }
}
```

2. 条件变量

因为管程是互斥进入的，所以当一个进程试图进入一个已经被占用的管程时，它应当在管程入口处等待。因而在管程入口处应当有一个进程等待队列，称为入口等待队列。

当一进程进入管程执行管程的某个过程时，如果因某原因而被阻塞，应立即退出该管程，否则就会阻挡其他进程进入该管程，而它自己又不能往下执行，这就有可能造成死锁。为此，引入了条件（condition）变量及其操作的概念。每个独立的条件变量是和进程需要等待的某种原因（或说条件）相联系的，定义一个条件变量时，系统就建立一个相应的等待队列。

条件变量有两种操作：wait(x)和signal(x)，其中x为条件变量。wait把调用者进程挂在与x相应的等待队列上，signal唤醒相应等待队列上的一个进程。

在管程内部，由于执行唤醒操作，可能出现多个等待队列，因而在管程内部需要有一个进程等待队列，这个等待队列称为紧急等待队列，它的优先级应当高于入口等待队列优先级。一个管程中的进程等待或离开管程时，如果紧急等待队列非空，则唤醒该队列头部的进程；如果紧急等待队列为空，则释放管程的互斥权，即准许入口等待队列的一个进程进入该管程。

条件变量和信号量的比较：

① 相似点：条件变量的wait/signal操作类似于信号量的P/V操作，可以实现进程的阻塞/唤醒。

② 不同点：条件变量是“没有值”的，仅实现了“排队等待”功能；而信号量是“有值”的，信号量的值反映了剩余资源数。而在管程中，剩余资源数用共享数据结构记录。

包含各种队列的管程如图3-19所示。

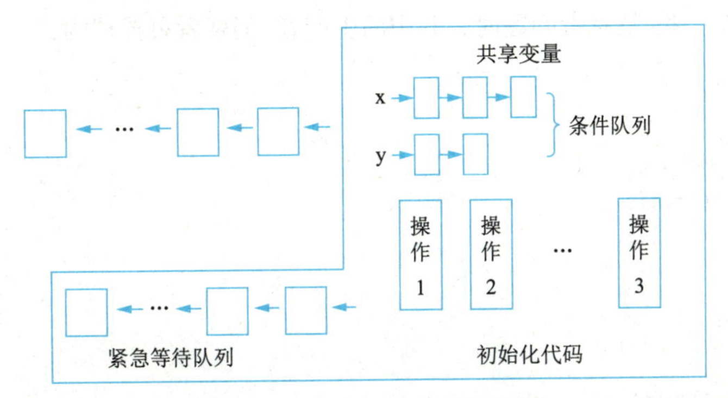

图3-19 包含各种队列的管程

3. 管程的应用

前面曾给出了利用信号量及其P、V操作实现的生产者-消费者问题，这里再以生产者-消费者共享环形缓冲池为例，给出环形缓冲池的管程结构。

```
monitor ringbuffer;
var rbuffer:array [0.. n-1] of item;
     k , nextempty, nextfull:integer;
     empty, full:condition;
procedure entry put (var product:item);
begin
     if k=n then wait(empty);
     rbuffer[nextempty]:=product;
     k:=k+1;
     nextempty:=(nextempty+1) mod(n);
     signal(full);
end;
procedure entry get(var goods:item);
begin
   if k =0 then wait(full);
   goods:=rbuffer[nextfull];
   k:=k-1;
   nextfull:=(nextfull+1) mod(n);
   signal(empty);
end;
begin
   k := 0;
   nextempty:=0;nextfull:=0;
end
```

管程ringbuffer包含两个局部过程：过程put负责执行将数据写入某个缓冲块的操作，过程get负责执行从某个缓冲块读取数据的操作。empty和full被定义为条件变量，对应缓冲池满和缓冲池空条件等待队列。任一进程都必须通过调用管程ringbuffer来使用环形缓冲池，生产者进程调用其中的put过程，消费者进程调用其中的get过程。

在利用管程解决生产者-消费者问题时，其中的生产者-消费者可描述为：

```
producer: begin
repeat
  produce an item ;
  ringbuffer.put(item
until false;
end
consumer: begin
repeat
  ringbuffer.get(item);
  consume the item;
until false;
end
```

3.3 进程通信

进程通信意味着在进程之间交换信息。根据进程间交换的信息量，可将进程通信分为低级通信方式和高级通信方式两种。低级通信方式，即进程之间交换的仅是控制信息，而不是大批量数据，例如，进程的互斥和同步。高级通信方式，即进程之间进行大批量数据的传送。本节所讨论的进程通信主要是指进程的高级通信方式。

3.3.1 进程通信的类型

进程通信主要有三种方式：共享存储器、消息传递和管道通信。

1. 共享存储器

在共享存储器方式中，相互通信的进程共享某些数据结构或存储区，进程之间能够通过这些空间进行通信。据此，又可把它们分成以下两种类型：

（1）基于共享数据结构的通信方式

在这种通信方式中，要求各进程共享某些数据结构，以实现各进程间的信息交换，例如，在生产者-消费者问题中的有界缓冲区。这种通信方式仅适用于传送相对较少量的数据，通信效率低下，属于低级进程通信。

（2）基于共享存储区的通信方式

为了传送大量数据，在内存中划出了一块共享存储区，各进程可通过对该共享存储区的读/写来交换信息、实现通信，数据的形式和位置（甚至访问）均由进程负责控制，而非OS。这种通信方式属于高级进程通信。需要通信的进程在通信前，先向系统申请获得共享存储区中的一个分区，并将其附加到自己的地址空间，进而便可对其中的数据进行正常读/写，读/写完成或不再需要时，将分区归还给共享存储区即可。

操作系统只负责为通信进程提供可共享使用的存储空间和同步互斥工具，而数据交换则由用户自己安排读/写指令完成。

【提示】进程空间一般都是独立的，进程运行期间一般不能访问其他进程的空间，想让两个进程共享空间，必须通过特殊的系统调用实现，而进程内的线程是自然共享进程空间的。

2. 消息传递

不论是单机系统、多机系统，还是计算机网络，消息传递机制都是用得最广泛的一种进程间通信的机制。在消息传递系统中，进程间的数据交换，是以格式化的消息（message）为单位的；在计算机网络中，把消息称为报文。程序开发人员直接利用系统提供的一组通信命令（原语）进行通信。操作系统隐藏了通信的实现细节，大幅简化了通信程序编制的复杂性，而获得广泛的应用。消息传递系统的通信方式属于高级通信方式，又因其实现方式的不同而进一步分为直接通信方式和间接通信方式两种。

直接通信方式也称消息缓冲方式，是指发送进程和接收进程在传递消息时都必须显示地给出对方进程ID的通信方式，即发送进程可以直接将消息发送给指定的接收进程，接收进程也可以直接接收指定进程发来的消息。

间接通信方式是指发送进程和接收进程需要通过某种中间实体进行信息交换的通信方式。这种中间实体通常称为信箱，因此这种通信也称为信箱通信。在这种通信方式中，发送进程将消息发送到指定信箱中，接收进程从该信箱中获取消息。间接通信方式被广泛应用于计算机网络中，即常用的电子邮件系统。

3. 管道通信

所谓“管道”（pipe），是指用于连接一个读进程和一个写进程以实现它们之间通信的一个共享文件，又名pipe文件。向管道（共享文件）提供输入的发送进程（即写进程），会以字节流形式将大量的数据送入管道；而接收管道输出的接收进程（即读进程），则会从管道中接收（读）数据。由于发送进程和接收进程是利用管道进行通信的，故称之为管道通信。这种方式首创于UNIX系统，由于它能有效地传送大量数据，因而又被应用于许多其他OS中。

为了协调双方的通信，管道机制必须提供以下三方面的协调能力。

① 互斥：即当一个进程正在对管道执行读/写操作时，其他（另一）进程必须等待。

② 同步：即当写（输入）进程把一定数量（如4 KB）的数据写入管道后，便去睡眠（等待），直到读（输出）进程取走数据后，再将其唤醒；读进程将管道中的数据取空后，读进程阻塞，直到写进程将数据写入管道后才将其唤醒。

③ 确定对方的存在。

在Linux中，管道是一种使用非常频繁的通信机制。从本质上说，管道也是一种文件，但它又和一般的文件有所不同，管道可以克服使用文件进行通信的两个问题，具体表现如下：

① 限制管道的大小。管道文件是一个固定大小的缓冲区，在Linux中该缓冲区的大小为4 KB，这使得它的大小不像普通文件那样不加检验地增长。使用单个固定缓冲区也会带来问题，例如在写管道时可能变满，这种情况发生时，随后对管道的write()调用将默认地被阻塞，等待某些数据被读取，以便腾出足够的空间供write()调用。

② 读进程也可能工作得比写进程快。当管道内的数据已被读取时，管道变空。当这种情况发生时，

一个随后的read()调用将被阻塞，等待某些数据的写入。

管道只能由创建进程所访问，当父进程创建一个管道后，由于管道是一种特殊文件，子进程会继承父进程的打开文件，因此子进程也继承父进程的管道，并可用它来与父进程进行通信。

【提示】从管道读数据是一次性操作，数据一旦被读取，它就从管道中被抛弃，释放空间以便写更多的数据。管道只能采用半双工通信，即某一时刻只能单向传输。要实现父子进程双方互动通信，需要定义两个管道。

3.3.2 消息缓冲机制

消息缓冲机制是消息传递通信机制中一种典型的直接通信方式。它首先由美国学者Hansen于1973年提出，并在RC4000系统中得以实现，后来被广泛应用于本地进程间的通信。其管理机制是通过系统所提供的两条通信原语实现的。

1. 消息缓冲通信的数据结构

（1）消息缓冲区

消息缓冲区是消息缓冲通信机制中进程之间进行信息交换的基本单位，也是消息缓冲通信中最重要的一种数据结构。可描述如下：

```
typedef struct message_buffer
{  char sender[ ];                          //发送者进程标识符
   int size;                                //消息长度
   char text[ ];                            //消息正文
   struct message_buffer *next;             //指向下一个消息缓冲区的指针
}
```

（2）PCB中有关通信的数据项

在消息缓冲通信机制中，由于接收进程可能会收到多个进程发来的消息，所以将所有的消息缓冲区链成一个队列。在设置消息缓冲队列的同时，还应增加用于对消息队列进行操作和实现同步的信号量，并将它们置入进程的PCB中。在PCB中增加的数据项可描述如下：

① 消息队列队首指针mq：指向消息队列中的第一个消息缓冲区。

② 消息队列互斥信号量mutex：消息队列是临界资源，所有发送者和接收者进程对它的访问都必须互斥。

③ 消息队列资源信号量sm：一个同步信号量，其值为消息队列中消息缓冲区的数目。每当发送进程往消息队列挂上一个消息时，就对它执行一次V操作；而当一个接收进程从消息队列取走一个消息时，就对它执行一次P操作。加上P、V操作的阻塞、唤醒功能，即可保证发送和接收同步。

2. 发送原语

发送原语send（receiver，a）是发送进程调用的原语，其中receiver是接收进程名，a是发送进程的发送区。发送进程在利用发送原语发送消息之前，应先在自己的内存空间，设置一发送区a。发送区包含以下三项内容：

① 发送进程名sender。

② 消息长度size：要发送进程的字节数。

③ 消息正文text：要发送消息的内容。

发送原语的发送过程如图3-20所示，进程A在自己的内存空间设置发送区a，把待发送的消息正文、发送进程ID、消息长度等信息填入其中，然后调用发送原语，把消息发送给目标（接收）进程。发送原语首先根据发送区a中所设置的消息长度a.size申请一缓冲区i，接着，把发送区a中的信息复制到缓冲区i中。为了能将i挂在接收进程的消息队列mq上，应先获得接收进程的内部标识符j，然后将i挂在j.mq上。由于该队列属于临界资源，故在执行insert操作的前后，都要执行P(j.mutex)和V(j.mutex)操作，以实现对消息缓冲队列的互斥访问。

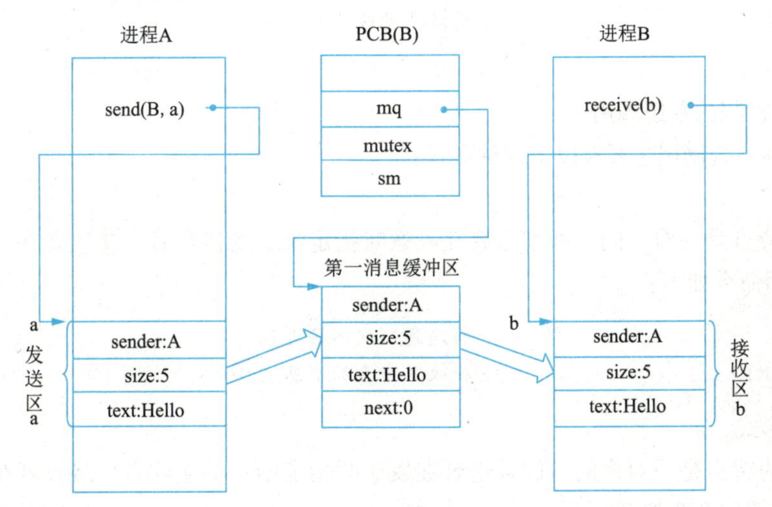

图3-20 消息缓冲通信

发送原语可描述如下：

```
void  send(receiver, a)
{ getbuf(a.size,i);              //根据a.size申请缓冲区i
  i.sender: =a.sender;           //将发送区a中的信息复制到消息缓冲区之中
  i.size: =a.size;
  i.text:=a.text;
  i.next:=0;
  getid(receiver,j);             //获得接收进程内部标识符j
  P(j.mutex);
  insert(j.mq, i);               //将消息缓冲区插入消息队列
  V(j.mutex);
  V(j.sm);                       //消息个数加1，可能会唤醒接收者
}
```

3. 接收原语

接收原语receive(b)是接收进程所调用的原语，其中b是接收进程在自己的数据区开辟的一个接收区地址。接收原语的工作过程如图3-20所示。接收进程在利用接收原语接收消息之前，需要先在自己的内存空间建立一个接收区b，然后调用接收原语，从自己的接收队列中取下第一个缓冲区，并将其复制到接收区b中，然后释放该消息缓冲区。

接收原语可描述如下：

```
void receive(b)
{  P(j.sm);                          // 查看自己消息队列中有无消息
   P(j.mutex);
   remove(j.mq, i);                  // 取消息队列中第一个消息缓冲区 i
   V(j.mutex);
   b.sender:=i.sender;               // 将消息缓冲区 i 中的信息复制到接收区 b
   b.size:=i.size;
   b.text:= i.text;
   putbuf(i);                        // 释放消息缓冲区 i
}
```

4．消息缓冲机制的系统调用

消息缓冲机制系统调用主要有以下两种形式：

（1）对称形式

对称形式的特点是一对一的，即发送者在发送时指定唯一的接收者，接收者在接收时指定唯一的发送者。系统调用命令如下：

```
send(R, M):                          // 将消息 M 发送给进程 R
receive(S, N):                       // 接收 S 发来的消息至 N
```

（2）非对称形式

非对称形式的特点是一对多的，即发送者在发送时指定唯一的接收者，接收者在接收时不指定唯一的发送者。系统调用命令如下：

```
send(R, M):                          // 将消息 M 发送给进程 R
receive(pid, N):                     // 接收消息至 N，返回时设 pid 为发送进程 ID
```

非对称形式的应用范围较广。实际上，它就是顾客-服务员模式，正式的写法是客户-服务器模式。发送进程相当于顾客，接收进程相当于服务员，一位服务员可以为多位顾客服务。由于服务员在某一时刻不知道哪位顾客需要服务，因而在接收服务请求时并不指定顾客的名字，哪一位顾客先到，就先为哪一位服务。

无论对称形式还是非对称形式，在实现时都存在这样一个问题，即信息是如何由发送进程空间传送到接收进程空间的。这有两条途径，即有缓冲途径和无缓冲途径。

① 采用有缓冲途径时，在操作系统空间保存着一组缓冲区，发送进程在执行send系统调用命令时，产生自愿性中断进入操作系统，操作系统将为发送进程分配一个缓冲区，并将所发送的消息内容由发送进程空间复制到缓冲区中，然后将载有消息的缓冲区连接到接收进程的消息链中。如此就完成了消息的发送，发送进程返回到用户态，继续执行其下面的程序。在以后的某一时刻，当接收进程执行到receive系统调用命令时，也产生自愿性中断进入操作系统，操作系统将载有消息的缓冲区由消息链中取出，并将消息内容复制到接收进程空间，然后收回该空间缓冲区。如此就完成了消息的接收，接收进程返回到用户态，继续执行下面的程序。

显然，因为消息在发送者和接收者之间传输过程中经过一次缓冲，所以提高了系统的并发性。这是由于发送者一旦将消息传送到缓冲区，就可以返回继续执行下面的程序，无须等待接收者真正执行接收这条消息的系统调用命令。

② 如果操作系统没有提供消息缓冲区，将由发送进程空间直接传送到接收进程空间，这个传送也是操作系统完成的。

当发送进程执行到send系统调用命令时，如果接收进程尚未执行receive系统调用命令，则发送进程将等待；反之，当接收进程执行到receive系统调用命令时，如果发送进程尚未执行send系统调用命令，则接收进程将等待。当发送进程执行到send系统调用命令且接收进程执行到receive系统调用命令时，信息传输才真正开始，此时消息以字为单位由发送进程空间传送到接收进程空间，由操作系统完成复制，传输时可使用寄存器。

显然，与有缓冲途径相比，无缓冲途径的优点是节省空间，因为操作系统不需要提供缓冲区。其缺点是并发性差，因为发送进程必须等到接收进程执行receive命令并将信息由发送进程空间复制到接收进程空间之后才能返回，以继续向前推进。

作为直接通信的一个简单例子，下面考虑生产者-消费者问题。当生产者进程产生一个消息后，可用send原语将消息发送给消费者进程，而消费者进程可以用receive原语接收生产者给的消息。若消息还没有生产出来，消费者进程必须等待，直到生产者进程将消息发送过来。生产者-消费者的通信过程分别描述如下：

```
cobegin
   produceri( )
   {  item nextp;
   while(TRUE)
   {  …
        生产一个消息 nextp;
        …
        send(consumerj, nextp);
   }
   }
   consumerj( )
   {  item nextc;
   while(TRUE)
   {  receive(produceri, nextc);
        …
        消费消息 nextc;
   }
   }
coend
```

3.3.3 信箱通信

1. 信箱介绍

信箱通信就是由发送进程申请建立一个与接收进程链接的信箱。发送进程把消息送往信箱，接收进程从信箱中取出消息，从而完成进程间信息交换。设置信箱的最大优点就是发送进程和接收进程之间没有处理时间上的限制。信箱由信箱头和信箱体组成。其中信箱头描述信箱名称、信箱大小、信箱方向，以及拥有该信箱的进程名等。信箱体主要用来存放消息。

信箱可由操作系统创建，也可由用户进程创建，创建者是信箱的拥有者。据此，可把信箱分为以下三类：

（1）私用信箱

用户进程可为自己建立一个新信箱，并作为该进程的一部分。信箱的拥有者有权从信箱中读取消息，其他用户则只能将自己构成的消息发送到该信箱中。这种私用信箱可采用单向通信链路的信箱来实现。当拥有该信箱的进程结束时，信箱也随之消失。

（2）公用信箱

公用信箱由操作系统创建，并提供给系统中的所有核准进程使用。核准进程既可把消息发送到该信箱中，也可从信箱中读取发送给自己的消息。显然，公用信箱应采用双向通信链路的信箱来实现。通常，公用信箱在系统运行期间始终存在。

（3）共享信箱

共享信箱由某进程创建，在创建时或创建后，指明它是可共享的，同时须指出共享进程（用户）的ID。信箱的拥有者和共享者，都有权从信箱中取走发送给自己的消息。

2. 信箱通信的实现

下面仅以属于操作系统空间的信箱为例说明信箱通信的实现。信箱通信是通过系统为信箱提供若干条原语实现的，这些原语包括用于信箱创建和撤销的原语以及用于消息发送和接收的原语。

（1）信箱的创建和撤销

进程可利用信箱创建原语建立一个新信箱。创建者进程应给出信箱名字、信箱属性（公用、私用或共享）；对于共享信箱，还应给出共享者的名字。当进程不再需要读信箱时，可用信箱撤销原语将其撤销。

① create (mailbox)：创建一个信箱。

② delete (mailbox)：撤销一个信箱。

（2）消息的发送和接收

当进程之间要利用信箱进行通信时，必须使用共享信箱，并利用系统提供的下述通信原语进行通信。

① send(mailbox, message)：将一个消息message发送到指定信箱mailbox。

② receive(mailbox, message)：从指定信箱mailbox中接收一个消息message。

当用户进程需要使用信箱进行通信时，执行create命令进入操作系统，由操作系统执行相应的程序段，完成信箱的创建功能。创建信箱的进程是信箱的拥有者，可以调用receive命令从信箱接收信件。其他进程为信箱的使用者，可以调用send命令向信箱发送信件。当不再需要信箱时，信箱的所有者执行delete命令将其撤销。

3.4 死锁

在哲学家进餐问题中，可以看到，死锁是一种无休止的僵持状态。计算机系统产生死锁的直接原因是多个并发进程对有限资源的竞争。

3.4.1 死锁的概念

1. 死锁的定义

所谓死锁，是指各并发进程彼此互相等待对方所拥有的资源，且这些并发进程在得到对方的资源之前不会释放自己所拥有的资源，从而造成大家都想得到资源而又都得不到资源，各并发进程不能继续向前推进的状态。图3-21所示为两个进程发生死锁时的资源分配图。

一般来说，可以把死锁描述为：有并发进程P1, P2, …, P*n*，它们共享资源R1, R2, …, R*m*（$n>0$，$m>0$，$n\geqslant m$）。其中，每个P*i*（$1\leqslant i\leqslant n$）拥有资源R*j*（$1\leqslant j\leqslant m$），直到不再有剩余资源。同时，各P*i*又在不释放R*j*的前提下要求得到R*k*（$k\neq j$，$1\leqslant k\leqslant m$），从而造成资源的互相占有和互相等待。在没有外力驱动的情况下，该组并发进程停止往前推进，陷入永久等待状态。

2. 资源分配图

进程的死锁问题可以用有向图更加准确地描述，这种有向图称为系统资源分配图。在图中，圆圈表示进程，方框表示资源类。一个类中可能含有多个资源实例，方框中的圆点表示资源实例，如图3-21所示。注意，申请边只指向方框，表明申请时不指定资源实例；而分配边则由方框中的某一圆点引出，表明此资源实例已被占用。

在资源分配图中，如果没有环路，则系统中没有死锁；如果图中存在环路，则系统中可能存在死锁。

如果每类资源类中只有唯一的资源实例，则环路的存在即意味着死锁的存在，如图3-21所示。如果每个资源类中包含若干个资源实例，则环路并不一定意味着死锁的存在。图3-22中有一个环路：P1→R2→P3→R1→P1，然而并不存在死锁。因为P2可能会释放资源类R1中的一个资源实例，该资源实例可以分配给进程P3，从而使环路断开。

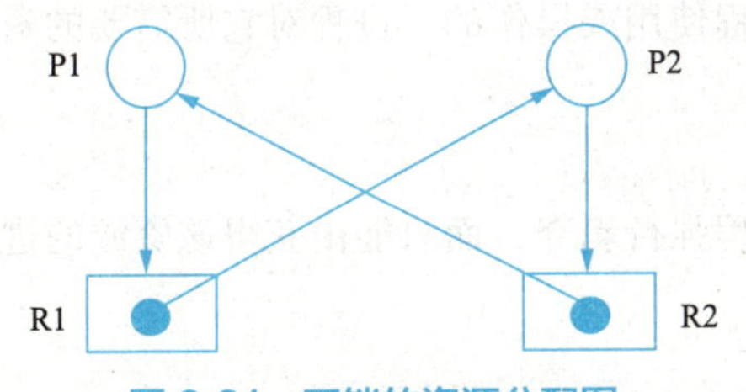

图3-21　死锁的资源分配图

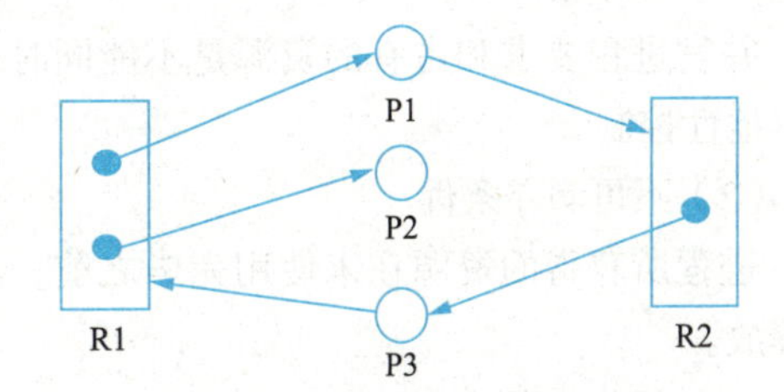

图3-22　有环路但无死锁的资源分配图

3. 死锁的类型

死锁大多是由于进程竞争资源和进程推进顺序不当而引起的，不过，其他原因也可能导致进程死锁。

（1）竞争资源引起的死锁

这种类型的死锁是由于进程竞争使用系统中有限的资源而引起的，是本节要讨论的核心。

（2）进程通信引起的死锁

假设一个基于消息的系统中，进程P1等待进程P2发来的消息，进程P2等待进程P3发来的消息，进程P3等待进程P1发来的消息，如此三个进程均无法继续向前推进，即发生死锁。

（3）其他原因引起的死锁

除前面介绍的死锁类型外，尚有其他类型的死锁。例如，假设有一扇门，此门比较小，一次只能通过一个人。又设有两位先生M1和M2，他们都要通过这扇门。显然，门相当于一个独占型资源。如果M1和M2竞争地使用这一资源，则他们都能通过。但是如果他们都很谦让，在门口处M1对M2说“您先过”，M2对M1说“您先过”，则二者均无法通过，造成僵持。如果程序设计得不合理，也可能发生类似的现象，在广义上也称为死锁。

4．死锁与饥饿

一组进程处于死锁状态是指组内的每个进程都在等待一个事件，而该事件只可能由组内的另一个进程产生。与死锁相关的另一个问题是饥饿，即进程在信号量内无穷等待的情况。

产生饥饿的主要原因是：当系统中有多个进程同时申请某类资源时，由分配策略确定资源分配给进程的次序，有的分配策略可能是不公平的，即不能保证等待时间上界的存在。在这种情况下，即使系统未发生死锁，某些进程也可能长时间等待。当等待时间给进程的推进带来明显影响时，称发生了饥饿。例如，当有多个进程需要打印文件时，若系统分配打印机的策略是最短文件优先，则长文件的打印任务将因短文件的源源不断到来而被无限期推迟，最终导致饥饿，甚至“饿死”。饥饿并不表示系统一定死锁，但至少有一个进程的执行被无限期推迟。

死锁和饥饿的共同点都是进程无法顺利向前推进的现象。

死锁和饥饿的主要差别：① 发生饥饿的进程可以只有一个；而死锁是因循环等待对方手里的资源而导致的，因此，如果有死锁现象，那么发生死锁的进程必然大于或等于两个。② 发生饥饿的进程可能处于就绪态（长期得不到CPU，如SJF算法的问题），也可能处于阻塞态（如长期得不到所需的I/O设备）；而发生死锁的进程必定处于阻塞态。

3.4.2 死锁产生的必要条件

死锁是由于进程竞争资源引起的，发生死锁的四个必要条件如下：

（1）互斥条件

并发进程要求和占有的资源是不能同时被两个以上进程使用或操作的，进程对它所需要的资源进行排他性控制。

（2）不可剥夺条件

进程所获得的资源在未使用完毕之前，不能被其他进程强行剥夺，而只能由获得该资源的进程自己释放。

（3）部分分配

进程每次申请它所需要的一部分资源，在等待新资源的同时继续占用已分配到的资源。

（4）循环等待

存在一种进程循环链，链中每一个进程已获得的资源同时被下一个进程请求。

显然，只要使上述四个必要条件中的某一个不满足，则死锁就可以排除。

3.4.3 死锁的预防

由于死锁状态的出现会给系统带来严重的后果，所以如何解决死锁问题引起了人们的普遍关注。如果在系统设计初期选择一些限制条件来破坏产生死锁的四个必要条件中的一个或几个，就破坏了产生死锁的条件，从而预防死锁的发生。

1．破坏互斥条件

系统中互斥条件的产生，是由于资源本身的“独享”特征引起的。例如，一台打印机不能同时被多个进程共享，否则多个进程的打印结果交织在一起，就会出现混乱，因此，对于打印机等独享资源，必须维护“互斥条件”。设备管理中提及的SPOOL技术就是一种破坏互斥条件的方法。采用SPOOL技术，会使原来独享的设备具有了共享的性能，从而破坏了它的“互斥条件”。但SPOOL技术不是对所有的独享资源适用，因此，在死锁预防中，主要是破坏其他几个条件，而不涉及“互斥条件”。

2．破坏部分分配条件

为了确保占用并等待条件不会在系统内出现，必须保证：当一个进程申请某个资源时，不能占用其他资源。可使用以下两种方法实现这个目标：

（1）预分配资源策略

即在一个进程开始执行之前，系统要求进程一次性申请它所需要的全部资源。如果系统当前不能满足进程的全部资源请求，则不分配资源，此进程暂不投入运行。如果系统当前能够满足进程的全部资源请求，则一次性地将所申请的资源全部分配给申请进程，因而进程在运行期间不会发生新的资源申请，不会发生进程占有资源又申请资源的现象。

（2）“空手”申请资源策略

即只允许每个进程在不占用资源时才可以申请资源。一个进程可以申请一些资源并使用它们，但是，在申请其他更多资源之前，必须先释放当前已有的资源。

上述两种方法是有区别的，为了说明两种方法之间的差别，假设一个进程：该进程把数据从磁带机复制到磁盘文件，然后对磁盘文件进行排序，再将结果通过打印机打印出来。

如果采用预分配资源策略，则该进程一开始要申请磁带机、磁盘文件和打印机。这样，在该进程的整个执行过程中，它将一直占用打印机，尽管它到最后才用打印机。

如果采用“空手”申请资源策略，则允许进程最初只申请磁带机和磁盘文件，它将数据从磁带机复制到磁盘文件，然后释放磁带机和磁盘文件；进程接着进行，该进程必须再次申请磁盘文件和打印机，在执行完相关操作并将结果在打印机上打印后，就释放两个资源，该进程中止。

采用以上方法预防死锁，方法比较简单，易于实现，但存在一些缺点：

① 在许多情况下，一个进程执行之前不可能知道它所需要的全部资源，这是因为进程的执行是动态的、不可预知的。

② 资源利用率低。由于条件结构的存在，进程运行时如果选择某一分支，可能需要某一种资源。如果选择另一分支，则可能需要另一种资源，而进程在运行前无法预期它将选择哪一分支，只好同时申请两种资源，这样申请到的资源在运行期间可能并未用到。另外，有些资源可能在进程运行结束前只使用一小段时间，但却需要长时间占用。

③ 可能发生“饥饿”。如果一个进程需要多个资源，可能会永久等待，因为它所需要的资源中至少一个已分配其他进程，这样该进程一直得不到所需的资源而处于“饥饿”状态。

3．破坏不剥夺条件

破坏该条件的方法是从已占用资源的进程手中强抢资源。该方法通常应用于其状态可以保存和恢复的资源，如CPU寄存器和内存空间资源，而不能用于打印机或磁带机之类的资源。这种预防死锁的方法实现起来非常复杂，而且适用的资源有限。对于可以方便抢占的资源，为了保护和恢复被抢占时刻的资源状态，要花费许多开销，所以这种预防死锁的方法也很少用到。

4．破坏循环等待条件

采用有序分配策略。即把资源分类按顺序排列，使进程在申请、保持资源时不形成环路。例如，有 m 种资源，则列出 $R1 < R2 < \cdots < Rm$。若进程 Pi 占用了资源 Ri，则它只能申请比 Ri 级别更高的资源 Rj（$Ri < Rj$），释放资源时必须是 Rj 先于 Ri 被释放，从而避免环路的产生。

也就是说，当进程不占有任何资源时，它可以申请某一资源类（如 Ri）中的任何资源实例。此后，它可以申请另一个资源类（如 Rj）中的若干个资源实例的充分必要条件是 $Ri<Rj$。如果进程需要同一资

源类中的若干个资源实例，则它必须在一个申请命令中同时发出请求。

因此，在任何时刻，总有一个进程占有较高序号的资源，该进程继续申请的资源必然是空闲的，故该进程可一直向前推进。换言之，系统中总有进程可能运行完毕，这个进程执行结束后会释放它所占用的全部资源，这将唤醒等待资源的进程或满足其他申请者，系统不会发生死锁。

这种方法的缺点是限制了进程对资源的请求，而且对资源的分类编序也会占用一定的系统开销。为了保证按编号申请的次序，暂不需要的资源也可能需要提前申请，增加了进程对资源的占用时间，当然这比预先分配策略还是要好。

3.4.4 死锁的避免

在死锁的预防中，对进程有关资源的活动按某种协议加以限制，如果所有进程都遵循此协议，即可保证不发生死锁，这是静态的不让死锁发生的策略；死锁的避免，是对进程有关资源的申请命令加以实时检测，拒绝不安全的资源请求命令，以保证死锁不会发生，是一种动态的不让死锁发生的策略。

1. 系统的安全状态和安全进程序列

为了介绍死锁避免的方法，先引入“安全”的概念。

如果系统中所有的进程能够按照某一种次序依次执行完毕，就说系统处于安全状态，这个进程执行次序就是进程安全序列。安全状态的形式化定义如下：

一个进程序列<P1，P2,…,Pn>，如果该序列中每一个进程Pi（$1 \leqslant i \leqslant n$），需要的资源数量不超过系统当前剩余资源数量与所有进程Pj（$j<i$）当前占有资源数量之和，则这个进程序列称为安全进程序列。系统中所有进程存在一个安全进程序列，就说系统处于安全状态。

显然，安全状态是没有死锁的状态。

2. 银行家算法

视频

银行家算法

银行家算法是一种典型的死锁避免算法。银行家把一定数量的资金供多个用户周转使用，为保证资金安全，银行家规定：当顾客对资金的最大申请量不超过银行家拥有的现金时就可以接纳一个新顾客；顾客可以分期借款，但借款的总数不能超过最大申请量；银行家对顾客的借款可以推迟支付，但必须使顾客总能在有限的时间里得到全部借款；当顾客得到全部资金后，也必须在有限时间内归还所有的资金。

操作系统中，当一个新进程进入系统时，它必须声明其最大资源需求量，即其对每个资源类各需要多少资源实例。当进程发出资源申请命令而且系统能够满足该请求时，系统将判断：如果分配所申请的资源，系统的状态是否安全。如果安全则分配资源，否则不分配资源。

为了实现银行家算法，需要定义如下数据结构（设n为系统中的进程总数，m为资源类的总数）：

① int Available[m]：长度为m的一维向量，记录当前各类资源中可用资源实例的数量。如果Available[j] ==k，则资源类Rj当前有k个资源实例。初始时Available的值为系统资源总量。

② int Claim[n,m]：n×m的二维矩阵，记录每个进程所需各类资源的资源实例最大量。如果Claim[i,j] ==k，则进程Pi最多需要资源类Rj中的k个资源实例。

③ int Allocation[n,m]：n×m的二维矩阵，记录每个进程已占有各资源类中的资源实例数量。如果Allocation[i,j] ==k，则进程Pi已占有资源类Rj中的k个资源实例。初始时Allocation[i,j] ==0。

④ int Need[n,m]：n×m的二维矩阵，记录每个进程尚需要各资源类中的资源实例数量。如果Need[i,j] ==k，则进程Pi尚需要资源类Rj中的k个资源实例。初始时Need= Claim。

⑤ int Request[n,m]：记录某个进程当前申请各资源类中的资源实例数量。如果Request[i,j] ==k，则进程Pi申请资源类Rj中的k个资源实例。

⑥ int Work[m]：长度为m的一维向量，记录可用资源。初始条件下，Work= Available。

⑦ int Finish[n]：一个存放布尔值的一维向量，长度为n，记录进程是否可以执行完。初始时Finish[i] ==false；当有足够资源分配给进程时，再令Finish[i] ==true。

为了表达简洁，把矩阵Allocation、Request和Need的行看作向量，并且分别表示为Allocation[i]、Request[i]和Need[i]。

实施银行家算法时，先进行资源预分配再进行安全性检测。

算法3-10　资源分配算法。

① 如果Request[i] ≤Need[i]，便转向步骤②；否则认为出错，因为它所需要的资源数已超过它所宣布的最大值。

② 如果Request[i] ≤Available，便转向步骤③；否则，表示尚无足够资源，Pi须等待。

③ 系统试探着把资源分配给进程Pi，并修改下面数据结构中的数值：

```
Available =Available - Request[i]
Allocation[i]=Allocation[i]+ Request[i]
Need[i]=Need[i]- Request[i]
```

④ 系统执行安全性算法，检查此次资源分配后，系统是否处于安全状态。若安全，则正式将资源分配给进程Pi，以完成本次分配；否则，将本次的试探分配作废，恢复原来的资源分配状态，让进程Pi等待。

安全性检测算法用来判断某个进程提出的资源请求满足后，系统当前的状态是否安全，即在此时刻能否在系统中找出一个安全序列，使每个进程都能顺利完成。

算法3-11　安全性检测算法。

① Work = Available；Finish ==false。

② 从进程集合中找到一个能满足下述条件的进程：

Finish[i] =false；Need[i] ≤Work；若找到，执行步骤③，否则，执行步骤④。

③ 进程Pi获得资源后，可顺利执行，直至完成，并释放出分配给它的资源，故应执行：Work =Work +Allocation[i]；Finish[i] =true；转步骤② 继续。

④ 如果所有进程的Finish[i] =true都满足，则表示系统处于安全状态；否则，系统处于不安全状态。

【例3-7】假定系统中有五个进程{P0，P1，P2，P3，P4}和三类资源{A，B，C}，各种资源的数量分别为10、5、7，在T_0时刻的资源分配情况如下：

	Claim			Allocation			Need			Avaliable		
	A	B	C	A	B	C	A	B	C	A	B	C
P0	7	5	3	0	1	0	7	4	3	3	3	2
P1	3	2	2	2	0	0	1	2	2			
P2	9	0	2	3	0	2	6	0	0			
P3	2	2	2	2	1	1	0	1	1			
P4	4	3	3	0	0	2	4	3	1			

① 判断T_0时刻是否处于安全状态。

T_0时刻执行安全性算法，可以找到一个安全进程序列< P1，P3，P4，P2，P0>，所以，系统T_0时刻处于安全状态。

② 现P1提出资源申请，Request1=(1，0，2)，是否实施资源分配？

系统按银行家算法进行检查：

- Request1(1，0，2)≤Need1(1，2，2)。
- Request1(1，0，2)≤Available(3，3，2)。
- 系统先假定可为P1分配资源，并修改Available、Allocation1和Need1向量，由此形成的资源状态如下：

	Claim			Allocation			Need			Avaliable		
	A	B	C	A	B	C	A	B	C	A	B	C
P0	7	5	3	0	1	0	7	4	3	2	3	0
P1	3	2	2	3	0	2	0	2	0			
P2	9	0	2	3	0	2	6	0	0			
P3	2	2	2	2	1	1	0	1	1			
P4	4	3	3	0	0	2	4	3	1			

- 再利用安全性检测算法检查此时系统是否安全。

经检查，可以找到一个安全进程序列< P1，P3，P4，P2，P0>，系统处于安全状态，所以对P1可以实施资源分配。

③ 在新状态下，P4提出资源申请，Request4=(3，3，0)，是否实施资源分配？

系统按银行家算法进行检查：

- Request4(3，3，0)≤Need4(4，3，1)。
- Request4(3，3，0)≥Available(2，3，0)。

进程P4提出的资源申请数超出了系统可用资源数，所以不能实施资源分配。

④ 若在新状态下，P0提出资源申请，Request0=(0，2，0)，是否实施资源分配？

通过银行家算法检测可以看出，虽然P0的申请未超过系统当前可用资源数，但对P0 实施资源分配将导致系统处于不安全状态，即找不到一个安全进程序列让所有进程执行完毕，所以不实施分配。

【提示】安全状态是没有死锁的状态，为了保证不发生死锁，在银行家算法中，当一次资源分配将导致系统处于不安全状态时，拒绝该次资源分配。但不安全状态不一定是死锁状态。

图3-23所示为安全状态、不安全状态、死锁状态之间的关系。

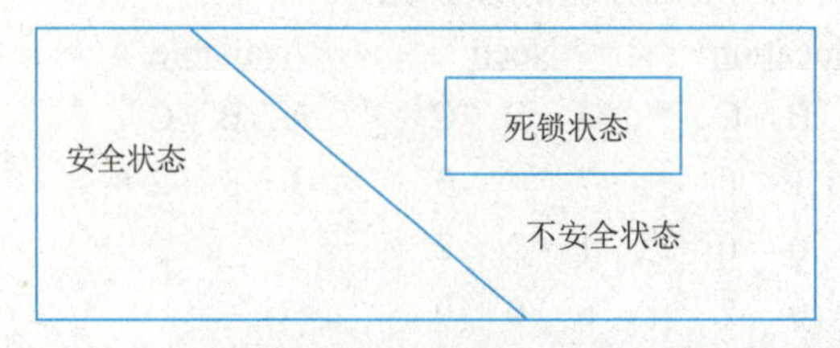

图 3-23 安全状态、不安全状态、死锁状态之间的关系

【例3-8】假定系统中有两个进程P1和P2，两类资源｛A，B｝，每种资源都只有一个资源实例。

已知进程P1对资源的需求序列为P1：A，B，$\overline{A}$，$\overline{B}$；P2对资源的需求序列为的P2：B，$\overline{B}$，B，A，$\overline{B}$，$\overline{A}$。假定某时刻系统状态如下：

	Claim		Allocation		Need		Avaliable	
	A	B	A	B	A	B	A	B
P1	1	1	1	0	0	1	0	1
P2	1	1	0	0	1	1		

即此时P1的请求A被系统接受。其后系统接收到的命令有两种可能：一是P1的请求B；二是P2的请求B。假定为P2的请求B，则系统按银行家算法进行检查：

① Request2(0，1)≤Need2(1，1)。

② Request2(0，1)≤Available(0，1)。

③ 系统先假定可为P2分配资源，并修改Available，Allocation2和Need2向量，由此形成的资源状态如下：

	Claim		Allocation		Need		Avaliable	
	A	B	A	B	A	B	A	B
P1	1	1	1	0	0	1	0	0
P2	1	1	0	1	1	0		

④ 运行安全性检测算法可以发现此时系统处于不安全状态，因而取消分配。

事实上，如果真正实施资源分配，系统并不会进入死锁状态。因为分配资源后按照P2($\overline{B}$)、P1(B)、P1($\overline{A}$)、P1($\overline{B}$)、P2(B)、P2(A)、P2($\overline{B}$)、P2($\overline{A}$)的次序，两个进程可以执行完毕。

这是一个P1和P2两个进程交叉执行的次序，而不是一个顺序执行的次序，银行家算法不能判断。这个例子验证了前面给出的论断：不安全状态不一定是死锁状态。

可以看出，与死锁的预防策略相比，死锁避免策略提高了资源的利用率，但增加了系统的开销。

3.4.5　死锁的检测和解除

虽然死锁的预防和死锁的避免策略可以使系统不发生死锁，但系统会以降低资源利用率和增加系统开销为代价。因此，在许多操作系统中不采取预防和避免死锁的措施，在分配资源时不加限制，只要系统有剩余资源，总把资源分配给申请者。当然，这样可能会发生死锁。为此，要有相应的死锁检测方法和死锁恢复手段。

1．死锁检测算法

假设系统中有n个并发进程，有m类资源，死锁检测算法中用到的数据结构有：int Available[m]、int Allocation[n,m]、int Request[n,m]、int Work[m]和int Finish[n]，其含义和银行家算法中用到的数据结构的含义相同，在此不再赘述。

算法3-12　死锁检测算法。

① Work= Available。

对于所有i=1，2,...，n。如果Allocation[i]≠0，则Finish[i]=flase，否则Finish[i] =true。

② 在系统第1个进程到第n个进程中，逐个寻找满足Finish[i]=flase，且Request[i]≤Work的进程Pi，若找到了一个Pi则继续执行步骤③，否则执行步骤④。

③ 找到一个Pi后，说明Pi可得到所要求的全部资源，所以顺利完成，此时Pi要释放出所有的系统

资源，执行如下操作：

```
Work=Work+ Allocation[i]
Finish[i]=true
```

④ 若存在某些i(1≤i≤n)，Finish[i]=flase，则系统处于死锁状态，且进程Pi参与了死锁。

【例3-9】假设有一个系统，有5个进程P1、P2、P3、P4、P5，有三种资源A、B、C，每种资源的个数分别为7、2、6，假定在T_0时刻，资源分配状态如下：

	Allocation			Rquest			Avaliable		
	A	B	C	A	B	C	A	B	C
P1	0	1	0	0	0	3	0	0	0
P2	2	0	0	2	0	2			
P3	3	0	3	0	0	0			
P4	2	1	1	1	0	0			
P5	0	0	2	0	0	2			

执行死锁检测算法，可以找到一个序列<P1，P3，P4，P2，P5>，对于所有的i都有Finish[i]=true，系统在T_0时刻不处于死锁状态。

现在设进程P3又请求1种C资源，则系统资源分配情况如下：

	Allocation			Rquest			Avaliable		
	A	B	C	A	B	C	A	B	C
P1	0	1	0	0	0	0	0	0	0
P2	2	0	0	2	0	2			
P3	3	0	3	0	0	1			
P4	2	1	1	1	0	0			
P5	0	0	2	0	0	2			

执行死锁检测算法，虽然可以回收进程P1所占用的资源，但是此时可用资源不足以满足其他进程的需求，进程P2、P3、P4、P5会一起发生死锁，因此系统处于死锁状态。

2. 死锁检测的时机

由于死锁检测算法需要进行很多操作，会增加系统开销，影响系统执行效率，所以何时调用死锁检测算法成为系统设计的关键。这取决于两个因素：一是死锁发生的频率；二是当死锁发生时，有多少进程受影响。

如果死锁经常发生，就应该经常调用死锁检测算法。通常在如下时刻进行死锁检测：

① 每当有资源请求时就进行检测。这样会及时发现死锁，但这样会占用大量CPU时间。

② 定时检测。为了减少死锁检测所带来的系统开销，可以采取每隔一段时间进行一次死锁检测的策略。

③ 资源利用率降低时检测。因为当死锁涉及较多进程时，系统中没有多少进程可以运行，CPU就会经常空闲，当CPU利用率降到某一界限（如40%）时开始进行死锁检测。

【提示】死锁避免和死锁检测的对比。死锁避免需要在进程的运行过程中一直保证之后不可能出现死锁，因此需要知道进程从开始到结束的所有资源请求。而死锁检测某个时刻是否发生死锁，不需要知道进程在整个生命周期中的资源请求，只需要知道对应时刻的资源请求。

3. 死锁的解除

当死锁已经发生并且被检测到时，应当将其解除使系统从死锁状态中恢复过来，通常可采用以下措施消除死锁。

（1）系统重新启动

系统重新启动是最简单、最常用的死锁解除方法。不过其代价很大，因为在此之前系统所有进程已经完成的计算工作都将付之东流。

（2）终止进程

终止参与死锁的进程并收回它们所占的资源。这又有两种策略：一是一次性终止全部死锁进程，这种处理方法简单，但其代价高，有些进程计算了很长时间，被终止后，前期所做的全部工作都作废；二是一次终止一个进程直至取消死锁循环为止，这种方法的开销相当大，这是因为每终止一个进程，都必须调用死锁检测算法来确定进程是否仍处于死锁状态。

（3）剥夺资源

剥夺死锁进程所占的全部或部分资源，又可进一步分为逐步剥夺和一次性剥夺策略。

（4）进程回退

就是让参与死锁的进程回退到以前没有发生死锁的某点处，并由此点开始继续执行，希望进程交叉执行时不再发生死锁。该方法带来的开销是惊人的，因为要实现“回退”，必须“记住”以前某一点处的现场，而且该现场应当随进程的推进而动态变化，这需要花费大量的时间和空间。除此之外，一个回退的进程应当挽回它在回退点和死锁点之间所造成的影响，如修改某一文件或给其他进程发消息，这些在实现时是难以做到的。

事实上，对于死锁问题，最好的办法是“视而不见”。这也是目前实际系统采用最多的一种策略。当死锁真正发生且影响系统正常运行时，采取手动干预——重新启动。UNIX和Windows等系统都采用这种做法。原因是考虑到了死锁发生的频度和可能造成的后果，如果死锁平均每五年发生一次，而硬件故障、程序漏洞所造成的系统瘫痪频度远高于五年一次，避免死锁所付出的代价是毫无意义的。

3.5 处理器调度

处理器是计算机系统中一个十分重要的资源。在早期的计算机系统中，对它的管理是十分简单的。随着多道程序设计技术和各种不同类型的操作系统的出现，各种不同的处理器管理方法得到启用。不同的处理器管理方法将为用户提供不同性能的操作系统。例如，在多道批处理系统中，为了提高处理器的效率和增加作业吞吐率，当调度一批作业组织多道运行时，要尽可能使作业搭配合理，以充分利用系统中的各种资源；在分时系统中，由于用户使用交互式会话的工作方式，系统必须要有较快的响应时间，使得每个用户都感到如同只有自己一个人在使用这台计算机，因此，在调度作业执行时要首先考虑每个用户作业得到处理器的均等性；在实时系统中，首先考虑的是处理器的响应时间。由此可以看到，根据操作系统的要求不同，处理器管理的策略是不同的。

3.5.1 调度的层次和分类

在多道程序系统中，经常出现有多个作业或进程同时竞争处理器的现象，处理器调度的主要目的就是选出作业或进程并为其分配处理器。

1. 调度的层次

一个作业从提交给计算机系统到执行结束退出系统，一般都要经历提交、后备、运行和完成四个状态。

① 提交状态：一个作业在其处于从输入设备进入外部存储设备的过程。处于提交状态的作业，因其信息尚未全部进入系统，所以不能被调度程序选取。

② 后备状态：也称为收容状态。输入管理系统不断地将作业输入外存中对应部分（或称输入井，即专门用来存放待处理作业信息的一组外存分区）。若一个作业的全部信息已全部被输入进输入井，那么，在它还未被调度去执行之前，该作业处于后备状态。

③ 运行状态：作业调度程序从后备作业中选取若干个作业到内存投入运行。它为被选中作业建立进程并分配必要的资源，这时，这些被选中的作业处于执行状态。从宏观上看，这些作业正处在执行过程中，但从微观上看，在某一时刻，由于处理器总数少于并发执行的进程数，因此，不是所有被选中作业都占有处理器，其中的大部分处于等待资源或就绪状态中。究竟哪个作业的哪个进程能获得处理器而真正在执行，要依靠进程调度来决定。

④ 完成状态：作业运行完毕，但它所占用的资源尚未全部被系统回收时，该作业处于完成状态。在这种状态下，系统需要做诸如打印结果、回收资源等的善后处理工作。

通常一个作业从进入系统并驻留在外存的后备队列上开始，直至该作业运行完毕，基本上都要经历高、中、低三级调度，如图3-24所示。

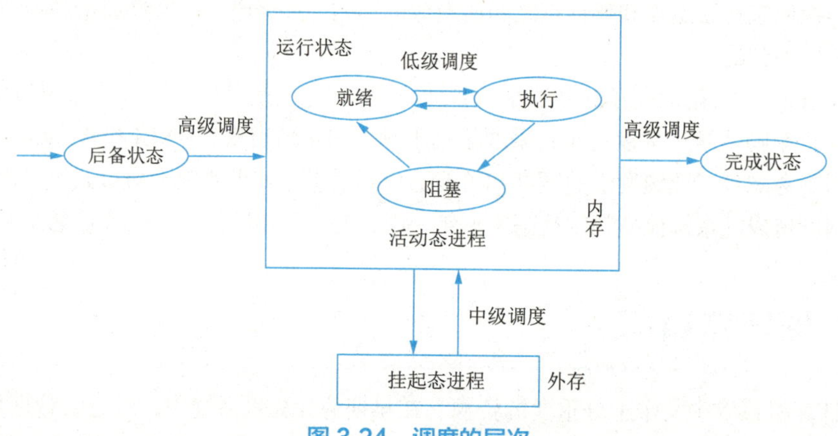

图 3-24 调度的层次

（1）高级调度

高级调度是指作业调度，又称宏观调度。其主要任务是按一定的原则对外存输入井上的大量后备作业进行选择，给选出的作业分配内存、输入/输出设备等必要的资源，并建立相应的进程，以使该作业的进程获得竞争处理器的权利。另外，当该作业执行完毕时，还负责回收系统资源。

通常在以下三种情况下操作系统会启动“作业调度程序”选择作业进入内存。

① 一个作业运行结束。当一个作业运行结束时，内存中的进程数量减少。为了不降低处理器的利用率，操作系统需要保存内存中有足量的进程。因此，需要进行调度，从外存中选择一个后备作业投入运行。

② 有新作业提交。有新作业提交时，若内存中的并发进程数尚未使系统达到饱和状态，为了进一步提高处理器的利用率，系统可立即调度新作业，使其进入内存开始执行。

③ 处理器利用率较低。当系统内存中的进程多数为I/O型时，处理器比较空闲。为了使系统各资源使用较平衡，系统可将部分等待I/O的进程挂起，调度外存上的计算型（需要CPU运行时间长的）作业投入运行。

（2）低级调度

低级调度是指进程调度，又称微观调度。它是操作系统中最基本的一级调度，主要用来分配处理器，其调度对象是系统内存中的进程。随着现代操作系统引入了多线程技术，调度对象又增加了线程。

低级调度与高级调度的区别：低级调度是真正让某个处于就绪状态的进程获得处理器执行；而高级调度只是将处于后备状态的作业装入内存，进入运行状态，使其具有竞争处理器的机会，是一个宏观的概念，将来真正使用处理器执行的还是该作业的相应进程。

（3）中级调度

中级调度是指交换调度，是位于高级调度和低级调度之间的一级调度。

引入中级调度的主要目的，是为了提高内存利用率和系统吞吐量。其主要任务是按照给定的原则和策略，将处于外存交换区中的就绪状态或就绪等待状态的进程调入内存，或把处于内存就绪状态或内存等待状态的进程交换到外存交换区。交换调度主要涉及内存管理与扩充，因此本书将其归入内存管理部分。

2. 调度的分类

在研究处理器调度时，根据操作系统类型的不同，通常可将调度分为多道批处理调度、分时调度和实时调度，此外还有多处理器调度。在此主要研究单处理器调度。

（1）多道批处理调度

多道批处理系统采用脱机控制方式，用户将对系统的各种请求和对作业的控制要求集中描述，以作业说明书的形式同程序和数据一起提交给系统。系统成批接收用户作业输入，将它们存放在外存中形成后备作业，然后在操作系统的管理和控制下执行。

多道批处理系统的处理器调度是通过高级调度和低级调度的配合来实现多道作业的同时执行。图3-25所示为具有两级调度的批处理调度模型。

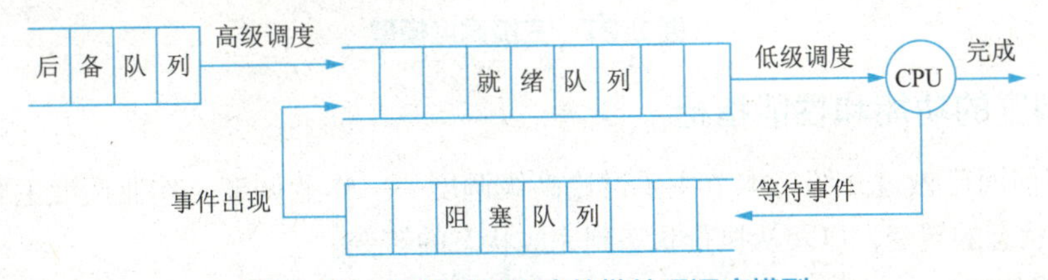

图 3-25　具有两级调度的批处理调度模型

通过高级调度，处于后备状态的某个作业在系统资源满足的前提下被选中，从而进入内存转为运行状态。只有处于运行状态的作业才能够真正构成进程，获得运行和计算的机会。为充分利用处理器，往往可以选择多个作业装入内存，这样会同时有多个用户进程，这些进程在低级调度的控制下竞争处理器执行。

（2）分时调度

在分时系统中，为了缩短响应时间，通过键盘输入的命令或数据等均直接进入内存，因而无须配置高级调度，只设置低级调度即可。操作系统为命令建立相应的就绪状态进程，并将其排在内存中就绪队列的末尾等待调度。图3-26所示为仅有低级调度的分时调度模型。

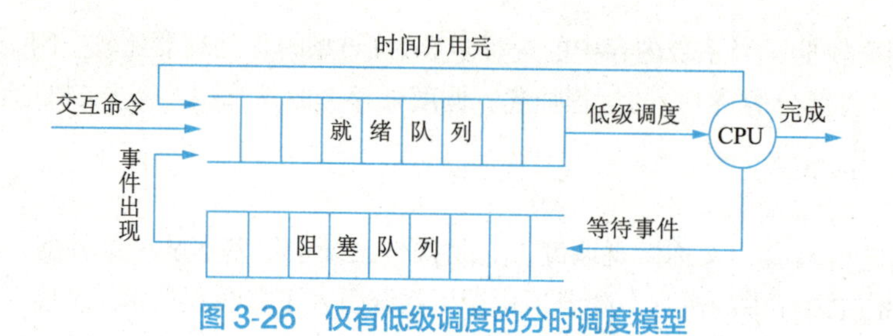

图 3-26 仅有低级调度的分时调度模型

（3）实时调度

实时系统主要用于一些对响应时间要求更为严格的特殊领域。与分时系统类似，实时系统中主要涉及低级调度，其调度方式根据实时任务的不同有较大的灵活性。

（4）完整的三级调度

在上述三种调度类型中，仅考虑了处理器的分配，而在具有挂起状态的系统中，需要引入中级调度。具有中级调度功能的完整三级调度模型如图3-27所示。

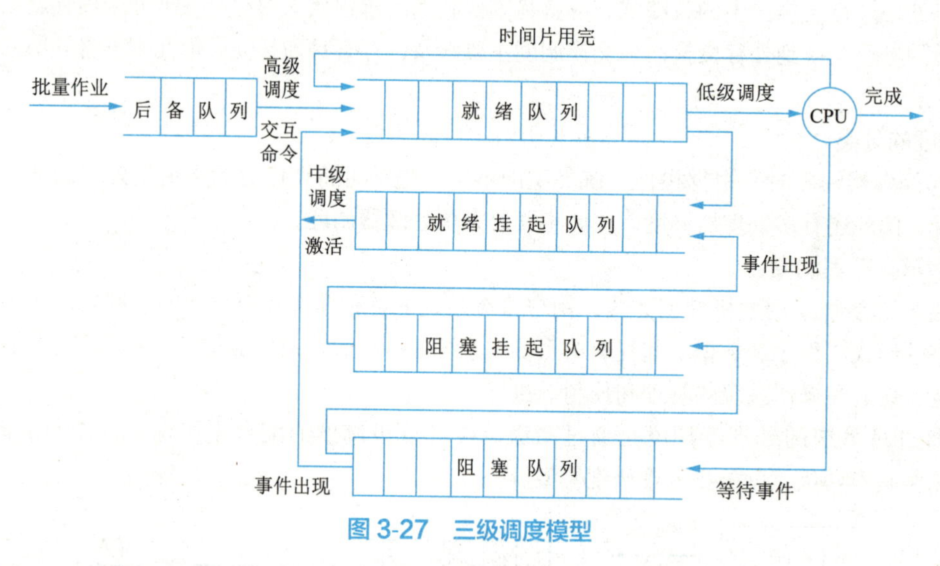

图 3-27 三级调度模型

3.5.2 作业调度的功能和性能指标

进程调度在前面已做过介绍，本节主要讨论高级调度——作业调度。作业调度主要是完成作业从后备状态到执行状态的转变，以及从执行状态到完成状态的转变。

1. 作业调度的功能

（1）记录系统中各作业的状况

作业调度程序要能挑选一个作业投入执行，并且在执行中对其进行管理，它就必须掌握作业在各个状态，包括执行阶段的有关情况。通常，系统为每个作业建立一个作业控制块记录这些有关信息。系统通过作业控制块（JCB）而感知作业的存在。系统在作业进入后备状态时为该作业建立它的JCB，从而使得该作业可被作业调度程序感知。当该作业执行完毕进入完成状态之后，系统又撤销其JCB而释放有关资源并撤销该作业。

作业名
作业类型
资源要求
资源使用情况
优先级（数）
状态
其他

图 3-28 作业控制块

对于不同的批处理系统，其JCB的内容也有所不同。图3-28给出了JCB的主要内容，包括作业名、作业类型、资源要求、资源使用情况状态，以及该作业的优先级等。

其中，作业名由用户提供并由系统将其转换为系统可识别的作业标识符。作业类型指该作业属于计算型（要求CPU时间多）还是管理型（要求输入／输出量大），或图形设计型（要求高速图形显示）等。资源要求包括：该作业估计执行时间、要求最迟完成时间、要求的内存量和外存量、要求的外设类型及台数，以及要求的软件支持工具库函数等。资源要求均由用户提供。资源使用情况包括：作业进入系统时间、开始执行时间、已执行时间、内存地址、外设台数等。优先级则用来决定该作业的调度次序，既可以由用户给定，也可以由系统动态计算产生。状态是指该作业当前所处的状态。显然，只有当作业处于后备状态时，该作业才可以被调度。

（2）从后备队列中挑选出一部分作业投入执行

作业调度程序根据选定的调度算法，从后备作业队列中挑选出若干作业去投入执行。

（3）为被选中作业做好执行前的准备工作

作业调度程序为选中的作业建立相应的进程，并为这些进程分配所需要的系统资源，如内存、外存、外设等。

（4）在作业执行结束时做善后处理工作

主要是输出作业管理信息，如执行时间等。再就是回收该作业所占用的资源，撤销与该作业有关的全部进程和该作业的作业控制块等。

2．作业调度的性能指标

作业调度的功能最主要的是从后备作业队列中选取一批作业进入执行状态。根据不同的目标，将会有不同的调度算法。

一般来说，调度目标主要有：对所有作业应该是公平合理的，使设备有高的利用率，执行尽可能多的作业，有快的响应时间。

由于这些目标的相互冲突，任一调度算法要想同时满足上述目标是不可能的。如果考虑的因素过多，调度算法就会变得非常复杂。其结果是系统开销增加，资源利用率下降。因此，大多数操作系统都根据用户需要，采用兼顾某些目标的简单调度算法。

那么，怎样衡量一个作业调度算法是否满足系统设计的要求？对于批处理系统，由于主要用于计算，即希望吞吐量大，对于作业的周转时间要求较高。因此，作业的平均周转时间或平均带权周转时间，作为衡量调度算法优劣的标准。但是，对于分时系统和实时系统来说，外加平均响应时间作为衡量调度策略优劣的标准。

（1）CPU利用率

CPU是计算机系统中最重要和昂贵的资源之一，所以应尽可能使CPU保持“忙”状态，使这一资源利用率最高。CPU利用率的计算方法如下：

$$\text{CPU的利用率}=\frac{\text{CPU有效工作时间}}{\text{CPU有效工作时间}+\text{CPU空闲等待时间}}$$

（2）吞吐量

吞吐量指单位时间内CPU完成作业的数量。长作业需要消耗较长的CPU时间，因此会降低系统的吞吐量。而对于短作业，需要消耗的CPU时间较短，因此能提高系统的吞吐量。调度算法和方式的不同，也会对系统的吞吐量产生较大的影响。

（3）周转时间

作业i的周转时间T_i为

$$T_i = T_{if} - T_{is}$$

其中，T_{if}为作业i的完成时间，T_{is}为作业的提交时间。

一个作业的周转时间说明了该作业在系统内停留的时间，包含两部分：等待时间和执行时间，即

$$T_i = T_{iw} + T_{ir}$$

这里，T_{iw}主要指作业i由后备状态到执行状态的等待时间，它不包括作业进入执行状态后的等待时间。T_{ir}为作业执行时间。

（4）平均周转时间

对于被测定作业流所含有的n（$n \geqslant 1$）个作业来说，其平均周转时间为

$$\overline{T} = \frac{1}{n}\sum_{i=1}^{n} T_i$$

（5）带权周转时间

作业的周转时间包含两部分：等待时间和执行时间。为了更进一步反映调度性能，使用带权周转时间的概念。带权周转时间是作业周转时间与作业执行时间的比：

$$W = \frac{T_i}{T_{ir}} = 1 + \frac{T_{iw}}{T_{ir}}$$

由于T_i为等待时间和执行时间之和，故带权周转时间总是不小于1的。

（6）平均带权周转时间

对于被测定作业流所含有的几个作业来说，其平均带权周转时间为

$$\overline{W} = \frac{1}{n}\sum_{i=1}^{n} W_i = \frac{1}{n}\sum_{i=1}^{n} \frac{\mathrm{T}_i}{T_{ir}}$$

通常，用平均周转时间来衡量对同一作业流执行不同作业调度算法时所呈现的调度性能；用平均带权周转时间衡量对不同作业流执行同一调度算法时所呈现的调度性能。

（7）等待时间

指进程处于等待CPU的时间之和，等待时间越长，用户满意度越低。CPU调度算法实际上并不影响作业执行或I/O操作的时间，只影响作业在就绪队列中等待所花费的时间。因此，衡量一个调度算法的优劣，通常只需简单地考察等待时间。

（8）响应时间

从任务就绪到开始处理所用的时间。

在交互式系统中，周转时间不是最好的评价准则，一般采用响应时间作为衡量调度算法的重要准则之一。从用户角度来看，调度策略应尽量降低响应时间，使响应时间处在用户能接受的范围之内。

要想得到一个满足所有用户和系统要求的算法几乎是不可能的。设计调度程序，一方面要满足特定系统用户的要求（如某些实时和交互进程的快速响应要求）；另一方面要考虑系统整体效率（如减少整个系统的进程平均周转时间），同时还要考虑调度算法的开销。

3.5.3 作业调度算法

1．先来先服务调度算法

先来先服务算法（FCFS）按作业进入作业后备队列的先后顺序来进行挑选，先来的作业优先被选中。

该算法表面上看很公平：算法易懂、简单，作业在系统中等待的时间越长，被调度的可能性就越大。但由于未考虑各个作业的运行特点和占用资源的不同，以致作业在单位时间内的吞吐量不高，系统利用率低。例如，将一个执行时间较短的作业放在一个执行时间较长的作业后面执行，那么系统将会让它等待很长时间，从而导致系统资源利用率和运行速度下降。

【例3-10】有四个作业，它们进入后备作业队列的到达时间见表3-1。采用先来先服务的作业调度算法，求每个作业的周转时间以及它们的平均周转时间、平均带权周转时间（忽略系统调用时间）。

表3-1 作业进入系统的时刻和估计运行时间

作 业	进入系统时刻	估计运行时间/min
1	8:00	120
2	8:50	50
3	9:00	10
4	9:50	20

按先来先服务的调度算法，调度顺序是1、2、3、4。求得每个作业的完成时间和周转时间见表3-2。

表3-2 采用FCFS算法时各作业的运行情况

作 业	进入系统时刻	运行时间/min	开始运行时刻	运行完成时刻	周转时间/min	带权周转时间/min
1	8:00	120	8:00	10:00	120	1
2	8:50	50	10:00	10:50	120	2.4
3	9:00	10	10:50	11:00	120	12
4	9:50	20	11:00	11:20	90	4.5

四个作业的平均周转时间和平均带权周转时间为

$$\overline{T}=(120+130+70+90)/4=102.5\ \text{min}$$

$$\overline{W}=(1+2.6+7+4.5)/4=3.775\ \text{min}$$

若系统是多道环境，则在作业调度时就可以根据内存大小按提交顺序选择多个作业进入内存运行，同时还需要考虑进程调度以使内存中多个作业对应的进程依次占用处理器执行。

【例3-11】在多道程序设计系统中，有五个作业，见表3-3。设系统采用FCFS的作业调度算法和进程调度算法，内存中可供五个作业使用的空间为100 KB，在需要时按顺序进行分配，作业进入内存后，不能在内存中移动。试求每个作业的周转时间和它们的平均周转时间（忽略系统调用时间，都没有输入/输出请求）。

表3-3 作业进入系统的时刻和需求

作 业	进入系统时刻	估计运行时间/min	所需内存量/KB
1	10:01	7	15
2	10:03	5	70
3	10:05	4	50
4	10:06	4	20
5	10:07	2	10

由于是多道程序设计系统，按照先来先服务的调度算法，作业1在10:01时装入内存，并立即投入运行。作业2在10:03时装入内存，因为采用的是FCFS的进程调度算法，所以作业2进程只能等作业1进程运行完毕后才能投入运行。这时，内存还剩余15 KB。随后到达后备队列的作业3、作业4，由于没有足够的存储量供分配，因此暂时还无法把它们装入内存运行。当作业5在10:07到达时，由于它只需要10 KB的存储量，因此可以装入内存等待调度运行，如图3-29（a）所示。这时内存还剩下5 KB的空闲区没有使用。在作业1运行完毕撤离系统时，归还它所占用的15 KB内存空间，但题目规定不允许作业在内存移动，因而一头一尾的两个分散空闲区无法合并成为20 KB的一个区域分配给作业4，如图3-29（b）所示。只有到时刻10:13作业2运行完毕，腾空所占用的70 KB存储区，并与前面相连的15 KB空闲区合并成85 KB的空闲区，作业3和作业4才得以进入内存，如图3-29（c）所示。

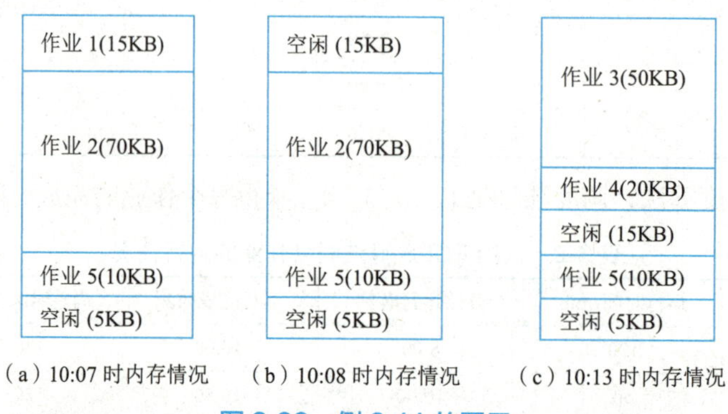

（a）10:07 时内存情况　（b）10:08 时内存情况　（c）10:13 时内存情况

图 3-29　例 3-11 的图示

【提示】按照FCFS的作业调度算法，应该先调度作业3进入内存，然后再调度作业4进入内存。但由于作业5先于它们进入内存，按照FCFS的进程调度算法，这时的调度顺序应该是5、3、4。

各作业的周转时间见表3-4。

表 3-4　作业运行情况及周转时间

作　业	进入系统时刻	所需CPU时间/min	装入内存时间	开始运行时间	完成时间	周转时间/min
1	10:01	7	10:01	10:01	10:08	7
2	10:03	5	10:03	10:08	10:13	10
3	10:05	4	10:13	10:15	10:19	14
4	10:06	4	10:13	10:19	10:23	17
5	10:07	2	10:07	10:13	10:15	8

系统的平均作业周转时间为(7+10+14+17+8) /5=11.2 min。

2. 短作业优先调度算法

在批处理为主的系统中，FCFS算法虽然简单，系统开销小，但会造成长作业长久等待的不公平现象，短作业优先调度算法（SJF）就是选择那些估计需要执行时间最短的作业投入执行，为它们创建进程和分配资源。

【例3-12】对于例3-10中的题目，改用SJF算法重新调度。调度过程为8:00时刻，系统后备作业队列中只有作业1，故直接被调度进入内存开始运行，直至10:00作业1完成。此时，作业2、3、4均已依次进入系统后备作业队列，按照作业运行时间的长短，优先选择作业3运行，直至10:10完成，之后依次类推，可得到全部作业的运行情况、周转时间和带权周转时间，见表3-5。

表3-5 采用SJF算法时各作业的运行情况

作 业	进入系统时刻	运行时间/min	开始运行时刻	运行完成时刻	周转时间/min	带权周转时间/min
1	8:00	120	8:00	10:00	120	1
2	8:50	50	10:30	11:20	150	3
3	9:00	10	10:00	10:10	70	7
4	9:50	20	10:10	10:30	40	2

四个作业的平均周转时间和平均带权周转时间为

$$\overline{T}=(120+150+70+40)/4=95\ \text{min}$$

$$\overline{W}=(1+3+7+2)/4=3.25\ \text{min}$$

从上述结果可以看出，采用短作业优先的调度算法，不论是平均周转时间还是平均带权周转时间都比FCFS算法有明显改善，因此有效降低了作业的平均等待时间，保证了系统的最大吞吐量。

如果所有作业“同时”到达后备作业队列，采取SJF的作业调度算法总会获得最小的平均周转时间。作业周转时间等于等待时间加上运行时间，无论实行什么作业调度算法，一个作业的运行时间总是不变的，变的因素是等待时间，若让短作业优先，就会减少长作业的等待时间，从而使整个作业流程的等待时间下降，于是平均周转时间也就下降。

但SJF算法的缺点也是明显的：首先对长作业不公平，对于一个不断有作业进入的批处理系来说，短作业优先法有可能使得那些长作业永远得不到调度执行的机会；其次，未考虑作业的紧迫程度，因而不能保证紧迫性作业被及时处理；另外，作业的长短是根据用户所提供的估计运行时间而定的，未必准确，故该算法实现时不一定能够真正做到最短优先。

3. 最高响应比优先调度算法

FCFS作业调度算法，重点考虑的是作业在后备队列的等待时间，对短作业不利；SJF作业调度算法，重点考虑的是作业所需的CPU时间，对长作业不利；最高响应比优先调度算法（HRN）是对FCFS方式和SJF 方式的一种综合平衡。HRN调度策略同时考虑每个作业的等待时间长短和估计需要的执行时间长短，从中选出响应比最高的作业投入执行。

响应比R定义如下：

$$R_i=\frac{T_{iw}+T_{ir}}{T_{ir}}=1+\frac{T_{iw}}{T_{ir}}$$

其中，T_{ir}为该作业估计需要的执行时间，T_{iw}为作业在后备状态队列中的等待时间。

每当要进行作业调度时，系统计算每个作业的响应比，选择其中R最大者投入执行。这样，即使是长作业，随着它等待时间的增加，T_{iw}/T_{ir}也就随着增加，也就有机会获得调度执行。这种算法是介于FCFS和SJF之间的一种折中算法。由于长作业也有机会投入运行，在同一时间内处理的作业数显然要少于SJF法，从而采用HRN方式时其吞吐量将小于采用SJF 法时的吞吐量。另外，由于每次调度前要计算响应比，系统开销也要相应增加。

【例3-13】对于例3-10中的题目，改用HRN作业调度算法重新调度。调度过程为8:00时刻，系统后备作业队列中只有作业1，故直接被调度进入内存开始运行，直至10:00作业1完成。之后每次调度时计算各作业的响应比作为调度的依据。10:00时刻，计算各作业的响应比如下：

$$R_2=(70+50)/50=2.4$$

$$R_3=(60+10)/10=7$$

$$R_4=(10+20)/20=1.5$$

显然，作业3的响应比最高，优先选择作业3运行，10:10运行结束；10:10时刻，各作业的响应比为

$$R_2=(80+50)/50=2.6$$

$$R_4=(20+20)/20=2$$

因此，调度作业2运行。11:00时刻，作业2运行结束，只剩下作业4未执行，无须计算，直接调度运行。

全部作业的运行情况、周转时间和带权周转时间见表3-6。

表3-6 采用HNR算法时各作业的运行情况

作　业	进入系统时刻	运行时间/min	开始运行时刻	运行完成时刻	周转时间/min	带权周转时间/min
1	8:00	120	8:00	10:00	120	1
2	8:50	50	10:10	11:00	130	2.6
3	9:00	10	10:00	10:10	70	7
4	9:50	20	11:00	11:20	90	4.5

四个作业的平均周转时间和平均带权周转时间为

$$\overline{T}=(120+130+70+90)/4=102.5\ \text{min}$$

$$\overline{W}=(1+2.6+7+4.5)/4=3.775\ \text{min}$$

4. 优先级法

根据作业控制块中存放的优先数，优先数高的作业优先被调用。

作业调度中的静态优先级大多按以下原则确定：

① 由用户自己根据作业的紧急程度输入一个适当的优先级。为防止各用户都将自己的作业冠以高优先级，系统应对高优先级用户收取较高的费用。

② 由系统或操作员根据作业类型指定优先级。作业类型一般由用户约定或由操作员指定。例如，可将作业分为I/O繁忙的作业、CPU繁忙的作业、I/O与CPU均衡的作业、一般作业等。

系统或操作员可以给每类作业指定不同的优先级。

③ 系统根据作业要求资源情况确定优先级。例如，根据估计所需处理器时间、内存量大小、I/O设备类型及数量等，确定作业的优先级。

小　结

1. 进程与线程

在多道程序设计背景下，程序这个静态概念不足以描述程序的执行过程。因此，引入“进程”描述程序的并发执行过程。

进程是一个具有独立功能的程序关于某个数据集合的一次运行活动。它可以申请和拥有系统资源，

是一个动态的概念，是一个活动的实体。一个进程实体由进程控制块（PCB）、有关程序段和该程序段对其进行操作的数据结构集三部分构成。其中，PCB是标志一个进程存在的唯一标识，程序段是进程运行的程序的代码，描述进程所要完成的功能，数据结构集是程序在执行时必不可少的工作区和操作对象。

拓展阅读

勇攀创新高峰，为国立"芯"

进程有就绪态、运行态、阻塞态三种基本状态。系统在创建、撤销一个进程以及要改变进程的状态时，都要调用进程控制原语来实现。

在操作系统中引入线程则为了减少程序并发执行时所付出的时空开销，使操作系统具有更好的并发性。线程是进程中的一个实体，是被系统独立调度和分配的基本单位，线程自己基本上不拥有系统资源。

2. 进程间的制约关系

并发执行的多个进程，有互斥和同步两种制约关系。相互竞争使用系统中的有限资源而引起的间接制约关系称为互斥，互相合作的协同工作关系、有前后次序的等待关系称为进程同步。进程间的制约关系可以通过信号量机制和PV操作来实现。

3. 进程通信

根据进程间交换的信息量，可将进程通信分为低级通信方式和高级通信方式两种。低级通信方式，进程之间交换的仅是控制信息，而不是大批量数据，如PV操作；高级通信方式是指以较高的效率传输大批量数据的通信方式。高级通信方式主要有共享存储、消息传递和管道通信三类。

4. 死锁

由于系统资源有限且存在一些不可剥夺资源，当两个或两个以上的并发进程彼此互相等待对方所拥有的资源，且这些并发进程在得到对方的资源之前不会释放自己所拥有的资源，从而造成都想得到资源而又都得不到资源，各并发进程不能继续向前推进的状态，这就是死锁。

死锁产生的必要条件有四个，分别是互斥条件、不剥夺条件、请求并保持条件和循环等待条件。

死锁的处理策略可以分为预防死锁、避免死锁及死锁的检测与解除。

可以通过破坏产生死锁的四个必要条件之一来预防死锁。通过银行家算法，防止系统进入不安全状态，来避免死锁。死锁的检测和解除是指在死锁产生前不采取任何措施，只检测当前系统有没有发生死锁，若有，则采取一些措施解除死锁。

5. 处理器调度

在多道程序系统中，经常出现有多个作业或进程同时竞争处理器的现象，处理器调度的主要目的就是选出作业或进程并为之分配处理器。通常一个作业从进入系统并驻留在外存的后备队列上开始，直至该作业运行完毕，基本上都要经历高、中、低三级调度。

高级调度是指作业调度，低级调度是指进程调度。低级调度是真正让某个处于就绪状态的进程获得处理器执行；而高级调度只是将处于后备状态的作业装入内存，进入运行状态，使其具有竞争处理器的机会，是一个宏观的概念。中级调度是指交换调度，是位于高级调度和低级调度之间的一级调度。引入中级调度的主要目的，是为了提高内存利用率和系统吞吐量。

处理器调度算法有先来先服务调度、时间片轮转调度、优先级调度、短作业优先调度、多级反馈轮转调度、高响应比优先调度等。

思考与练习

一、选择题

1. 进程与程序的根本区别是（　　）。

A. 静态和动态特点　　B. 是否被调入内存

C. 是否具有就绪、运行和等待三种状态　　D. 是否占有处理器

2. 操作系统是根据（　　）来对并发执行的进程进行控制和管理的。

A. 进程的基本状态　B. 进程控制块　C. 多道程序设计　D. 进程的优先权

3. 在任何时刻，一个进程的状态变化（　　）引起另一个进程的状态变化。

A. 必定　B. 一定不　C. 不一定　D. 不可能

4. 在单处理器系统中，若同时存在10个进程，则处于就绪队列中的进程最多有（　　）个。

A. 1　B. 8　C. 9　D. 10

5. 一个进程释放了一台打印机，它可能会改变（　　）的状态。

A. 自身进程　　B. 输入/输出进程

C. 另一个等待打印机的进程　　D. 所有等待打印机的进程

6. 并发进程失去封闭性，是指（　　）。

A. 多个相对独立的进程以各自的速度向前推进

B. 并发进程的执行结果与速度无关

C. 并发进程执行时，在不同时刻发生的错误

D. 并发进程共享变量，其执行结果与速度有关

7.【2023统考真题】下列操作完成时，导致CPU从内核态转为用户态的是（　　）。

A. 阻塞进程　B. 执行CPU调度　C. 唤醒进程　D. 执行系统调用

8. 下列几种关于进程的叙述，（　　）最不符合操作系统对进程的理解。

A. 进程是在多程序环境中的完整程序

B. 进程可以由程序、数据和PCB描述

C. 线程（thread）是一种特殊的进程

D. 进程是程序在一个数据集合上的运行过程，是系统进行资源分配和调度的一个独立单位

9. 同一程序经过多次创建，运行在不同的数据集上，形成了（　　）的进程。

A. 不同　B. 相同　C. 同步　D. 互斥

10. 对进程的管理和控制使用（　　）。

A. 指令　B. 原语　C. 信号量　D. 信箱

11. 下列选项中，导致创建新进程的操作是（　　）。

Ⅰ.用户登录成功　Ⅱ.设备分配　Ⅲ.启动程序执行

A. 仅Ⅰ和Ⅱ　B. 仅Ⅱ和Ⅲ　C. 仅Ⅰ和Ⅲ　D. Ⅰ、Ⅱ、Ⅲ

12. 下面的叙述中，正确的是（　　）。

A. 引入线程后，处理器只能在线程间切换　　B. 引入线程后，处理器仍在进程间切换

C. 线程的切换，不会引起进程的切换　　D. 线程的切换，可能引起进程的切换

13. 下面的叙述中，正确的是（　　）。

A. 线程是比进程更小的能独立运行的基本单位，可以脱离进程独立运行

B. 引入线程可提高程序并发执行的程度，可进一步提高系统效率

C. 线程的引入增加了程序执行时的时空开销

D. 一个进程一定包含多个线程

14.【2023统考真题】下列由当前线程引起的事件或执行的操作中，可能导致该线程由执行态变为就绪态的是（ ）。

A. 键盘输入　　B. 缺页异常

C. 主动出让CPU　　D. 执行信号量的wait()操作

15. 有三个进程共享同一程序段，而每次只允许两个进程进入该程序段，若用PV操作同步机制，则信号量S的取值范围是（　　）。

A. 2、1、0、-1　　B. 3、2、1、0

C. 2、1、0、-1、-2　　D. 1、0、-1、-2

16. 对于两个并发进程，设互斥信号量为mutex（初值为1），若mutex=-1, 则（　　）。

A. 表示没有进程进入临界区

B. 表示有一个进程进入临界区

C. 表示有一个进程进入临界区，另一个进程等待进入

D. 表示有两个进程进入临界区

17.【2018统考真题】在下列同步机制中，可以实现让权等待的是（　　）。

A. Peterson 方法　　B. swap 指令　　C. 信号量方法　　D. Test And Set指令

18. [2016统考真题] 使用TSL（test and set lock）指令实现进程互斥的伪代码如下所示。

```
do{   ...
    while(TSL(&lock);
    critical section;
    lock=FALSE;
    ...
} while (TRUE);
```

下列与该实现机制相关的叙述中，正确的是（　　）。

A. 退出临界区的进程负责唤醒阻塞态进程

B. 等待进入临界区的进程不会主动放弃CPU

C. 上述伪代码满足“让权等待”的同步准则

D. while(TSL(&lock)语句应在关中断状态下执行

19.【2009统考真题】下列进程调度算法中，综合考虑进程等待时间和执行时间的是（　　）。

A. 时间片轮转调度算法　　B. 短进程优先调度算法

C. 先来先服调度算法　　D. 高响应比优先调度算法

20. 进程调度算法采用固定时间片轮转调度算法，时间片过大时，就会使时间片轮转法算法转化为（　　）调度算法。

A. 高响应比优先　　B. 先来先服务　　C. 短进程优先　　D. 以上选项都不对

21. 【2012统考真题】一个多道批处理系统中仅有P1和P2两个作业，P2比P1晚5 ms到达，它的计算和I/O操作顺序如下：

P1：计算60 ms, I/O 80 ms, 计算20 ms。

P2：计算120 ms，I/O 40 ms，计算40 ms。

若不考虑调度和切换时间，则完成两个作业需要的时间最少是（　　）。

A. 240 ms　　B. 260 ms　　C. 340 ms　　D. 360 ms

22. 【2016统考真题】某单CPU系统中有输入和输出设备各1台，现有3个并发执行的作业，每个作业的输入、计算和输出时间均分别为2 ms、3 ms和4 ms，且都按输入、计算和输出的顺序执行，则执行完3个作业需要的时间最少是（　　）。

A. 15 ms　　B. 17 ms　　C. 22 ms　　D. 27 ms

23. 两个合作进程（Cooperating Processes）无法利用（　　）交换数据。

A. 文件系统　　B. 共享内存

C. 高级语言程序设计中的全局变量　　D. 消息传递系统

24. 计算机系统中两个协作进程之间不能用来进行进程间通信的是（　　）。

A. 数据库　　B. 共享内存　　C. 消息传递机制　　D. 管道

25. 【2021统考真题】若系统中有$n(n \geq 2)$个进程，每个进程均需要使用某类临界资源2个，则系统不会发生死锁所需的该类资源总数至少是（ ）。

A. 2　　B. n　　C. $n+1$　　D. $2n$

二、简答题

1. 程序在顺序执行时具有哪些特性？程序在并发执行时具有哪些特性？

2. 什么是进程？进程与程序的主要区别是什么？

3. 什么是进程控制块？它有什么作用？

4. 进程一般具有哪三个主要状态？举例说明状态转换的原因。

5. 图3-30所示为一个进程状态变迁图，试问：

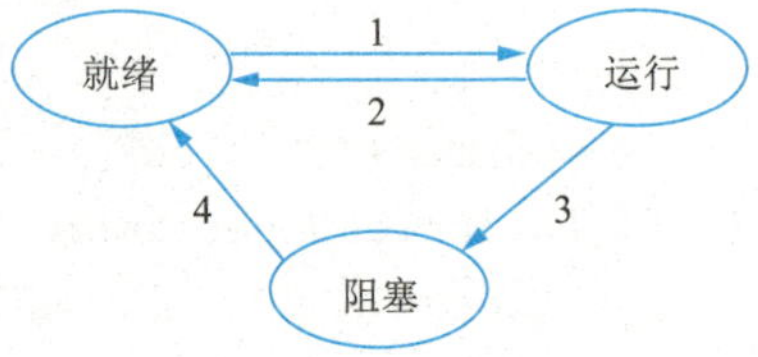

（1）是什么事件引起每种状态的变迁？

（2）在什么条件下，一个进程的变迁3能够立即引起另一个进程的变迁1？

（3）在什么情况下将发生后面的因果变迁：2→1；3→2；4→1？

图3-30　进程状态变迁图

6. 回答下列问题：

（1）若系统中没有运行进程，是否一定没有就绪进程？为什么？

（2）若系统中既没有运行进程，又没有就绪进程，系统中是否就没有进程？为什么？

（3）在采用优先级进程调度时，运行进程是否一定是系统中优先级最高的进程？

7. 试分析作业、进程、线程三者之间的关系。

8. 在分时系统中，进程调度是否只能采用时间片轮转调度算法？为什么？

9. 什么是原语操作？什么是进程控制原语？

10. 什么是与时间有关的错误？试举例说明。

11. 什么是临界资源和临界区？

12. 什么是进程的互斥？什么是进程的同步？同步和互斥这两个概念有什么区别和联系？

13. 什么是死锁？死锁产生的必要条件是什么？

14. 解除死锁的方法有哪些？

15. 什么是系统安全状态？

16.【2016统考真题】某个进程调度程序采用基于优先数（priority）的调度策略，即选择优先数最小的进程运行，进程创建时由用户指定一个nice作为静态优先数。为了动态调整优先数，引入运行时间cpuTime和等待时间waitTime，初值均为0。进程处于执行态时，cpuTime定时加1，且waitTime置0；进程处于就绪态时，cpuTime置0，waitTime定时加1。请回答下列问题：

（1）若调度程序只将nice的值作为进程的优先数，即priority=nice，则可能会出现饥饿现象，为什么？

（2）使用nice、cpuTime和waitTime设计一种动态优先数计算方法，以避免产生饥饿现象，并说明waitTime的作用。

三、综合题

1. 设有进程A、B、C分别调用过程get、copy和put对缓冲区S和T进行操作。其中，get负责把数据块输入缓冲区S，copy负责从缓冲区S中提取数据块并复制到缓冲区T中，put负责从缓冲区T中取出信息打印（见图3-31）。试描述get、copy及put的操作过程。

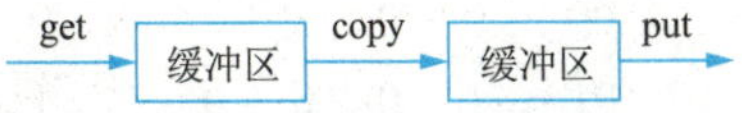

get → 缓冲区 → copy → 缓冲区 → put

图 3-31　三进程对缓冲区操作图

2. 设有一个可以装入A、B两种物品的仓库，其容量无限大，但是要求仓库中A、B两种物品的数量满足下述不等式：

$$m \leqslant \text{A物品数量} - \text{B物品数量} \leqslant n$$

其中，m和n为正整数。试用信号量和PV操作描述A、B两种物品的入库过程。

3. 阅览室共100个座位。用一张表来管理，每个表目记录座号及读者姓名。读者进入时要先在表上登记，退出时要注销登记。试用信号量及其P、V操作来描述各读者“进入”和“注销”工作之间的同步关系，画出其工作流程。

4. 公共汽车上有驾驶员和前、后门的两个售票员，其活动如图3-32所示。

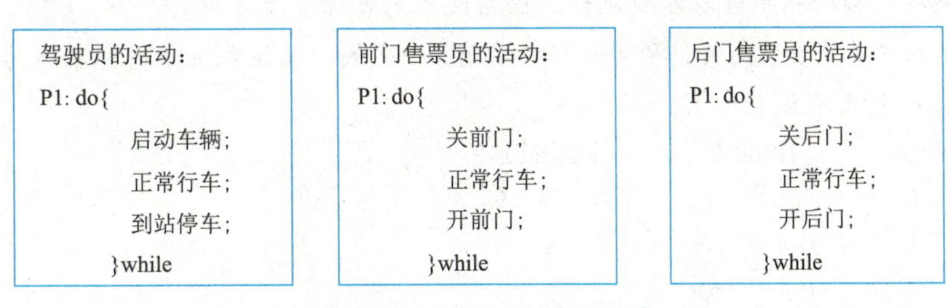

图 3-32　司机 - 售票员活动

为了安全，要求：前、后门关闭后方能起动车辆，到站停车后方能开前、后门，试用信号量、PV操作实现驾驶员、售票员之间的合作。

5. 设系统中有五台类型相同的打印机，依次编号为1～5。又设系统中有n个使用打印机的进程，使用前申请，使用后释放。每个进程有一个进程标识，用于区别不同的进程。每个进程还有一个优先数，不同进程的优先数各异。当有多个进程同时申请打印机时，按照进程优先数由高到低的次序实施分配。试用信号量和P、V操作实现对打印机资源的管理，即要求编写如下函数和过程。

（1）函数require(pid,pri)：申请一台打印机。参数pid为进程标识，其值为1～n之间的一个整数；pri为进程优先数，其值为正整数。函数返回值为所申请到的打印机的编号，其值为1～5的一个整数。

（2）过程return(prnt)：释放一台打印机。参数prnt为所释放打印机的编号，其值为1～5的一个整数。

6.【2022统考真题】某进程的两个线程T1和T2并发执行A、B、C、D、E和F共六个操作，其中T1执行A、E和F，T2执行B、C和D。图3-33表示上述六个操作的执行顺序所必须满足的约束：C在A和B完成后执行，D和E在C完成后执行，F在E完成后执行。请使用信号量的P、V操作描述T1和T2之间的同步关系，并说明所用信号量的作用及其初值。

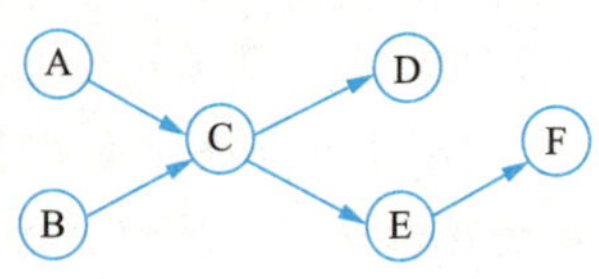

图3-33 执行顺序图

7. 假设有三个抽烟者和一个供应者。每个抽烟者不停地卷烟并抽掉它，但要卷起并抽掉一支烟，抽烟者需要有三种材料：烟草、纸和胶水。三个抽烟者中，第一个拥有烟草，第二个拥有纸，第三个拥有胶水。供应者无限提供三种材料，供应者每次将两种材料放到桌子上，拥有剩下那种材料的抽烟者卷一根烟并抽掉它，并给供应者一个信号告诉已完成，此时供应者就将另外两种材料放到桌上，如此重复，让三个抽烟者轮流抽烟。

8. 在银行家算法中，出现如下资源分配情况：

	Allocation				Need				Avaliable			
	A	B	C	D	A	B	C	D	A	B	C	D
P0	0	0	3	2	0	0	1	2	1	6	2	3
P1	1	0	0	0	1	7	5	0				
P2	1	3	5	4	2	3	5	6				
P3	0	3	3	2	0	6	5	2				
P4	0	0	1	4	0	6	5	6				

试问：

（1）当前状态是否安全？

（2）如果进程P2提出请求Request[2]=(1，2，2，2)，系统是否能将资源分配给它？试说明原因。

9. 某系统采取死锁检测手段以发现死锁，设系统中的资源类集合为{A，B，C}，资源类A中共有8个实例，资源类B中共有6个实例，资源类C中共有5个实例。又设系统中进程集合为{ P1，P2，P3，P4，P5，P6 }，某时刻系统状态如下：

	Allocation			Rquest			Avaliable		
	A	B	C	A	B	C	A	B	C
P1	1	0	0	0	0	0	2	2	1
P2	3	2	1	0	0	0			
P3	0	1	2	2	0	2			
P4	0	0	0	0	0	0			
P5	2	1	0	0	3	1			
P6	0	0	1	0	0	0			

（1）在上述状态下，系统依次接收如下请求：Request[1]=(1，0，0)，Request[2]=(2，1，0)，Request[4]=(0，0，2)。试给出系统状态变化的情况，并说明没有死锁。

（2）在由（1）所确定的状态下，系统接收如下请求：Request[1]=(0，3，1)，说明此时已发生死锁，并找出参与死锁的进程。

10. 设有四个作业J1、J2、J3、J4，其提交时间与运行时间见表3-7。试采用先到先服务、最短作业优先、最高响应比优先调度算法，分别求出各作业的周转时间、带权周转时间，以及所有作业的平均周转时间、平均带权周转时间。

表3-7　4个作业提交信息

作　业　名	提交时刻	运行时间/h
J1	10:00	2
J2	10:20	1
J3	10:50	0.5
J4	11:10	0.8

11.【2023统考真题】进程P1P2和P3进入就绪队列的时刻、优先级（值越大优先权越高）和CPU执行时间见表3-8。若系统采用基于优先权的抢占式CPU调度算法，从0 ms时刻开始进行调度，则P1、P2和P3的平均周转时间是多少？

表3-8　三个进程信息

进　程　名	进入就绪队列的时刻/ms	优　先　级	CPU执行时间/ms
P1	0	1	60
P2	20	10	42
P3	30	100	13

第4章 存储管理

计算机的存储器虽然从概念上来看比较简单，但是从计算机系统的类型、技术、组织、性能和价格几方面的特点来看，存储器的范围或许是最广的。目前没有一种最佳的能满足计算机系统对存储器需求的技术。所以，计算机系统通常配备分层的存储子系统：一些在系统内部，由处理器直接存取；一些在系统外部，处理器通过I/O模块存取。

本章主要讨论系统内部存储器部件。而内存是计算机系统内部存储器的重要组成部分，有着不可替代的作用。可被CPU直接利用，即可被CPU直接访问。内存有如此重要的地位，能否合理地使用它，会在很大程度上影响整个计算机系统的性能。

一个进程在计算机上运行，操作系统必须为其分配内存空间，使其部分或全部驻留在内存中。因为CPU仅从内存中读取程序指令执行，不能直接读取辅助存储器（简称辅存）中的程序。但是，内存比辅存昂贵，是一种宝贵而有限的资源，计算机技术的发展尤其是多道程序和分时技术的出现，要求操作系统的存储管理机构必须解决以下问题：

- 内存分配：多个进程同时在系统中运行，都要占用内存，因此内存控件如何进行合理的分配，决定了内存是否能得到充分利用。
- 存储保护：多个进程在系统中运行必须保证它们之间不能互相冲突、互相干扰和互相破坏。
- 地址变换：程序是在连续区域中，还是划分成若干块放在不同区域中？是事先划分，还是动态划分？各种存储分配方案是与软件和硬件的地址变换技术及其机制紧密相关的。
- 存储共享：多个进程可能共同使用同一系统软件。
- 存储扩充：即所谓的虚拟存储管理技术。

各种操作系统之间最明显的区别之一就在于它们所采用的存储管理方案不一样。目前，基本上可概括成三大类：连续分配存储管理、离散分配存储管理、虚拟存储管理。其中连续分配管理是指作业一次性进入内存，且内存空间地址和用户空间地址一致；离散分配管理是指作业一次性进入内存，但内存空间地址与用户空间地址不一致；虚拟存储管理是指作业部分进入内存空间。下面逐一讨论各个方案的基本思想和实现技术。

知识导图

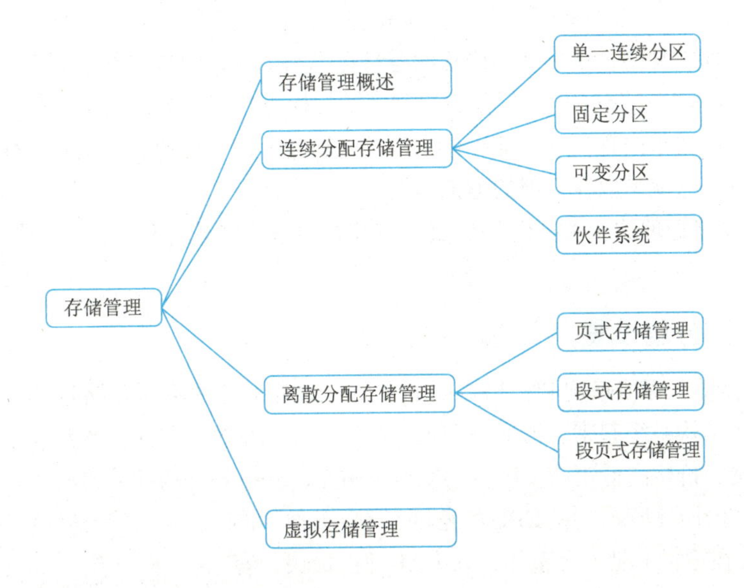

学习目标

◎了解：操作系统中的存储管理技术。

◎理解：存储器层次、分段存储管理技术、段页式存储管理技术、虚拟存储器中的置换算法。

◎掌握：分区管理方式及特点、分页和分段的概念及区别、虚拟存储器概念、分页存储管理技术。

◎应用：熟悉地址重定位的执行过程。

◎培养：引导学生思考。如果创建进程时仅装入作业的一部分程序或数据进入内存，其余部分暂时留在辅存上，需要时再请求调入数据至内存。基于此想法，人类发明了虚拟存储管理技术，从逻辑上增加内存容量。通过讲述虚拟内存出现后带来的好处及稳定内存吞吐量提高计算机性能的优点，引出页面置换算法。同时调动学生积极性，培养学生发现、分析和解决问题的综合能力，激发学生的创新思维能力。虚拟存储器实际上是用空间换时间，即在性能与复杂度间寻求平衡，对时间换空间与空间换时间进行折中处理；通过分析解决虚拟存储器问题，引导学生理解任何事物包含对立、统一两方面，理解折中和平衡的哲学思想，引导学生综合客观地看待生活学习中的问题，解决问题时，注重把握分寸，形成完善的人格。

4.1 存储管理概述

在计算机的发展历程中，不管是单道程序系统，还是多道程序系统，内存利用始终是一个重要环节。在计算机工作时，程序处理的典型过程是这样的，首先CPU通过程序计数器中的值从内存中取得相应的指令，指令被译码后根据要求可能会从存储器中再取得操作数。对操作数处理完成后，操作结果又会存储到存储器中。在这个过程中，操作系统需要保证程序执行中按照适当的顺序从正确的存储器单元中存取指令或者数据，也就是说有效管理存储器的存储空间，根据地址实现上述任务。

大容量的内存是人们一直追求和努力的目标，我们看到CPU由8086到286、386、486，直到目前的i7、i9，内存标准配置也由512 KB到1 GB、2 GB、4 GB、8 GB、16 GB、32 GB或者更高。但不管如何，内存管理的主要任务仍然是合理地建立用户程序与内存空间的对应关系，为各道程序分配内存空间，运行完成后再予以回收，而且始终要保证系统程序和各用户程序安全。简单地说，内存管理包括地址映射、内存分配和内存保护功能。虽然现在内存的容量在不断加大，但价格却不断下降，有资料表明，10年前的内存价格相当于现在的500倍。但是用户程序的规模也在成百上千倍地增长，对内存容量的要求似乎没有上限，所以就要求内存管理能够提供内存扩充功能，即利用单位价格更加便宜的外存来模拟内存，让用户透明使用。这就是内存管理的虚拟功能。

本节主要介绍存储管理的相关概念知识点，以及如何解决实现存储管理的问题，同时简略介绍本书中用到的各种存储管理方案。

4.1.1 存储系统的分层设置

为了解决存储容量、存取速度和价格之间的矛盾，通常把各种不同存储容量、不同存取速度的存储器，按一定的体系结构组织起来，形成一个统一整体的存储系统。采用层次结构的存储子系统，可在容量大小、速度快慢、价格高低等诸多因素中取得平衡点，获得较好的性能价格比。

多级存储层次如图4-1所示，从CPU的角度来看，n种不同的存储器，M_1到M_n在逻辑上是一个整体，其中M_1速度最快，容量最小，价格最高，M_n速度最慢，容量最大，价格最低。整个存储系统具有接近于M_1的速度，相等或接近于M_n的容量，接近于M_n的价格。在多级存储层次中，最常用的数据在M_1中存储，次用的在M_2中，最少使用的在M_n中。

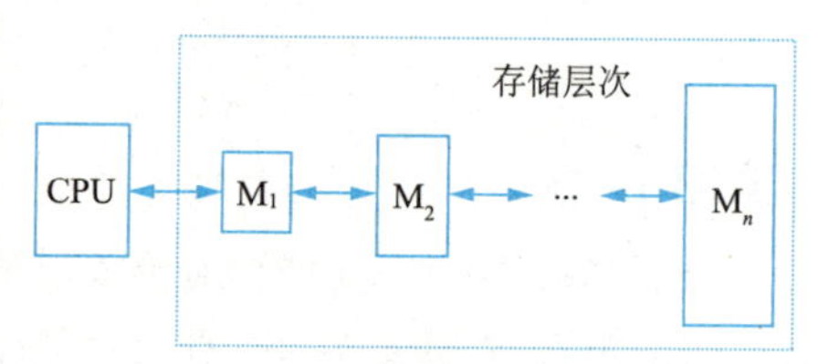

图4-1　多级存储层次

由高速缓冲存储器、内存储器、辅助存储器构成的三级存储系统可以分为两个层次（见图4-2）：Cache-内存存储层次（Cache存储系统）；内存-辅存存储层次（虚拟存储系统）。

Cache存储系统是为解决内存速度不足而提出来的。在Cache和内存之间，增加辅助硬件，让它们构成一个整体。从CPU看，速度接近Cache的速度，容量是内存的容量，价格接近于内存的价格。由于Cache存储系统全部用硬件来调度，因此它对系统程序员和应用程序员都是透明的。

虚拟存储系统是为解决内存容量不足而提出来的。在内存和辅存之间，增加辅助的软硬件，让它们构成一个整体。从CPU看，速度接近内存的速度，容量是虚拟的地址空间，价格接近于辅存的价格。由于虚拟存储系统需要通过操作系统来调度，因此对系统程序员是不透明的，但对应用程序员是透明的。

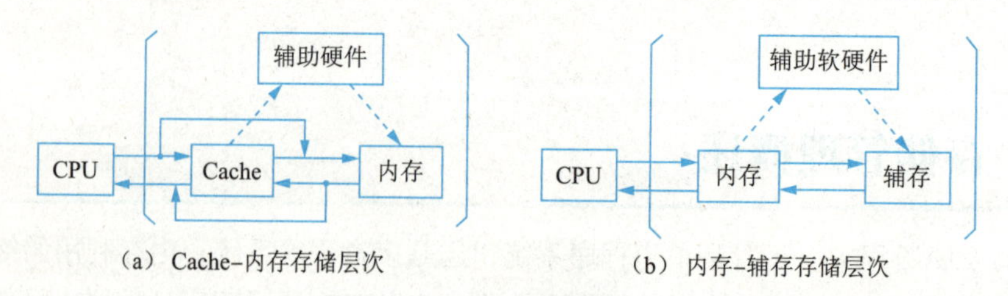

图4-2　两个存储层次

4.1.2 存储理论和存储管理目的

1．存储理论

存储系统层次化结构的理论基础即程序的局部性原理，包含两方面的含义：时间局部性和空间局部性。

（1）时间局部性

如果一个存储单元被访问，则可能该单元会很快被再次访问。这是因为程序存在着循环。

（2）空间局部性

如果一个存储单元被访问，则该邻近的单元也可能很快被访问，这是因为程序中大部分指令是顺序存储的，数据一般也是以向量、数组、树、表等形式簇聚地存储在一起。

2．存储管理目的

① 确保计算机有足够的内存处理数据。

② 确保程序可以从可用内存中获取一部分内存使用。

③ 确保程序可以归还使用后的内存以供其他程序使用。

4.1.3　存储管理功能

现代操作系统的内存管理实现了地址映射、内存分配与回收、内存保护、提供虚拟存储技术等功能。

1．地址映射

地址映射即将程序地址空间中的逻辑地址转换成内存中的物理地址。为了适应多道程序设计环境，使辅存中的程序能在内存中移动，操作系统的内存管理必须提供实施地址重定位的方法。对用户程序逻辑地址空间中的地址实施重新定位，以保证程序的正确运行。

2．内存分配与回收

按照一定的算法和策略将内存中的空闲区域分配给某一即将进入内存的作业或进程，同时在运行完成后立即回收其所占有的内存空间，以便提高内存空间的使用效率。

3．内存保护

使得进入内存的各个作业或进程能有条不紊地运行，互不干扰。既保护用户进程的程序不得侵犯操作系统，同时也要确保各个用户程序之间不能互相干扰。内存保护包括以下内容。

（1）防止地址越界

每个进程都具有相对独立的进程空间，它一般是内存或者外存储器中的若干个区域。如果进程在运行时所产生的地址在其地址空间之外，则发生了地址越界。地址越界既可能侵犯其他进程空间也可能侵犯操作系统空间，这不仅影响其他进程的正常执行也可能导致整个系统瘫痪。因此，对进程所产生的地址必须加以检查，以防止越界发生。

（2）防止操作越权

对于允许多个进程共享的存储区域来说，每个进程都有自己的访问权限。如果一个进程对共享区域的访问违反了权限规定，则称为操作越权。显然，一个进程的越权操作会影响其他进程。因而，对于共享区域的访问必须加以检查，以防止越权的发生。

4．提供虚拟存储技术

实际上是通过一定的技术手段达到存储的扩充，给用户造成有一个非常大的内存空间的虚幻感觉，保证了用户的无限需求，使用户在不考虑内存容量和结构限制的情况下，让比实际容量还要大的用户程序正常运行。

4.1.4　内存分区分配方式

在现代操作系统中，内存区域以分块的方式实现共享。大致有两种分法：一是在系统运行之前就将内存空间划分为大小相等的若干个区域，这些大小相等的区域称为块，以块为单位进行存取，根据用户的实际需要决定分配的块数，即称之为静态等长分区的分配。这种内存分区分配方式经常用于页式存储管理和段页式存储管理方式中。二是在系统运行的过程中将内存空间划分为大小不等的区域，根据用户作业的实际大小决定分片区域的大小，即称之为动态异常分区的分配。这种内存分区分配方式在一定程度上解决了第一种方法遗留的内部碎片的问题，但是随之又带来另外一个问题——外部碎片。它经常应用于段式存储管理方式中。

4.1.5 内存地址组织方式

在多道程序环境下，要使程序运行，必须先为其创建进程。而创建进程的第一件事，便是将程序和数据装入内存。将一个用户源程序变为一个可在内存中执行的程序，通常要经过以下几个步骤：首先是编译，由编译程序（compiler）将用户源代码编译成若干个目标模块（object module）；其次是链接，由链接程序（linker）将编译后形成的一组目标模块，以及它们所需要的库函数链接在一起，形成一个完整的装入模块（load module）；最后是装入，由装载程序（loader）将装入模块装入内存，如图4-3所示。本节将扼要阐述程序（含数据）的链接和装入过程。

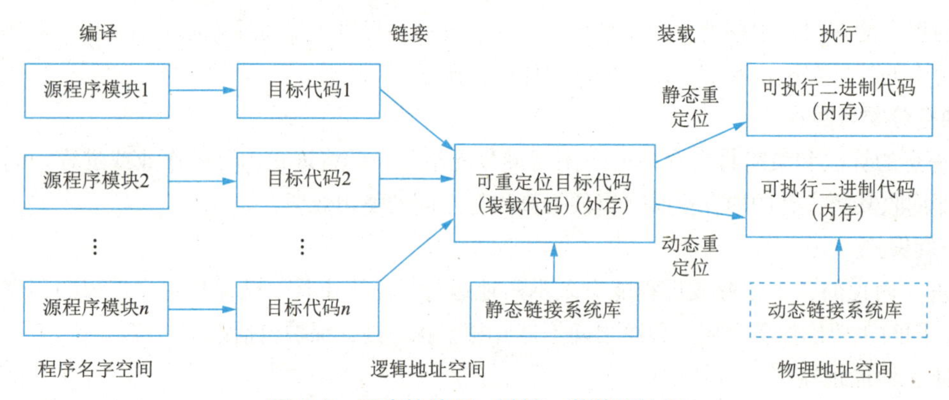

图4-3 程序的编译、链接、装载和执行

1. 程序的编译

源程序经过编译程序或汇编程序（assembly）的处理生成目标模块（也称目标代码）。一个程序可由独立编写且具有不同功能的多个源程序模块组成，由于模块包含外部引用，即指向其他模块中的数据或指令地址，或包含对库函数的引用，编译程序或汇编程序负责记录引用发生位置，其处理结果将产生相应的多个目标模块，每个目标模块都附有供引用使用的内部符号表和外部符号表。符号表中依次给出各个符号名及在本目标模块中的名字地址，在模块被链接时进行转换。例如，编写一个名为simplecomputing的源程序，其主程序 main 中有函数和子程序调用指令求平方根 SQRT 和转子程序 SUB1。SQRT是函数库中已被编译成可链接的目标模块的标准子程序，SUB1是另一个模块中定义的已被编译成可链接的子程序，这时所调用的入口地址均是未知的；编译程序或汇编程序将在外部符号表中记录外部符号名SQRT 和SUB1，同时两条调用指令指向函数和子程序的位置。

2. 程序的链接

链接程序的作用是根据目标模块之间的调用和依赖关系，将主调模块、被调模块，以及所用到的库函数装配和链接成一个完整的可装载执行模块。根据程序链接发生的时刻和链接方式，程序链接可分成以下三种方式：

（1）静态链接

静态链接是指在程序装载到内存和运行前，就已将它的所有目标模块及所需要的库函数进行链接和装配成一个完整的可执行程序且此后不再拆分。静态方式使得链接过程与装载过程相对独立，链接程序和装载程序可独立设计，但不支持内存空间中目标模块的单副本，不利于模块共享。

仍采用上例，linker首先将主程序调入工作区，然后扫描外部符号表，获得外部符号名SQRT，用此名字从标准函数库中找出函数的sqrt.o并装入工作区，拼接在主程序的下面；SQRT 函数的内存位置就是调用 SQRT 指令的入口地址，将此指令拼接；调用 SUB1 的链接过程与此相似，只是从另一个模块中找到 sub1.o的位置并进行指令拼接；需要解析内部和外部符号表，把对符号名的引用转换为数值引用，要将涉及名字地址的程序入口点和数据引用点转换为数值地址。经过链接处理后，主程序main与SQRT函数和SUB1子程序链接成完整的可重定位目标程序 simplecomputing.o（使用了图4-3中用实线框住的“静态链接系统库”）。

可重定位目标程序又称装载代码模块，它存放于磁盘中。由于程序在内存中的位置不可预知，链接时程序地址空间中的地址总是相对某个基准（通常为0）开始编号的顺序地址，称为逻辑地址或相对地址。

（2）动态链接

动态链接是指在程序装入内存前并未事先进行程序各目标模块的链接，而是在程序装载时一边装载一边链接，生成一个可执行程序。在装载目标模块时，若发生外部模块调用，将引发相应外部目标模块的搜索、装载和链接。动态链接方式使得各目标模块相对独立存在，便于个别目标模块的修改或更新，且不影响程序的装载和执行；同时，若发现所需某目标模块已在内存，可直接进行链接且无须再次装载，支持目标模块的共享。但由于装载和链接过程交织在一起，装载程序和链接程序将合二为一，增加了设计和开发难度。

（3）运行时链接

运行时链接是指将某些目标模块或库函数的链接推迟到执行时才进行。在程序执行过程中，若发现被调用模块或库函数尚未链接，先在内存中进行搜索以查看其是否装入内存；若已装入，则直接将其链接到调用者程序中，否则进行该模块在外存上的搜索，以及装入内存和进行链接，生成一个可执行程序。这样可避免事先无法知道本次要运行哪些目标模块，避免程序执行过程中不被调用的某些目标模块在执行前进行链接和装载而引起的开销，提高系统资源利用率和系统效率。现代操作系统都支持和采用动态链接系统库（dynamic link library，DLL）及运行时链接，程序执行所需的库函数所在的部分目标模块是伴随着其被调用才动态进行装载和链接，而这些目标模块可能因其他程序调用已被调入内存，也可能因没有程序调用尚未装入内存。具体做法是：不必将程序所需的外部函数代码从系统库中提取出并链入目标模块中，而仅是在程序调用处登记调用信息，记录函数名及入口号，形成调用链接。一旦DLL 库调入内存后，就可以确定所调函数在内存的物理地址（使用图4-3中用虚线框住的“动态链接系统库”）。

3．程序的装载

通常，装载程序把可执行程序装入内存的方式有三种：

（1）绝对装载

装载模块中的指令地址始终与其内存中的地址相同，即在模块中出现的所有地址都是内存绝对地址。

（2）可重定位装载

根据内存当时使用情况，决定将装载代码模块放入内存的物理位置。模块内使用的地址都是相对地址。

（3）动态运行时装载

为提高内存利用率，装入内存的程序可换出到磁盘上，适当时候再换入到内存中，对换前后程序在内存中的位置可能不同，即允许进程的内存映像在不同时候处于不同位置，此时模块内使用的地址必为相对地址。

磁盘中的装载模块所使用的是逻辑地址，其逻辑地址集合称为进程的逻辑地址空间。逻辑地址空间可以是一维的，这时逻辑地址限制在从0开始顺序排列的地址空间内；也可以是二维的，这时整个程序被分为若干段，每段都有不同段号，段内地址从0开始顺序编址。进程运行时，其装载代码模块将被装入物理地址空间，此时程序和数据的实际地址不可能同原来的逻辑地址一致。物理内存从统一的基地址开始顺序编址的存储单元称为物理地址或绝对地址，物理地址的总体构成物理地址空间。

【提示】物理地址空间是由存储器地址总线扫描出来的空间，其大小取决于实际安装的内存容量。

可执行程序逻辑地址转换（绑定）为物理地址的过程称为地址重定位、地址映射或地址转换，基于上述程序装入方式，可区分三种地址重定位。

（1）静态地址重定位

在多道程序设计环境下，用户事先无法、也不愿意知道自己的程序会被装入内存的什么位置，他们只是向系统提供相对于0编址的程序。因此，系统必须有一个“重定位装入程序”，它的功能有三个：

① 根据当前内存的使用情况，为欲装入的二进制目标程序分配所需的存储区。

② 根据所分配的存储区，对程序中的指令地址进行重新计算和修改。

③ 将重定位后的二进制目标程序装入指定的存储区中。

采用这种重定位方式，用户向装入程序提供相对于“0”编址的二进制目标程序，无须关注程序具体的装入位置。通过重定位装入程序的加工，目标程序就进入了分配给它的物理地址空间，程序指令中的地址也都被修改为正确反映该空间的情形。由于这种地址重定位是在程序执行前完成的，因此常称为地址的“静态重定位”或“静态地址绑定”。

地址的静态重定位有如下特点：

① 静态重定位由软件（重定位装入程序）实现，无须硬件提供支持。

② 静态重定位是在程序运行之前完成地址重定位工作的。

③ 地址重定位的工作是在程序装入时被一次集中完成的。

④ 物理地址空间里的目标程序与原逻辑地址空间里的目标程序面目已不相同，前者是后者进行地址调整后的结果。

⑤ 实施静态重定位后，位于物理地址空间里的用户程序不能在内存中移动，除非重新进行地址定位。

⑥ 适用于多道程序设计环境。

举例说明，假定用户程序A的相对地址空间为0～3 KB（0～3071），在该程序中地址为3000的地方，有一条调用子程序（其入口地址为100）的指令：“call 100”，如图4-4（a）所示。

很明显，用户程序指令中出现的都是相对地址，即都是相对于0的地址。若当前操作系统在内存储器占用0～20 KB的存储区。这时，如果把程序A装入内存储器中20 KB往下的存储区域中，那么，它这时占据的是内存储器中20～23 KB的区域，这个区域就是它的绝对地址空间。现在它还不能正确运行，因为在执行到位于绝对地址23480 B（20 KB+3000 B）处的“call 100”指令时，它会到绝对地址100 B处去调用所需的子程序，但这个地址却在操作系统里面，如图4-4（b）所示。之所以出错是因为call后面所跟随的子程序入口地址现在应该是20580 B，而不应该保持原来的100 B。这表明，当把一个程序装入内存后，如果不将其指令中的地址进行调整，以反映当前所在的存储位置，那么执行时势必会引起混乱。

在图4-4（c）中，由于是把程序A装入（20～23 KB）绝对地址空间，因此call指令中相对地址100 B所对应的绝对地址是20 KB+100 B=20580 B。如果把程序A装入（22～25 KB）的绝对地址空间里，那么call指令中相对地址100 B所对应的绝对地址就应该是22 KB+100 B=22628 B，如图4-4（d）所示。

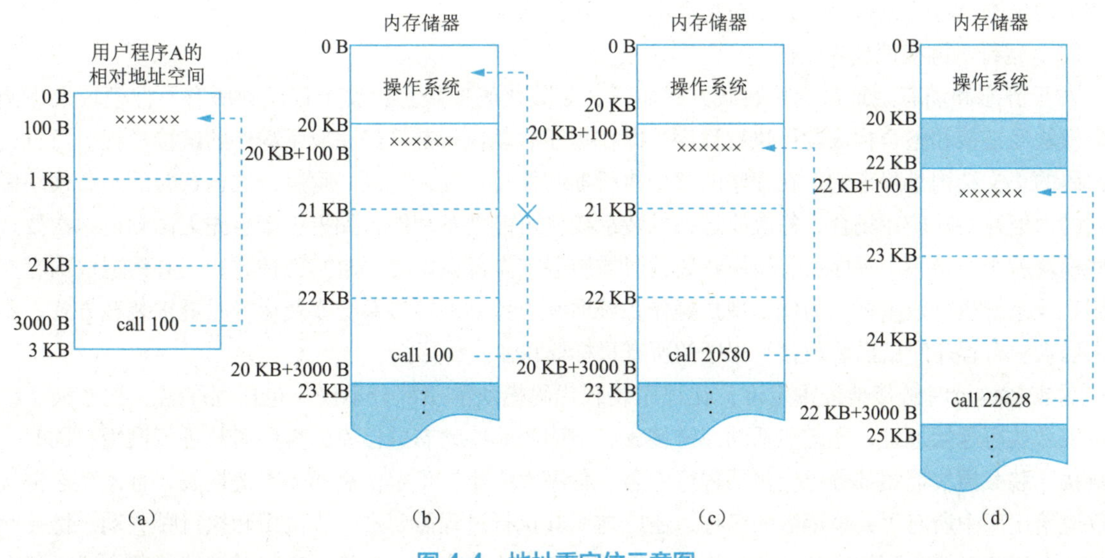

图 4-4 地址重定位示意图

（2）动态地址重定位

对用户程序实行地址的静态重定位后，定位后的程序就被“钉死”在它的物理地址空间，不能做任何移动。因为它在内存中一动，其指令中的地址就不再真实地反映所在位置。但在实施存储管理时，为了能够将分散的小空间存储块合并成一个大的存储块，却经常需要移动内存中的程序。因此，就产生了将地址定位的时间推迟到程序执行时再进行的地址“动态重定位”方式。

在对程序实行动态重定位时，需要硬件的支持。硬件中要有一个地址转换机构，它由地址转换线路和一个“定位寄存器”（也称“基址寄存器”）组成。这时，用户程序被不做任何修改地装入分配给它的内存空间。当调度到程序运行时，就把它所在物理空间的起始地址加载到定位寄存器中。CPU每执行一条指令，就把指令中的相对地址与定位寄存器中的值相“加”，得到绝对地址。然后，按照绝对地址去执行指令，访问所需要的存储位置。

下面仍然用程序A举例描述，假定按照当前内存储器的分配情况，把它原封不动地装入22～25 KB的分区里面。可以看到，在其绝对地址空间里，位于22 KB+3000 B单元处的指令仍然是“call 100”，未对它做任何修改。如果现在调度到该作业运行，操作系统就把它所占用的分区的起始地址22 KB装入定位寄存器中，当执行到位于单元22 KB+3000 B中的指令“call 100”时，硬件的地址变换线路就把该指令中的地址100 B取出来，与定位寄存器中的22 KB相加，形成绝对地址22628 B（=22 KB+100 B）。按照这个地址去执行call指令。于是，程序就正确转移到22628 B的子程序处去执行。

现在将地址的静态重定位和动态重定位做下列综合性比较：

① 地址转换时刻：静态重定位是在程序运行之前完成地址转换的；动态重定位却是将地址转换的时刻推迟到指令执行时进行。

② 谁来完成任务：静态重定位是由软件完成地址转换工作的；动态重定位则由一套硬件提供的地址转换机构来完成。

③ 完成的形式：静态重定位是在装入时一次性集中地把程序指令中所有要转换的地址加以转换；动态重定位则是每执行一条指令时，就对其地址加以转换。

④ 完成的结果：实行静态重定位，原来的指令地址部分被修改了；实行动态重定位，只是按照所形成的地址去执行这条指令，并不对指令本身做任何修改。

（3）运行时链接地址重定位

对于静态和动态地址重定位装载方式而言，装载代码模块是由整个程序的所有目标模块及库函数目标模块经链接和整合构成的可执行程序，即在程序启动执行前已经完成了程序的链接过程。可见，装载代码的正文结构是静态的，在程序的整个执行期间保持不变，且同一程序每次运行时的装载模块都是相同的。但在实际应用场合，每次要运行的装载模块可能并不相同，如果由于事先无法知道本次要运行哪些模块就采取将整个程序所有模块在装载时或装载前全部链接在一起的处理方法，必然造成内存空间利用率及系统执行效率低。为此，现代操作系统通常支持动态链接系统库及运行时链接装载方式，不再要求启动执行程序时就已装载整个程序的所有目标模块。

为支持运行时链接地址重定位，在程序装载代码模块前缀部分不仅应包括程序名、程序大小、重定位表和执行起始地址，还应包括动态链接表以指明对哪些动态链接库的哪些函数进行调用；同时、动态链接库装载模块前缀部分也应包括程序库名、程序库大小、重定位表和动态链接表，且该动态链接表不仅应给出库中所有可共享函数的名称，还应指明其执行过程需要进一步调用和执行哪些动态链接库及函数。至于相对地址到物理地址的转换则推迟到程序执行指令时，显然，运行时链接装载方式必然采用动态重定位的地址转换方法。

非常有趣的一点是，虚拟存储器使得动态加载可执行代码或共享代码变得十分容易。以Linux系统为例，装载程序只要为进程分配一个连续虚存页面区（从虚地址 0x08048000H 开始），同时将对应页表的页表项标记为“不在内存”，通过进程外页表找到目标文件中的适当位置，装载程序无须真正地从磁盘复制应用程序到内存中。当页面首次被引用时，通过缺页异常，虚存管理将自动从磁盘把程序或数据调入内存。

在多道程序系统中，可用的内存空间经常被许多进程共享，程序员编程时不可能事先知道程序执行时的物理驻留位置，必须允许程序因对换或空闲区收集而被移动，这些现象都需要程序的动态地址重定位，即允许正在执行的程序在不同时刻处于内存的不同位置。从系统效率出发，动态地址重定位要借助硬件地址转换机制来实现，重定位寄存器的内容通常保护在进程控制块中，每当执行进程上下文切换时，当前运行进程的重定位寄存器中的内容与其他相关信息一起被保护起来，新进程的重定位寄存器的内容会被恢复，这样进程就在上次中断的位置恢复运行，所使用的是与上次在此位置同样的内存基地址。

4.1.6　内存程序保护方式

在多道环境下操作，系统提供了内存共享机制，使多道程序共享内存中那些可以共享的程序和数据，从而提高系统的利用率。同时，操作系统还必须保护各进程私有的程序和数据不被其他用户程序使用和破坏。下面介绍一些内存保护的方法。

1．上下界保护法

系统设置一对上下界寄存器，保存正在执行的程序和数据段的起始地址和终止地址。在程序执行过程中，在对内存进行访问操作时首先进行访址合法性检查，即检查经过重定位后的内存地址是否在上、下界寄存器所规定的范围之内。若在规定范围内，则访问是合法的；否则是非法的，并产生访址越界中断。

2．保护键法

为每一个被保护的存储块分配一个单独的保护键。在程序状态中则设置相应的保护键开关字段，对不同的进程赋予不同的开关代码和与被保护的存储块中的保护键匹配。保护键可设置成对读/写同时保护；也可设置成对读、写进行单项保护。

3．界限寄存器与CPU状态结合法

用户态进程只能访问那些在界限寄存器所规定范围内的内存部分，而核心态进程则可以访问整个内存地址（UNIX系统采用的这种保护方式）。

4.1.7　内存容量扩充方式

1．对换技术

“对换技术”的中心思想：磁盘上设置开辟一个足够大的区域，为对换区。当内存中的进程要扩大内存空间，而当前的内存空间又不能满足时，可把内存中的某些进程暂换出到对换区中，在适当的时候又可以把它们换进内存。因而，对换区可作为内存的逻辑扩充，用对换技术解决进程之间的内存竞争。对换技术的实现如图4-5所示。

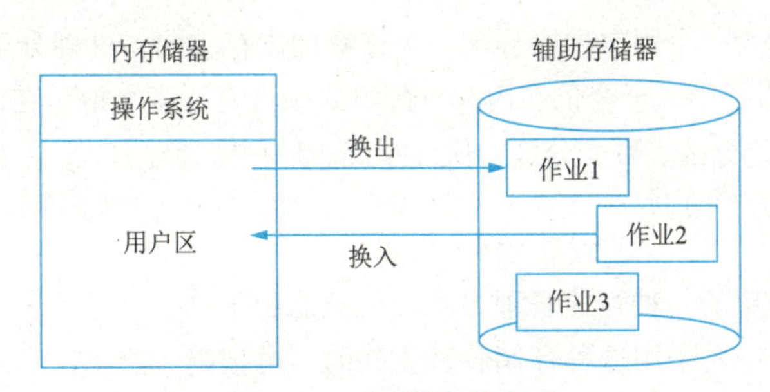

图 4-5　对换技术的实现

2．覆盖技术

覆盖技术的中心思想：把程序划分为若干个功能上相对独立的程序段，按照其自身的逻辑结构使那些不会同时运行的程序段共享同一块内存区域。程序段先保存在磁盘上，当有关程序的前一部分执行结束后，把后续程序段调入内存，覆盖前面的程序段。例如，有一个用户作业程序的调用结构如图4-6（a）所示。主程序MAIN需要存储量10 KB。运行中，它要调用程序A或B，它们各需要存储量50 KB和30 KB。程序A在运行中要调用程序C，它需要的存储量是30 KB。程序B在运行中要调用程序D或程序E，它们各需要存储量20 KB或40 KB。通过连接装配的处理，该作业将形成一个需要存储量

180 KB的相对地址空间，如图4-6（b）所示。这表明，只有系统分配给它180 KB的绝对地址空间时，它才能够全部装入并运行。

其实不难看出，该程序的子程序A和B不可能同时调用，即MAIN调用程序A，就肯定不会调用程序B，反之亦然。同样地，子程序C、D和E也不可能同时出现，所以，除了主程序必须占用内存中的10 KB外，A和B可以共用一个存储量为50 KB的存储区，C、D和E可以共用一个存储量为40 KB的存储区，如图4-6（c）所示。也就是说，只要分给该程序100 KB的存储量，它就能够运行。由于A和B共用一个50 KB的存储区，C、D和E共用一个40 KB的存储区，我们就称50 KB的存储区和40 KB的存储区为覆盖区。因此，“覆盖”是早期为程序设计人员提供的一种扩充内存的技术。

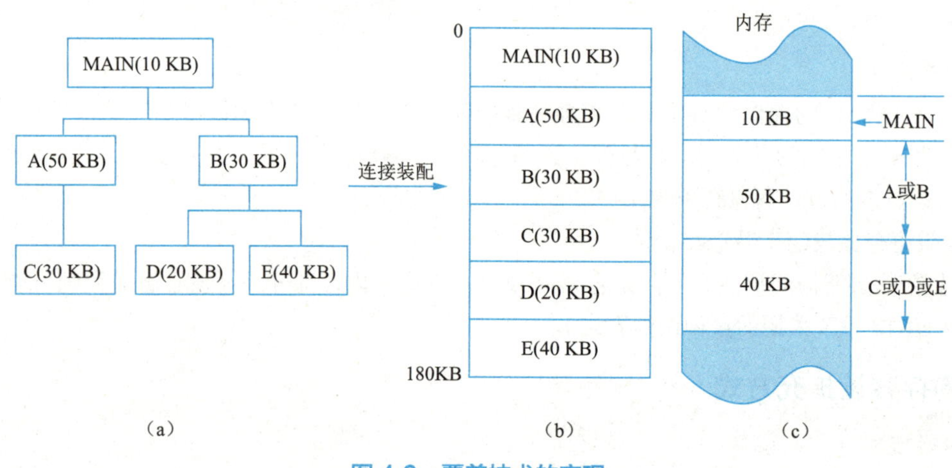

图4-6　覆盖技术的实现

4.2 连续分配存储管理

连续分配方式，是指为一个用户程序分配一个连续的内存空间。这种分配方式曾被广泛应用于20世纪60至70年代的操作系统中，至今仍在内存分配方式中占有一席之地。在此，把连续分配方式进一步分为单一连续分区、固定分区、可变分区、伙伴系统四种存储管理方式。

4.2.1 单一连续分区

单一连续分区是最简单的一种存储管理方式，但只能用于单用户、单任务的操作系统中。采用这种存储管理方式时，可把内存分为系统区和用户区两部分，系统区仅提供给操作系统使用，通常放在内存的低址部分；用户区是指除系统区以外的全部内存空间，提供给用户使用。

单一连续分区存储管理的实现方案如下：

1. 内存分配

整个内存划分为系统区和用户区。系统区是操作系统专用区，不允许用户程序直接访问，一般在内存低地址部分，剩余的其他内存区域为用户区。一般用户程序独占用户区，如图4-7所示。

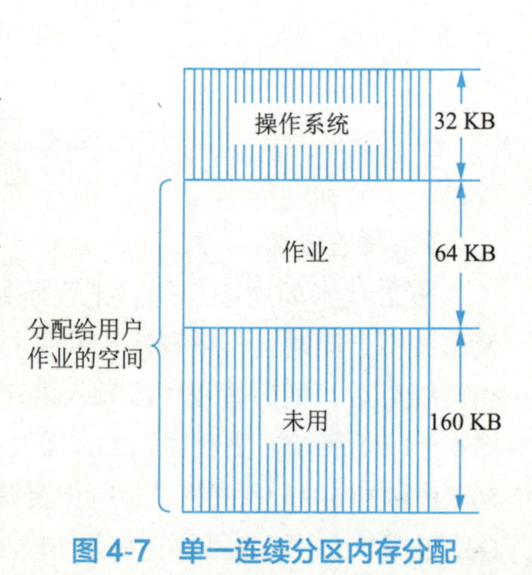

图4-7　单一连续分区内存分配

2．地址映射

这里采用的是静态地址重定位方式。

3．内存保护

通过基址寄存器保证用户程序不会从系统区开始；另外系统需要一个界限寄存器，里面存储程序逻辑地址范围，若需要进行映射的逻辑地址超过了界限寄存器中的值，则产生一个越界中断信号送CPU。

单一连续分配方案的优点是方法简单，易于实现；缺点是它仅适用于单道程序，因而不能使处理器和内存得到充分利用。

随着多道程序设计的出现和发展，存储管理技术也得到极大发展。多道程序存在于一个存储器中，如何实现分配、保护、访问变得越来越复杂。于是，分区式存储管理应运而生，逐步形成了固定式分区分配、可变分区分配和动态重定位分区分配等不同策略。

4.2.2　固定分区

固定式分区分配的"固定"主要体现在系统的分区数目固定和分区的大小固定两方面。固定分区存储管理方案的实现方案如下：

视　频

固定分区存储管理

1．内存分配与回收

根据不同的内存容量划分策略有两类情况：一类是内存等分为多个大小一样的分区，这种方法主要适用于一些控制多个同类对象的环境，各对象由一道存在于一个分区的进程控制，但是对于程序规模差异较大的多道环境不太适合，例如，大于分区大小的进程无法装入，而且小进程也会占用一个分区，造成内存碎片（即无法被利用的空闲存储空间）太大。另一类是将内存划分为少量大分区、适量的中等分区和多个小分区，这样可以有效地改善前一种方法的缺陷。

在表4-1分区说明表中查找状态为空闲（可以用"0"表示空闲，"1"表示占用）且大小满足要求的分区予以分配，然后修改分区说明表中的对应项。

表 4-1　分区说明表

分　区　号	分区大小/KB	分 区 始 址	状　　态
1	20	5	1
2	40	25	1
3	50	65	1
…	…	…	…

当该进程结束后，再将分区说明表中对应项的"状态"修改为"0"，就表示对它所占用的分区予以回收，而回收后的分区又可以作为空闲分区分配给其他的申请进程。

一般来说，固定分区存储管理总是把内存用户区划分成几个大小不等的连续分区。由于分区尺寸在划分后保持不变，系统可以为每一个分区设置一个后备作业队列，形成多队列的管理方式，如图4-8（a）所示。在这种组织方式下，一个作业到达时，总是进入"能容纳该作业的最小分区"的那个后备作业队列中去排队。例如，图4-8（a）中，作业A、B、C排在第1分区的队列上，说明它们对内存的需求都不超过8 KB；作业D排在第2分区的队列上，表明它对内存的需求大于8 KB小于32 KB；作业E和F排在第4分区的队列上，表明它们对内存的需求大于64 KB小于132 KB。

把到达的作业根据上述原则排成若干个后备队列时，可能会产生有的分区队列忙碌、有的分区队列闲置的情形。例如，图4-8（a）中，作业A、B、C都在等待着进入第1分区。按照原则，它们不能进入目前空闲的第3分区，虽然第3分区的大小完全能够容纳下它们。

作为一种改进，可以采用多个分区只设置一个后备作业队列的办法，如图4-8（b）所示。当某个分区空闲时，统一都到这一个队列中去挑选作业，装入运行。

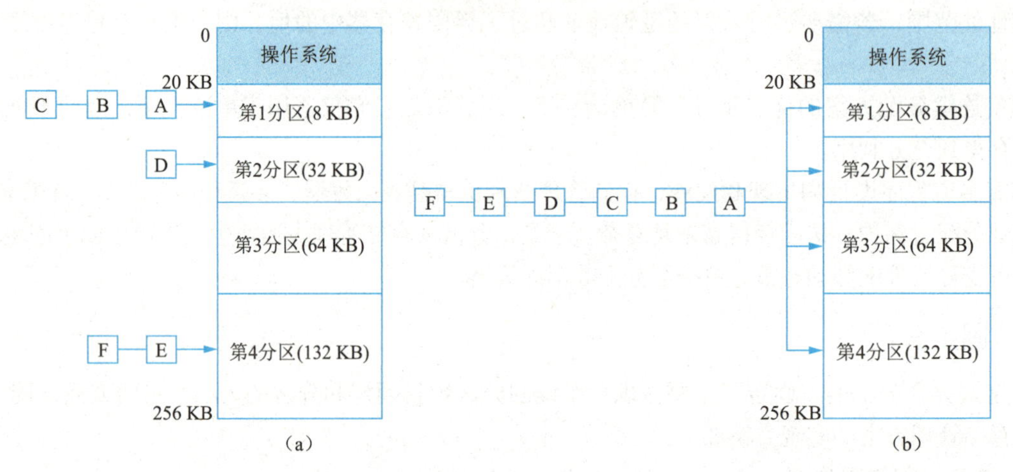

图 4-8 固定分区内存分配

2. 地址映射

固定分区存储管理可以采用静态地址重定位方式，也可以使用动态地址重定位方式。如果采用的是动态重定位方式，那么，物理地址=分区起始地址+逻辑地址。

3. 内存保护

在固定分区存储管理中，不仅要防止用户程序对操作系统形成的侵扰，也要防止用户程序与用户程序之间形成的侵扰。因此，必须在CPU中设置一对专用的寄存器，用于存储保护，如图4-9所示。

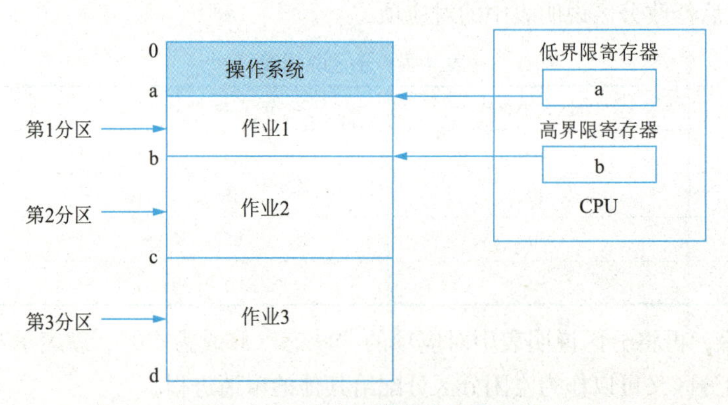

图 4-9 固定分区管理的存储保护

在图4-9中，将两个专用寄存器分别起名为“低界限寄存器”和“高界限寄存器”。当进程调度程序调度某个作业进程运行时，就把该作业所在分区的低边界地址装入低界限寄存器，把高边界地址装入高界限寄存器。例如，现在调度到分区1中的作业1运行，于是就把第1分区的低地址a装入低界限寄存器中，把第1分区的高地址b装入高界限寄存器中。作业1运行时，硬件会自动检测指令中的地址，如果超出a或b，就产生出错中断，从而限定作业1只在自己的区域中运行。

分区起始地址保证了各道程序不会由其他程序所在分区开始，另外逻辑地址与所给分区大小相比较，保证不会超过该分区而进入其他分区。

固定式分区分配的缺点是内存空间的利用率低，因为基本上每个分区都会有碎片存在，尤其是某些大分区中只是存放一道小进程时。例如，图4-10中，五道进程大小总和为250 KB，但是所占五个分区总容量却达到1 000 KB，内存空间利用率仅达到25%。

所以，固定式分区分配对每个分区很难做到“物尽其用”，会形成内存碎片，导致内存浪费严重。

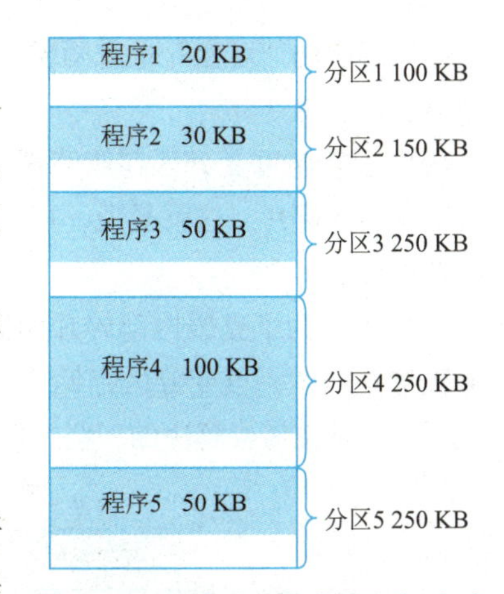

图4-10　固定分区的作业组织方式

4.2.3　可变分区

为了改善固定分区分配给系统带来的内存碎片太大、空间浪费严重的缺陷，提出了动态分区分配，也叫作可变分区分配，即根据进程的实际需求动态地划分内存的分区方法。它是在进程装入和处理过程中建立分区，并使分区的容量正好适应进程的大小。而整个内存分区数目随着进程数目的变化而动态改变，各个分区的大小随着各个进程的大小各有不同，所以称之为可变分区分配。

视频

可变分区存储管理

1. 可变分区存储管理的基本思想

可变分区存储管理又称动态分区模式，按照作业的大小来划分分区，但划分的时间、大小、位置都是动态的。系统把作业装入内存时，根据其所需要的内存容量查看是否有足够的空间。若有，则按需分割一个分区分配给此作业；若无，则令此作业等待内存资源。由于分区的大小是按照作业的实际需求量而定的，且分区的数目也是可变的，所以，可变分区能够克服固定分区中的内存资源的浪费，有利于多道程序设计，提高内存资源的利用率。图4-11所示为可变分区存储管理示意图。

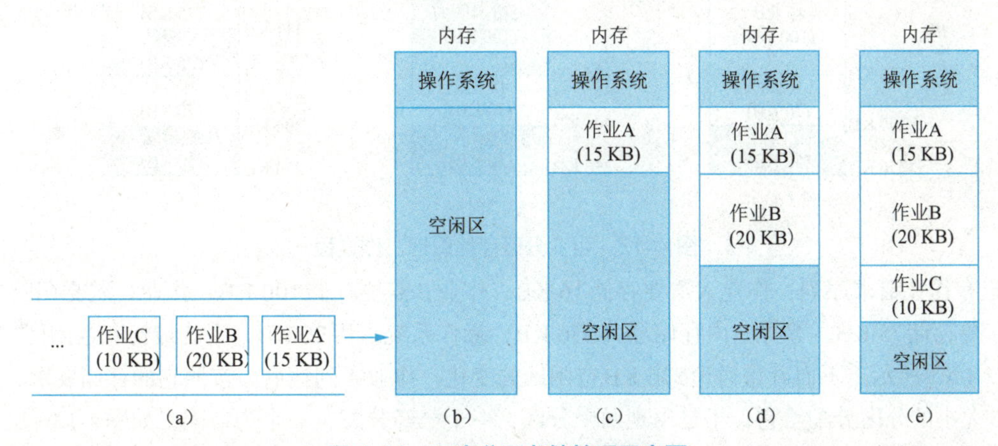

图4-11　可变分区存储管理示意图

图4-11（a）所示为系统维持的后备作业队列，作业A需要内存15 KB，作业B需要20 KB，作业C需要10 KB，等等；图4-11（b）表示系统初启时的情形，整个系统里因为没有作业运行，因此用户区就是一个空闲分区；图4-11（c）表示将作业A装入内存时，为它划分了一个分区，大小为15 KB，此时的用户区被分为两个分区，一个是已经分配的，一个是空闲区；图4-11（d）表示将作业B装入内存时，为它划分了一个分区，大小为20 KB，此时的用户区被分为三个分区；图4-11（e）表示将作业C装入内存时，为它划分了一个分区，大小为10 KB，此时的用户区被分为四个分区。由此可见，可变分区

存储管理中的“可变”也有两层含义：一是分区的数目随进入作业的多少可变；二是分区的边界划分随作业的需求可变。

由于实施可变分区存储管理时，分区的划分是按照进入作业的大小进行的，因此在这个分区里不会出现内部碎片。这就是说，可变分区存储管理消灭了内部碎片，不会出现由于内部碎片而引起的存储浪费现象。

但是，为了克服内部碎片而提出的可变分区存储管理模式，却引发了很多新的问题。只有很好地解决这些问题，可变分区存储管理才能真正得以实现。下面通过图4-12看一下可变分区存储管理工作过程，归纳出需要解决的一些技术问题。

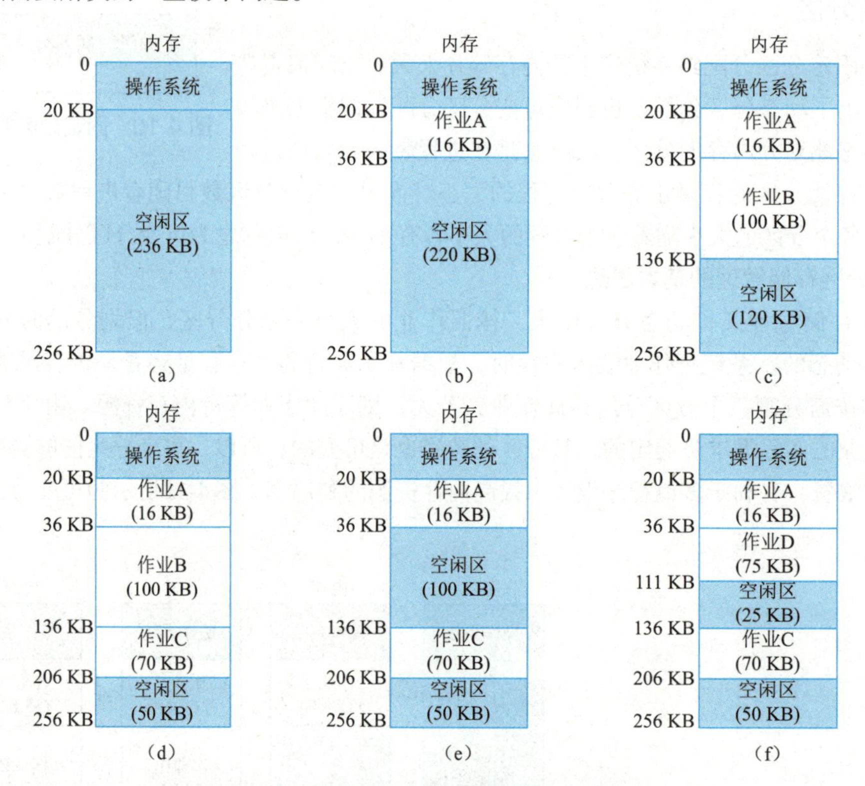

图4-12　可变分区存储管理工作过程

假定有作业请求序列：作业A需要存储16 KB，作业B需要存储100 KB，作业C需要存储70 KB，作业D需要存储75 KB，等等。内存储器共256 KB，操作系统占用20 KB，系统最初有空闲区236 KB，如图4-12（a）所示。下面着重讨论236 KB空闲区的变化。作业A到达后，按照它的存储要求，划分一个16 KB大小的分区分配给它，于是出现两个分区，一个已经分配，一个为空闲，如图4-12（b）所示。作业B到达后，按照它的存储要求，划分一个100 KB大小的分区分配给它，于是出现三个分区，两个已经分配，一个为空闲，如图4-12（c）所示。紧接着为作业C划分一个分区，从而形成四个分区，三个已经分配，一个空闲，如图4-12（d）所示。

当作业D到达时，由于系统内只有50 KB的空闲区，不够D的需求，因此作业D暂时无法进入。如果这时作业B运行完毕，释放它所占用的100 KB存储量，这时系统中虽然仍保持为四个分区，但有的分区的性质已经改变，成为两个已分配，两个空闲，如图4-12（e）所示。由于作业B释放的分区有100 KB大，可以满足作业D的需要，因此系统在36～136 KB的空闲区中划分出一个75 KB的分区给作业D使用。这样36～136 KB分区被分为两个分区，一个分配出去（36～111 KB），一个仍为空闲（111～136 KB），如图4-12（f）所示。这样，总共有五个分区：三个已经分配，两个空闲。

从上面的分析得出，要实施可变分区存储管理，必须解决如下三个问题：

（1）采用一种新的地址重定位技术

以便程序能够在内存储器中随意移动，为空闲区的合并提供保证，即动态地址重定位。

（2）合并空闲分区

记住系统中各个分区的使用情况，哪个是已经分配出去的，哪个是空闲可分配的。当一个分区被释放时，要能够判定它的前、后分区是否为空闲区。若是空闲区，就进行合并，形成一个大的空闲区。

（3）给出分区分配算法

以便在有多个空闲区都能满足作业提出的存储请求时，能决定分配给它哪个分区。

2．地址映射

可变分区存储管理采用的是动态地址重定位的方式，因此：

物理地址=分区起始地址+逻辑地址

3．空闲分区的合并（紧凑）

在可变分区存储管理中实行地址的动态重定位后，用户程序就不会被“钉死”在分配给自己的存储分区中。必要时，它可以在内存中移动，为空闲区的合并带来便利。

内存区域中的一个分区被释放时，与它前后相邻接的分区可能会有四种关系出现，如图4-13所示。在图中，做这样的约定：位于一个分区上面的分区，称为它的“前邻接”分区，一个分区下面的分区，称为它的“后邻接”分区。

（1）图4-13（a）表示释放区的前邻接分区和后邻接分区都是已分配区，因此没有合并的问题存在。此时释放区自己形成一个新的空闲区，该空闲区的起始地址就是该释放区的起始地址，长度就是该释放区的长度。

（2）图4-13（b）表示释放区的前邻接分区是一个空闲区，后邻接分区是一个已分配区，因此，释放区应该和前邻接的空闲区合并成为一个新的空闲区。这个新空闲区的起始地址是原前邻接空闲区的起始地址，长度是这两个合并分区的长度之和。

（3）图4-13（c）表示释放区的前邻接分区是一个分配区，后邻接分区是一个空闲区，因此，释放区应该和后邻接的空闲区合并成为一个新的空闲区。这个新空闲区的起始地址是该释放区的起始地址，长度是这两个合并分区的长度之和。

（4）图4-13（d）表示释放区的前邻接分区和后邻接分区都是一个空闲区，因此，释放区应该和前、后两个邻接的空闲区合并成为一个新的空闲区。这个新空闲区的起始地址是原前邻接空闲区的起始地址，长度是这三个合并分区的长度之和。

空闲分区的合并，有时也称为“存储紧凑”。何时进行合并，操作系统可以有两种时机的选择方案：一是调度到某个作业时，当时系统中的每一个空闲分区尺寸都比它所需要的存储量小，但空闲区的总存储量却大于它的存储请求，于是就进行空闲存储分区的合并，以便能够得到一个大的空闲分区，满足该作业的存储需要；二是只要有作业运行完毕归还它所占用的存储分区，系统就进行空闲分区的合并。比较这两种方案可以看出，前者要花费较多的精力去管理空闲区，但空闲区合并的频率低，系统在合并上的开销少；后者总是在系统里保持一个大的空闲分区，因此对空闲分区谈不上更多的管理，但是空闲区合并的频率高，系统在这上面的开销大。

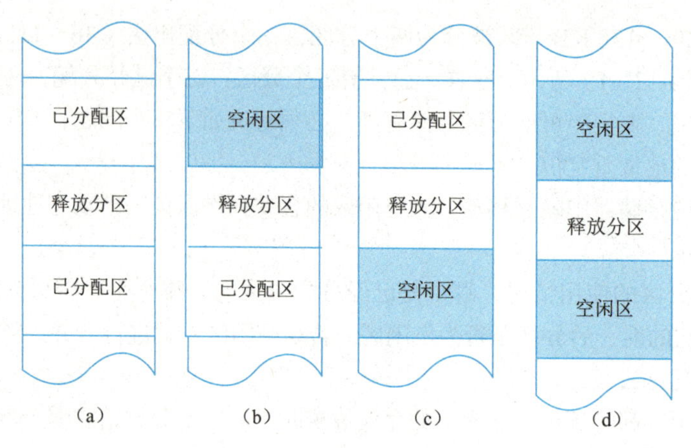

图 4-13　空闲分区的合并（紧凑）

4．内存分区的管理

采用可变分区方式管理内存储器时，内存中有两类性质的分区：一类是已经分配给用户使用的"已分配区"；另一类是可以分配给用户使用的"空闲区"。随着时间的推移，它们的数目在不断地变化着。如何知道哪个分区是已分配的、哪个分区是空闲的，如何知道各个分区的尺寸是多少，这就是分区管理所要解决的问题。

对分区的管理，常用的方式有三种：表格法、单链表法和双链表法。下面逐一介绍它们的实现技术。

（1）表格法

为了记录内存中现有的分区以及各分区的类型，操作系统设置两张表格，一张为"已分配表"，另一张为"空闲区表"，如图4-14（b）和图4-14（c）所示。表格中的"序号"是表目项的顺序号，"起始地址"、"尺寸"和"状态"都是该分区的相应属性。由于系统中分区的数目是变化的，因此每张表格中的表目项数要足够多，暂时不用的表目项的状态设为"空"。

假定图4-14（a）为当前内存中的分区使用情况，那么图4-14（b）记录了已分配区的情形，图4-14（c）记录了空闲区的情形。当作业进入而提出存储需求时，就去查空闲区表中状态为"空闲"的表目项。如果该项的尺寸能满足所求，就将它一分为二：分配出去的那一部分在已分配表中找一个状态为"空"的表目项进行登记，剩下的部分（如果有）仍在空闲区表中占据一个表目项。如果有一个作业运行结束，则根据作业名到已分配表中找到它的表目项，将该项的"状态"改为"空"，随之在空闲区表中寻找一个状态为"空"的表目项，把释放分区的信息填入，并将表目项状态改为"空闲"。当然，这时可能还会进行空闲区的合并工作。

（2）单链表法

把内存储器中的每个空闲分区视为一个整体，在它的里面开辟出两个单元，一个用于存放该分区的长度（size），另一个用于存放其下一个空闲分区的起始地址（next），如图4-15（a）所示。操作系统开辟一个单元，存放第1个空闲分区的起始地址，这个单元称为"链首指针"。最后一个空闲分区的next中存放标志NULL表明它是最后一个。这样，系统中的所有空闲分区就被连接成为一个链表。从链首指针出发，顺着各个空闲分区的next往下走，就能到达每一个空闲分区。图4-15（b）所反映的是图4-15（a）当前内存储器中空闲区的链表。为了看得更加清楚，有时也把这些空闲区抽出来，单独画出它们形成的链表，如图4-15（c）所示。

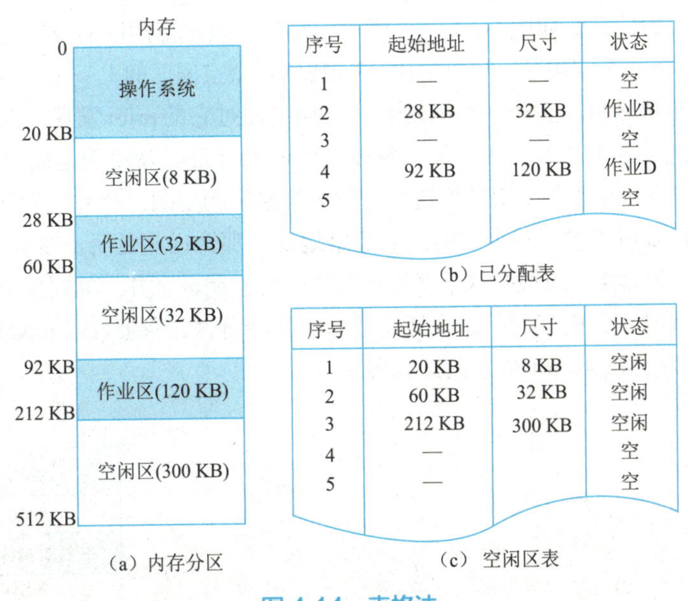

（a）内存分区

序号	起始地址	尺寸	状态
1	—	—	空
2	28 KB	32 KB	作业B
3	—	—	空
4	92 KB	120 KB	作业D
5	—	—	空

（b）已分配表

序号	起始地址	尺寸	状态
1	20 KB	8 KB	空闲
2	60 KB	32 KB	空闲
3	212 KB	300 KB	空闲
4	—		空
5	—		空

（c）空闲区表

图 4-14　表格法

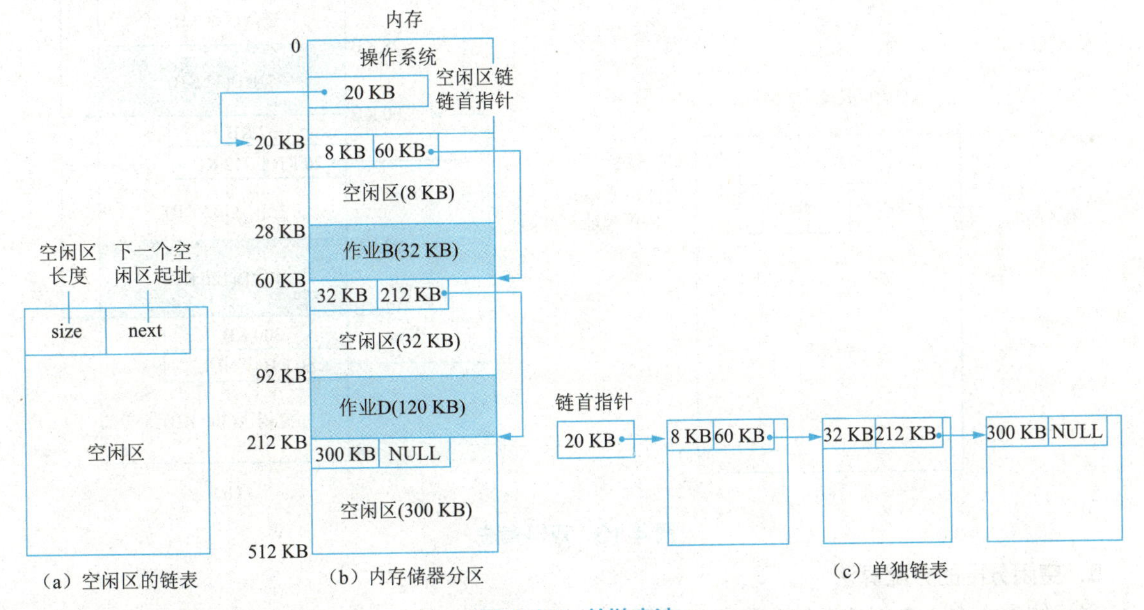

（a）空闲区的链表　　（b）内存储器分区　　（c）单独链表

图 4-15　单链表法

用空闲区链表管理空闲区时，对于提出的任何一个请求，都顺着空闲区链表首指针开始查看一个空闲区。如果第 1 个分区不能满足要求，就通过它的 next 找到第 2 个空闲区。如果一个空闲区的 next 是 NULL，就表示系统暂时无法满足该作业这一次所提出的存储请求。在用这种方式管理存储器时，无论分配存储分区还是释放存储分区，都要涉及 next（指针）的调整。

（3）双链表法

如前所述，当一个已分配区被释放时，有可能和与它相邻接的分区进行合并。为了寻找释放区前、后的空闲区，以利于判别它们是否与释放区直接邻接，可以把空闲区的单链表改为双向链表。也就是说，在图 4-15（a）所表示的每个空闲分区中，除了存放下一个空闲区起址 next 外，还存放它的上一个空闲区起址（prior）的信息，如图4-16（a）所示。这样，通过空闲区的双向链表，就可以方便地由next找到一个空闲区的下一个空闲区，也可以由prior找到一个空闲区的上一个空闲区。

例如，在把一个释放区链入空闲区双向链表时，如果通过它的prior发现，在该链表中释放区的前面一个空闲区的起始地址加上长度，正好等于释放区的起始地址，就说明是属于图4-13（b）的情形，即它前面的空闲区与它直接相邻接，应该把这个释放区与原来的空闲区合并。另外，如果释放区起始地址加上长度正好等于next所指的下一个空闲区的起始地址，那么说明是属于图4-13（c）的情形，即它后面的空闲区与它直接相邻接，应该把这个释放区与原来的空闲区合并。如同单链表一样，在利用双向链表管理存储空闲分区时，无论分配存储分区还是释放存储分区，都要涉及next和prior两个指针的调整。图4-16（b）所示为图4-14（a）的双向链表形式。

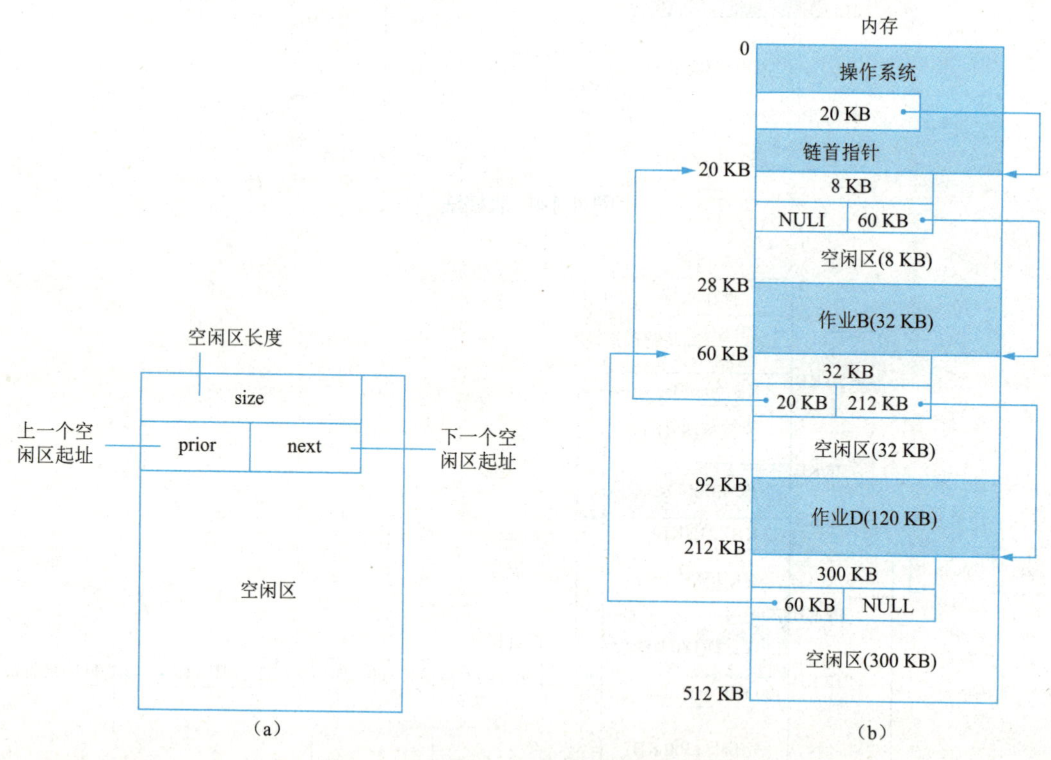

图4-16　双链表法

5. 空闲分区的分配算法

当系统中有多个空闲的存储分区能够满足作业提出的存储请求时，究竟将谁分配出去，属于分配算法问题。在可变分区存储管理中，常用的分区分配算法有、最先适应算法、最佳适应算法和最坏适应算法。下面分别介绍它们的含义。

（1）最先适应算法

实行这种分配算法时，总是把最先找到的、满足存储需求的那个空闲分区作为分配的对象。这种方案的出发点是尽量减少查找时间，它实现简单，但有可能把大的空闲分区分割成许多小的分区，因此不适合大作业。

（2）最佳适应算法

实行这种分配算法时，总是从当前所有空闲区中找出一个能够满足存储需求的、最小的空闲分区作为分配的对象。这种方案的出发点是尽可能地不把大的空闲区分割成为小的分区，以保证大作业的需要。该算法实现起来比较费时、麻烦。

（3）最坏适应算法

实行这种分配算法时，总是从当前所有空闲区中找出一个能够满足存储需求的、最大的空闲分区作为分配的对象。可以看出，这种方案的出发点是照顾中、小作业的需求。

综上所述，可变分区存储管理解决了固定分区存储管理遗留的内部碎片的问题，但有可能出现极小的分区暂时分配不出去的情形，引起外部碎片；为了形成大的分区，可变分区存储管理通过移动程序来达到分区合并的目的，然而程序的移动是很花费时间的，增加了系统这方面的投入和开销；和固定分区存储管理相比，由于分区的合并使得更多的作业进入了内存，但是仍然没有解决大作业小内存的问题，只要作业的存储需求大于系统提供的整个用户区，该作业就无法投入运行。

4.2.4　伙伴系统

固定分区和动态分区方式都有不足之处。固定分区方式限制了活动进程的数目，当进程大小与空闲分区大小不匹配时，内存空间利用率很低。动态分区方式算法复杂，回收空闲分区时需要进行分区合并等，系统开销较大。伙伴系统方式是对以上两种内存方式的一种折中方案。

伙伴系统规定，无论已分配分区或空闲分区，其大小均为2的k次幂，k为整数，$1\leqslant k\leqslant m$，其中：2^1表示分配的最小分区的大小，2^m表示分配的最大分区的大小，通常2^m是整个可分配内存的大小。

假设系统的可利用空间容量为2^m个字，则系统开始运行时，整个内存区是一个大小为2^m的空闲分区。在系统运行过程中，由于不断的划分，可能会形成若干个不连续的空闲分区，将这些空闲分区根据分区的大小进行分类，对于每一类具有相同大小的所有空闲分区，单独设立一个空闲分区双向链表。这样，不同大小的空闲分区形成了$k(0\leqslant k\leqslant m)$个空闲分区链表。

当需要为进程分配一个长度为n的存储空间时，首先计算一个i值，使$2^{i-1}<n\leqslant 2^i$，然后在空闲分区大小为2^i的空闲分区链表中查找。若找到，即把该空闲分区分配给进程。否则，表明长度为2^i的空闲分区已经耗尽，则在分区大小为2^{i+1}的空闲分区链表中寻找。若存在2^{i+1}的一个空闲分区，则把该空闲分区分为相等的两个分区，这两个分区称为一对伙伴，其中的一个分区用于分配，另一个加入分区大小为2^i的空闲分区链表中。若大小为2^{i+1}的空闲分区也不存在，则需要查找大小为2^{i+2}的空闲分区。若找到则对其进行两次分割：第一次，将其分割为大小为2^{i+1}的两个分区，一个用于分配，另一个加入大小为2^{i+1}的空闲分区链表中；第二次，将第一次用于分配的空闲区分割为2^i的两个分区，一个用于分配，另一个加入大小为2^i的空闲分区链表中。若仍然找不到，则继续查找大小为2^{i+3}的空闲分区，依此类推。由此可见，在最坏的情况下，可能需要对2^k的空闲分区进行k次分割才能得到所需分区。

与一次分配可能要进行多次分割一样，一次回收也可能要进行多次合并。例如，回收大小为2^i的空闲分区时，若事先已存在2^i的空闲分区，则应将其与伙伴分区合并为大小为2^{i+1}的空闲分区；若事先已存在2^{i+1}的空闲分区，又应继续与其伙伴分区合并为大小为2^{i+2}的空闲分区，依此类推。

在伙伴系统中，其分配和回收的时间性能取决于查找空闲分区的位置和分割、合并空闲分区所花费的时间。与前面所述的多种方法相比较，由于该算法在回收空闲分区时，需要对空闲分区进行合并，所以其时间性能比分类搜索算法差，但比顺序搜索算法好，而其空间性能则远优于分类搜索法，比顺序搜索法略差。

4.3 离散分配存储管理

连续分配方式会形成许多“碎片”，虽然可通过“紧凑”方法将许多碎片拼接成可用的大块空间，但必须为之付出很大开销。如果允许将一个进程直接分散地装入许多不相邻接的分区中，则无须再进行“紧凑”。基于这一思想产生了离散分配方式。在此，离散分配方式分为页式、段式和段页式三种存储管理方式。

4.3.1 页式存储管理

视频 页式存储管理

1. 页式存储管理的基本思想

页式存储管理是将固定式分区方法与动态地址重定位技术结合在一起提出的一种存储管理方案，它需要硬件的支持。其基本思想是：首先把整个内存储器划分成大小相等的许多分区，每个分区称为“块”（这表明它具有固定分区的管理思想，只是这里的分区是定长）。例如，把内存储器划分为n个分区，编号为$0,1,2,\cdots,n-1$。在图4-17（a）中，内存储器总的容量为256 KB，操作系统要求20 KB。若块的尺寸为4 KB，则共有64块，操作系统占用前5块，其他分配给用户使用。在页式存储管理中，块是存储分配的单位。

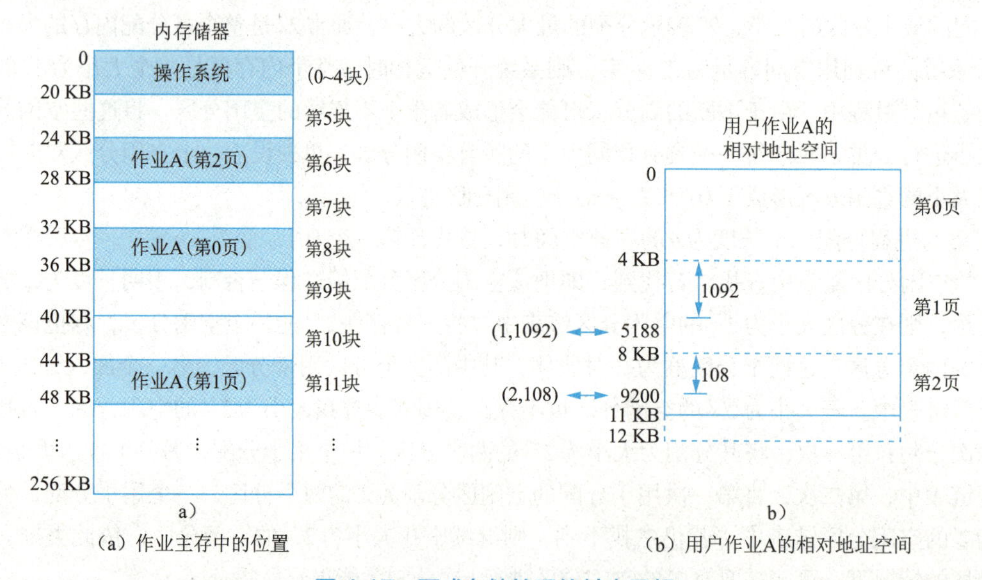

（a）作业主存中的位置　（b）用户作业A的相对地址空间

图4-17　页式存储管理的基本思想

其次，用户作业仍然相对于“0”进行编址，形成一个连续的相对地址空间。操作系统接受用户的相对地址空间，然后按照内存块的尺寸对该空间进行划分。用户程序相对地址空间中的每一个分区被称为“页”，编号从0开始，第0页、第1页、第2页……例如，图4-17（b）中，作业A的相对地址空间大小为11 KB。按照4 KB来划分，它有2页多不到3页大小，但把它作为3页来对待，编号为第0页、第1页和第2页。

这样一来，用户相对地址空间中的每一个相对地址，都可以用“页号，页内位移”来表示。并且不难看出，数对（页号，页内位移）与相对地址是一一对应的。例如，图4-17（b）中，相对地址5188 B与数对（1,1092）相对应，其中“1”是相对地址所在页的页号，而1092则是相对地址与所在页起始位置（4 KB=4096 B）之间的位移。又如，相对地址 9200 B 与数对（2,108）相对应，2 是相对地址所在页的页号，108 是相对地址与所在页起始位置（8 KB=8192 B）之间的位移。有了这些准备，如果能够解决作业原封不动地进入不连续存储块后也能正常运行的问题，那么分配存储块是很容易的事情，因为只要内存中有足够多的空闲块，作业中的某一页进入哪一块都是可以的。例如，图 4-17（a）中，就把作业 A 装入到了第 8 块、第 11 块和第 6 块这样的三个不连续的存储块中。

下面以图 4-18（a）为例说明如何确保原封不动地进入不连续存储块后的作业能够正常运行。假定块的尺寸为 1 KB，作业 A 的相对地址空间为 3 KB 大小，在相对地址 100 B 处有一条调用子程序的指令 call，子程序的入口地址为 3000 B（当然是相对地址）。作业 A 进入系统后被划分成 3 页，如图 4-18（a）所示。现在把第 0、1、2 页依次装入内存储器的第 4、9、7 三个不连续的块中，如图 4-18（b）所示。

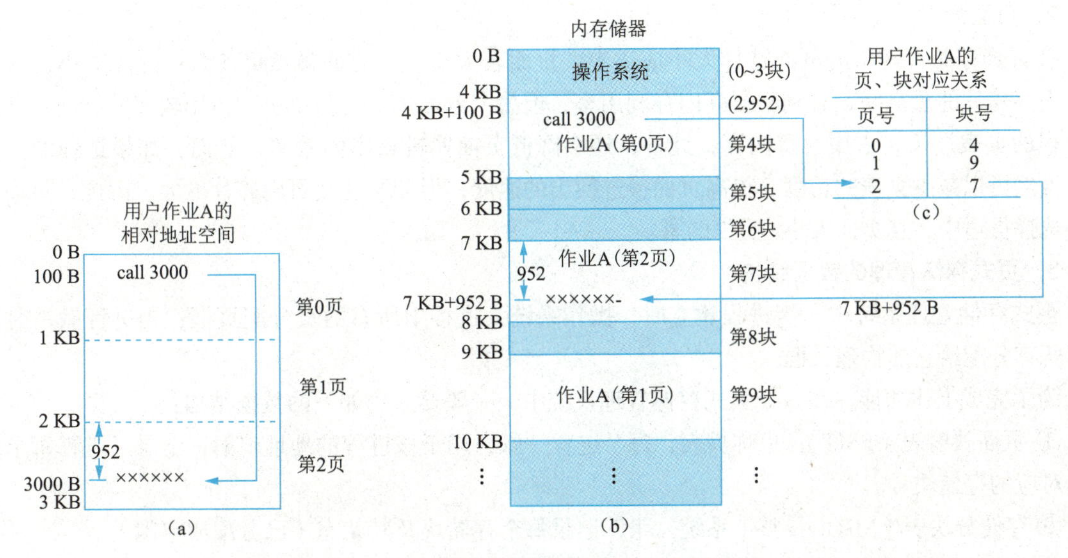

图 4-18　页式存储管理中的地址重定位

为了确保原封不动放在不连续块中的用户作业 A 能够正常运行，可以采用如下方法：

① 记录作业 A 的页、块对应关系，如图 4-18（c）所示，表示作业 A 的第 0 页放在内存中的第 4 块，第 1 页放在内存中的第 9 块，第 2 页放在内存中的第 7 块。

② 当运行到指令“call 3000”时，把它里面的相对地址 3000 B 转换成数对：（2，952），表示该地址在作业相对地址空间里位于第 2 页，距该页起始位置的位移是 952 B。具体的计算公式如下：

页号 = 相对地址 / 块尺寸（注：这里的“/”运算符表示整除）

页内位移 = 相对地址 % 块尺寸（注：这里的“%”运算符表示求余）

③ 用数对中的“页号”去查作业 A 的页、块对应关系表［见图 4-18（c）］，得知相对地址空间中的第 2 页内容，现在是在内存的第 7 块中。

④ 把内存第 7 块的起始地址与页内位移相加，就得到了相对地址 3000 B 现在的绝对地址，即 7 KB+952 B=8120 B。至此，系统就去做指令“call 8120”，从而正确地执行。

从以上的讲述可以看到，在页式存储管理中，用户程序是原封不动地进入各个内存块的。指令中相对地址的重定位工作，是在指令执行时进行，因此属于动态重定位，并且由如下的一些内容一起来实现地址的动态重定位：

① 将相对地址转换成数对（页号，页内位移）。

② 建立一张作业的页与块对应表。

③ 按页号去查页、块对应表。

④ 由块的起始地址与页内位移形成绝对地址。

从上面的分析得出，要实施页式存储管理，必须解决如下问题：

① 页式存储管理在划分页面时要考虑页面大小是否适中，过大或者过小都会造成系统开销增大。

② 要使页式存储管理顺利进行，必须对内存中的页面和用户进程的逻辑块进行必要的管理。

③ 在页式存储管理中，地址映射的实现非常关键，由于在存储时采用的是不连续存储，这就要求逻辑地址到物理地址的转换必须准确，提供一套地址映射机构显得尤为重要。

④ 地址映射的实现是借助于页表来完成的，因此页表的管理也很重要。

2．页面大小

在页式存储管理中的页面选择大小应适中。页面若太小，一方面虽然可使内存碎片减小，从而减少了内存碎片的总空间，有利于提高内存利用率，但另一方面也会使每个进程占用较多的页面，从而导致进程的页表过长，占用大量内存；此外，还会降低页面换进换出的效率。然而，如果选择的页面较大，虽然可以减少页表的长度，提高页面换进换出的速度，但却又会使页内碎片增大。因此，页面的大小应选择得适中，且页面大小应是2的幂。

3．页式存储管理的数据结构

页式存储管理系统中，当进程建立时，操作系统为进程中所有的页分配页框；当进程撤销时需要收回所有分配给它的物理页框。

为了完成上述功能，在一个页式存储管理系统中，一般要采用如下的数据结构：

① 页面映射表（PMT）：也称页表，每个进程一张，用于该进程的地址映射，记录了进程每个页号及其对应的存储块号。

② 存储分块表（MBT）：整个系统一张，记录每个存储块及其状态（已分配或空闲）。

图4-19所示为上述两种表格的结构及其关系。当有一个进程进入系统时，为页表分配一个存储区，然后搜索存储分块表，查看有哪些存储块是空闲的。如果有空闲的存储块，则将存储块号填入页表。当该进程所需的块数都分配完后，系统便可按照PMT的内容对该进程进行处理。

当某个进程因为结束或者其他一些原因退出系统时，则归还原来所占用的物理块。首先修改存储分块表，将归还的物理块块号在表中的状态栏改为空闲标志，然后释放该进程页表所占用的空间。

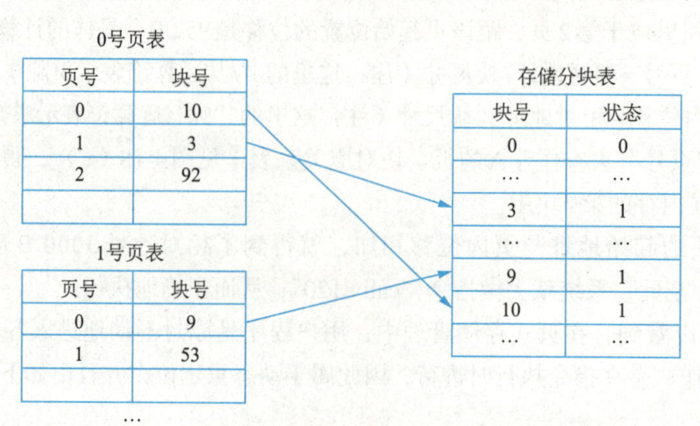

图4-19 页面映射表、存储分块表的结构及其关系

4．地址映射机构

（1）地址结构

页地址中的地址结构如下：

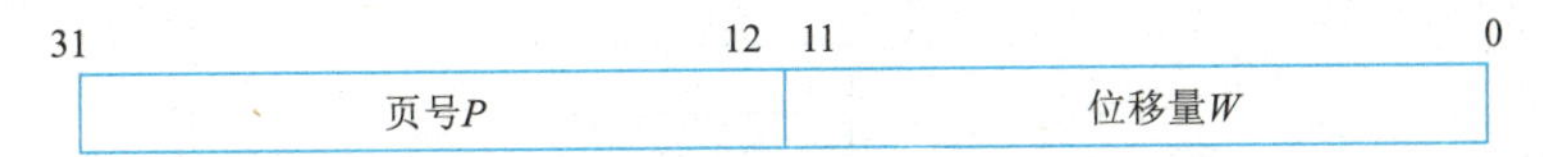

它含有两部分：前一部分为页号P，后一部分为位移量W（或称为页内地址）。地址结构中的地址长度为32位，其中0～11位为页内地址，即每页的大小为4 KB；12～31位为页号，地址空间最多允许有1M页。

对某特定机器，其地址结构是一定的。若给定一个逻辑地址空间中的地址为A，页面的大小为L，则页号P和页内地址d可按下式求得：$P = \mathrm{INT}\left[\frac{A}{L}\right]$

$$d=[A]\mathrm{MOD}L$$

其中，INT是整除函数，MOD是取余函数。例如，其系统的页面大小为1 KB，设A=2 170 B，则由上式可以求得P=2，d=122。

（2）地址变换机构

为了能将用户地址空间中的逻辑地址变换为内存空间中的物理地址，在系统中必须设置地址变换机构。该机构的基本任务是实现从逻辑地址到物理地址的转换。由于页内地址和物理地址是一一对应的，因此，地址变换机构的任务实际上只是将逻辑地址中的页号转换为内存中的物理块号。又因为页面映射表的作用就是用于实现从页号到物理块号的变换，因此，地址变换的任务是借助页表来完成的。

① 基本的地址变换机构：页表的功能可以由一组专门的寄存器来实现，一个页表项用一个寄存器。由于寄存器具有较高的访问速度，因而有利于提高地址变换的速度；但由于寄存器成本较高，且大多数现代计算机的页表有可能很大，使页表项的总数可达几千甚至几十万个，显然这些页表项不可能都用寄存器来实现，因此，页表大多驻留在内存中。在系统中只设置一个页表寄存器，在其中存放页表在内存的起始地址和页表的长度。平时，进程未执行时，页表的起始地址和页表长度存放在本进程的进程控制块（PCB）中。当调度程序调度到某进程时，才将这两个数据装入页表寄存器中。因此，在单处理器环境下，虽然系统中可以运行多个进程，但只需要一个页表寄存器。

当进程要访问某个逻辑地址中的数据时，页地址变换机构会自动地将有效地址（相对地址）分为页号和页内地址两部分，再以页号为索引去检索页表。查找操作由硬件执行。在执行检索之前，先将页号与页表长度进行比较，如果页号大于或等于页表长度，则表示本次所访问的地址已超越进程的地址空间。于是，这一错误将被系统发现并产生一个地址越界中断。若未出现越界错误，则将页表起始地址与页号和页表项长度的乘积相加，便得到该表项在页表中的位置，于是可从中得到该页的物理块号，将其装入物理地址寄存器中。与此同时，再将有效地址寄存器中的页内地址送入物理地址寄存器的块内地址字段中。这样便完成了从逻辑地址到物理地址的变换。图4-20所示为页式存储管理的地址变换机构。图中⧁指页号大于页表长度的判断。

② 具有快表的地址变换机构：由于页表是存放在内存中的，这使CPU在每存取一个数据时，都要两次访问内存。第一次是访问内存中的页表，从中找到指定页的物理块号，再将块号与页内位移量W拼接，以形成物理地址。第二次访问内存时，才是从第一次所得地址中获得所需数据（或向此地址中写入数据）。因此，采用这种方式将使计算机的处理速度降低近1/2。可见，以此高昂代价来换取存储器空间利用率的提高，是得不偿失的。

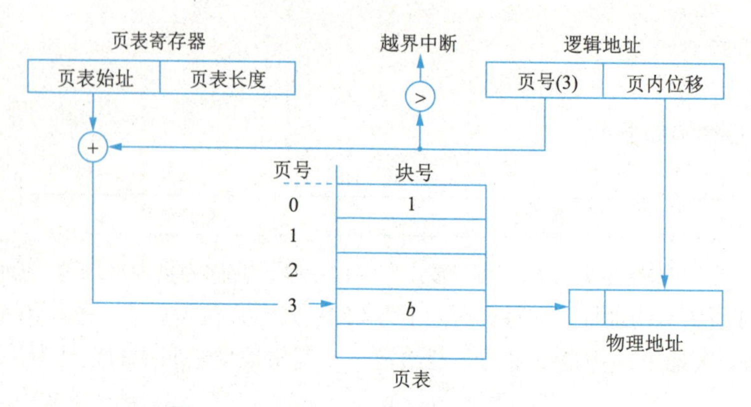

图4-20　页式存储管理的地址变换机构

为了提高地址变换速度，可在地址变换机构中增设一个具有并行查寻能力的特殊高速缓冲寄存器，又称为“联想寄存器”，或称为“快表”，在IBM系统中又取名为TLB（translation lookaside buffer），用以存放当前访问的那些页表项。此时的地址变换过程是：在CPU给出有效地址后，由地址变换机构自动地将页号P送入高速缓冲存储器，并将此页号与其中的所有页号进行比较，若其中有与此相匹配的页号，则表示所要访问的页表项在快表中。于是，可直接从快表中读出该页所对应的物理块号，并送到物理地址寄存器中。如果在块表中未找到对应的页表项，则还需要再访问内存中的页表，找到后，把从页表项中读出的物理块号送地址寄存器；同时，再将此页表项存入快表的一个寄存器单元中，重新修改快表。但如果寄存器已满，则操作系统必须找到一个老的且已被认为不再需要的页表项，将其换出。图4-21所示为具有块表的地址变换机构。其中，b为块号，d为页内位移。

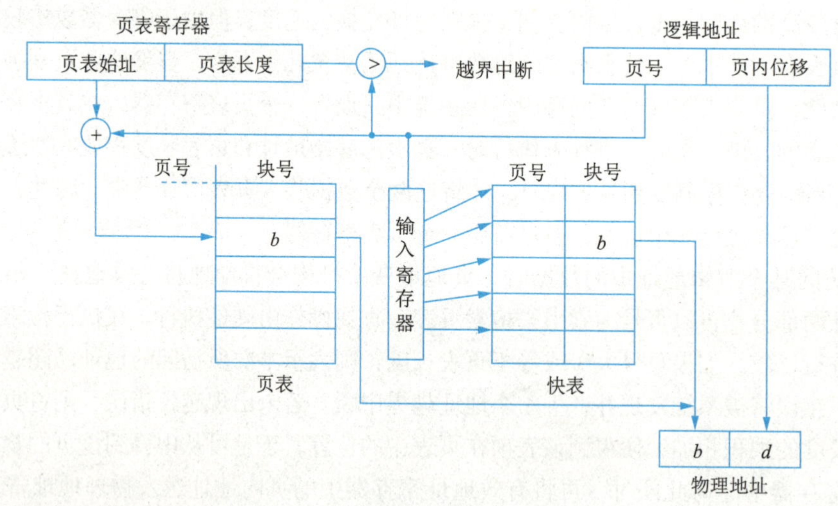

图4-21　具有快表的地址变换机构

由于成本的关系，块表不可能做得很大，通常只存放16～512个页表项，这对中、小型作业来说，已有可能把全部页表项放在快表中，但对于大型作业，则只能将其一部页表项放入其中。由于对程序和数据的访问往往带有局限性，因此，据统计，从块表中能找到所需页表项的概率可到90%以上。这样，由于增加了地址变换机构而造成的速度损失，可减少到10%以下，达到了可接受的程度。

（3）页表的分类

① 页表：在页式存储管理中，允许将进程的各个页离散地存储在内存不同的物理块中，但系统应

能保证进程的正确运行，即能在内存中找到每个页面所对应的物理块。为此，系统又为每个进程建立了一张页面映像表，简称页表。在进程地址空间内的所有页（0～n），依次在页表中有一页表项，其中记录了相应页在内存中对应的物理块号，如图4-22中间部分所示。在配置了页表后，进程执行时，通过查找该表，即可找到每页在内存中的物理块号。可见，页表的作用是实现从页号到物理块号的地址映射。

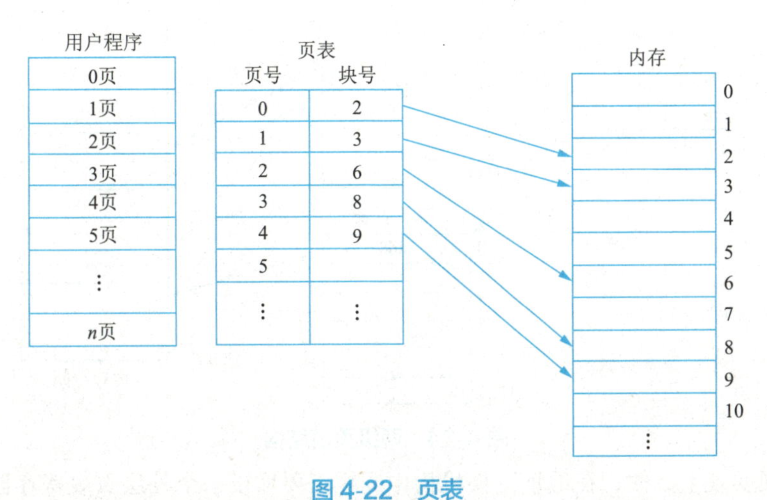

图 4-22　页表

现代的大多数计算机系统，都支持非常大的逻辑地址空间。在这样的环境下，页表就变得非常大，要占用相当大的内存空间。例如，对于一个具有32位逻辑地址空间的页系统，规定页面大小为4 KB即2^{12} B，则在每个进程页表中的页表项可达1 M个之多。又因为每个页表项占用一个字节，故每个进程仅其页表就要占用4 KB的内存空间，而且还要求是连续的。可以采用这样两种方法来解决这一问题：采用离散分配方式来解决，但难以找到一块连续的大内存空间的问题；只将当前需要的部页表项调入内存，其余的页表项仍驻留在磁盘上，需要时再调入。

② 两级页表：对于要求连续的内存空间来存放页表的问题，可利用将页表进行分页，并离散地将各个页面分别存放在不同的物理块中的办法加以解决，同样也要为离散分配的页表再建立一张页表，称为外层页表，在每个页表项中记录了页表页面的物理块号。下面仍以前面的32位逻辑地址空间为例来说明。当页面大小为4 KB时（12位），若采用一级页表结构，应具有20位的页号，即页表项应有1 M个；在采用两级页表结构时，再对页表进行分页，使每页中包含2^{10}（即1 024）个页表项，最多允许有2^{10}个页表页；或者说，外层页表中的外层页内地址p_2为10位，外层页号p_1也为10位。此时的逻辑地址结构如图4-23所示。

外层页号	外层页内位移	页内地址
p_1	p_2	d

31　　　　22 21　　　　12 11　　　　0

图 4-23　逻辑地址结构

由图4-24可以看出，在页表的每个表项中存放的是进程的某页在内存中的物理块号，如第0页存放在1物理块中；第1页存放在4物理块中。而在外层页表的每个页表项中，所存放的是某页表页的首地址，如第0页表是存放在第1011物理块中。可以利用外层页表和页表这两级页表，来实现从进程的逻辑地址到内存中物理地址间的变换。

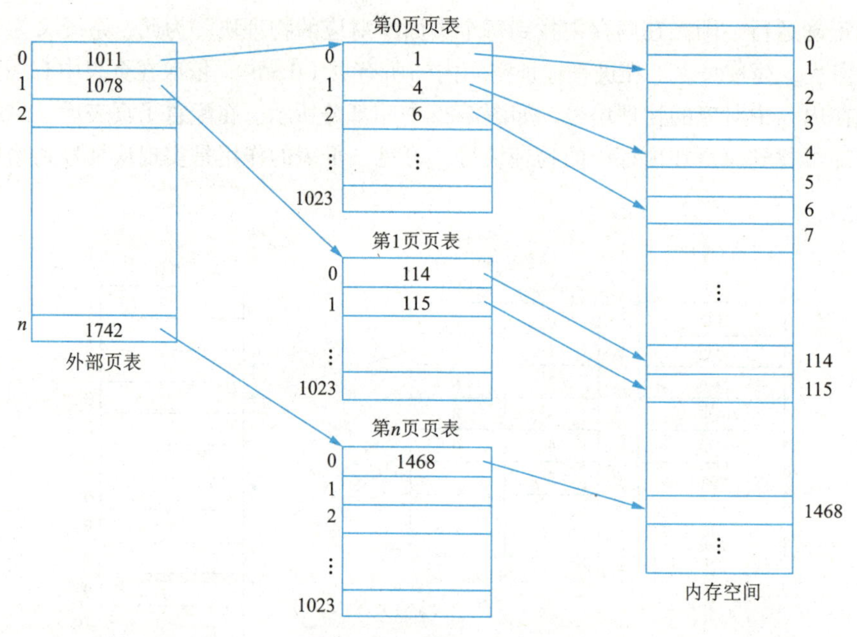

图 4-24 两级页表结构

为了地址变换实现上方便，在地址变换机构中同样需要增设一个外层页表寄存器，用于存放外层页表的起始地址，并利用逻辑地址中的外层页号，作为外层页表的索引，从中找到指定页表页的起始地址；再利用p_2作为指定页表页的索引，找到指定的页表项，其中即含有该页在内存的物理块号，用该块号和页内地址d即可构成访问的内存物理地址。图4-25所示为具有两级页表的地址变换机构。

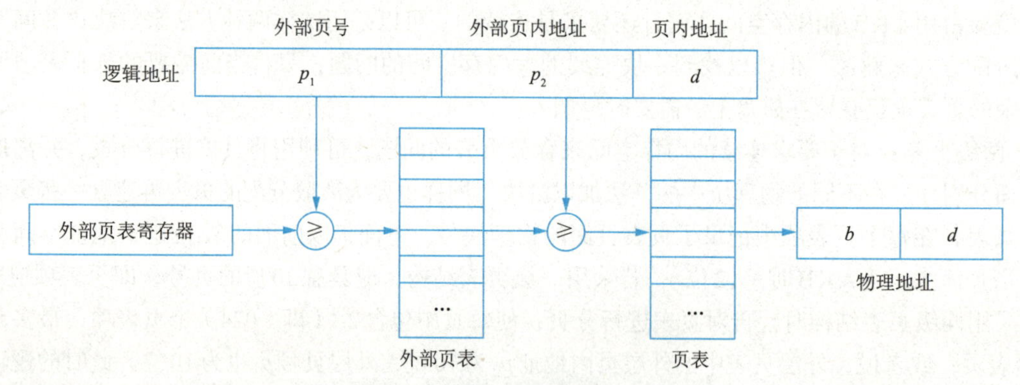

图 4-25 具有两级页表的地址变换机构

这种对页表施行离散分配的方法，虽然解决了对大页表无须大片存储空间的问题，但并未解决用较少的内存空间去存放大页表的问题。换言之，只用离散分配空间的办法并未减少页表所占用的内存空间。解决方法是把当前需要的一批页表项调入内存，以后再根据需要陆续调入。在采用两级页表结构的情况下，对于正在运行的进程，必须将其外层页表调入内存，而对页表则只需要调入一页或几页。为了表征某页的页表是否已经调入内存，还应在外层页表项中增设一个状态位S，其值若为0，表示该页表页尚未调入内存；否则，说明其页已经在内存中。进程运行时，地址变换机构根据逻辑地址中的P_1去查找外层页表；若所找到的页表项中的状态位为0，则产生一个中断信号，请求操作系统将该页表页调入内存。关于请求调页的详细情况，将在第4.4节虚拟存储管理中介绍。

③ 多级页表：现代计算机普遍支持2^{32} ～2^{64} B容量的逻辑地址空间。对于32位的机器，采用两级页表结构是合适的；但对于64位的机器，如果页面大小仍采用4 KB即2^{12} B，还剩下52位，假定仍按物理块的大小(2^{12}位)来划页表，则将余下的40位用于外层页号。此时，在外层页表中可能有2^{40}个页表项，要占用1024 GB的连续内存空间。必须采用多级页表，将外层页表再进行分页，也就是将各页离散地装入不相邻接的物理块中，再利用第2级的外层页表来映射它们之间的关系。

对于64位的计算机，如果要求它能支持2^{64}(18 446 744 EB)规模的物理存储空间，则即使分采用三级页表结构也是难以办到的；而在当前的实际应用中也无此必要。故在近两年推出的64位操作系统中，把可直接寻址的存储器空间减少为45位长度（即2^{45}）左右，这样便可利用三级页表结构来实现页式存储管理。

④ 反置页表：传统页表是面向进程虚拟空间的，即对应进程的每个逻辑页面设置一个表项，当进程的地址空间很大时，页表需要占用很多存储空间，造成浪费。与经典页表不同，反置页表是面向内存物理块的，即对应内存的每个物理构架设置一个表项，表项的序号就是物理块号f，表项的内容则为进程标识pid与逻辑页号p的有序对。系统只需要设置一个反置页表，为所有进程共用。地址映射时，由（进程标识pid，逻辑页号p）顺序搜索反置页表，一旦找到所匹配的表项，其位移便是内存物理块号f，如图4-26所示。

反置页表的一个明显问题是速度：对反置页表的顺序搜索需要多次访问内存，对于不存在的页甚至需要查到表尾。为提高访问速度，采用杂凑（hash）技术，在反置页表中增加冲突计数和空闲标志。在进行地址映射时，由hash（pid，p）计算得到反置页表入口地址，从该入口地址开始向下探查找到对应的表项，位移f为对应的物理块号，为进一步提高访问速度，可以采用快表保持最近访问过的入口项。

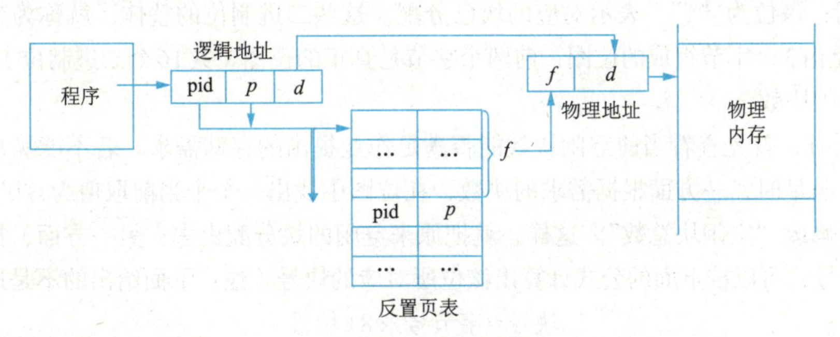

图 4-26　反置页表

5. 内存块的分配与回收

页式存储管理是以块为单位进行存储分配的，并且每块的尺寸相同。因此，在有存储请求时，只要系统中有足够的空闲块存在，就可以进行存储分配，把谁分配出去都一样，没有好坏之分。为了记住内存块哪个是已分配的，哪个是空闲的，可以采用“存储分块表”、“位图”及“单链表”等管理方法。

所谓“存储分块表”，就是操作系统维持一张表格，它的一个表项与内存中的一块相对应，用来记录该块的使用情况。例如，图4-27（a）表示内存总的容量是64 KB，每块4 KB，于是被划分成16块。这样，相应的存储分块表也有16个表项，它恰好记录了每一块当前的使用情况，如图4-27（b）所示。当有存储请求时，就查存储分块表。只要表中“空闲块总数”记录的数目大于请求的存储量，就可以进行分配，同时把表中分配出去的块的状态改为“已分配”。当作业完成归还存储块时，就把表中相应块的状态改为“空闲”。

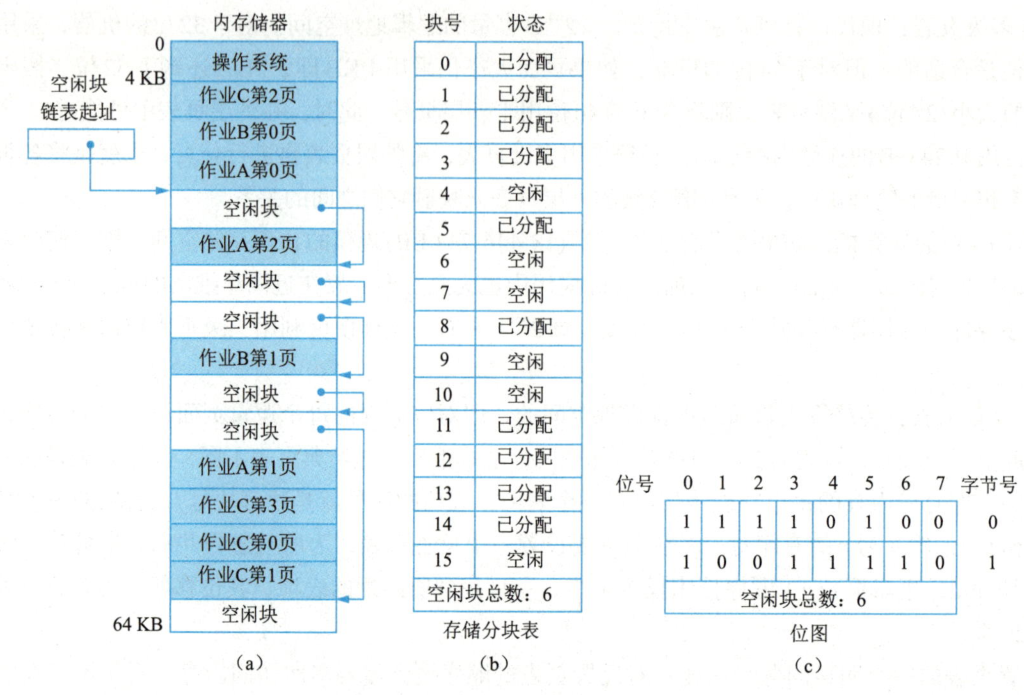

图 4-27 内存块的各种管理办法

当内存储器很大时，存储分块表也就会很大，要花费相当多的存储量，于是出现了用位图记录每一块状态的方法。所谓“位图”，即是用二进制位与内存块的使用状态建立起关系，该位为“0”，表示对应的块空闲；该位为“1”，表示对应的块已分配。这些二进制位的整体，就称为“位图”。例如，图4-27（c）就是由3个字节组成的位图，前两个字节是真正的位图（共16个二进制位），第三个字节用来记录当前的空闲块数。

进行块分配时，首先查看当前空闲块数能否满足作业提出的存储需求。若不能满足，则该作业不能装入内存。在满足时，一方面根据需求的块数，在位图中找出一个个当前取值为“0”的位，把它们改为取值“1”，修改“空闲块总数”。这样，就把原来空闲的块分配出去；另一方面，按照所找到的位的位号以及字节号，可以按下面的公式计算出该位所对应的块号（注：下面给出的不是通用公式）：

块号=字节号 ×8+位号

把作业相对地址空间里的页面装入这些块，并在页表中记录页号与块号的这些对应关系，形成作业的页表。

在作业完成运行归还存储区时，可以按照下面的公式，根据归还的块号计算出该块在位图中对应的是哪个字节的哪一位，把该位置成“0”，实现块的回收。

字节号=块号/8；　　位号=块号%8

（注：“/”运算符表示整除；“%”运算符表示求余。）

如同可变分区方式管理内存储器时采用的单链表法一样，这里也可以把空闲块链接成一个单链表加以管理，如图4-27（a）所示。当然，系统必须设置一个链表的起始地址指针，以便进行存储分配时能够找到空闲的内存块。

综上所述，页式存储管理的特点如下：

① 内存储器事先被划分成相等尺寸的块，它是进行存储分配的单位。

② 用户作业的相对地址空间按照块的尺寸划分成页。要注意的是，这种划分是在系统内部进行的，用户感觉不到。

③ 相对地址空间中的页可以进入内存中的任何一个空闲块，并且页式存储管理实行的是动态地址重定位，因此它打破了一个作业必须占据连续存储空间的限制，作业在不连续的存储区，也能够得到正确的运行。

页式存储管理的缺点如下：

① 平均每一个作业要浪费半页大小的存储块。

② 作业虽然可以不占据连续的存储区，但是每次仍然要求一次全部进入内存。因此，如果作业很大，其存储需求大于内存，仍然存在小内存不能运行大作业的问题。

4.3.2　段式存储管理

页技术有效地实现了内存分配的非连续性，解决了碎片问题，从而大幅提高了内存利用率。但是对用户作业地址空间进行分页，使其从一个一维地址空间变成二维地址空间是完全由系统进行的。这种页并不是依据作业内在的逻辑关系，而是对连续的地址空间的一种固定长度的连续划分。一页通常不是一个完整的程序或数据逻辑段。一个逻辑段可能被分成若干页，不同的逻辑段也可能在同一页内。本质上，作业地址空间仍然是从 0 开始顺序编址的线性地址空间，它没有明显的逻辑结构关系。因此，页并不是出于用户使用上的需要，它对用户是透明的，而是系统出于管理上的需要，目的是使作业地址空间与内存空间的管理在结构上一致。

引入段存储管理方式，主要是为了满足用户和程序员的下述一系列需要：

① 方便编程：通常，一个作业是由若干个自然段组成的，因而，用户希望能把自己的作业按照逻辑关系划分为若干个段，每个段都有自己的名字和长度。要访问的逻辑地址是由段名（段号）和段内偏移量（段内地址）决定的，每个段都从0开始编址。这样，用户程序在执行中可用段名和段内地址进行访问。例如，下述两条指令使用的就是段名和段内地址：

```
LOAD  L, [A]| <D>
STORE I, [B]| <C>
```

其中，前一条指令的含义是将段A中D单元内的值读入寄存器L；后一条指令的含义是将寄存器I的内容存入段B中的C单元内。

② 信息共享：在实现对程序和数据的共享时，是以信息的逻辑单位为基础的。例如，共享某个例程和函数。页系统中的“页”只是存放信息的物理单位（块），并无完整的意义，不便于实现共享；然而段却是信息的逻辑单位。由此可知，为了实现段的共享，希望存储管理能与用户程序段的组织方式相适应。

③ 信息保护：信息保护同样是对信息的逻辑单位进行保护，因此，段管理方式能更有效和方便地实现信息保护功能。

④ 动态增长：在实际应用中，往往有些段，特别是数据段，在使用过程中会不断地增长，而事先又无法确切地知道数据段会增长到多大。前述的其他几种存储管理方式，都难以应对这种动态增长的情况，而段存储管理方式却能较好地解决这一问题。

⑤ 动态链接：

动态链接是指在作业运行之前，并不把几个目标程序段链接起来。要运行时，先将主程序所对应的目标程序装入内存并启动运行，当运行过程中又需要调用某段时，才将该段（目标程序）调入内存并进行链接。可见，动态链接也要求以段作为管理的单位。

1. 页和段的比较

① 页是出于系统管理的需要，段是出于用户应用的需要。

② 页的大小是系统固定的，而段的大小则通常不固定。

③ 逻辑地址表示：页是一维的，各个模块在链接时必须组织在同一个地址空间；而段是二维的，各个模块在链接时可以把每个段组织成一个地址空间。

④ 通常段比页大，因而段表比页表短，可以缩短查找时间，提高访问速度。

⑤ 段式存储管理可以实现内存共享，而页式存储管理则不能实现内存共享，但是两者都不能实现存储扩充。

2. 段式存储管理的基本思想

所谓“段式”存储管理，即要求用户将自己的整个作业程序以多个相互独立的称为“段”的地址空间提交给系统，每个段都是一个从“0”开始的一维地址空间，长度不一。操作系统按照段长为作业分配内存空间。

段式存储管理把进程的逻辑地址空间分成多段，提供如下形式的二维逻辑地址：

段　号	段内位移

在页式存储管理中，页的划分，即逻辑地址划分为页号和页内位移，是用户不可见的，连续的地址空间将根据页面的大小自动分页；而在段式存储管理中，地址结构是用户可见的，用户知道逻辑地址如何划分为段和段内位移。在设计程序时，段的最大长度由地址结构规定，程序中所允许的最多段数会受到限制。

段式存储管理的实现基于可变分区存储管理的原理。可变分区以整个作业为单位来划分和连续存放，也就是说，作业在分区内是连续存放的，但独立作业之间不一定连续存放。而段方法是以段为单位来划分和连续存放，为作业的各段分配一个连续的内存空间，而各段之间不一定连续。在进行存储分配时，应为进入内存的作业建立段表，各段在内存中的情况可由段表来记录，它指出内存中各段的段号、段起始地址和段长度。在撤销进程时，回收所占用的内存空间，并撤销此进程的段表。

段表表项实际上起到基址/限长寄存器的作用，进程运行时通过段表可将逻辑地址转换成物理地址。由于每个用户作业都有自己的段表，地址转换应按各自的段表进行。类似于页式存储管理，也设置一个硬件——段表基址寄存器，用来存放当前占用处理器的作业段表的起始地址和长度。将段控制寄存器中的段表长度与逻辑地址中的段号进行比较，若段号超过段表长度则触发越界中断，再利用段表项中的段长与逻辑地址中的段内位移进行比较，检查是否产生越界中断。

3. 段式存储管理的数据结构

① 进程段表：也称段变换表（segment mapping table），见表4-2。它描述组成进程地址空间的各段，可以是指向系统段表中表项的索引，每段都有段基址（base address）。

② 系统段表：描述系统所有占用的段。

③ 空闲段表：描述内存中所有空闲段，可以结合到系统段表中。内存的分配算法可以采用最先适应法、最佳适应法和最坏适应法。

表 4-2 进程段表

段 号	段 长/B	段 基 址/KB
0	300	5
1	240	19
2	680	42
3	100	8 862
4	170	15
5	360	2

4．段式存储管理的地址转换

为了实现从逻辑地址到物理地址的变换功能，在系统中设置了段表基址寄存器和段表长度寄存器。在进行地址变换时，系统将逻辑地址中的段号 S 与段表长度 STL 进行比较。若 $S \geqslant$ STL，表示段号太大，则越界访问，产生越界中断；若未越界，则根据段表的起始地址和该段的段号，计算出该段对应段表项的位置，从中读出该段在内存的起始地址，然后再检查段内地址 D 是否超过该段的段长 SL。若 $D \geqslant$ SL，同样发出越界中断；若未越界，则将该段的基址 D 与段内地址相加，即得到要访问的内存物理地址。图 4-28 所示为段式存储管理的地址转换过程。

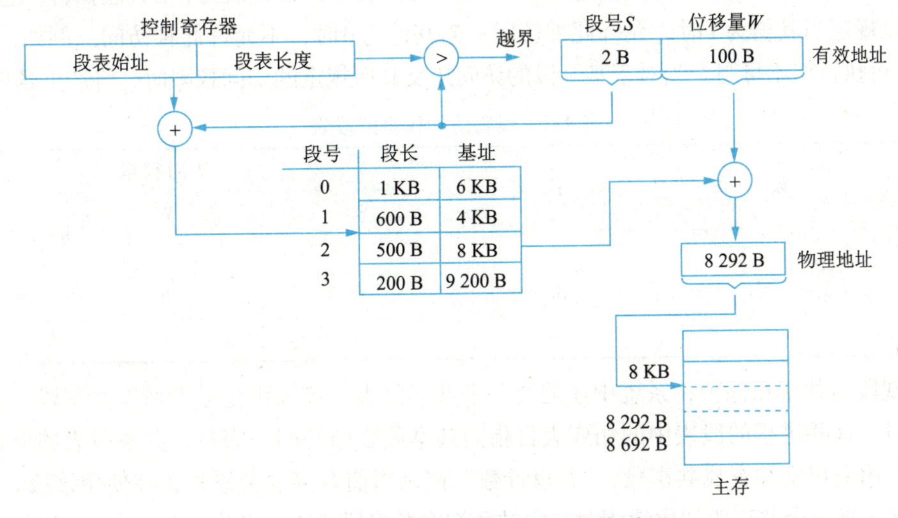

图 4-28 段式存储管理的地址转换过程

同页式存储管理系统一样，当段表放在内存中时，段式每访问一个数据或者指令，都至少需要访问内存两次，从而成倍地降低计算机的速率。解决的办法和页存储管理的思想类似，即再增设一个关联寄存器，用于保存最近常用的段表项。由于一般情况下段比页大，因而段表项的数目比页表数目少，其所需的关联寄存器也相对较小，可以显著减少存取数据的时间。

如上面所述可以设置一对寄存器：段表基址寄存器和段表长度寄存器。段表基址寄存器用于保存正在运行进程的段表的基址，而段表长度寄存器用于保存正在运行进程的段表的长度。

同样，同页式存储管理的思想类似，也可以设置联想存储器，它是介于内存与寄存器之间的存储机制，和页式存储管理系统一样也叫块表。它的用途是保存正在运行进程的段表的子集（部分表项），其特点是可按内容并行查找。引入块表的作用是为了提高地址映射速度，实现段的共享和段的保护。快表中的项目包括：段号、段基址、段长度、标识（状态）位、访问位和淘汰位。

① 段表首址寄存器：用于保存正在运行进程的段表的首址。在一个进程被低级调度程序选中并投入运行之前，系统将其段表首址由进程控制块中取出并送入该寄存器。

② 段表长度寄存器：用于保存正在运行进程的段表的长度。在一个进程被低级调度程序选中并投入运行之前，系统将其段表长度由进程控制块中取出并送入该寄存器。

③ 一组关联寄存器——块表：用于保存正在运行进程的段表中的部分项目，即当前正在访问的段所对应的项目。其作用、用法与页式存储管理相仿。

5．段的共享和保护

（1）段的共享

一个进程的段号是连续的，而段与段之间却不一定连续。如果某一个进程的一个段号 S_i 与另一个进程的一个段号 S_j 对应同一段首址和段长，即可实现段的共享。

（2）段的保护

进程对于共享段的访问往往需要加上某种限制。例如，对于保存共享代码的段，任何进程都不能修改；对于具有保密要求的段，某些进程不能读取；对于属于系统数据的段，某些进程不能修改等。为此，需要增加对共享段的"访问权限"一栏。由于不同进程对于同一共享段的访问权限可能不同，因而它应该放在段表中。如此改进后的段表见表4-3。其中R代表读，W代表写，E代表执行，它们各由1位所构成。可以规定当其值为1时，允许此种访问；当其值为0时，不允许此种访问。例如，表4-3中对于段s可读、可执行但不可写。当对于某个段的访问违反其所规定的访问权限时，将产生越权中断。

表4-3　具有访问权限的段表

段　号	段　长	段 首 址	访问权限		
			R	W	E
…	…	…	…	…	…
s	1	b	1	0	1
…	…	…	…	…	…

为了实现段的共享和保护，系统中还需要一个共享段表，该表中记录着所有共享段。当多个进程共享同一段时，这些进程的段表中的相应表目指向共享段表中的同一表目，共享段表的形式见表4-4，其中"段名"用来识别和查找共享段；"共享计数"记录当前有多少个进程正在使用该段，当其值为0时为空闲表项，当一个共享段初次使用时，它被登记在共享段表中，共享计数置为1，以后其他进程访问此段时，其共享计数值加1；当一个进程结束对于某一共享段的访问时，其共享计数值减1，当减到0时，表示没有进程再使用该段，可以释放所占用的存储空间。

表4-4　共享段表

段　名	共享计数	段　长	段 首 址	其　他
..	…	…	…	…
s_name	count	l'	b'	o
…	…	…	…	…

通过以上分析，可以看出段式存储管理有以下优缺点：

段式存储管理的优点：

① 没有内碎片，外碎片可以通过内存紧缩来消除。

② 便于改变进程占用空间的大小。

③ 便于实现共享和保护，即允许若干个进程共享一个或者多个段，对段进行保护。

段式存储管理的缺点：

① 进行地址变换和实现操作要花费处理器时间，为管理各段，要设立若干表格，提供附加的存储空间。

② 在辅存上管理可变长度的段比较困难。

③ 段的最大长度受到实存容量的限制。

④ 会出现系统抖动现象。

4.3.3　段页式存储管理

前面所介绍的页和段存储管理方式都各有其优缺点。页式存储管理能有效地提高内存利用率，而段式存储管理则能很好地满足用户需要。如果能对两种存储管理方式"各取所长"，则可以将两者结合成一种新的存储管理方式系统。这种新的存储管理方式既具有段式的便于实现，又能像页式那样很好地解决内存的外部碎片问题，以及可为各个段离散地分配内存等问题。把这种结合起来形成的新的存储管理方式称为"段页式存储管理"。

1. 段页式存储管理的基本思想

段页式存储管理是对页式和段式存储管理的结合，这种思想结合了二者的优点，克服了二者的缺点。这种思想将用户程序分为若干个段，再把每个段划分成若干个页，并为每一个段赋予一个段名。也就是说，将用户程序按段式划分，而将物理内存按页式划分，即以页为单位进行分配。换句话来说，段页式管理对用户来讲是按段的逻辑关系进行划分的，而对系统来讲是按页划分每一段的。在段页式存储管理中，其地址结构由段号、页号和页内地址三部分组成，如图4-29所示。

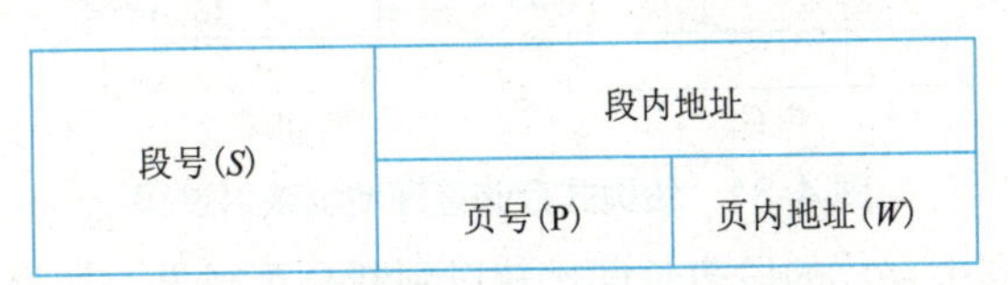

图 4-29　段页式存储管理的地址结构

2. 段页式存储管理实现所需的数据结构

为了实现段页式存储管理的机制，需要在系统中设置以下几个数据结构：

① 段表：记录每一段的页表起始地址和页表长度。

② 页表：记录每一个段所对应的逻辑页号与内存块号的对应关系，每一段有一个页表，而一个程序可能有多个页表。

③ 空闲内存页表：其结构同页式存储管理，因为空闲内存采用页式的存储管理。

④ 物理内存分配：同页式存储管理。

3. 段页式存储管理的地址转换

在段页式存储管理中，为了实现从逻辑地址到物理地址的变换，系统中需要同时配置段表和页表。由于允许将一个段中的页进行不连续分配，因而使段表的内容有所变化：它不再是段内起始地址和段长，而是页表起始地址和页表长度。图4-30所示为段页式存储管理的段表和页表。

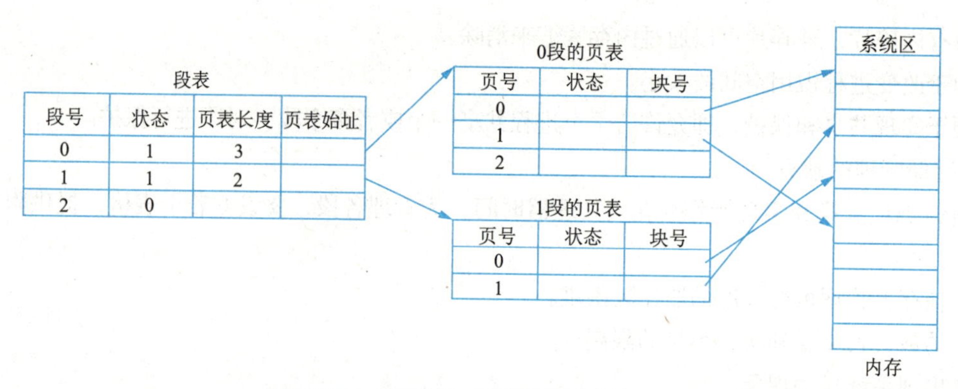

图 4-30　段页式存储管理的段表和页表

下面通过举例描述段页式存储管理的地址转换。例如，给定某个逻辑地址中，段号为2，段内地址为6015，若系统规定块大小为1 KB，则采用段页式管理，该逻辑地址表示：段号为2，段内页号为5，页内地址为895。其地址映射过程如图4-31所示。

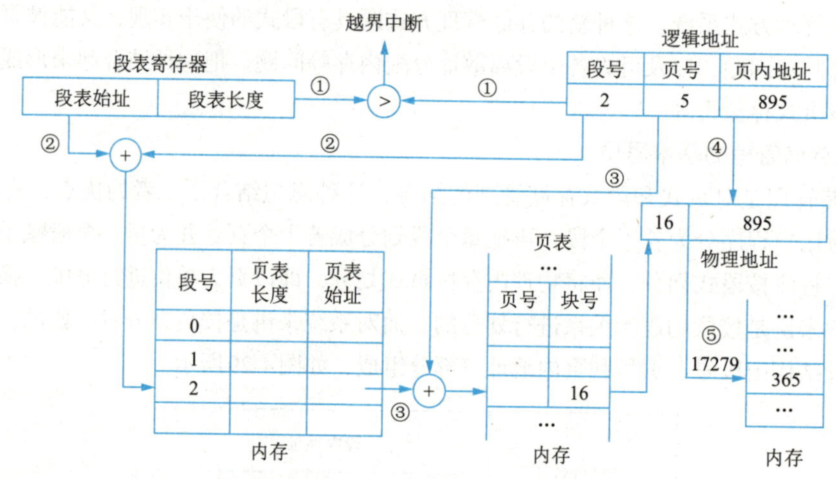

图 4-31　段页式存储管理地址映射过程

① 段号2与段表寄存器中存放的段表长度比较以判断是否越界，如果越界，则转错误中断处理，否则转②。

② 段表始地址+段号 × 段表长度，就得到属于该段的页表始地址和页表长度。

③ 页号与页表长度进行越界检查，页表始地址+页号 × 页表长度，就得到内存页表中记录的该页对应的物理块号16。

④ 16(块号) × 1024(块大小)+895(页内地址)=17279(一个物理地址号)。

⑤ 访问内存17279单元，得到需要的数据365。

采用段页式存储管理，从逻辑地址到物理地址的变换过程中要三次访问内存，一次是访问段表，一次是访问页表，再一次是访问内存物理地址。这就是说，当访问内存中的一条指令或数据时，至少要访问三次内存，这将使程序的执行速度大幅降低。为此，可以像在页存储管理中那样，使用联想存储器的方法来加快查表速度。

4．段页式存储管理的优缺点

段页式存储管理方案保留了段存储管理和页存储管理的全部优点，满足了用户和系统两方面的需求。这种性能提升是有代价的，增加了硬件成本、系统的复杂性和管理上的开销，程序碎片在每个段都存在，段表、段内页表等表格占用相对较大的内存空间，存在着系统发生抖动的危险。

但这些缺点对一个大型通用系统来说并不是主要的，可在相当程度上予以克服，能使这些缺点造成的影响减至最小。段页式存储管理技术对当前的大、中型计算机来说，是最通用、最灵活的一种方法。

4.4 虚拟存储管理

回忆一下前面所介绍的各种存储管理方案。固定分区和可变分区存储管理要求把作业一次全部装入一个连续的存储分区中；页式存储管理、段式存储管理和段页式存储管理也要求把作业一次全部装入，但是装入的存储块可以不连续。但无论如何，这些存储管理方案都要求把作业“一次全部装入”。

这就带来了一个很大的问题：如果有一个作业太大，以至于内存都容纳不下它，那么，这个作业就无法投入运行。多年来，人们总是受到小内存与大作业之间矛盾的困扰。在多道程序设计时，为了提高系统资源的利用率，要求在内存中存放多个作业程序，这个矛盾就显得更加突出。

出现上述情况的原因，都是由于内存容量不够大。一个显而易见的解决方法，是从物理上增加内存容量，但这往往会受到机器自身的限制，而且无疑要增加系统成本，因此这种方法受到一定限制。另一种方法是从逻辑上扩充内存容量，这正是虚拟存储技术所要解决的主要问题。

1. 虚拟存储器的引入

（1）提供虚拟存储器的必要性

现代操作系统为支持多用户、多任务的同时执行，需要大量的内存空间。特别是现在需要计算机解决的问题越来越多，越来越复杂，有些科学计算或数据处理的问题需要相当大的内存空间，使系统中内存容量显得更加紧张。由于内存容量与应用需求相比较，总是不能满足其日益增长的需求，人们不得不考虑如何解决内存不够用的问题。

计算机系统中存储信息的部件除了内存外还有容量比内存大的辅存。操作系统将内存和辅存统一管理起来，实现信息的自动移动和覆盖。操作系统可以将应用程序的地址空间的一部分放入内存，而其余部分放在辅存。当所访问的信息不在内存时，由操作系统负责调入所需要的部分。将应用程序的部分代码装入内存，就让它投入运行，这样做程序还能正确执行吗？

由于大多数程序执行时，在一段时间内仅使用它的程序编码的一部分，即并不需要在全部时间内将该程序的全部指令和数据都放在内存中，所以，程序的地址空间部分装入内存时，它还能正确地执行，此即为程序的局部性特征。例如以下几种情况：

① 程序通常有处理异常错误条件的代码。这些错误即使有也很少发生，所以这种代码几乎不执行。

② 程序的某些选项或特点可能很少使用。例如，某部门用于预算的子程序只是在特定的时候才使用。

③ 在按名字进行工资分类和按工作证号进行工资分类的程序中，由于这两者每次必定只选用一种，所以只装入其中一部分程序仍能正确执行。

由于人们注意到上面所说的这种事实，所以可以把程序当前执行所涉及的那部分代码放入内存中，而其余部分可根据需要再临时或稍许提前一段时间调入。

现代操作系统提供虚拟存储器的根本原因是方便用户使用和有效地支持多用户对内存的共享。操作系统将存储概念分为物理内存和逻辑内存两类，用户所看到的存储空间为逻辑内存，而信息真正存储在物理内存中。一方面，用户可以避免对繁杂的物理内存的了解；另一方面，操作系统可以实现动态的内存分配。

（2）虚拟存储器的定义

虚拟存储器将用户的逻辑内存与物理内存分开，这是现代计算机对虚拟存储器的实质性描述。更为一般的描述是：计算机系统在处理应用程序时，只装入部分程序代码和数据就启动其运行，由操作系统和硬件相配合完成内存和辅存之间信息的动态调度，这样的计算机系统好像为用户提供了一个其存储容量比实际内存大得多的存储器，称为虚拟存储器。之所以称为虚拟存储器，是因为这样的存储器实际上并不存在，只是由于系统提供了自动覆盖功能后，给用户造成了一种虚拟的感觉，仿佛有一个很大的内存供其使用一样。

虚拟存储器的核心问题是将程序的访问地址和内存的物理地址相分离。程序的访问地址称为虚地址，它可以访问的虚地址范围称为程序的虚地址空间。在指定的计算机系统中，可使用的物理地址范围称为计算机的实地址空间。虚地址空间可以比实地址空间大，也可以比实际内存小。在多用户运行环境下，操作系统将物理内存扩充成若干个虚拟存储器，系统可以为每个应用程序建立一个虚拟存储器。这样每个应用可以在自己的地址空间编制程序，在各自的虚拟存储器上运行。

引入虚拟存储器概念后，用户无须了解实存的物理特性，只需要在自己的虚拟存储器上编制程序，这给用户带来了极大的方便。系统负责内存空间的分配，将逻辑地址自动地转换成物理地址，这样，既消除了普通用户对内存分配细节、具体问题了解的困难，方便了用户，又能根据内存的情况和应用程序的实际需要进行动态分配，从而充分利用了内存。

实现虚拟存储技术需要有如下物质基础：相当容量的辅存，足以存放众多应用程序的地址空间；一定容量的内存；地址变换机构。那么，引入虚拟存储器概念后，应用程序的虚拟存储器是否可以无限大，它受什么制约呢？这一问题请读者思考。

2. 虚拟存储器的实现方法

在虚拟存储器中，允许将一个作业分多次调入内存。如果采用连续分配方式时，应将作业装入一个连续的内存区域。为此，须事先为它一次性地申请足够的内存空间，以便将整个作业先后分多次装入内存。这不仅会使相当一部分内存空间都处于暂时或“永久”的空闲状态，造成内存资源的严重浪费，而且也无法从逻辑上扩大内存容量。因此，虚拟存储器的实现，都毫无例外地建立在离散分配的存储管理方式的基础上。目前，所有的虚拟存储器都采用请求页式、请求段式和请求段页式中的其中之一实现的。本书着重讲解请求页式存储管理。

3. 请求页式存储管理

要实现请求页式存储管理，需要解决的三个问题：

① 如果不把一个作业全部装入内存，那么该作业能否开始运行并运行一段时间？

② 在作业运行了一段时间之后，必然要访问没有装入的页面，也就是说，要访问的虚页不在内存，系统怎么发现？

③ 如果系统已经发现某一个虚页不在内存中，就应该将其装入，怎么装入？

答案如下：

① 程序在运行期间，往往只使用全部地址空间的一部分。

② 根据程序局部性原理，程序员在写程序时总是满足结构化的思想，使得程序具有模块化的特点。

③ 使用缺页中断即可，而缺页中断属于程序中断。

（1）请求页式存储管理的基本思想

请求页式存储管理是基于页式存储管理的一种虚拟存储分区管理。它与页式存储管理相同的是：先把内存空间划分成尺寸相同、位置固定的块，然后按照内存块的大小，把作业的虚拟地址空间（就是以前的相对地址空间）划分成页（注意，这个划分过程对于用户是透明的）。由于页的尺寸与块一样，因此虚拟地址空间中的一页，可以装入到内存中的任何一块中。它与页式存储管理不同的是：作业全部进入辅助存储器，运行时，并不把整个作业程序一起都装入内存，而是只装入目前要用的若干页，其他页仍然保存在辅助存储器中。运行过程中，虚拟地址被转换成数对（页号，页内位移）。根据页号查页表时，如果该页已经在内存，就有具体块号对应，运行就能够进行下去；如果该页不在内存，就没有具体的块号与之对应，表明为“缺页”，运行就无法继续下去，此时，就要根据该页号将其从辅助存储器调入内存，以保证程序的运行。所谓“请求页式”，即是指当程序运行中需要某一页时，再将其从辅助存储器调入内存使用。

根据请求页式存储管理的基本思想可以看出，用户作业的虚拟地址空间可以很大，它不受内存尺寸的约束。例如，某计算机的内存储器容量为32 KB，系统将其划分成32个1 KB大小的块。该机的地址结构长度为2^{21}，即整个虚拟存储器最大可以有2 MB，是内存的64倍。图4-32（a）所示为虚拟地址的结构，从中可以看出，当每页为1 KB时，虚拟存储器最多可以有2 048页。这么大的虚拟空间当然无法整个装入内存。图4-32（b）所示为把虚拟地址空间放在辅助存储器中，运行时，只把少数几页装入内存块中。

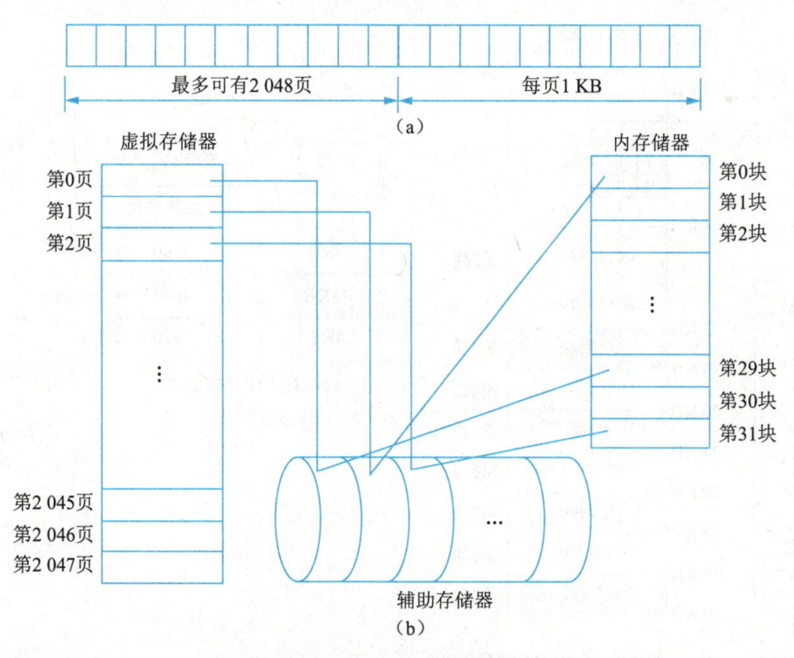

图 4-32　请求页式存储管理示意图

（2）缺页中断的处理

在请求页式存储管理中，是通过页表表目项中的“缺页中断位”来判断所需要的页是否在内存。这时的页表表项内容大致如下：

页号	块号	缺页中断位	辅存地址

① 页号：虚拟地址空间中的页号。

② 块号：该页所占用的内存块号。

③ 缺页中断位：该位为“1”，表示此页已在内存；为“0”，表示该页不在内存。当此位为0时，会发出“缺页”中断信号，以求得系统的处理。

④ 辅存地址：该页内容存放在辅助存储器的地址。缺页时，缺页中断处理程序就会根据它的指点，把所需要的页调入内存。

下面通过一个图例来说明请求页式存储管理的运作过程。该图例的基础如下：

① 内存容量为40 KB，被划分成10个存储块，每块4 KB，操作系统程序占用第0块，如图4-33（a）所示。

② 内存第1块为系统数据区，里面存放着操作系统运行时所需要的各种表格。

- 存储分块表：记录当前系统各块的使用状态，是已分配的，还是空闲的，如图4-33（b）所示。可以看出，目前内存中的第3、7、9块是空闲的，其余的都已经分配给各个作业使用。
- 作业表：记录着目前进入内存运行的作业的有关数据，例如作业的尺寸、作业的页表在内存的起始地址与长度等信息。由图4-33（c）可知，当前已经有三个作业进入内存运行，它们的页表各放在内存的4160、4600、4820处。作业1有2页，作业2有3页，作业3有1页。
- 各个作业的页表：每个页表表目简化为只含三项内容，即页号（P）、块号（B），以及缺页中断位（R），如图4-33（d）所示。其实还应该有该页在辅助存储器中的位置等信息。

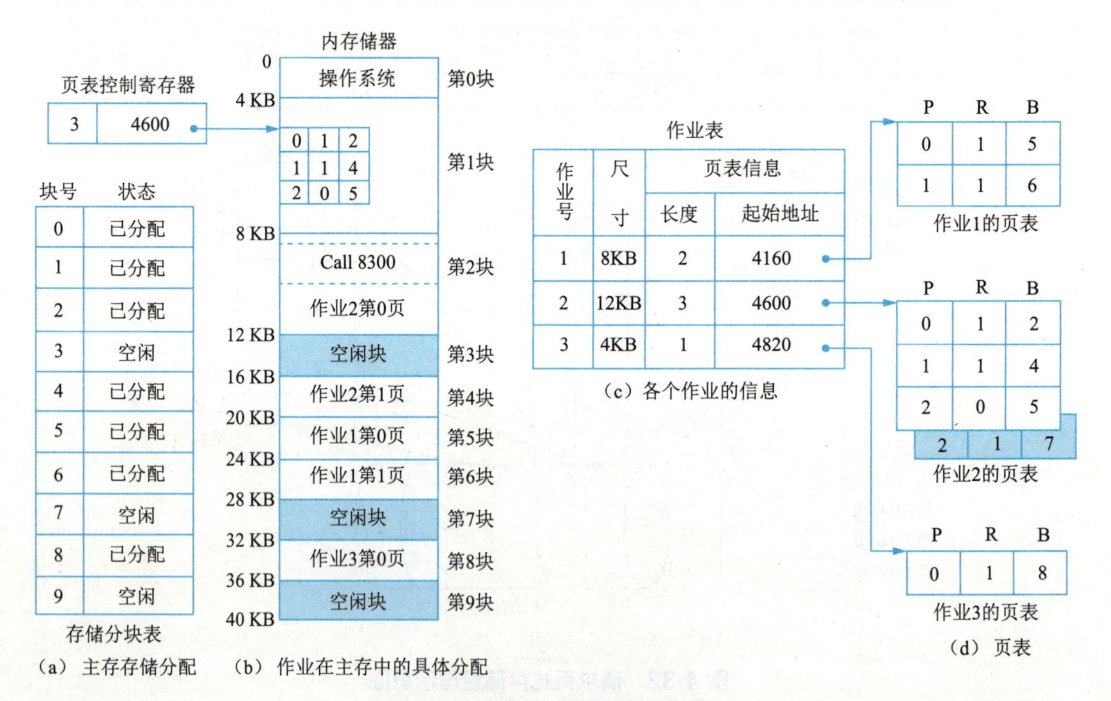

图4-33 请求页式存储管理的图例

在图4-33（a）中，画出了作业2的页表在系统数据区中的情形。其实，上面给出的作业表、存储分块表，以及各个作业的页表等都应该在这个区里面，现在把它们单独提出来，形成了图4-33（b）、图4-33（c）及图4-33（d）。另外要注意，系统数据区中的数据是操作系统专用的，用户不能随意访问。

这里的地址转换机构仅由页表组成，没有给出相联寄存器（块表）。系统设置了一个页表控制寄存器，在它的里面总是存放着当前运行作业页表的起始地址及长度，这些信息来自前面提及的作业表。由于现在它的里面放的是作业2的信息，因此可以看出，当前系统正在运行作业2。

当操作系统决定把CPU分配给作业2使用时，就从作业表中把作业2的页表起始地址(4600)和长度(3)装入页表控制寄存器中（这种装入操作是由特权指令来完成的），于是开始运行作业2。当执行到作业2第0块中的指令“call 8300”时，系统先把它里面的虚拟地址8300转换成数对(2,108)，即

页号=8300/4096=2

页内位移=8300%4096=108

按照页表控制寄存器的记录，页号2小于寄存器中的长度3，表明虚拟地址8300没有越出作业2所在的虚拟地址空间，因此允许用页号2去查作业2的页表。要注意的是，现在作业2的第2页并不在内存，因为它所对应的页表表目中的R位（即缺页中断位）等于0，于是引起“缺页中断”。这时，系统一方面通过查存储分块表，得到目前内存中第3、7、9块是空闲的。假定现在把第7块分配给作业2的第2页使用，于是把作业2页表的第3个表目中的R改为1，B改为7，如图4-33（d）中作业2页表第3表项底衬所示。另一方面，根据页表中的记录，获得该页在辅存的位置（注意，图4-33中的页表没有给出这个信息），并把作业2的第2页调入内存的第7块；再有，系统应该把存储分块表中对应第7块的表目状态由“空闲”改为“已分配”。做完这些事情后，系统结束缺页中断处理，返回到指令“call 8300”处重新执行。这时，虚拟地址8300 B仍被转换成数对(2,108)。

根据页号2去查作业2页表的第3个表目。这时该表目中的R=1，表示该页在内存，且放在了内存的第7块中。这样，用第7块的起始地址28 KB加页内位移108，形成了虚拟地址8300 B对应的绝对地址。所以真正应该执行的指令是call(28 KB+108)。

在页表表项中，如果某项的R位是0，那么它的B位记录的内容是无效的。例如，作业2页表中第2页中，由于它的R原来为0，因此B中的信息“5”是无效的，并不表明现在第2页放在第5块中，它可能是以前留下的痕迹。

（3）缺页中断的处理过程

图4-34用数字标出了缺页中断的处理过程。

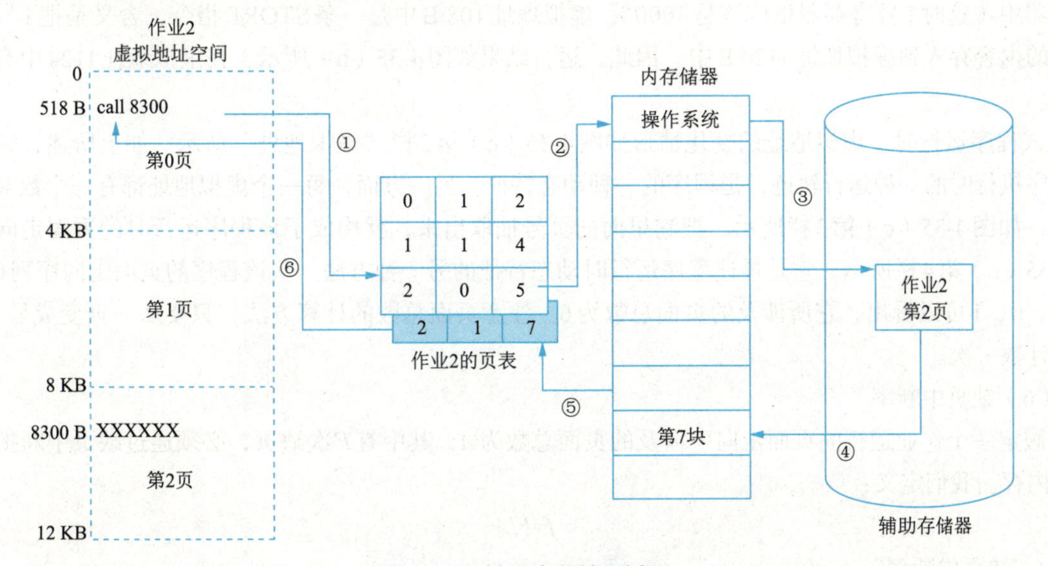

图 4-34 缺页中断处理过程

① 根据当前执行指令中的虚拟地址，形成数对（页号，页内位移）。用页号去查页表，判断该页是否在内存储器中。

② 若该页的R位（缺页中断位）为“0”，表示当前该页不在内存，于是产生缺页中断，让操作系统的中断处理程序进行中断处理。

③ 中断处理程序去查存储分块表，寻找一个空闲的内存块；查页表，得到该页在辅助存储器上的位置，并启动磁盘读信息。

④ 把从磁盘上读出的信息装入分配的内存块中。

⑤ 根据分配存储块的信息，修改页表中相应的表目内容，即将表目中的R位设置成“1”，表示该页已在内存中，在B位填入所分配的块号。另外，还要修改存储分块表中相应表目的状态。

⑥ 由于产生缺页中断的那条指令并没有执行，所以在完成所需页面的装入工作后，应该返回原指令重新执行。这时再执行时，由于所需页面已在内存，因此可以顺利执行下去。

（4）缺页中断与一般中断的区别

由上面的讲述可以看出，缺页中断与一般中断的区别如下。

① 缺页中断是在执行一条指令中间时产生的中断，并立即转去处理。而一般中断则是在一条指令执行完毕后，当发现有中断请求时才去响应和处理。

② 缺页中断处理完成后，仍返回到原指令去重新执行，因为那条指令并未执行。而一般中断则是返回到下一条指令去执行，因为上一条指令已经执行完毕。

（5）作业运行时的页面走向

作业运行时，程序中涉及的虚拟地址随时在发生变化，它是程序的执行轨迹，是程序的一种动态特征。由于每一个虚拟地址都与一个数对（页号，页内位移）相对应，因此这种动态特征也可以用程序执行时页号的变化来描述。通常，称一个程序执行过程中页号的变化序列为“页面走向”。

例如，图4-35（a）给出一个用户作业的虚拟地址空间，其有三条指令。虚拟地址100 B中是一条LOAD指令，含义是把虚拟地址1120 B中的数2000送入1号寄存器；虚拟地址104 B中是一条ADD指令，含义是把虚拟地址2410 B中的数1000与1号寄存器中当前的内容（即2000）相加，结果放在1号寄存器中（这时1号寄存器里应该是3000）；虚拟地址108 B中是一条STORE指令，含义是把1号寄存器中的内容存入到虚拟地址1124 B中。因此，运行结果如图4-35（b）所示，在虚拟地址1124中有结果3000。

该程序运行时，虚拟地址的变化情形如图4-35（c）第2栏“虚拟地址”所示。如上所述，它代表了程序执行时的一种运行轨迹，是程序的一种动态特征。另一方面，每一个虚拟地址都有一个数对与之对应，如图4-35（c）第3栏所示。把它里面的页号抽取出来，就构成了该程序运行时的页面走向，如图4-35（c）第4栏所示。它是描述程序运行时动态特征的另一种方法。从该程序的页面走向序列0、1、0、2、0、1可以看出，它所涉及的页面总数为6。注意页面总数的计算方法，只要从一页变成另一页，就要计数一次。

（6）缺页中断率

假定一个作业运行的页面走向中涉及的页面总数为A，其中有F次缺页，必须通过缺页中断把它们调入内存。我们定义：

$$f=F/A$$

称f为“缺页中断率”。

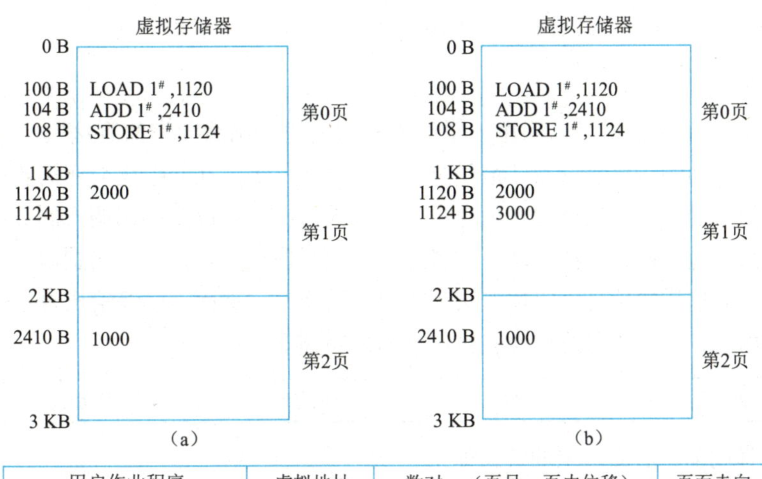

用户作业程序	虚拟地址	数对：（页号，页内位移）	页面走向
100 LOAD 1#,1120	100	(0,100)	0
	1120	(1,96)	1
104 ADD 1#,2410	104	(0,104)	0
	2410	(2,354)	2
108 STORE 1#,1124	108	(0,108)	0
	1124	(1,100)	1

（c）

图 4-35　程序运行时的页面走向

显然，缺页中断率与缺页中断的次数有密切的关系。分析起来，影响缺页中断次数的因素有以下几种：

① 分配给作业的内存块数：由于分配给作业的内存块数多，因此同时能够装入内存的作业页面就多，缺页的可能性下降，发生缺页中断的可能性也就下降。

② 页面尺寸：页面尺寸是与块尺寸相同的，因此块大页也就大。页面增大了，在每个内存块中的信息相应增加，缺页的可能性下降。反之，页面尺寸减小，每个块中的信息减少，缺页的可能性上升。

③ 程序的实现：作业程序的编写方法，对缺页中断产生的次数也会有影响。

（7）页面淘汰算法

发生缺页时，需要从辅存上把所需要的页面调入内存。如果当时内存中有空闲块，就解决了页面的调入问题；如果当时内存中已经没有空闲块可供分配使用，就必须在内存中选择一页，然后将其调出内存，以便为即将调入的页面让出块空间。这就是“页面淘汰”问题。

页面淘汰首先要研究的是选择谁作为被淘汰的对象。虽然可以简单地随机选择一个内存中的页面淘汰出去，但显然选择将来不常使用的页面出去，可能会使系统的性能更好一些。因为如果淘汰一个经常要使用的页面，那么很快由于又要用到它，需要将其再一次调入，从而增加了系统在处理缺页中断与页面调出/调入上的开销。人们总是希望缺页中断少发生一些，如果出现这种情形，一个刚被淘汰（从内存调出到辅存）出去的页，时隔不久因为又要访问它，又将其从辅存调入。调入后不久再一次被淘汰，再访问，再调入。如此频繁地反复进行，使得整个系统一直陷于页面的调入、调出，以致大部分CPU时间都用于处理缺页中断和页面淘汰上，很少能顾及用户作业的实际计算。这种现象被称为“抖动”或者“颠簸”。很明显，抖动使得整个系统效率低下，甚至趋于崩溃，是应该极力避免和排除的。

【提示】页面淘汰是由缺页中断引起的，但缺页中断不见得一定引起页面淘汰。只有当内存中没有空闲块时，缺页中断才会引起页面淘汰。

选择淘汰对象有很多种方略可以采用，常见的有“先进先出页面淘汰算法”、“最久未使用页面淘汰算法”、“最少使用页面淘汰算法”及“最优页面淘汰算法”等。在介绍之前还需要说明的是，在内存里选中了一个淘汰的页面，如果该页面在内存中未被修改过，就可以直接用调入的页面将其覆盖；如果该页面在内存中被修改过，就必须把它回写到磁盘，以便更新该页在辅存上的副本。一个页面的内容在内存时是否被修改过，这样的信息可以通过页表表目反映出来。前面，已经给出过在请求页式存储管理中页表表目的简单构成，更加实用的页表表目包含的内容如下：

页号	块号	缺页中断位	辅存地址	引用位	改变位

前面四项的解释同前，后面两项的含义如下：

- 引用位：在系统规定的时间间隔内，该页是否被引用过的标志（该位在页面淘汰算法中将会用到）。
- 改变位：该位为“0”时，表示此页面在内存时数据未被修改过；为“1”时，表示被修改过。当此页面被选中为淘汰对象时，根据此位的取值来确定是否要将该页的内容进行磁盘回写操作。

① 先进先出页面淘汰算法：先进先出（FIFO）是人们最容易想到的页面淘汰算法。其做法是当要进行页面淘汰时，总是把最早进入内存的页面作为淘汰的对象。例如，给出一个作业运行时的页面走向为1、2、3、4、1、2、5、1、2、3、4、5。这就是说，该作业运行时，先要用到第1页，再用到第2页、第3页和第4页等。页面走向中涉及的页面总数为12，假定只分配给该作业3个内存块使用，开始时作业程序全部在辅存，三个内存块都为空。运行后，通过3次缺页中断，把第1、第2、第3三个页面分别从辅存调入内存块中，当页面走向到达4时，用到第4页。由于三个内存块中没有第4页，因此仍然需要通过缺页中断将其调入。但供该作业使用的三个内存块已经全部分配完毕，必须进行页面淘汰才能够腾空一个内存块，然后让所需的第4页进来。可以看出，前面三个缺页中断没有引起页面淘汰，现在这个缺页中断引起了页面淘汰。根据FIFO的淘汰原则，显然应该把第一个进来的第1页淘汰出去。紧接着又用到第1页，它不在内存的三个块中，于是不得不把这一时刻为最先进来的第2页淘汰出去，等等。图4-36（a）描述了整个进展过程。

在图中，最上面出示的是页面走向，每一个页号下面对应着的三个方框以及里面的数字，表示那一时刻三个内存块中当时存放的页面号。要注意的是，如果把某页填入一个方框，就理解为它只能在那一个方框里存在，直到被淘汰，如图4-36（b）所示（一个局部图），那么被淘汰页面在图中出现的位置就是不确定的，让人不易理解。为了清楚和能够更好地说明问题，图4-36（a）中的做法是让每列中的页号按淘汰算法的淘汰顺序由下往上排列，排在最下面的是下一次的淘汰对象，排在最上面的是最后才会被淘汰的对象。

由于现在实行的是FIFO页面淘汰算法，因此排在最上面的页号是刚刚调入内存的页面号，排在最下面的是进入内存最早的页面号，它正是下一次页面淘汰的对象，在图中用圆圈把它圈起来，起到醒目提示的作用。图4-36（a）的最下面还有一方框行，记录了根据页面走向往前迈进时，每个所调用的页面在当时的内存块中是能够找到的，还是要通过缺页中断调入。如果必须通过缺页中断调入，就在相应的方框里打钩，以便最后能计算出相对于这个页面走向，总共发生多少次缺页中断。例如，对于所给的页面走向，涉及的页面总数为12，通过缺页中断调入页面的次数是9（因为“缺页计数”栏中有九个钩），因此它的缺页中断率f=9/12=75%。

（a）先进先出页面淘汰算法

（b）先进先出页面淘汰算法局部图

图4-36 先进先出页面淘汰算法和局部图

FIFO页面淘汰算法的着眼点是，认为随着时间的推移，在内存中待得最长的页面，被访问的可能性最小。在实际中，就有可能把经常要访问的页面淘汰出去。为了尽量避免出现这种情形，提出了对它的改进：“第二次机会页面淘汰算法”。这种算法的基础是先进先出。它把进入内存的页面按照进入的先后次序组织成一个链表。在选择淘汰对象时，总是把链表的第1个页面作为要淘汰的对象，并检查该页面的“引用位（R）”。

如果它的R位为“0”，表示从上一次页面淘汰以来，到现在没有被引用过，可以立即把它淘汰；如果它的R位为“1”，表示从上一次页面淘汰以来，它被引用过，因此暂时不淘汰，再给它一次机会。于是将它的R位修改为“0”，然后排到链表的最后，并继续在链表上搜索符合条件的淘汰对象。图4-37所示为第二次机会页面淘汰算法示意图。假定现在要进行页面淘汰，页面链表的排队情形如图4-37（a）所示，排在第1个的页面A当前的R位为“1”，因此把它的R位修改成“0”，并排到链表的最后。至于到底谁是淘汰的对象，继续从页面B往下搜索才能确定。

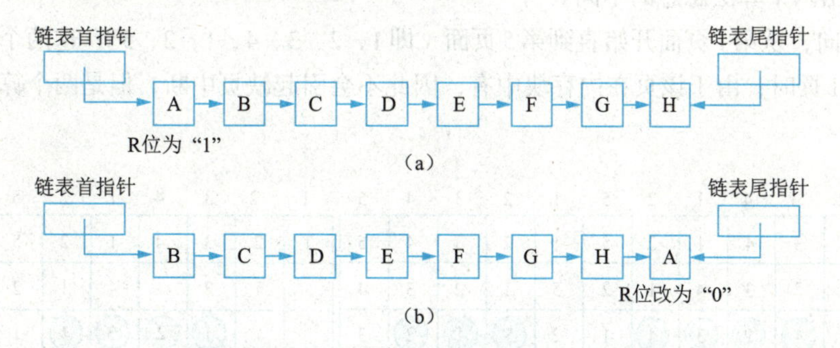

图4-37 第二次机会页面淘汰算法示意图

第二次机会页面淘汰算法所做的是在页面链表上寻找一个从上一次淘汰以来没有被访问过的页面。如果所有的页面都访问过，那么这个算法就成为纯粹的先进先出页面淘汰算法。极端地说，假如图4-37（a）中所有的页面的R位都是“1”，那么该算法就会一个接一个地把每一个页面移到链表的最后，并且把它的R位修改成“0”，于是最后又会回到页面A。此时它的R位已经是“0”，因此被淘汰出去。所以，这个算法总是能够结束的。

第二次机会页面淘汰算法把在内存中的页面组织成一个链表来管理，页面要在链表中经常移动，从而影响系统的效率。可以把这些页面组织成循环链表的形式，如图4-38所示。循环链表类似于时钟，用一个指针指向当前最先进入内存的页面。当发生缺页中断并要求页面淘汰时，首先检查指针指向的页面的R位。如果它的R位为“0”，则就把它淘汰，让新的页面进入它原来占用的内存块，并把指针按顺时针方向向前移动一个位置；如果它的R位为“1”，则将其R位清为“0”，然后把指针按顺时针方向向前移动一个位置，去重复这一过程，直到找到一个R位为“0”的页面为止。它实际上是第二次机会页面淘汰算法的变形，有时称为“时钟页面淘汰算法”。

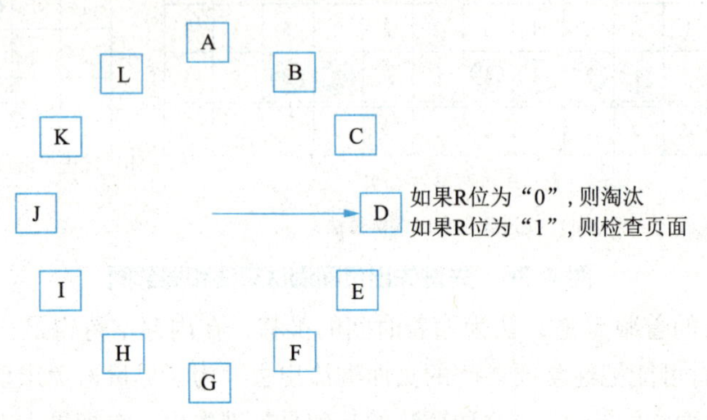

图4-38　时钟页面淘汰算法

② 最近最久未用页面淘汰算法：最近最久未用（LRU）页面淘汰算法的着眼点是在要进行页面淘汰时，检查这些淘汰对象的被访问时间，总是把最长时间未被访问过的页面淘汰出去。这是一种基于程序局部性原理的淘汰算法。也就是说，该算法认为如果一个页面刚被访问过，那么不久的将来被访问的可能性就大；否则被访问的可能性就小。

仍以前面FIFO中涉及的页面走向1、2、3、4、1、2、5、1、2、3、4、5为例，来看当对它实行LRU页面淘汰算法时，缺页中断率是多少。

一切约定如前所述，图4-39（a）是LRU的运行过程，图4-39（b）是图4-36（a）的局部。对照着看它们，以比较出两个算法思想的不同。

按照页面走向，从第1页面开始直到第5页面（即1、2、3、4、1、2、5），这两个图表现的是一样的。当又进到第1页时，由于该页在内存块中有，因此不会引起缺页中断，但是两个算法的处理就不相同了。

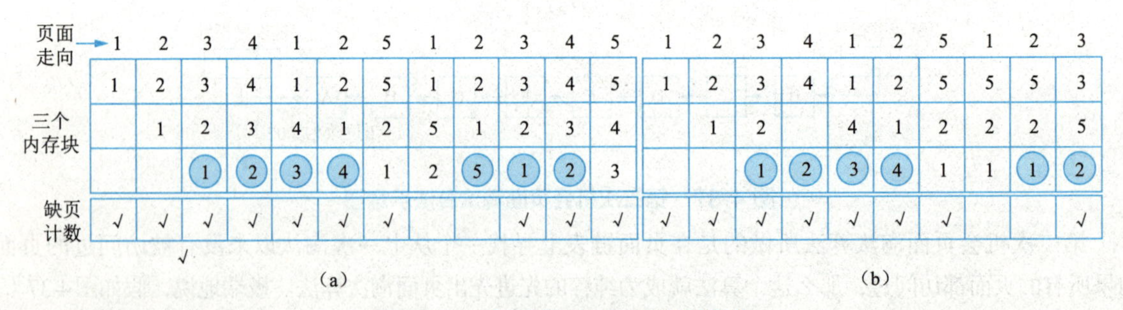

图4-39　最近最久未用页面淘汰算法

对于FIFO，关心的是这三页进入内存的先后次序。对第1页的访问不会改变内存中第1、2、5三页进入内存的先后次序，因此它们之间的关系仍然保持前一列的关系，如图4-39（b）所示。对于LRU，关心的是这三页被访问的时间。对第1页的访问，表明它是当前刚被访问过的页面，其次访问的是页面5，最早访问的是页面2。因此按照LRU的原则，它们在图4-39（a）中的排列顺序应该加以调整才对。即第1页应该在最上面，第5页应该在中间，第2页应该在最下面。

如果再进到页面2，仍然不发生缺页中断，对于FIFO，不用调整在内存中三页的先后次序；对于LRU，则又要调整这三页的排列次序。

正是因为如此，当进到第3页、而第3页又不在内存时，不仅发生缺页中断，而且引起页面淘汰。在FIFO中，淘汰的对象是第1页；在LRU中，淘汰的对象则是第5页，后面的处理过程与此类似。由于图4-39（a）中对缺页的计数是10，故它的缺页中断率是f=10/12=83%。

可以看出，对于同样一个页面走向，实行FIFO页面淘汰算法要比LRU好。

③ 最近最少用页面淘汰算法：最近最少用（LFU）页面淘汰算法的着眼点是考虑内存块中页面的使用频率，它认为在一段时间里使用得最多的页面，将来用到的可能性就大。因此，当要进行页面淘汰时，总是把当前使用得最少的页面淘汰出去。

要实现LFU页面淘汰算法，应该为每个内存中的页面设置一个计数器。对某个页面访问一次，它的计数器就加1。经过一个时间间隔，把所有计数器都清0。产生缺页中断时，比较每个页面计数器的值，把计数器取值最小的那个页面淘汰出去。

④ 最优页面淘汰算法：如果已知一个作业的页面走向，要进行页面淘汰时，应该把以后不再使用的或在最长时间内不会用到的页面淘汰出去，这样所引起的缺页中断次数肯定最小，这就是所谓的“最优（OPT）页面淘汰算法”。

例如，作业A的页面走向为2、7、4、3、6、2、4、3、4……分给它四个内存块使用。运行一段时间后，页面2、7、4、3分别通过缺页中断进入分配给它使用的四个内存块。当访问页面6时，四个内存块已无空闲的可以分配，于是要进行页面淘汰。按照FIFO或LRU等算法，应该淘汰第2页，因为它最早进入内存，或最长时间没有调用到。但是，稍加分析可以看出，应该淘汰第7页，因为在页面走向给出的可见的将来，根本没有再访问它。所以，OPT肯定要比别的淘汰算法产生的缺页中断次数少。

遗憾的是，OPT的前提是要已知作业运行时的页面走向，这是根本不可能做到的，所以OPT页面淘汰算法没有实用价值，它只能用来作为一个标杆（或尺度），与别的淘汰算法进行比较。如果在相同页面走向的前提下，某个淘汰算法产生的缺页中断次数与它接近，就认为这个淘汰算法不错，否则就属较差。

前面提及，有若干因素会影响缺页中断的发生次数。因素之一是“分配给作业的内存块数”，并且“分配给作业的内存块数增多，发生缺页中断的可能性就下降”。这个结论对于FIFO页面淘汰算法来说，有时却会出现异常。也就是说，对于FIFO页面淘汰算法，有时增加分配给作业的可用内存块数，它的缺页次数反而上升，通常称为“异常现象”。

仍以前面涉及的页面走向1、2、3、4、1、2、5、1、2、3、4、5为例，实行FIFO页面淘汰算法，不同的是分配给该作业四个内存块使用。图4-40所示为运行的情形。可以看出，这时的“缺页计数”值为10，因此缺页中断率f=10/12=83%。

页面走向→	1	2	3	4	1	2	5	1	2	3	4	5
四个内存块	1	2	3	4	4	4	5	1	2	3	4	5
		1	2	3	3	3	4	5	1	2	3	4
			1	2	2	2	3	4	5	1	2	3
				1	1	1	2	3	4	5	1	2
缺页计数	√	√	√	√			√	√	√	√	√	√

图 4-40　增加内存后的情形

回忆一下前面，那时分给作业三个内存块使用，缺页中断率f是75%，现在分配给它四个内存块，缺页中断率f却上升成了83%，这就是所谓的“异常现象”。要强调的是，对于FIFO页面淘汰算法来说，并不总会产生异常现象，它只是一个偶然，并且与具体的页面走向有关。图4-41所示为基于此页面走向时，分配给该作业的内存块数（横坐标）与所产生的缺页中断次数（纵坐标）之间的关系。

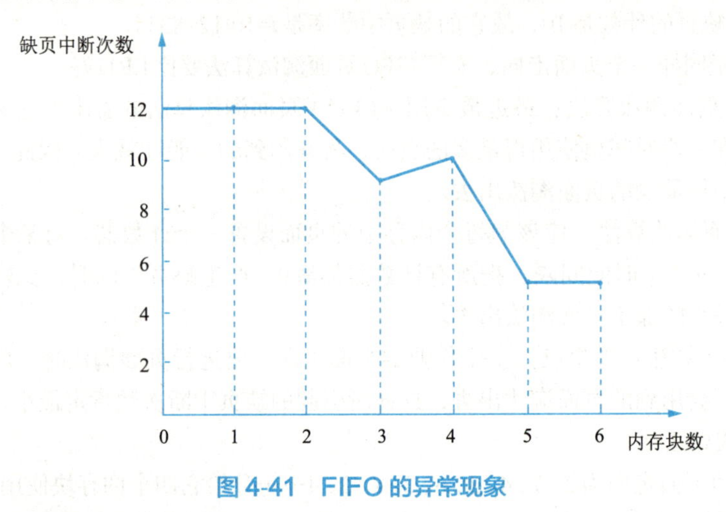

图4-41 FIFO的异常现象

（8）请求页式存储管理的性能分析

请求页存储管理保留了页存储管理的全部优点，特别是它较好地解决了碎片的问题。此外，还有以下优点：

① 提供了大容量的虚拟存储器，作业地址空间不再受内存容量的限制。

② 更有效地利用了内存，一个作业的地址空间不必全部都装入内存，只装入其必要部分，其他部分根据请求装入，或者根本就不装入（如错误处理程序等）。

③ 更加有利于多道程序的运行，从而提高了系统效率。

④ 虚拟存储器的使用对用户是透明的，方便了用户。

但请求页还存在以下缺点：

① 为处理缺页中断，增加了处理器时间的开销，即请求页系统是用时间的代价换取空间的扩大。

② 可能因作业地址空间过大或多道程序道数过多以及其他原因而造成系统抖动。

③ 为防止系统抖动所采取的各种措施会增加系统的复杂性。

总的来说，请求页式存储管理实现了虚拟存储器，因而可以容纳更大或更多的进程，提高了系统的整体性能。但是，空间性能的提升是以牺牲时间性能为代价的，过度扩展有可能产生抖动，应权衡考虑。一般来说，外存交换空间为实际内存空间的1～2倍比较合适。

小　结

•拓展阅读

数字转型

本章介绍了各种常用的内存管理方法，主要包括物理内存管理和虚拟内存管理。其核心问题是如何解决内存和外存的统一，以及它们之间的数据交换问题。内存和外存的统一管理使得内存的利用率得到提高，用户程序不再受内存可用区大小的限制。与此相关联，内存管理要解决内存扩充、内存的分配与释放、虚拟地址到内存物理地址的变换、内存保护与共享、内外存之间数据交换的控制等问题。

连续分配是指为一个用户程序分配连续的内存空间。

① 单一连续存储管理：内存被分为系统区和用户区两个区域。应用程序装入用户区，可使用用户区全部空间。特点：最简单，适用于单用户、单任务的操作系统。优点：易于管理。不足之处，对要求内存空间少的程序，造成内存浪费；程序全部装入，使得很少使用的程序部分也占用一定数量的内存。

② 分区式存储管理：为支持多道程序系统和分时系统，支持多个程序并发执行，把内存分为大小相等或不等的分区，操作系统占用其中一个，其余的分区由应用程序使用，可支持并发，但难以进行内存分区的共享。引出新的问题：内碎片和外碎片。其常采用的一项技术就是内存紧缩（compaction）。

- 固定分区：把内存划分为若干个固定大小的连续分区，分区大小可相等也可不等。优点：易于实现，开销小。缺点主要有两个：内碎片造成浪费；分区总数固定，限制了并发执行的程序数目。
- 可变分区：动态创建分区。与固定分区相比较其优点是：没有内碎片。但引入了另一种碎片——外碎片。动态分区的分区释放过程中有一个要注意的问题是，将相邻的空闲分区合并成一个大的空闲分区。

离散分配是基于进程一次性全部进入内存空间为基础提出的分配模式，所占空间为物理内存。

① 页式存储管理：将程序的逻辑地址空间划分为固定大小的块，而物理内存划分为同样大小的页。程序加载时，可将任意一块放入内存中任意一页，这些页不必连续，从而实现离散分配。该方法需要CPU的硬件支持，来实现逻辑地址和物理地址之间的映射。其地址结构由页号和页内地址两部分构成。优点：没有外碎片；一个程序不必连续存放；便于改变程序占用空间的大小。缺点：程序全部装入内存，没有足够的内存，程序就不能执行。

② 段式存储管理：将程序的地址空间划分为若干个段，每个进程有一个二维的地址空间。系统为每个段分配一个连续的分区，而进程中的各个段可以不连续地存放在内存的不同分区中。程序加载时，操作系统为所有段分配其所需内存，这些段不必连续，物理内存的管理采用动态分区的管理方法。段式存储管理也需要硬件支持，实现逻辑地址到物理地址的映射。程序通过分段划分为多个模块，如代码段、数据段、共享段：可以分别编写和编译；可以针对不同类型的段采取不同的保护；可以按段为单位来进行共享。优点：可分别编写和编译源程序的一个文件，针对不同的段采取不同的保护，也可以段为单位进行共享；没有内碎片，外碎片可以通过内存紧缩来消除；便于实现内存共享。缺点：与页式存储管理的缺点相同，进程必须全部装入内存。

③ 段页式存储管理：段式和页式的结合，进程分段的基础上再次分页，内存空间按照页式管理进行。

- 虚拟内存：计算机中所有运行的程序都需要经过内存来执行，如果执行的程序很大或很多，就会导致内存消耗殆尽。为了解决这个问题，Windows运用了虚拟内存技术，即拿出一部分硬盘空间来充当内存使用，这部分空间即称为虚拟内存。
- 请求页式存储管理：当需要执行某条指令而发现它不在内存时或当某条指令需要访问其他的数据或指令时，这些指令和数据不在内存，从而发生缺页中断，系统将外存中相应的页面调入内存。优点：按需访问，只有被访问的页面的才会进入内存，节省了内存空间。缺点：处理缺页中断次数过多和调页的系统开销较大。

操作系统的存储管理功能与硬件存储器的组织结构和支撑设施密切相关，操作系统设计者应根据硬件情况和用户需要，采用各种有效的存储资源分配策略和保护措施。

思考与练习

一、单项选择题

1.【名校考研真题】在程序运行前，先将一个程序的所有模块以及所需的库函数连接成一个完整的装配模块，这种链接方式称为（　　）。

A. 静态链接　　B. 装入时动态链接　　C. 可重定位链接　　D. 运行时动态链接

2.【名校考研真题】关于程序连接，下列说法正确的是（　　）。

A. 根据目标模块大小和连接次序对相对地址进行修改

B. 根据装入位置把目标模块中的相对地址转换为绝对地址

C. 把每个目标模块中的相对地址转换为外部调用符号

D. 采用静态连接方式更有利于目标模块的共享

3.【名校考研真题】在多道程序环境中，用户程序的相对地址与装入内存后的实际物理地址不同，把相对地址转换为物理地址，这是OS的（　　）功能。

A. 进程调度　　B. 设备管理　　C. 地址重定位　　D. 资源管理

4.【名校考研真题】对换技术的主要作用是（　　）。

A. 将内存碎片合并为大的空闲空间　　B. 提高内存利用率

C. 减少查找空闲分区的时间　　D. 提高外围设备利用率

5.【全国统考真题】分区分配内存管理方式的主要保护措施是（　　）。

A. 界地址保护　　B. 程序代码保护　　C. 数据保护　　D. 栈保护

6.【名校考研真题】分区管理要求对每个作业都分配（　　）的内存单元。

A. 地址连续　　B. 若干地址不连续　　C. 若干连续的帧　　D. 若干不连续的帧

7.【全国统考真题】某基于动态分区存储管理的计算机，其内存容量为55 MB（初始为空闲），采用最佳适应算法，分配和释放的顺序为：分配15 MB，分配30 MB，释放15 MB，分配8 MB，分配6 MB。此时，内存中的最大空闲分区的大小是（　　）。

A. 7 MB　　B. 9 MB　　C. 10 MB　　D. 15 MB

8.【名校考研真题】在可变分区分配方案中，当某一作业完成、系统回收其内存空间时，回收分区可能存在与相邻空闲分区合并的情况，为此须修改空闲分区表。其中，造成空闲分区数减1的情况是（　　）。

A. 既无上邻空闲分区，又无下邻空闲分区

B. 虽无上邻空闲分区，但有下邻空闲分区

C. 虽有上邻空闲分区，但无下邻空闲分区

D. 既有上邻空闲分区，又有下邻空闲分区

9.【名校考研真题】可重定位内存的分区分配目的是（　　）。

A. 解决碎片问题　　B. 便于多作业共享内存

C. 便于用户干预　　D. 便于回收空白分区

10.【名校考研真题】采用分页存储管理方式进行存储分配时产生的存储碎片，称为（　　）。

A. 外部碎片　　B. 内部碎片

C. 外部碎片或内部碎片　　D. A、B、C都正确

11.【名校考研真题】在分页存储管理系统中，页表内容如下表所示（均从0开始编号）。

页　号	块　号	页　号	块　号
0	2	3	3
1	1	4	7
2	6	—	—

若页面大小为4 KB，则地址转换机构将逻辑地址0转换成物理地址为（　　）。

A. 8192　　B. 4096　　C. 2048　　D. 1024

12.【全国统考真题】下列选项中，属于多级页表的优点的是（　　）。

A. 加快地址转换速度　　B. 减少缺页中断次数

C. 减少页表项所占字节数　　D. 减小页表所占的连续内存空间

13.【名校考研真题】在分段管理中，（　　）。

A. 以段为单位进行分配，每个段都是一个连续存储区

B. 段与段之间必定不连续

C. 段与段之间必定连续

D. 每个段都是等长的

14.【全国统考真题】某进程的段表内容见下表。

段　号	段　长	内存起始地址	权　限	状　态
0	100	6000	只读	在内存
1	200	—	读/写	不在内存
2	300	4000	读/写	在内存

当访问段号为2、段内地址为400的逻辑地址时，地址转换的结果是（　　）。

A. 段缺失异常　　B. 得到内存地址4400

C. 越权异常　　D. 越界异常

15.【名校考研真题】采用（　　）不会产生内部碎片。

A. 分页存储管理　　B. 分段存储管理

C. 随机存储管理　　D. 段页式存储管理

16.【名校考研真题】在内存管理中，内存利用率高且保护和共享容易的是（　　）方式。

A. 分区存储管理　　B. 分页存储管理　　C. 分段存储管理　　D. 段页式存储管理

17. 实现虚拟存储器的目的是（　　）。

A. 扩充物理内存　　B. 逻辑上扩充内存　　C. 逻辑上扩充外存　　D. 都不对

18. 下列关于虚拟存储器的论述中，正确的是（　　）。

A. 作业在运行前，必须全部装入内存，且在运行过程中必须一直驻留内存

B. 作业在运行前，不必全部装入内存，且在运行过程中也不必一直驻留内存

C. 作业在运行前，不必全部装入内存，但在运行过程中必须一直驻留内存

D. 作业在运行前，必须全部装入内存，但在运行过程中不必一直驻留内存

19.【全国统考真题】下列关于虚拟存储的叙述中，正确的是（　　）。

A. 虚拟存储只能基于连续分配技术　　B. 虚拟存储只能基于离散分配技术
C. 虚拟存储容量只受外存容量的限制　　D. 虚拟存储容量只受内存容量的限制

20.【全国统考真题】在虚拟内存管理中，地址转换机构可将逻辑地址转换为物理地址。形成该逻辑地址的阶段称为（　　）。

A. 编辑　　B. 编译　　C. 连接　　D. 装载

21.【名校考研真题】在请求分页存储管理中，若所需页面不在内存中，则会引起（　　）。

A. I/O中断　　B. 缺段中断　　C. 越界中断　　D. 页故障

22.【全国统考真题】在缺页处理过程中，OS执行的操作可能是（　　）。

Ⅰ. 修改页表　　Ⅱ. 磁盘I/O　　Ⅲ. 分配页框

A. 仅Ⅰ、Ⅱ　　B. 仅Ⅱ　　C. 仅Ⅲ　　D. Ⅰ、Ⅱ、Ⅲ

23.（全国统考真题）当系统发生抖动时，可以采取的有效措施是（　　）。

Ⅰ. 撤销部分进程　　Ⅱ. 自己磁盘交换区的容量　　Ⅲ.提高用户进程的优先级

A. 仅Ⅰ　　B. 仅Ⅱ　　C. 仅Ⅲ　　D. 仅Ⅰ、Ⅱ

24.【全国统考真题】下列关于缺页处理的叙述中，错误的是（　　）。

A. 缺页是在地址转换时由CPU检测到的一种异常
B. 缺页处理是由OS提供的缺页处理程序完成的
C. 缺页处理程序根据页故障地址从外存读入所缺失的页面
D. 缺页处理完成后程序会返回发生缺页的指令的下一条指令继续执行

25.【全国统考真题】在请求分页系统中，页面分配策略与页面置换策略不能组合使用的是（　　）。

A. 可变分配，全局置换　　B. 可变分配，局部置换
C. 固定分配，全局置换　　D. 固定分配，局部置换

26.【全国统考真题】在请求分页存储管理系统中，采用某些页面置换算法时会出现Belady异常现象，即进程的缺页次数会随着分配给该进程的页框个数的增加而增加。下列页面置换算法中，可能出现Belady异常现象的是（　　）。

Ⅰ. LRU页面置换算法　　Ⅱ. FIFO页面置换算法　　Ⅲ. OPT页面置换算法

A. 仅Ⅱ　　B. 仅Ⅰ、Ⅱ　　C. 仅Ⅰ、Ⅲ　　D. 仅Ⅱ、Ⅲ

27.【全国统考真题】系统为某进程分配了四个页框，该进程已访问的页号序列为2、0、2、9、3、4、2、8、2、4、8、4、5。若进程要访问的下一个页面的页号为7，依据LRU页面置换算法应淘汰的页面的页号是（　　）。

A. 2　　B. 3　　C. 4　　D. 8

28.【全国统考真题】某系统采用改进型Clock页面置换算法，页表中字段A为访问位，M为修改位。A=0表示页最近没有被访问，A=1表示页最近被访问过。M=0表示页没有被修改过，M=1表示页被修改过，按(A, M)形式可将页分为四类：(0,0)、(1,0)、(0,1)、(1,1)，则该页面置换算法淘汰页的次序为（　　）。

A. (0,0)、(0,1)、(1,0)、(1,1)　　B. (0,0)、(1,0)、(0,1)、(1,1)
C. (0,0)、(0,1)、(1,1)、(1,0)　　D. (0,0)、(1,1)、(0,1)、(1,0)

二、综合题

1. 页式、段式、段页式存储管理方式各有哪些针对越界的检查？

2. 对于以下存储管理方式来说，进程的逻辑地址形式如何？其进程地址空间各是多少维的？（1）页式（2）段式（3）段页式

3. 为何引入多级页表？多级页表是否影响指令执行速度？

4. 试比较段式存储管理与页式存储管理的优点和缺点。

5. 设某进程页面的访问序列为4、3、2、1、4、3、5、4、3、2、1、5，当分配给进程的内存页框数分别为3和4时，对于先进先出、最近最少使用、最佳页面置换算法，分别发生多少次缺页中断？

6. 在某个段式存储管理系统中，进程P的段表如左下表所示，求表中各逻辑地址所对应的物理地址。

段表		
段　号	首 地 址	段　长
0	250	500
1	2350	20
2	120	80
3	1350	590
4	1900	90

地址映射结果		
段　号	段内位移	物理地址
0	430	
1	15	
2	500	
3	400	
4	112	

7. 在某个页式存储管理系统中，某进程页表见下表。已知页面大小为1KB，试将逻辑地址1012、2248、3010、4020、5018转换为相应的物理地址。

页　号	页 框 号	页　号	页 框 号
0	5	3	1
1	12	4	6
2	8	-	-

8. 设某系统内存容量为512 KB，采用动态分区存储管理技术。某时刻t内存中有三个空闲区，它们的首地址和大小分别是：空闲区1（30 KB,100 KB）、空闲区2（180 KB,36 KB）、空闲区3（260 KB,60 KB）。

（1）画出该系统在时刻t的内存分布图。

（2）用首次适应算法和最佳算法画出时刻t的空闲区队列结构。

（3）有作业1请求38 KB内存，用上述两种算法对作业1进行分配（在分配时，以空闲区高址处分割作为已分配区），要求分布画出作业1分配后的空闲区队列结构。

9. 试给一个请求分页系统设计进程调度的方案，使系统同时满足以下条件。

（1）有合理的响应时间。

（2）有比较好的外围设备利用率。

（3）缺页对程序执行速度的影响降到最低程度。

画出调度用的进程状态变迁图，并说明这样设计的理由。

10. 在一请求分页系统中，某程序在一个时间段内有如下的存储器引用：12、351、190、90、430、30、550（以上数字为虚存的逻辑地址）。假定内存中每块的大小为100 B，系统分配给该作业的内存块

数为3块。回答如下问题：(题中数字为十进制数)

(1) 对于以上的存储器引用序列，给出其页面走向。

(2) 设程序开始运行时，已装入第0页。在先进先出页面置换算法和最久未使用页面置换算法(LRU算法)下，分别画出每次访问时该程序的内存页面情况，并给出缺页中断次数。

第5章 文件管理

由于计算机中的内存是易失性设备，断电后其所存储的信息即会丢失，容量又十分有限，因此程序和数据平时总以文件的形式存放在外存中，需要时可随时将它们调入内存。保存在外存中的文件不可能由用户直接进行管理，因为管理文件必须熟悉外存的物理特性及文件的属性，熟悉文件在外存中的具体存放方式，并且在多用户环境下，还必须保证文件的安全性及文件各副本中数据的一致性。显然，这是用户所不能胜任、也不愿意承担的工作。为了管理文件，操作系统中设置了文件管理功能，即通过文件系统管理外存上的文件，并为用户提供了存取、共享和保护文件的手段。由操作系统管理文件，不仅方便了用户，保证了文件的安全性，而且有效地提高了系统资源的利用率。文件系统有两个不同的部分组成：文件集合，每个文件存储相关数据；目录结构，用于组织系统内的所有文件并提供文件信息。

知识导图

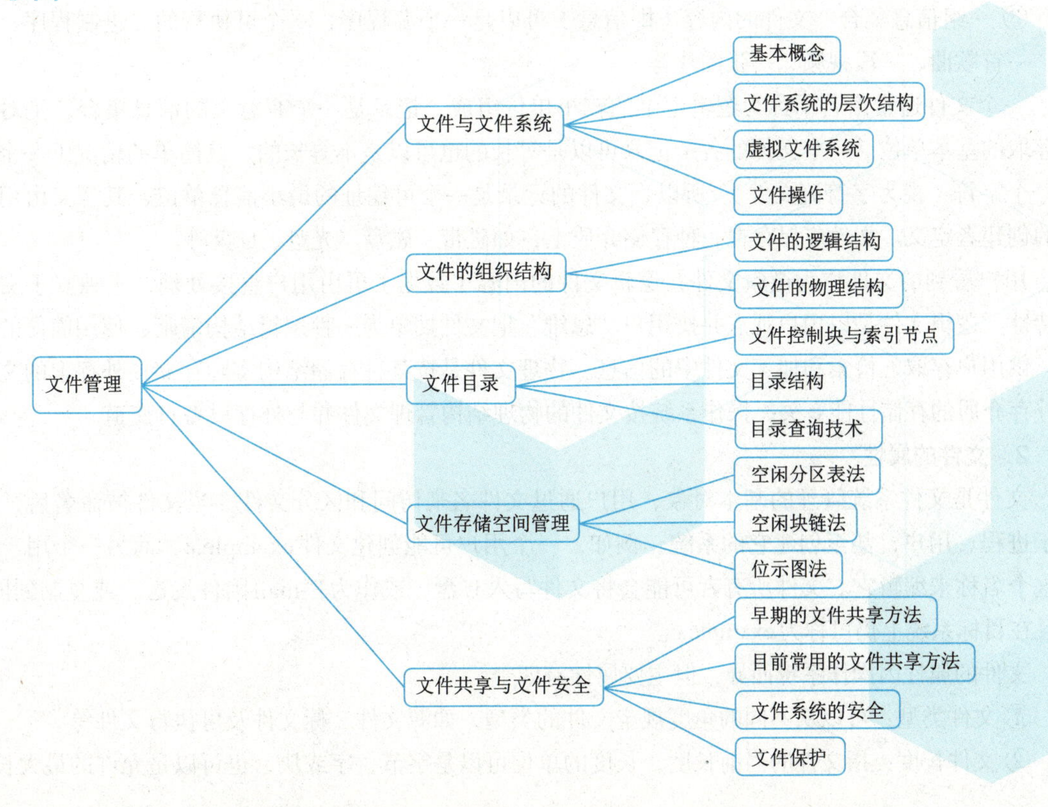

学习目标

- 了解：文件及文件系统的基本概念、文件的各种操作。
- 理解：文件的组织结构、目录的作用及其组织结构。
- 掌握：文件组织结构的实现原理、文件存储空间管理的方法。
- 应用：能够采用多种方式保护文件系统的安全。
- 培养：用发展的眼光看待操作系统的安全性问题。

5.1 文件与文件系统

5.1.1 基本概念

1. 文件

文件是信息的一种组织形式，是存储在外存中具有文件名的一组相关信息的集合，如源程序、数据、目标程序等。文件由创建者定义，任何一段信息，只要给定一个文件名并将其存储在某一存储介质上就形成了一个文件。它包含两方面的信息：一是本身的数据信息；二是附加的组织与管理信息。文件是操作系统进行信息管理的最小单位，主要有以下三个特点。

① 保存性：文件被存储在某种存储介质上长期保存并多次使用。

② 按名存取：每个文件都有唯一的文件名，并通过文件名来存取文件的信息，而无须知道文件在外存的具体存放位置。

③ 一组信息集合：文件的内容（即信息）可以是一个源程序、一个可执行的二进制程序、一篇文章、一首歌曲、一段视频、一张图片等。

一个文件通常由若干称为逻辑记录的较小单位组成，记录是一个有意义的信息集合，是对文件进行存取的基本单位。一个文件的各个记录可以是等长的也可以是不等长的，最简单的情况下一个记录只有一个字符（视为字符流文件）。所以，文件的记录是一个可编址的最小信息单位，其意义由用户或文件的创建者定义。文件应保存在一种存储介质上，如磁带、磁盘、光盘、U盘等。

用户看到的文件称为逻辑文件，逻辑文件的内容（数据）可由用户直接处理，它独立于文件的物理特性。逻辑文件是以用户观点并按用户“思维”把文件抽象为一种逻辑结构清晰、使用简便的文件形式，供用户存取、检索和加工文件中的信息。物理文件是按某种存储结构实际存储在外存上的文件，它与外存介质的存储性能有关，操作系统按文件的物理结构管理文件并与外存设备打交道。

2. 文件的属性

文件是文件系统管理的基本对象，用户通过文件名来访问和区分文件。当文件被命名后，它就独立于进程、用户，甚至创建它的系统。例如，一个用户可能创建文件example.c，而另一个用户可能通过这个名称来编辑它。文件所有者可能会将文件写入U盘，或作为E-mail附件发送，或复制到网络上，并且在目标系统上仍可称为example.c。

文件的属性因操作系统而异，但主要属性有四个：

① 文件类型：可以从不同的角度规定文件的类型，如源文件、标文件及可执行文件等。

② 文件长度：指文件的当前长度，长度的单位可以是字节、字或块，也可以是允许的最大长度。

③ 文件的物理位置：通常用于指示文件所在的设备及文件在该设备中地址的指针。

④ 文件的建立时间：指文件最后一次的修改时间。

3. 文件类型

为了便于管理和控制文件，将文件分成了若干类。由于不同的系统针对文件的管理方式不同，因此它们针对文件的分类方法也有很大差异。下面是常用的几种文件分类方法。

（1）按性质和用途分类

根据文件的性质和用途的不同，可将文件分为三类：

① 系统文件：指由系统软件构成的文件。大多数的系统文件只允许用户调用，但不允许用户去读，更不允许用户修改，有的系统文件不直接对用户开放。

② 用户文件：指由用户的源代码、目标文件、可执行文件或数据等所构成的文件。用户将此类文件委托给系统进行保管。

③ 库文件：由标准子例程及常用的例程等所构成的文件。此类文件允许用户调用，但不允许用户修改。

（2）按文件中数据的形式分类

按这种方式分类，也可把文件分为三类：

① 源文件：指由源程序和数据构成的文件。通常，由终端或输入设备输入的源程序和数据所形成的文件都属于源文件，它通常是由美国信息交换标准代码（American standard code for information interchange,ASCII）或汉字所组成的。

② 目标文件：指由“把源程序经过编译程序编译后，但尚未经过连接程序连接的目标代码”所构成的文件，其扩展名是“.obj”。

③ 可执行文件：指源程序经过编译程序编译后所产生的目标代码，再经过连接程序连接后所形成的文件，在Windows系统中，其扩展名是.exe或.com。

（3）按存取控制属性分类

根据系统管理员或用户所规定的存取控制属性，可将文件分为3类。

① 可执行文件，该类文件只允许被核准的用户调用执行，不允许读和写。

② 只读文件，该类文件只允许文件拥有者及被核准的用户去读，不允许写。

③ 读/写文件，指允许文件拥有者和被核准的用户去读/写的文件。

（4）按组织形式和处理方式分类

根据文件的组织形式和系统对其处理方式的不同，可将文件分为三类：

① 普通文件：指由ASCII或二进制码所组成的字符文件。通常，用户建立的源程序文件、数据文件，以及OS自身的代码文件、实用程序等都属于普通文件。

② 目录文件：指由文件目录所组成的文件，通过目录文件可以对其下属文件的信息进行检索，对其可执行的文件进行（与普通文件一样的）操作。

③ 特殊文件：特指系统中的各类I/O设备，为了便于统一管理，系统将所有的I/O设备都视为文件，并按文件的使用方式提供给用户使用，如目录的检索、权限的验证等操作都与普通文件相似，只是对这些文件的操作将由设备驱动程序来完成。

5.1.2 文件系统的层次结构

如图5-1所示，文件系统可分为三个层次：最底层是对象及其属性；中间层是对对象进行操纵和管理的软件集合；最高层是文件系统（提供给用户的）接口。

1. 对象及其属性

文件系统所管理的对象有三类：

① 文件：在文件系统中有着各种不同类型的文件，它们都作为文件系统的直接管理对象。

② 目录：为了方便用户对文件进行存取和检索，在文件系统中必须配置目录，且目录的每个目录项中必须含有文件名、对文件属性的说明，以及该文件所在的物理地址（或指针）。对目录的组织和管理，是方便用户和提高文件存取速度的关键。

③ 磁盘（磁带）存储空间：文件和目录必定会占用磁盘存储空间，对这部分空间进行有效管理，不仅能提高外存的利用率，而且能提高文件存取速度。

2. 对对象进行操纵和管理的软件集合

该层是文件系统的核心部分，文件系统的功能大多是在这一层实现的，其中包括：

① 文件存储空间管理功能。

② 文件目录管理功能。

③ 用于将文件的逻辑地址变换为物理地址的机制。

④ 文件读/写管理功能。

⑤ 文件的共享与保护功能等。

在实现这些功能时，OS通常会采取层次组织结构，即在每一层中都包含一定的功能，处于某个层次的软件只能调用同层或更低层中的功能模块。

一般来说：把与文件系统有关的软件分为四个层次：

① I/O控制层：是文件系统的最底层，主要由磁盘驱动程序等组成，也可称为设备驱动程序层。

② 基本文件系统：主要用于实现内存与磁盘之间数据块的交换。

③ 文件组织模块：也称为基本I/O管理程序，该层负责完成与磁盘I/O有关的事务，如将文件逻辑块号变换为物理块号、管理磁盘中的空闲盘块、指定I/O缓冲等。

④ 逻辑文件系统：用于处理并记录同文件相关的操作，如允许用户和应用程序使用符号文件名访问文件和记录、保护文件和记录等。因此，整个文件系统可用图5-2所示的层次结构表示。

文件系统接口
对对象进行操纵和管理的软件集合
对象及其属性

图 5-1　文件系统模型

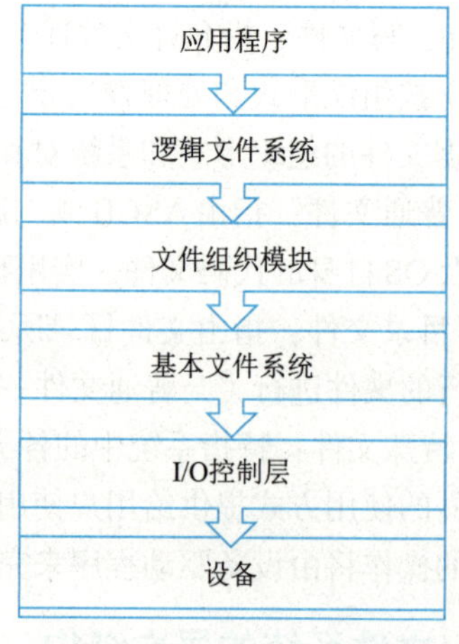

图 5-2　文件系统的层次结构

3. 文件系统接口

为方便用户使用，文件系统以接口的形式提供了一组对文件和记录进行操作的方法和手段。常用

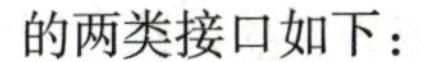

的两类接口如下：

① 命令接口：指用户与文件系统直接进行交互的接口，用户可通过该类接口输入命令（如通过键盘终端键入命令），进而获得文件系统的服务。

② 程序接口：指用户程序与文件系统的接口，用户程序可通过系统调用获得文件系统的服务，例如，通过系统调用Creat创建文件，通过系统调用Open打开文件等。

5.1.3 虚拟文件系统

传统的操作系统中只设计了一种文件系统，因此只能支持一种类型的文件系统，但随着信息技术的快速发展，对文件系统提出了新的要求。例如，要求在UNIX系统中支持非UNIX文件系统，要求在Windows系统中支持非Windows文件系统，要求现代操作系统能够支持分布式文件系统和网络文件系统，甚至一些用户希望能定制自己的文件系统。解决上述问题有多种方案，其中成为事实上工业标准的是虚拟文件系统。

虚拟文件系统的主要设计思想体现在两个层次上，即虚拟层和实现层。虚拟层是在对多个文件系统的共同特性进行抽象的基础上形成，并在此层次上定义用户的一致性接口；实现层使用类似开关表技术进行文件系统转接的，实现各文件系统的具体细节，包含文件系统实现的各种设施，各种数据结构以及对文件的操作函数。

虚拟文件系统要实现以下目标：

① 应同时支持多种文件系统。

② 系统中可以安装多个文件系统，它们应与传统的单一文件系统没有区别，用户的使用接口不变。

③ 对网络共享文件提供完全支持，即访问远程节点上的文件系统应与访问本地节点的文件系统一致。

④ 支持新开发出的文件系统，并以模块方式加到操作系统中。

严格地说，虚拟文件系统并不是一种实际存在的文件系统，它只存在于内存中，不存在于外存空间，在操作系统启动时建立，在系统关闭时消亡。

5.1.4 文件操作

文件系统将用户的逻辑文件按一定的组织方式，转换成物理文件存放到外存（如磁盘）上。也就是说，文件系统为每个文件与该文件在外存上的存放位置建立了对应关系。为了方便使用，文件系统通常向用户提供了各种调用接口，用户通过这些接口对文件进行各种操作。当用户使用文件时，文件系统通过用户给出的文件名查找出该文件在外存上的存放位置，并读出文件的内容。有的文件操作是对文件自身的操作，如建立文件、打开文件、关闭文件、读/写文件及设置文件权限等，有的文件操作是对记录的操作（最简单的记录可以是一个字符），如查找文件中的字符串、插入和删除等。

在多用户环境下，为了保护文件安全，操作系统为每个文件建立和维护关于文件访问权限等方面的信息。因此，文件系统提供了操作文件的命令接口、图形接口和程序接口（系统调用）。用户可以使用命令接口和图形接口直接进行文件操作，或者在程序中通过系统调用实现文件操作。

1. 最基本的文件操作

① 创建文件：在创建一个新文件时，要为新文件分配必要的外存空间，并在文件目录中为其建立一个目录项；目录项中应记录新文件的文件名及其在外存中的地址等属性。

② 删除文件：在删除文件时，应先从目录中找到要删除文件的目录项，并使其成为空项，然后回收该文件所占用的存储空间。

③ 读文件；在读文件时，根据用户给出的文件名去查找目录，从中得到被读文件在外存在中的地址；在目录项中，还有一个指针用于对文件进行读操作。

④ 写文件：在写文件时，根据文件名查找目录，找到指定文件的目录项后，再利用目录中的写指针进行写操作。

⑤ 设置文件的读/写位置：前面所述的文件读/写操作，都只提供了对文件顺序存取的手段，即每次都是从文件的始端开始读或写；设置文件读/写位置的操作，通过设置文件读/写指针的位置，使得在读/写文件时不必每次都从其始端开始操作，而是可以从所设置的位置开始操作，因此可以将顺序存取改为随机存取。

2. 文件的“打开”和“关闭”操作

当用户要求对一个文件实施多次读/写或其他操作时，每次都要从检索目录开始。为了避免多次重复地检索目录，在大多数OS中都引入了“打开”（Open）这一文件系统调用。当用户第一次请求对某文件进行操作时，须先利用系统调用Open将该文件打开。所谓“打开”，是指系统将指定文件的属性（包括该文件在外存中的物理位置），从外存复制到内存中打开文件表的一个表目中，并将该表目的编号（或称为索引号）返回给用户。换言之，“打开”就是在用户和指定文件之间建立一个连接。此后，用户可通过该连接直接得到文件信息，从而避免再次通过目录检索文件。即当用户再次向系统发出文件操作请求时，系统可以根据用户提供的索引号，直接在打开文件表中查找到文件信息。这样不仅节省了大量的检索开销，还显著地提高了对文件的操作速度。如果用户已不再需要对该文件实施相应的操作，则可利用“关闭”（Close）系统调用来关闭此文件，即断开此连接，而后OS将会把此文件从打开的文件表中的表目上删除。

3. 其他文件操作

OS为用户提供了一系列面向文件操作的系统调用，最常用的一类是关于对文件属性进行操作的，即允许用户直接设置和获得文件的属性，如改变已存文件的文件名、改变文件的拥有者（文件拥有者）、改变对文件的访问权，以及查询文件的状态（包括文件类型、大小、拥有者以及对文件的访问权）等；另一类是关于目录的，如创建一个目录、删除一个目录、改变当前目录和工作目录等；此外，还有用于实现文件共享的系统调用，以及用于对文件系统进行操作的系统调用等。

5.2 文件的组织结构

用户所看到的文件称为逻辑文件，它是由一系列逻辑记录所组成的。从用户的角度来看，文件的逻辑记录是能够被存取的基本单位。在进行文件系统高层设计时，所涉及的关键点是文件的逻辑结构，即如何用这些逻辑记录来构建一个逻辑文件。在进行文件系统底层设计时，所涉及的关键点是文件的物理结构，即如何将一个文件存储在外存上。由此可见，系统中的所有文件都存在着以下两种形式的文件结构。

① 逻辑结构：指从用户角度出发所观察到的文件组织形式，即文件是由一系列的逻辑记录所组成的，是用户可以直接处理的数据及其结构，它独立于文件的物理特性，又称为文件组织。对应的文件通常称为逻辑文件。

② 物理结构：又称为文件的存储结构，是指系统将文件存储在外存上所形成的一种存储组织形式，是用户所看不见的。文件的物理结构不仅与存储介质的存储性能有关，而且与所采用的外存分配方式也有关。

事实上，无论是文件的逻辑结构，还是文件的物理结构，都会对文件的存储空间和存取速度产生影响。

5.2.1 文件的逻辑结构

文件的逻辑结构分为两大类：无结构文件和有结构文件。无结构文件中的信息不存在结构，由字节流所构成，所以也称字符流文件或流式文件；有的结构文件由一个以上记录所构成，所以又称记录式文件。

1. 流式文件

无结构的流式文件是有序字符的集合，即整个文件可以看成是字符流的序列，字符是构成文件的基本单位。流式文件一般按照字符组的长度来读/写信息。

为了I/O操作的需要，流式文件中也可以通过插入一些特殊字符，将文件划分成若干字符分组，且将这些字符分组称为记录。但这些记录仅仅是字符序列分组，即并不改变流式文件中字符流序列本身的组织形式，而只是为了使信息传送方便所采用的一种传送方法。

在实际应用中，许多情况下都不需要在文件中引入记录，按记录方式组织文件反而会给操作带来不便。例如，用户写的源程序原本就是一个字符序列，强制将该字符序列按照记录序列组成文件，只会带来操作复杂、开销增大等缺点。

相对记录式文件而言，流式文件具有管理简单、操作方便等优点。但在流式文件中检索信息则比较麻烦，效率较低。因此，对不需要执行大量检索操作的文件，如源程序文件、目标文件、可执行文件等，采用流式文件形式比较合适。

为了简化文件系统，现在大多数操作系统，如Windows、UNIX、Linux等只提供了流式文件。

2. 记录式文件

记录式文件是指用户把文件内的信息按逻辑上独立的含义划分为一个个信息单位，每个信息单位称为一个逻辑记录，即记录式文件是由若干逻辑记录构成的序列。从操作系统管理的角度看，逻辑记录是文件信息按逻辑上的独立含义划分的最小信息单位，用户的每次操作总是以一个逻辑记录为对象。但从程序设计语言处理信息的角度看，逻辑记录还可以进一步分成一个或多个更小的数据项。数据项被看作不可分割的最小数据单位，数据项的集合构成逻辑记录，相关逻辑记录的集合又构成文件。因此，数据项是文件最低级别的数据组织形式，常用于描述一个实际对象在某方面的属性，而逻辑记录则描述了一个实际对象中人们关心的各方面属性。例如，某班学生信息文件中的一个逻辑记录包括学号、姓名、成绩等数据项，每个逻辑记录表示一个学生的基本信息，多个逻辑记录则构成一个班级的学生信息文件。

为了简化文件的管理和操作，大多数现代操作系统对用户只提供字符流式的无结构文件，记录式的有结构文件则由程序设计语言或数据库管理系统提供。

在记录式文件中，每个记录都用于描述实体集中的一个实体，各记录有相同或不同数目的数据项。记录的长度可分为定长和变长两类。

① 定长记录：指文件中所有记录的长度都是相同的，所有记录中的各数据项都处在记录中相同的位置，具有相同的顺序和长度。文件的长度用记录数目表示。定长记录能有效地提高检索记录的速度和效率，用户能方便地对文件进行处理，因此定长记录是目前比较常用的一种记录格式，广泛应用于数据

处理中。

② 变长记录：指文件中各记录的长度不一定相同。产生变长记录的原因，可能是一个记录中所包含的数据项（如书的著作者、论文中的关键词等）数目并不相同，也可能是数据项本身的长度不定，例如，病历记录中的病因与病史、科技情报记录中的摘要等。不论是哪一种原因导致记录的长度不同，在处理前，每个记录的长度都是可知的。对变长记录的检索速度慢，不便于用户对文件进行处理。但由于变长记录很适合于某些场合的需要，因此也是目前较常用的一种记录格式，广泛应用于许多商业领域。

5.2.2 文件的物理结构

视频

文件的物理结构

呈现在用户面前的文件是逻辑文件，其组织方式是文件的逻辑结构。逻辑文件总要按照一定的方法保存在外存上，它在外存上具体的存储和组织形式称为文件的物理结构，而这时的文件则称为物理文件。物理文件的实现，归根结底就是能够把文件的内容存放在外存的合适地方，并且在需要时能够很容易地读出文件中的数据。物理文件的实现需要解决以下三个问题：

① 给文件分配外存空间。

② 记住文件在外存空间的存储位置。

③ 将文件内容存放在属于该文件的外存空间。

给文件分配外存空间就是要按照用户要求或文件大小，给文件分配适当容量的外存空间。记住文件在外存空间的位置，对以后文件的访问至关重要。而将文件内容存放在属于该文件的外存空间里，则可通过相应的外存设备驱动器来实现。实现上述三点均需要了解文件在外存中的存放方式，即文件的物理结构。

文件在磁盘上的存放方式（文件的物理结构）就像程序在内存中存放方式那样有两种：连续空间存放方式（连续结构）和非连续空间存放方式。其中，非连续空间存放又可以分为链表方式（链接结构）和索引方式（索引结构）两种。

1. 连续结构

连续结构也称顺序结构，是一种最简单的物理文件结构，其特点是逻辑上连续的文件信息，依次存放在物理上相邻的若干物理块中，如图5-3所示。具有连续结构的文件称为连续文件（或顺序文件）。

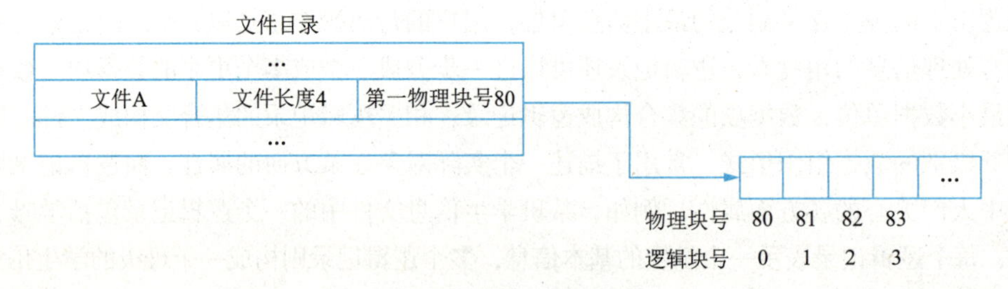

图 5-3 文件的连续结构

磁盘上的连续文件存储在一组相邻的物理块中，这组物理块的地址构成了磁盘上的一段线性地址。例如，若文件第一个物理块的地址为a，则第二个物理块的地址为a+1，第三个物理块的地址为a+2，依此类推，连续文件的所有物理块总是位于同一个磁道或同一柱面上。如果仍然放不下，则存储在相邻磁道或相邻柱面上，因此存取同一个文件中的信息，不需要移动磁头或仅需磁头移动很短的距离。为了确定连续文件在磁盘上的存放位置，需要将该文件第一个物理块号及文件长度（物理块个数）等信息记录在文件目录中该文件所对应的目录项里。

连续文件的优点是顺序访问容易。连续文件的最佳应用场合是对文件的多个记录进行批量存取时，即每次要读/写一大批记录，这时连续文件的存取效率是所有逻辑文件中最高的。若要对连续文件进行顺序访问，只需要从目录中找到该文件的第一个物理块，就可以逐个物理块地依次向下进行访问。连续文件存储空间的连续分配特点也支持直接访问（随机访问），若需要存取文件（设起始物理块号为a）的第i号物理块内容，则可通过直接存取$a+i$号物理块来实现。此外，也只有连续文件才能存储在磁带上并有效地工作。

连续文件的缺点主要体现在以下四个方面：

① 查找开销大：在交互应用场合，如果用户要求查找或修改文件中未知序号的某个记录，则系统只能按顺序依次查找连续文件中的相邻记录，直到找到所需记录为止，这时连续文件所表现出来的性能可能就很差，尤其是当文件较大时情况就更严重。如果是变长记录的连续文件，则为查找一个记录所需付出的开销将更大。

② 容易出现外存碎片：为文件分配连续的存储空间容易出现外存碎片（随着文件存储空间的不断分配和回收，将导致磁盘上出现一些再也无法分配的小存储区，如仅有一两个物理块的存储区）。大量外存碎片的出现会严重降低外存空间的利用率，若定期利用紧凑技术来消除外存碎片，则要花费大量的CPU时间。

③ 需要知道文件的长度：要为文件分配连续存储空间，必须事先知道文件的长度，而许多情况下却难以事先知道文件的长度。例如，创建一个新文件时只能估计文件的大小，于是可能出现下述结果：① 估计结果小于实际文件需要的大小，致使文件进一步操作无法继续；② 估计结果远大于实际文件的长度，导致严重的外存空间浪费。

④ 增加或删除一个记录比较困难：在增加或删除记录后，需要调整文件中所有记录的存储位置来保持文件连续存储的特性。为了解决这一问题，可以为连续文件配置一个运行记录文件或称事务文件。需要对文件实施增加、删除或修改记录的操作时，并不立即对文件实施这些操作，而是将该操作的信息登记到运行记录文件中。每隔一定时间，系统则按照运行记录文件所记录的一系列操作对该文件实施这些操作，即将分散的各个操作集中起来，进行一次性处理，以此来提高处理的效率。

2. 链接结构

为了克服连续文件增加或删除记录比较困难且容易产生外存碎片的缺点，可以采用离散方式为文件分配外存空间。链接结构也称串联结构，它是为了实现文件离散分配磁盘物理块而产生的一种文件物理结构。采用链接结构，文件的信息可以保存在磁盘的若干相邻或不相邻的物理块中，每个物理块中设置一个指针指向逻辑顺序的下一个物理块，从而使同一个文件中的各物理块按逻辑顺序链接起来。具有链接结构的物理文件称为链接文件或串联文件。

由于链接文件采用离散分配方式，从而消除了外存碎片，所以可显著提高外存（磁盘）空间的利用率。此外，链接文件不需要事先知道文件的大小，而是根据文件当前需求的大小来分配磁盘物理块。随着文件的动态增长，当文件需要新的物理块时再动态地为其追加分配，因此便于文件的增长和扩充；不需要文件中某物理块时，也可从该文件的物理块链中删除。链接文件可以动态分配物理块的特点决定了在这类文件中能够方便地进行插入、删除和修改操作。链接文件的缺点是只适合顺序访问而不能直接访问（随机访问），并且因每个物理块中的链接指针都要占一定的存储空间而导致存储效率降低。

根据链接方式的不同，链表结构又可以分为隐式链接结构和显式链接结构两种。

（1）隐式链接结构

采用隐式链接结构时，文件的每个物理块中有一个指针指向该文件中逻辑顺序的下一个物理块，即通过每个物理块中的指针将属于同一个文件的所有物理块链接成一个链表，并且将指向文件第一个物理块的指针保存到该文件的目录项中。隐式链接文件的结构如图5-4所示。

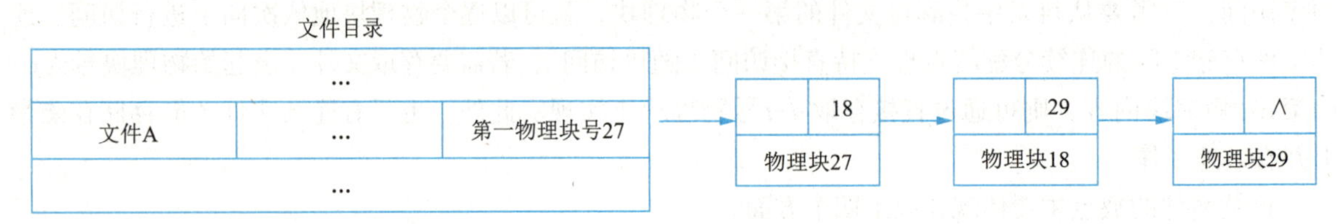

图5-4 文件的链接结构

隐式链接文件的主要问题是只适合顺序访问，直接访问的效率很低。例如，若要访问文件的某个物理块，则必须先从它的第一个物理块起，沿着指针一个物理块接着一个物理块进行查找，直至找到所要访问的物理块为止，通常这种查找需要花费较多的时间。另外，仅通过链接指针将大量离散的物理块链接起来可靠性较差，一个指针出现了问题就会导致整个物理块链断开。

为了提高文件的检索速度和减少指针占用的存储空间，可以将相邻的几个物理块组成一个单位——簇，然后以簇为单位来分配磁盘空间。这样做的好处是成倍地减少了查找指定物理块的时间，同时也减少了指针占用的存储空间。不足之处是以簇为单位分配磁盘空间会使外存碎片增多。

（2）显式链接结构

隐式链接文件存在一些缺点，主要体现在访问速度上。特别是在直接访问时，需要逐个遍历文件的物理块，并沿着指针链逐步查找。若其中任何一个指针损坏，将导致整个文件无法恢复，而这个问题在连续文件中并不存在。此外，由于物理块的大小总是2的整数幂，这是因为计算机处理2的整数幂比较容易，但隐式链接文件在物理块中使用一部分空间存放指针，导致存放数据的空间不再是2的整数幂，从而影响了数据处理的效率。在读取数据时，还需要将指针从物理块中分离出来，进一步影响了数据处理的效率。

为了解决这些问题，一种方法是将所有的指针从物理块中分离出来，集中存放在一张表中。这样，只需要查找该表就能知道任意一个物理块的存储地址。而且，由于该表可以存放在内存中，不仅解决了物理块中数据不是2的整数幂的问题，还解决了直接访问速度慢的问题。这种方案提高了文件系统的效率和可靠性。

显示链接结构就是将用于链接文件各物理块的指针显示地存放在内存中的一张链接表，通常称为文件分配表（FAT）。设置文件分配表的方式是将整个磁盘划分为一张FAT，其中每个物理块都对应FAT表中的一个项，因此FAT的项数与磁盘的物理块数相同。这些FAT表项从0开始编号，一直到n-1（n为磁盘的物理块总数）。每个FAT表项存储一个链接指针，用于指向同一文件中逻辑顺序的下一个物理块。

通过利用链接指针，将属于同一文件的所有FAT表项链接成一个链表。链表的头指针，即文件的第一个物理块号，会被保存在该文件的目录项中。图5-5（a）所示为链接名中的显示链表结构，其中-1用作链表的结束标志。图5-5（b）所示为图5-5（a）中显示链接结构对应的链表示意。这种显示链接结构的设计使得文件的物理块之间的关系清晰可见，有助于更高效地管理文件的存储和访问。

由于使用FAT保存了磁盘中所有文件物理块之间的关联信息，使得可以按照以下步骤来存取文件的某个物理块：首先将FAT读入内存并在其中进行查找，找到需要访问的物理块号后，再将该物理块的信息读入内存以执行存取操作。这样的设计有两个好处：首先，整个查找操作都在内存中进行，相比于隐式链接结构，提高了查找速度；其次，减少了访问磁盘的次数，从而提升了性能。因此，诸如DOS

和Windows等操作系统的文件系统通常采用显示链接结构。

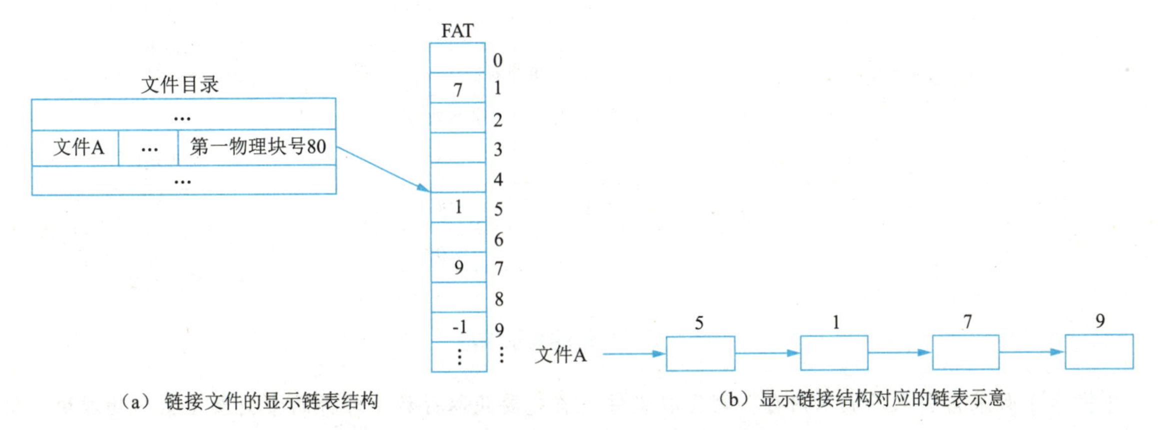

(a) 链接文件的显示链表结构 (b) 显示链接结构对应的链表示意

图5-5 链接文件的显示链接结构及其链表示意

采用显示链接结构存在以下两个问题:

① 直接(随机)存取的效率不高。这是因为当需要对一个大文件进行直接存取时,首先从文件目录项中该文件的第一个物理块号开始查找FAT,即以顺序查找的方式在内存的FAT中找到需要存取的物理块号。虽然查找是在内存中进行,但这种顺序查找也可能花费较多的时间。

② 由于整个磁盘配置一张FAT,而为了查找文件的物理块号就必须先将这个FAT读入内存,则当磁盘容量较大时这个FAT也会占用较多的内存空间。

3. 索引结构

FAT虽然有效但占用内存较多,因为它记录了整个磁盘的所有物理块号。但如果系统中的文件数量较小,或者每个文件都不太大,那么FAT中将有很多未为文件使用的空表项,这样将整个FAT都放入内存显然没有必要。如果能将一个文件占用的所有物理块磁盘地址收集起来,集中放在一个索引物理块中,而在文件打开时将这个索引物理块加载到内存,这样就可以从内存索引物理块中获得文件的任何一个物理块磁盘地址。由于内存中存放的只是当前使用文件索引物理块,而不使用的那些文件的索引物理块仍在磁盘上,因此,显示链接结构中FAT占用内存太多的问题就解决了,这种索引物理块的方式就是索引结构。

索引结构的组织方式:文件中的所有物理块都可以离散地存放于磁盘中,系统为每个文件建立一张索引表,用于按逻辑顺序存放该文件占用的所有物理块号。索引表或者保存在文件的目录项[即文件控制块(FCB)]中,或者保存在一个专门分配的物理块(索引物理块)中,这时文件目录中只含有指向索引物理块的指针(即索引物理块的块号)。具有索引结构的文件称为索引文件,文件的索引结构如图5-6所示。

索引结构除具备链接结构所有的优点外,还克服了链接结构的缺点,既支持顺序访问又支持直接访问,当要访问文件的第i个物理块时,可以从该文件的索引表中直接找到第i个逻辑块对应的物理块号(有点像内存管理中的页表)。此外,文件采用索引结构查找效率高,便于文件进行增加或删除记录的操作,而且也不会产生外存碎片。

索引结构的主要缺点是外存空间浪费比较大,这是因为索引表本身占用空间的浪费可能较大。例如,如果每个文件使用一个专门的物理块(索引物理块)来存放索引表,则全部文件的索引表可能会占用几百个,甚至上千个物理块。但一般情况下,文件以中、小型居多,甚至不少文件只需1~2个物理块来存放数据，于是索引表中的大量空间被浪费了。

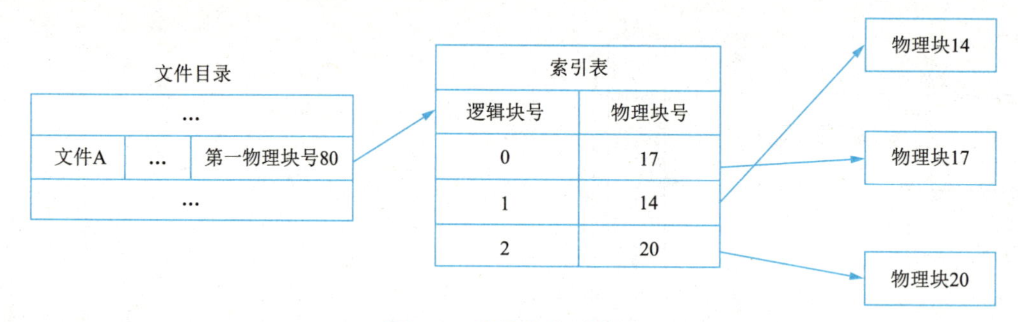

图 5-6　文件的索引结构

【提示】如果索引表不调入内存，则存取文件时首先要获取存放于外存的索引表（索引物理块）信息，所以要增加一次访盘操作，从而降低了文件访问的速度。因此，系统采取的方法是在文件存取前先把存放于外存的索引表（索引物理块）调入内存，这样在以后的文件访问中就可以直接查询内存中的索引表。

与链接结构相比，当文件比较大时索引结构要优于链接结构；但对于小文件，索引结构则比链接结构浪费存储空间。

当文件很大时，文件的索引表也会很大。如果索引表的大小超过了一个物理块，可以将索引表本身作为一个文件，再为其建立一个索引表，这个索引表作为文件索引的索引，从而构成了二级索引。第一级索引的表项指向第二级索引，第二级索引表的表项指向相应信息所在的物理块号，如图 5-7 所示。依此类推，可以再逐级建立索引，进而构成多级索引。在实际应用中，可以将多种索引结构组织在一起，形成混合索引结构。UNIX 和 Linux 操作系统中的文件物理结构就采用了混合索引结构。

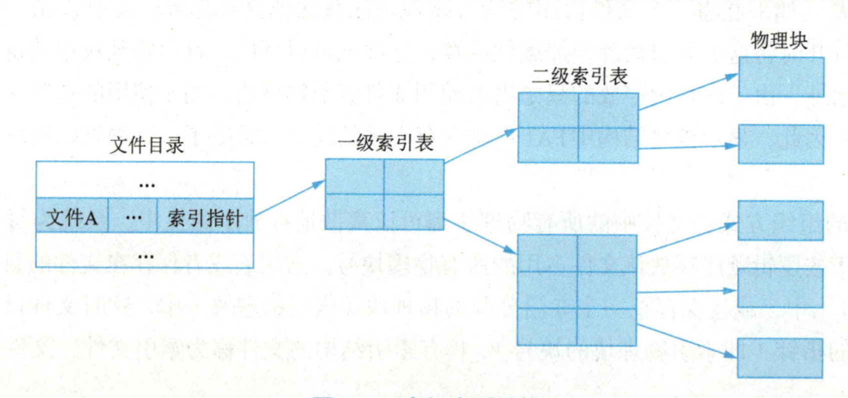

图 5-7　多级索引结构

如果磁盘的物理块大小为 4 KB，每个物理块号占 4 B，则一个索引块可以存放 1 024 个物理块号，于是采用两级索引结构时，文件全部索引块最多可以存放的物理块号总量为 1 024 × 1 024=1 M；采用三级索引结构时，文件全部索引块最多可以存放的物理块号总量为 1 024 × 1 024 × 1 024=1 G。由此可以得出结论：采用单级索引时，所允许的文件最大长度是 4 KB × 1 024=4 MB；采用两级索引时，所允许的文件最大长度是 4 KB × 1 M=4 GB；采用三级索引时，所允许的文件最大长度是 4 KB × 1 G=4 TB。

4. 散列结构

链接文件很容易把物理块组织起来，但是查找某个记录则需要遍历文件的整个物理块链表，使得查找效率较低。为了实现文件的快速存取，目前应用最广的是一种散列结构，散列结构是针对记录式文件存储在直接（随机）存取设备上的一种物理结构。采用该结构时，记录的关键字与记录存储的物理位置之间通过过散列（hash）函数建立起某种对应关系，换言之，记录的关键字决定了记录存放的物理位置。具有散列结构的文件称为直接文件、散列文件或hash文件。

为了实现文件存储空间的动态分配，直接文件通常并不使用散列函数将记录直接散列到相应的物理块号上，而是设置一个目录表，目录表的表项中保存了记录所存储的物理块号，而记录关键字的散列函数值则是该目录表中相应表项的索引号，如图5-8所示。

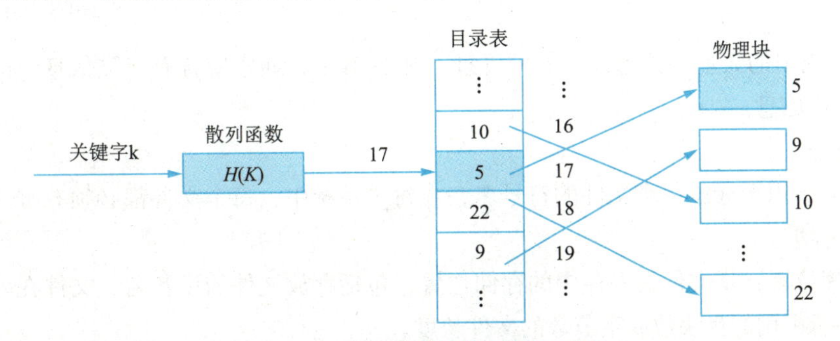

图5-8 直接文件的物理结构示意

直接文件设计的关键是散列函数的选取，以及怎样解决“冲突”问题。一般来说，记录的存储地址与记录的关键字之间不存在一一对应的关系，不同的关键字可能有相同的散列函数值，即不同的关键字可能散列到相同的地址上，这种现象称为“冲突”。一个好的散列函数应将记录均匀地散列到所有地址上且冲突尽可能少，如果出现冲突也应该有好的解决办法。

直接文件的文件目录项中应包含指向散列函数的指针，这是因为存取该文件的某个记录时，需要使用这个散列函数计算该记录存储的物理地址。

直接文件的优点是存取速度快，节省存储空间；缺点是不能进行顺序存取，只能按关键字直接存取。

5.3 文件目录

通常，在现代计算机系统中，都要存储大量的文件。为了能对这些文件实施有效的管理，必须对它们加以妥善组织，这主要是通过文件目录来实现的。文件目录也是一种数据结构，用于标志系统中的文件及其物理地址，供检索时使用。对目录管理的要求如下：

① 实现“按名存取”：即用户只需向系统提供所需访问文件的名字，便能快速准确地找到指定文件在外存中的存储位置。这是目录管理中最基本的功能，也是文件系统向用户提供的最基本的服务。

② 提高对目录的检索速度：通过合理地组织目录结构，可加快对目录的检索速度，从而提高对文件的存取速度。这是在设计一个大、中型文件系统时所追求的主要目标。

③ 文件共享：在多用户系统中，应允许多个用户共享一个文件。这样，只需在外存中保留一份该文件的副本供不同用户使用即可，如此便可节省大量的存储空间，同时还可以方便用户使用和提高文件利

用率。

④ 允许文件重名：系统应允许不同用户对不同文件采用相同的名字，以便用户按照自己的习惯给文件命名和使用文件。

5.3.1 文件控制块与索引节点

为了能对一个文件进行正确的存取，必须为文件设置用于描述和控制文件的数据结构，称之为文件控制块（file control block，FCB）。文件管理程序可借助于FCB中的信息对文件施以各种操作。文件与FCB一一对应，而人们把FCB的有序集合称为文件目录，即一个FCB就是一个文件目录项。通常，一个文件目录也被看作一个文件，称为目录文件。

1. FCB

为了能对系统中的大量文件施以有效的管理，在FCB中，通常应含有三类信息，即基本信息、存取控制信息及使用信息。

（1）基本信息

① 文件名：指用于标志一个文件的符号名，在每个系统中，每个文件都必须有唯一的名字，用户利用该名字进行存取。

② 文件物理位置：指文件在外存中的存储位置，包括存放文件的设备名、文件在外存中的起始盘块号、指示文件所占用的盘块数或字节数的文件长度。

③ 文件逻辑结构：指示文件是流式文件还是记录式文件、文件中的记录数、文件是定长记录还是变长记录等。

④ 文件的物理结构：指示文件在外存中的组织方式，如连续组织方式、链接组织方式或索引组织方式等。

（2）存取控制信息

存取控制信息包括文件拥有者的存取权限、核准用户的存取权限，以及一般用户的存取权限。

（3）使用信息

使用信息包括文件的建立日期和时间、文件上一次修改的日期和时间，以及当前使用的信息，这些信息包括当前已打开该文件的进程数、是否被其他进程锁住、文件在内存中是否已被修改但尚未复制到盘上等。对于不同OS的文件系统，由于功能不同，它们可能只含有上述信息中的部分信息。

图5-9所示为MS-DOS系统中的FCB，其中含有文件名、扩展名、文件属性、文件建立日期和时间、文件所在的第一盘块号以及盘块数等。FCB的长度为32B，对于容量为360KB的软盘，其总共可包含112个FCB，共占4KB（而非3.5KB）的存储空间。

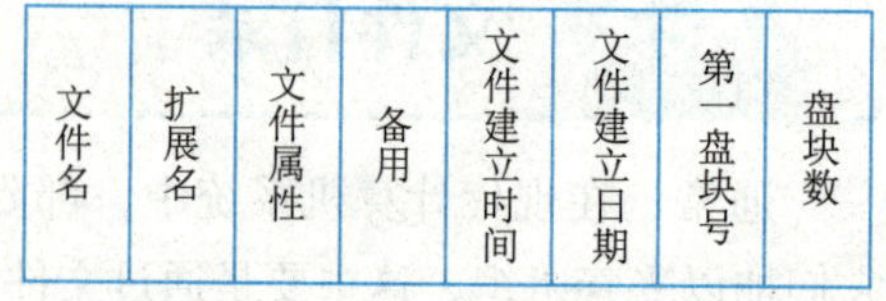

图5-9 MS-DOS系统中的FCB

2. 索引节点

（1）索引节点的引入

文件目录由FCB的有序集合组成，而目录文件则是文件目录在外存中的一种存放形式。文件目录通常存放在磁盘上，当文件有很多时，文件目录可能要占用大量的盘块。在查找目录的过程中，必须先将存放目录文件的第一个盘块中的目录调入内存，然后将用户所指定的文件名与目录项中的文件名逐一比较。若未找到指定文件，则须将下一盘块的目录项调入内存。假设目录文件所占用的盘块数为N，按此方法查找，则查找一个目录项平均需要调入盘块（N+1）/2次。假如一个FCB为64 B，盘块大小为1 KB，则每个盘块中只能存放16个FCB。若一个文件目录中共有640个FCB，则须占用40个盘块，因此平均查找一个文件须启动磁盘20次。

稍加分析可以发现，在检索目录文件的过程中只用到了文件名，仅当找到一个目录项（即其中的文件名与指定要查找的文件名相匹配）时，才须从该目录项中读出该文件的物理地址。而其他对该文件进行描述的信息，在检索目录时一概不用。显然，这些信息在检索目录时无须调入内存。为此，在有的系统（如UNIX系统）中便采用了把文件名与文件描述信息分开的办法，使文件描述信息单独形成一个称为索引节点（iNode）的数据结构，简称为i节点。文件目录中的每个目录项，仅由文件名和指向该文件所对应的索引节点的指针所构成。在UNIX系统中，一个目录仅占16 B，其中14 B为文件名，2 B为索引节点指针。在1 KB的盘块中可容纳64个目录项，这样，为找到一个文件，可使平均启动磁盘次数减少到原来的1/4，大幅节省了系统开销。图5-10所示为UNIX系统的文件目录。

文件名	索引节点编号
文件名1	
文件名2	
…	…

0　　13 14　　15

图5-10　UNIX系统的文件目录

（2）磁盘索引节点

磁盘索引节点是指存放在磁盘上的索引节点。每个文件都有唯一的一个磁盘索引节点，主要包括以下内容：

① 文件拥有者标识符：即拥有该文件的个人或小组的标识符。

② 文件类型：包括正规文件、目录文件或特别文件。

③ 文件存取权限：指各类用户对该文件的存取权限。

④ 文件物理地址：每个索引节点中均含有13个地址项，即i.addr（0）～i.addr（12），它们以直接或间接方式给出数据文件所在盘块的编号。

⑤ 文件长度：指以字节为单位的文件长度。

⑥ 文件连接计数：表明在本文件系统中，所有指向该（文件的）文件名的指针计数。

⑦ 文件存取时间：指出本文件最近被进程存取的时间、本文件最近被修改的时间以及索引节点最近被修改的时间。

（3）内存索引节点

内存索引节点是指存放在内存中的索引节点。当文件被打开时，要将磁盘索引节点复制到内存索引节点中，便于以后使用。在内存索引节点中又增加了以下内容：

① 索引节点编号：用于标志内存索引节点。

② 状态：指示索引节点是否上锁或被修改。

③ 访问计数：每当有一进程要访问此索引节点时，就将该访问计数加1，访问完再减1。

④ 文件所属文件系统的逻辑设备号。

⑤ 链接指针：设置有分别指向空闲链表和散列队列的指针。

5.3.2　目录结构

目录结构是指文件目录的组织形式，其组织的好坏将直接影响文件系统的存取速度，同时也关系到文件的共享和安全性。因此，组织好文件的目录结构是文件系统设计的一个重要环节。

1. 单级目录结构

最简单的目录结构是整个文件系统只建立一个目录表，即将所有文件的FCB都保存于这张目录表中，每个文件占用一个表项，这种方式称为单级目录，见表5-1。单级目录结构实现了目录管理的最基本功能——按名存取，但它存在以下缺点：只能顺序查找，文件检索速度慢，不允许文件重名，不便于实现文件共享，只适用于单用户环境。

表5-1　单级目录表

文 件 名	记录长度	记 录 数	起始块号	其他信息
…	…	…	…	…
文件A	100	8	20	…
文件B	300	10	35	…
…	…	…	…	…

2. 二级目录结构

为了克服单级目录结构存在的缺点，引入了二级目录结构。二级目录结构指目录分为两级：一级是用户自己的用户文件目录（UFD），它由该用户所有文件的FCB组成，其结构与单级目录相似；另一级是主文件目录（MFD），整个系统设置了一张主文件目录，而每个用户文件目录在主文件目录中都占有一个目录项。该目录项包括用户名和指向该用户目录文件位置的指针，如图5-11所示。

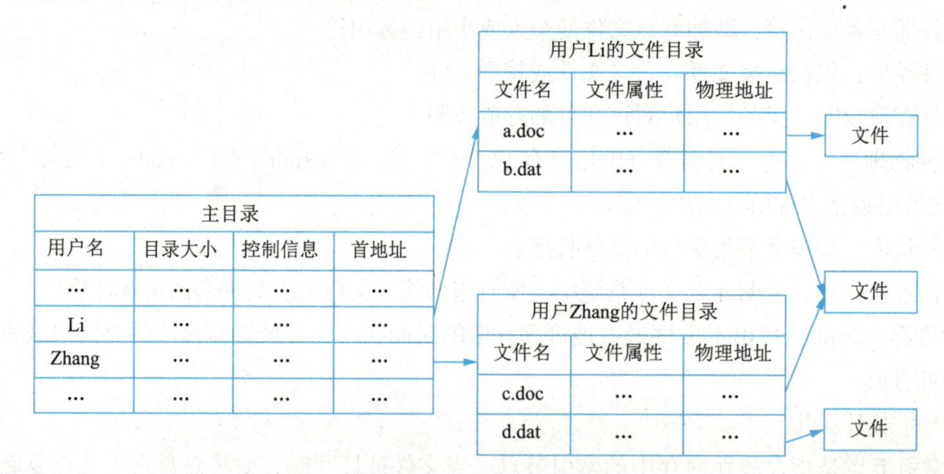

图5-11　二级目录结构

采用二级目录结构后，用户可以请求系统为其建立一个用户文件目录UFD，如果用户不再需要这个UFD，也可以请求系统管理员将他撤销。当用户要创建一个新文件时，系统只需要检查该用户的UFD，判断在该UFD中是否已有同名的另一个文件。若有，则用户必须为新文件重新命名；否则在UFD中建立一个新的目录项，并将新文件名及其有关属性填入该目录项中。当用户要删除一个文件时，系统也只需要查找该用户的UFD，从中找出指定文件名的目录项，并根据目录项所提供的信息回收该文件所占用的存储空间，并删除该用户UFD中的这个目录项。

3. 多级目录结构

在二级目录的基础上，可以按照树状结构将目录结构进一步扩充为多级目录结构。多级目录结构因其像一棵倒置的有根树，故也称树状目录结构。多级目录结构如图5-12所示。

在多级目录中，有且仅有一个称为根目录的主目录。根目录可以包含若干文件或子目录，子目录又可以包含若干文件和子目录。依此类推，即所有目录和文件形成了一种树状结构关系。其中，每个分支节点是一个目录，而每个叶节点是一个数据文件。

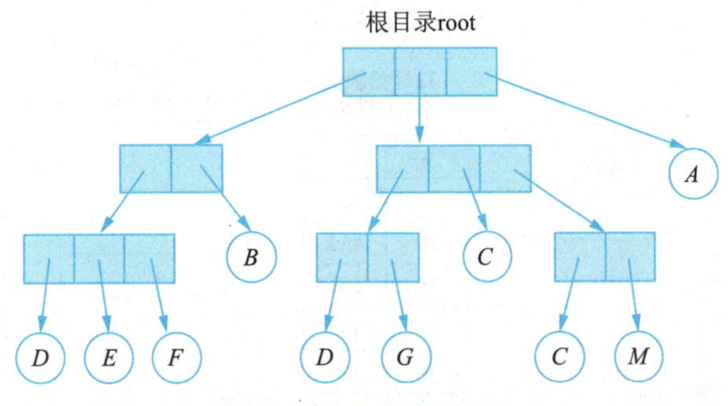

图5-12 多级目录结构

在Windows操作系统中，多级目录采用的是文件夹这种数据结构。文件夹也称为目录夹（folder），它保存的不是用户的数据，而是关于文件及文件系统的信息。简单地说，文件夹的作用就是跟踪文件，里面存放的是从文件名到文件磁盘地址的映射，即文件夹对文件来说是从文件的虚拟地址（文件名）到实际地址（文件存储的磁盘地址）的一种翻译机制。由于文件夹里面又可以有文件夹，这样就形成了一个层次结构。这个层次结构的顶端就是根文件夹，也称根目录，因此也构成了如图5-12所示的多级目录结构。

多级目录可用于大型文件系统，它具有文件检索方便、快捷，位于不同子目录下的文件可以重名，容易实现文件或目录的存取权限控制，便于文件保护、保密和共享等许多优点。现代操作系统中的文件系统都采用了多级目录结构。

5.3.3 目录查询技术

目录管理的最基本功能是实现对文件的“按名存取”。要实现文件的按名存取，系统必须依次进行的操作是：① 根据用户提供的文件名，在文件目录上找到该文件的FCB或索引节点；② 从FCB或索引节点中找到该文件存放的物理块号；③ 由物理块号计算出该文件在磁盘上的物理位置（柱面、磁道、扇区）；④ 通过磁盘驱动程序将该文件读入内存。完成这些操作的关键是怎样根据文件名从目录中检索出文件的物理位置。目前，对目录进行查询的方法主要有两种：线性检索法和散列（hash）检索法。

1. 线性检索法

线性检索法又称顺序检索法。在单级文件目录中，基于用户提供的文件名，可以利用顺序查找法直接从文件目录中找到指定文件的目录项。在树状目录中，用户提供的文件名是由多个文件分量名所组成的路径名，此时须对多级文件目录进行查找。假设用户指定的文件路径名是/usr/ast/mbox，则查找/usr/ast/mbox的过程如图5-13所示。

上述查找过程具体说明如下：

首先，系统应读入第一个文件分量名usr，用它与根目录文件（或当前目录文件）中各目录项中的文件名依次进行比较，从中找出匹配项，并得到匹配项的索引节点编号为6；再从6号索引节点中得知usr目录文件放在132号盘块中，将该盘块内容读入内存。

然后，系统读入路径名中的第二个分量名ast，用它与放在132号盘块中的第二级目录文件中各目录项的文件名依次进行比较，从中找到匹配项，并得知ast的目录文件放在26号索引节点中，再从26号索引节点中得知/usr/ast存放在496号盘块中，将该盘块的内容读入内存。

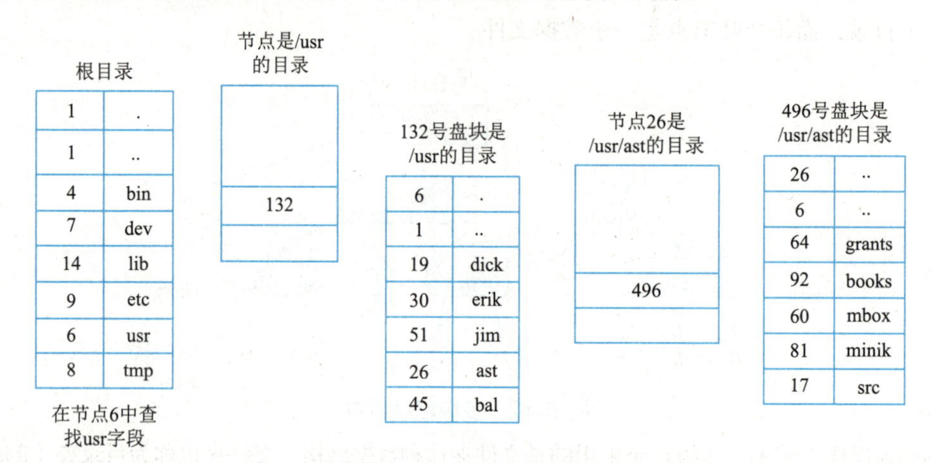

图 5-13 查找 /usr/ast/mbox 的过程

最后，系统读入该文件的第三个分量名mbox，用它与第三级目录文件/usr/ast中各目录项中的文件名依次进行比较，得知/usr/ast/mbox的索引节点编号为60，即在60号索引节点中存放了指定文件的物理地址，目录查询操作到此结束。如果在顺序查询过程中发现有一个文件分量名不能被找到，则应停止查询，并返回“文件未找到”信息。

2. 散列检索法

如果文件系统采用散列方法进行处理，即文件目录是一张散列表，每个文件名的散列函数值是文件目录中对应目录项的索引值，则可使用散列检索法查找指定的文件。散列检索法的具体查找过程是以待查文件名为自变量，代入创建文件目录时使用的散列函数并计算出散列函数值，即得到该文件的目录项在文件目录中的索引号，根据这个索引号从文件目录中直接找到需要访问的文件目录项，并从该目录项中获得此文件的物理地址。

但是，在将文件名映射为对应的文件目录项过程中，有可能把几个不同的文件名转换为相同的散列函数值，即出现了“冲突”。因此，散列检索法还必须有解决冲突的处理办法。

散列检索法的优点是可以显著提高文件的查找速度。

5.4 文件存储空间管理

文件存储空间（外存）由系统和用户共享。由于文件存储设备是分成若干大小相等的物理块，并且以块为单位来交换信息，因此文件存储空间的管理主要是对外存中的空闲块（未使用的物理块）进行管理。

文件管理的基本任务是为新建文件分配外存空间以及回收已删除文件的外存空间。为新建文件分配外存空间可以采用连续分配和离散分配两种方式。连续分配方式具有较高的文件访问速度，但容易产生外存碎片；离散分配方式不会产生外存碎片，但访问速度较慢。要实现外存空间的分配与回收，就必须设置相应的数据结构来记录外存空间当前的使用情况，同时还必须提供相应的手段实现外存空间的具体分配与回收。

5.4.1 空闲分区表法

空闲分区表法属于连续分配方式，它为每个文件分配一块连续的空闲块空间。系统为外存上的所有空闲分区建立一张空闲分区表，每个空闲分区在空闲分区表中占有一个表项。表项包括空闲分区的序号、第一个空闲块号，以及该空闲分区所包含的空闲块个数等，所有空闲分区按其起始的空闲块号递增的次序排列，见表5-2。

表5-2 空闲分区表

序 号	第一个空闲块号	空闲块个数
1	3	3
2	10	4
3	15	7
…	…	…

空闲分区的分配与内存的可变分区分配类似，同样可以采用首次适应算法、循环首次适应算法等。例如，在系统为某个新创建的文件分配磁盘空闲块时，先顺序检索空闲分区表中的各表项，直至找到第一个能满足文件大小要求的空闲分区，然后将该空闲分区分配给这个文件，同时修改空闲分区表。在回收一个空闲分区时，首先考虑回收分区是否在空闲分区表中与其他空闲分区前、后邻接。如果是，则将该空闲分区与相邻的空闲分区进行合并，尽可能形成一个较大的空闲分区。

在内存分配上很少采用连续分配的方式，但是在外存管理中，由于连续分配的速度快而且可以减少所存储的文件在读/写操作时访问磁盘的次数，因此它在诸多分配方式中仍占有一席之地。例如，在支持对换的系统中，对于对换空间一般都采用连续分配方式；对于文件系统，如果文件较小（1～4个物理块）时也可采用连续分配方式。

空闲分区表法的优点是在文件较小时有很好的效果，适用于连续文件的存储分配与回收；缺点是既增加了目录的大小，也增加了目录管理的复杂性。

5.4.2 空闲块链法

空闲块链法是把文件存储设备上的所有空闲块用指针链接在一起，每个空闲块中都设置了一个指向另一空闲块的指针，从而形成一个空闲块链。系统则设置一个链首指针用来指向空闲块链中的第一个空闲块，最后一个空闲块中的指针值为0，标志该块为空闲块链中的最后一个空闲块。当用户请求为文件分配存储空间时，系统就从空闲块链的链首开始依次摘取所需数目的空闲块分配给用户。当用户删除文件时，系统就将该文件占用的物理块回收（已变为空闲块），并链入空闲块链。

空闲块链的优点是分配与回收一个空闲块的过程都非常简单；缺点是效率较低，每次分配或回收一个空闲块时，都要启动磁盘才能取得空闲块内的指针，或者把指针写入归还的物理块（已变为空闲块）中。改进的方法是采用空闲区链法或成组链接法。

空闲区链法是指将磁盘上当前的所有空闲空间，以空闲区为单位链接成一个链表。由于各空闲区的大小可能不一样，因此每个空闲区除含有指向下一个和前一个空闲区的指针外，还用一定的字节来记录空闲区的大小（空闲块个数）。使用空闲区链分配磁盘空间的方法与内存的可变分区分配类似，可以采用首次适应等算法。在回收空闲区时，也要考虑相邻空闲区的合并问题。为了提高对空闲区的检索速度可以采用显式链接，即将链接各空闲区的指针显式地存放于内存中一张链接表中。

成组链接法是将空闲分区表法和空闲块链法相结合而形成的一种空闲块管理方法，它兼备了两种方法的优点，并克服了两种方法均有的表太长的缺点。成组链接法的优点是简单，但工作效率低，因为在空闲块链上增加或移动空闲块时，需要做许多I/O操作。

在UNIX操作系统中，磁盘的存储空间管理采用空闲块成组链接方法，每100个空闲块为一组，每组作为空闲块成组链接链表中的一个节点，最后不足100个空闲块的这组，则作为空闲块成组链接链表中的首节点。以每组（每个节点）100个空闲块为例，在该组的第一个空闲块中，0号单元记录了本组可用空闲块的总数100；从1号单元到100号单元，每个单元都存放着一个可用于分配的空闲块号，以供内存分配时使用；1号单元存放的空闲块号还有一个用途，即在该块号所指的空闲块中又登记了下一组（后继节点）可用于分配的空闲块信息。

假定现在共有438个物理块，编号为12～449，图5-14所示为UNIX系统的空闲块成组链接示意图。其中，空闲块50～12 这一组为链表中的首节点，50号的空闲块中登记了下一组（后继节点）100个空闲块150～51；同样，150号的空闲块中登记了再下一组100个空闲块250～151，依此类推。注意，空闲块350～251这组中的350号空闲块里登记了最后一组（链表的最后一个节点）99个空闲块449～351，且350号空闲块中1号单元中并不放置空闲块号而是填“0”（链尾标志），表示空闲块成组链接链表到此结束。

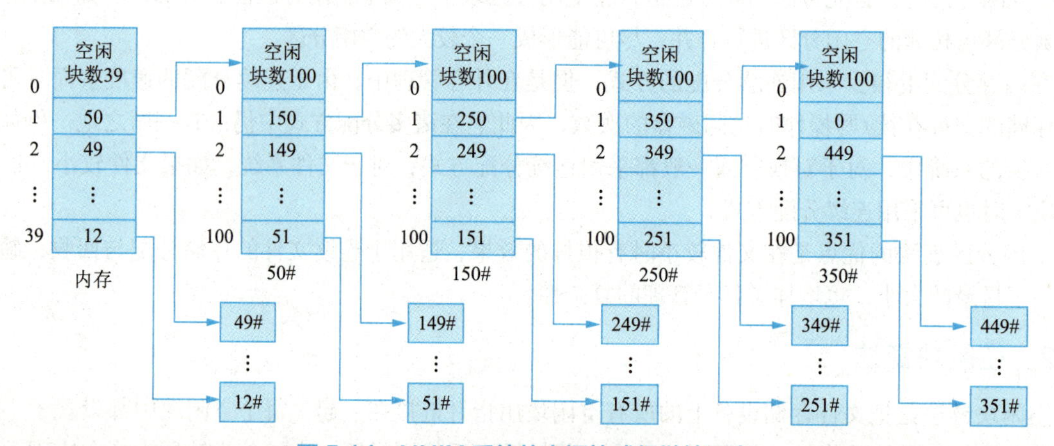

图 5-14 UNIX 系统的空闲块成组链接示意

系统初始化时，先将空闲块成组链接链表中首节点的空闲块号及块数信息读入内存专用块中（称为当前组信息）。当有申请空闲块要求时，就直接按内存专用块存放的当前组信息（空闲块号）分配空闲块，每分配一块后就把0号单元记录的当前组空闲块数减1。分配是从内存专用块中按100号单元至1号单元的顺序依次分配各单元中的空闲块（号）。当分配到1号单元所存放的空闲块号（当前组剩余的最后一个空闲块。由于是逆序分配，该空闲块实际上是排列在该组的第一个空闲块）时，则需要先把记录在该空闲块中的下一组（即当前组节点的后继节点）空闲块信息读入内存专用块中成为新的当前组，然后再分配该空闲块（这时内存专用块中记录的原当前组空闲块都已分配完毕）。即此时内存专用块中又有了新的一组可用于分配的空闲块信息。这样，每当分配完一组空闲块时，就将下一组空闲块信息读到内存专用块中，以便继续进行空闲块分配。因此，每组（每个节点）第一个空闲块的1号单元，除存放空闲块号外，还同时起着链接指针的作用，即通过每组（每个节点）第一个空闲块的1号单元将系统中所有的空闲块以组为单位（作为链表中的节点）链接起来，这种链接方式称为空闲块成组链接法。

当系统回收一个物理块（该物理块现已成为空闲块）时，若回收该块之前内存专用块中当前组的空闲块未满100块，则把回收的块号登记在内存专用块的当前组中，且0号单元中的当前组空闲块数加1即完成回收；若回收该块之前内存专用块中当前组的空闲块已达100块，则先把内存专用块所登记的100个空闲块号作为一组写到这个待回收的空闲块中，并清空内存专用块中登记的所有空闲块号，然后回收这个待回收的空闲块，即将该空闲块号登记到内存专用块的1号单元中，作为新当前组中的第一个空闲块，并置内存专用块0号单元中的当前组空闲块数为1。这时，刚填入到新当前组第一个空闲块中的这组信息，即构成了新当前组节点的后继节点。

5.4.3 位示图法

位示图法是指利用一个由若干二进制位构成的图形，来描述磁盘当前存储空间的使用情况。二进制位的数量与磁盘的物理块数量相同，每个二进制位对应一个物理块。其中，若某二进制位为0，则表示对应的物理块为空闲块，可用于分配；若某二进制位为1，则表示对应的物理块已被分配。位示图的示意如图5-15所示。

	1	2	3	4	5	6	7	8	9	10	11	12	13	14	15	16
1	1	1	1	1	1	0	0	0	0	1	1	0	0	1	1	1
2	0	0	1	1	0	0	1	1	1	1	0	0	0	0	1	1
3	1	1	1	0	0	1	0	1	1	1	1	1	0	1	1	0
4	0	0	1	1	1	1	0	1	0	1	1	0	1	1	1	0
5	1	0	1	1	1	0	0	0	0	1	1	1	1	1	0	0
6	0	0	0	0	1	1	1	0	0	0	0	0	0	0	0	0
⋮																

图 5-15　位示图示意

利用位示图进行空闲块分配时只需要查找位示图中为0的位并将其置1，表示该二进制位对应的空闲块现在已经分配出去；反之，回收时只需要把回收物理块块号在位示图中所对应的位由1改为0即可（此时该物理块变为空闲块）。由于位示图很小，可以将其保存在内存中以方便查找。

位示图的优点是占用空间少，且容易找到相邻的空闲块，几乎可以全部进入内存；位示图的缺点是分配时需要顺序扫描位示图，且空闲块号并未在位示图中直接反映出来，需要进一步计算。

5.5 文件共享与文件安全

实现文件共享是文件系统的重要功能。文件共享并不意味着用户可以不加限制地随意使用文件，否则文件的安全性和保密性将无法得到保证。因此文件共享要解决两个问题：一是如何实现文件共享；二是对各类需要共享的用户如何进行存取控制来保证文件的安全使用。

5.5.1 早期的文件共享方法

文件共享是指多个用户（进程）可以通过相同或不同文件名使用同一个文件，这样系统只需要保存该文件的一个副本。利用文件共享不仅可以节省大量外存空间，而且可以减少复制文件的时间开销并减少文件中数据不一致性的问题发生。早期实现文件共享的方法有三种：绕道法、链接法和基本文件目录表法。

绕道法要求每个用户在当前目录下工作，用户对所有文件的访问都是相对于当前目录进行的。用户文件的路径名是由当前目录到数据文件通路上所有各级目录的目录名，再加上该数据文件的文件名组成。当所访问的共享文件不在当前目录下时，用户应从当前目录出发向上回退到该共享文件所在路径的交汇点处，再由此交汇点顺序向下访问到该共享文件。

绕道法需要用户指定所要共享文件的逻辑位置，或指定能够到达此共享文件的路径。显然，绕道法要绕弯路访问多级目录，因此查找效率不高。

为了提高共享其他目录中文件的查找速度，另一种共享方法是在相应目录表之间进行链接，即将一个目录中的链接指针，直接指向共享文件的文件目录，从而实现文件的共享。采用这种链接方法实现文件共享时，应在文件目录项中增加“连访属性”和“用户计数”两项说明，前者说明文件物理地址是指向共享文件的目录，后者说明共享文件的用户数目。若要删除一个共享文件，必须判断该共享文件是否有多个用户在使用。如果有多个用户在使用，则只对用户计数做减1操作，否则才真正删除此共享文件。链接法仍然需要用户指定被共享的文件和被链接的目录。

基本文件目录表法把所有文件目录的内容分成两部分：一部分包括文件的结构信息、物理块号、存取控制和管理信息等，并由系统赋予唯一的内部标识符来标识；另一部分则由用户给出的文件名和系统赋以文件说明信息的内部标识符组成。这两部分分别称为基本文件目录表（BFD）和符号文件目录表（SFD）。BFD中存放除文件名之外的文件说明信息和文件的内部标识符，SFD中存放文件名和文件内部标识符。

5.5.2 目前常用的文件共享方法

1．静态共享

实际上静态共享的文件仅有一处实际的物理存储，但由于链接关系的存在则可以从多个相关目录到达这个文件。

（1）基于索引节点的文件共享

当多个用户需要共享某文件（或子目录）时，必须将被共享的文件（或子目录）链接到这些用户的相应目录中，以便能够方便地找到被共享的文件（子目录）。然而，用户与被共享文件之间的链接关系必须使用正确的方法来实现，否则就可能出现部分文件内容并不能被共享的问题。例如，若有两个用户分别希望以文件名A和文件名B来共享文件C，则必须实现文件A或文件B与文件C之间的链接；若链接方法是将文件C的物理地址（即物理块号）分别复制到文件A或文件B的目录项中，则这种链接方式可能会导致无法共享文件C中新添加的数据。这是因为如果使用文件A的用户向文件C中添加新的数据时，可能会导致系统为文件A分配新的物理块，而这些新增加的物理块号信息只会出现在用户文件A的目录项中，这样，文件B的目录项中就没有这些新增加的物理块号信息，即文件C新增加的内容对使用文件B的用户是不可见的，即文件C新增加的内容不能被共享。

实现文件共享的一种正确方法是使用索引节点，即除文件名外的其他全部属性不再保存在文件的目录项中，而是保存在索引节点中。文件的目录项只保留文件名和指向该文件索引节点的指针，如图5-16所示。此时，任何用户修改被共享文件所引起的索引节点内容改变对其他用户都是可见的，即被共享文件新添加的内容也能够被所有共享该文件的用户共享。

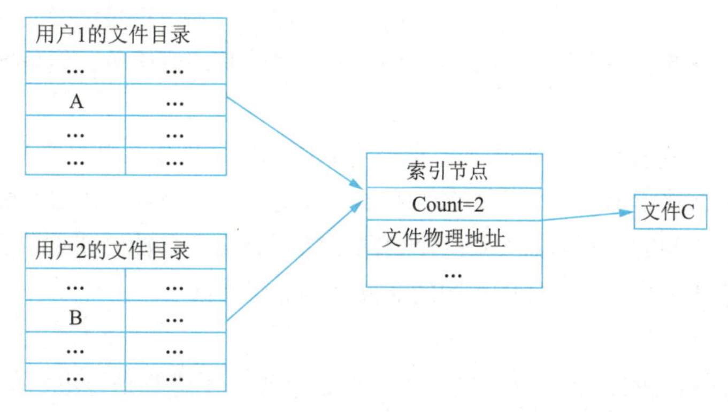

图 5-16　基于索引节点的文件共享方式

为了共享文件，索引节点中设置了一个链接计数器count，用来记录链接到本索引节点上的目录项数目。例如，若count=2，则表示有两个用户目录项链接到本索引节点上，即有两个用户在共享本文件。

当一个用户创建文件C后，此用户就是文件C的所有者，此时文件C的索引节点中 count=1。当另一个用户需要共享文件C时，就在自己的文件目录中增加一个目录项，同时设置一个指针指向文件C的索引节点，并置索引节点 count=2。增加共享用户不会导致文件的所有者发生改变，只是文件C中索引节点里的count值相应增加。用户删除共享文件C时，只要其索引节点中的count值大于1，就不能真正删除共享文件C，只能删除该用户目录到共享文件C索引节点的链接，并将共享文件C中索引节点里的count值减1。只有共享文件C再没有被其他用户共享时（count=1），才能真正由文件C的所有者删除。这种基于索引节点的文件共享方式，使得共享文件的所有者在其他用户共享该文件时无法将其删除。

（2）利用符号链实现文件共享

上述将两个文件目录表项中的指针指向同一个索引节点的链接称为文件的硬链接。文件硬链接不利于文件所有者（文件主）删除他拥有的文件，因为文件所有者在删除他拥有的共享文件时，就必须先删除（关闭）所有其他用户的硬链接，否则就会造成共享该文件的其他用户目录表中的指针悬空（所指的共享文件为不存在的文件）。为此又提出了另一种链接方法——符号链接。

利用符号链接也可以实现文件共享，该方法称为软链接。例如，用户B为了共享用户A的一个文件C，可以由系统创建一个link类型的新文件，并把这个新文件添加到用户B的文件目录中，以实现用户B的一个文件目录项与用户A中文件C的链接。新文件中只包含被链接文件C的路径名，称这种链接方式为符号链接。当用户B要访问被链接的文件C时，系统发现要读的文件是link类型，就会根据新文件中的路径名去读文件C，从而实现了用户B对用户A中文件C的共享。

利用符号链接实现文件共享时，只有共享文件的所有者才拥有指向该共享文件索引节点的指针，其他共享该共享文件的用户只有其路径名，而没有指向其索引节点的指针。这样，当共享文件的所有者删除该共享文件时并不会受其他共享用户的影响，只是该共享文件被删除后，其他用户要通过符号链去访问此共享文件时，会因找不到这个共享文件而访问失败，此时系统将该用户文件目录中访问该共享文件的这个符号链接（即link类型的文件）删除。

利用符号链接实现文件共享的最大优点：只要知道文件所在计算机的网络地址及其文件在该计算机上的路径，就能够通过网络链接到世界上任何地方的计算机中所存放的文件。

利用符号链接实现文件共享的主要缺点：当用户通过符号链接访问某个共享文件时，系统需要根据给定的文件路径名逐个路径分量地去多次查找目录，直至找到需要访问的共享文件的索引节点，整个过程可能要多次读取磁盘，从而使访问操作的开销很大。此外，利用符号链接实现文件共享时要为每个共享用户建立一条符号链接，每个符号链接是一个文件，尽管其内容简单，但也要为它分配索引节点而耗费一定的磁盘空间。

基于索引节点及符号链接的共享方法都存在一个共同问题，即每个共享文件都可能有多个文件名。也就是说，每增加一个链接就增加一个文件名，实质上就是每个用户都使用自己的路径名去访问共享文件。因此会产生这样一个问题，即当需要将一个目录中的所有文件都转储到磁带上时，就可能使一个共享文件产生出多个副本（一个共享文件以不同的文件名存储了多次）。

2. 动态共享

动态共享存在于进程之间，当父进程创建了一个子进程，子进程通过继承就可以共享父进程已经打开的文件。以后父进程和子进程还可以再打开各自的文件，但这时打开的文件对父子进程来说已没有共享关系。当进程撤销后，父子进程之间的共享关系也随之解除。

5.5.3 文件系统的安全

文件系统的安全性是要确保未经授权的用户不能存取某些文件。随着计算机应用范围的扩大，所有稍具规模的计算机系统都要从多个级别上来保证系统的安全性。

1. 系统级安全管理

系统级安全管理的主要任务是不允许未经许可的用户进入计算机系统，从而防止他人非法使用系统中的各类资源（包括文件）。系统级管理的主要措施有注册和登录两种。

① 注册：注册的主要目的是使系统管理员能够掌握要使用计算机的各用户情况，并保证用户在系统中的唯一性。

② 登录：用户注册后就成为该系统的用户，但在上机时还必须进行登录。登录的主要目的是通过核实用户的注册名及口令来检查该用户使用系统的合法性。

2. 用户级安全管理

用户级安全管理是通过对所有用户分类和对指定用户分配访问权，即对不同的用户、不同的文件设置不同的存取权限来实现的。例如，在UNIX系统中将用户分为文件主、同组用户和其他用户。有的系统将用户分为超级用户、系统操作员和一般用户。

3. 目录级安全管理

目录级安全管理是为了保护系统中的各种目录而设计的，它与用户权限无关。为保证目录的安全，规定只有系统核心才具有写目录的权利。

用户对目录的读、写和执行与对一般文件的读、写和执行的含义有所不同。对于目录的读权限，意味着允许打开并读取该目录的信息。例如，UNIX系统使用ls命令可列出该目录的子目录和文件名清单。对于目录的写权限，则意味着可以在此目录中创建或删除文件。

4. 文件级安全管理

文件级安全管理是通过系统管理员或文件所有者对文件属性的设置来控制用户对文件的访问。通常可设置以下八种属性：

① 只执行：只允许用户执行该文件，主要针对.exe和.com文件。

② 隐含：该文件为隐含属性文件。

③ 索引：该文件为索引文件。

④ 修改：该文件自上次备份后是否还可以被修改。

⑤ 只读：只允许用户对该文件进行读操作。

⑥ 读/写：允许用户对该文件进行读和写操作。

⑦ 共享：该文件是可读共享的文件。

⑧ 系统：该文件是系统文件。

用户对文件的访问将由用户访问权限、目录访问权限，以及文件属性这三者的权限共同决定。

5.5.4 文件保护

文件保护是要求文件系统只允许对文件进行合法访问，一般可采用四种文件保护方式：存取控制矩阵、存取控制表、口令、加密。

1. 存取控制矩阵方式

操作系统为每个用户设置访问每个文件对象的存取属性，即（用户-文件-权限）三元组的关系。所有三元组就组成了一个二维矩阵，称为存取控制矩阵。该矩阵是一个二维矩阵，其中，一维列出计算机的全部用户，另一维列出系统中的全部文件。整个系统的文件全部由存取控制矩阵管理，矩阵中每个元素A_{ij}表示第i个用户对第j个文件的存取权限。通常，存取权限包括可读（R）、可写（W）、可执行（E）、附加（A）、修改（M）、删除（D）以及它们的组合，如图5-17所示。

用　户	文　件				
	F_1	…	F_j	…	F_n
U_1	a_{11}	…	a_{1j}	…	a_{1n}
…	…	…	…	…	…
U_i	a_{i1}	…	a_{ij}	…	a_{in}
…	…	…	…	…	…
U_m	a_{m1}	…	a_{mj}	…	a_{mn}

图5-17 存取控制矩阵

当用户向文件系统发出存取要求时，文件系统可以根据文件控制块FCB中的文件存取控制信息与存取控制矩阵中相应单元的内容进行比较，如果不匹配则操作不能执行。

存取控制矩阵概念简单清楚，在理论上是可行的，但具体实现起来却有困难。原因是当一个系统中的用户数和文件数很大时，存取控制矩阵将变得非常庞大，既占用了大量的内存空间，又增加了使用文件时对存取控制矩阵检索带来的时间开销。所以，存取控制矩阵是一种不完善的文件保护方法。

2. 存取控制表方式

对存取控制矩阵的一种改进的方法是对访问文件的用户按照访问权限差别进行分类，同一类用户对同一类文件的访问方式是一样的，而不同类用户对同一类文件的访问方式是不同的。由于某一文件往往只与少数几个用户有关，所以这种分类方法可使存取控制大幅简化，这就是存取控制表方法。存取控制表把用户分为三类：文件主、同组用户和其他用户，每类用户的存取权限为可读、可写、可执行或者它们的组合，见表5-3。由于存取控制表对每个文件的用户进行分类，所以每个文件都有一张精简的访问权限列表，可将此表放在每个文件的FCB中。当文件被打开时，精简的访问权限列表就被复制到内存中，从而使文件保护能够高效地进行。

表 5-3 存取控制表

文 件 名	TEST
文件主A	RWE
B组	RWE
C组	RE
其他	R

存取控制表方法占用空间较小，查找效率也高，但因对用户分组而产生了额外的开销。

3. 口令方式

在每个用户创建文件时，为新创建的文件设置口令。该口令被置于文件说明（如FCB）中，当任一用户想访问该文件时都必须提供口令，并与FCB中的口令进行比较。只有当口令匹配时才允许对该文件进行存取操作。

口令方式实现比较简单，占用的内存空间以及验证口令所需的时间都非常少。但是这种方法有以下两个缺点：

① 用户需要记住的口令数量过大（一个文件一个口令时），以致这种方案不可行。

② 如果所有文件只使用一个口令，那么一旦被破译则所有文件都能被访问。

4. 加密方式

文件保护的另一种解决方法是加密，即在用户创建文件并在其写入存储设备时对文件实施编码加密，而在读出文件时再对该文件进行译码解密。显然，只有能够进行译码解密的用户才能读出被加密的文件信息，从而起到文件保护的作用。

从信息安全的角度看，这种加密方式属于对称加密，即文件的加密和解密都需要用户提供同一个密钥，其原理是文件存储时，加密程序将使用密码对源文件进行编码变化，即加密；而读取文件时，解密程序必须使用同一个密钥对加密文件进行解密，将其还原为源文件。

与口令方式相比，加密方式中使用的密钥没有存放在系统中，而是由用户自己保管，因此具有保密性强的优点。但是编码、解码工作需要耗费大量的时间，即加密是以牺牲系统开销为代价的。

小 结

拓展阅读

"CCF终身成就奖获得者"——胡守仁、张景中

本章主要介绍了文件和文件系统的基本概念、文件逻辑结构的类型、文件目录、文件的共享与保护等内容。文件是由OS定义和实现的抽象数据类型，它是逻辑记录的一个序列，而逻辑记录可以是字节、记录或更加复杂的数据项。文件的逻辑结构是指从用户角度所看到的文件组织形式，分为有结构文件和无结构文件两种。文件目录是用来管理文件的数据结构，可分为单级文件目录、两级文件目录、多级目录等。为了防止浪费存储空间，系统提供文件共享功能显得尤为必要。可以在单处理器系统、多处理器系统甚至计算机网络中进行文件共享。因为文件是大多数计算机存储信息的主要机制，如果处于不安全状态，则可能会产生难以估量的影响，所以需要进行文件保护。文件保护可以通过存取控制机制或其他技术来实现。

思考与练习

一、单项选择题

1. 文件系统的主要目的是（ ）。

   A. 实现对文件的按名存取　　B. 实现虚拟存储

   C. 提高外存的读/写速度　　D. 用于存储系统文件

2. 下列文件中属于逻辑结构的无结构文件是（ ）。

   A. 变长记录文件　　B. 索引文件　　C. 连续文件　　D. 流式文件

3. 在记录式文件中，一个文件由称为（ ）的最小单位组成。

   A. 物理文件　　B. 物理块　　C. 逻辑记录　　D. 数据项

4. 文件系统用（ ）组织文件。

   A. 堆栈　　B. 指针　　C. 目录　　D. 路径

5. 物理文件的组织形式与（ ）无关。

   A. 文件长度　　B. 文件的存储方式

   C. 存储介质特性　　D. 文件系统采用的管理方式

6. 下面说法正确的是（ ）。

   A. 连续文件适合于建立在顺序存储设备上不适合于建立在磁盘上

   B. 索引文件是在每个物理块中设置一个链接指针将文件的所有物理块链接起来

   C. 连续文件必须采用连续分配方式，而串联文件和索引文件都可采用离散分配方式

   D. 串联文件和索引文件本质上是相同的

7. 使用绝对路径名是从（ ）开始按目录结构访问某个文件。

   A. 当前目录　　B. 用户主目录　　C. 根目录　　D. 父目录

8. 设置当前工作目录的主要目的是（ ）。

   A. 节省外存空间　　B. 节省内存空间

   C. 加快文件的检索速度　　D. 加快文件的读/写速度

9. 目录文件所存放的信息是（ ）。

   A. 某一个文件存放的数据信息

   B. 某一文件的文件目录

   C. 该目录中所有数据文件目录

   D. 该目录中所有子目录文件和数据文件的目录

10. 为防止系统故障造成文件被破坏，通常采用的方法是（ ）。

    A. 存取控制矩阵　　B. 定时转储文件　　C. 设置口令　　D. 密码转换

二、简答题

1. 什么是文件？它包含哪些内容及特点？
2. 文件系统必须完成哪些工作？
3. 什么是逻辑文件？什么是物理文件？
4. 简述文件的外存分配中连续分配、链接分配和索引分配各有什么主要优缺点。

5. 文件目录和目录文件各起什么作用？目前广泛采用的目录结构形式是哪种，它有什么优点？

6. 使用文件系统时，通常要显式地进行打开（OPEN）和关闭（CLOSE）操作。

（1）这样做的目的是什么？

（2）能否取消显示的打开、关闭操作？应如何做？

（3）取消显示的打开、关闭操作有什么问题？

7. 有哪些常用的文件存储空间管理方法？并说明其主要优缺点。

8. 文件存取控制方式有哪些？试比较它们的优缺点。

9. 文件管理与内存管理有何异同点？

三、应用题

1. 设某文件为链接文件并由五个逻辑记录组成，每个逻辑记录的大小与磁盘物理块的大小相等均为512 B，并依次存放在50、121、75、80和63号物理块上。若要存取文件的第1569逻辑字节处的信息，问要访问哪一个物理块？

2. 设某文件系统采用两级目录结构，主目录中有十个子目录，每个子目录中有十个目录项。在同样多的目录情况下，若采用单级目录结构，所需平均检索目录项数是两级目录结构平均检索目录项数的多少倍？

第6章 设备管理

在计算机系统中，用来担负数据输入/输出的部件称作外围设备（Peripheral），它们是计算机与外部世界进行信息沟通的桥梁，是操作系统管理的重要资源。本章阐述计算机外围设备的管理方法。外围设备简称“外设”，包括打印机、卡片机、磁带机、磁盘机以及有关的支持设备，诸如输入/输出通道和控制器等。由于这些设备的物理特性各不相同，使用方式也有很大差别，因此设备管理往往是操作系统中最复杂的部分。

知识导图

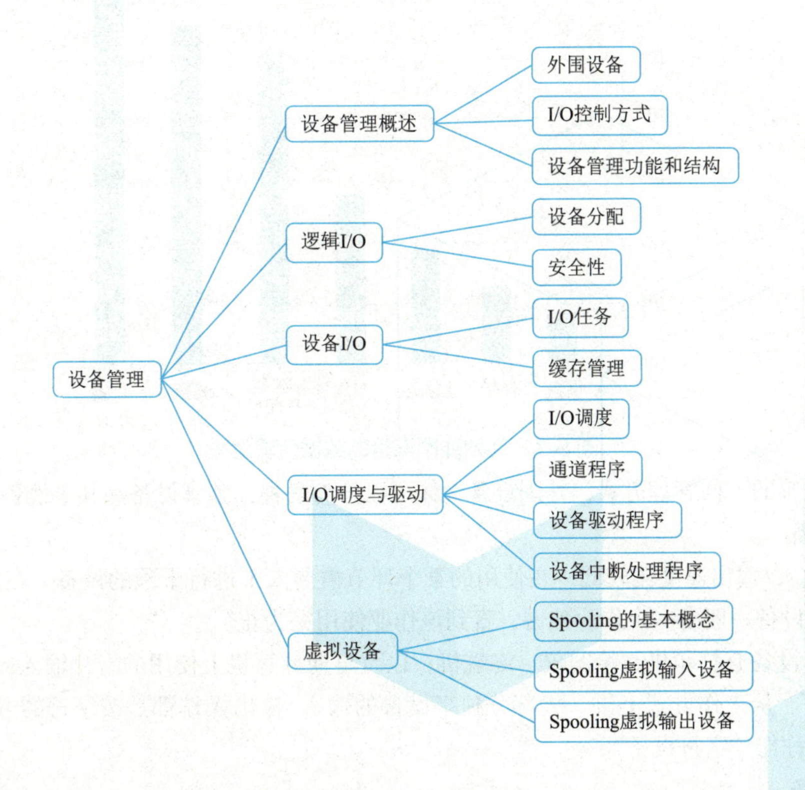

学习目标

- 了解：与设备分配有关的数据结构、分配模式。
- 理解：设备管理中使用的中断技术、缓冲技术、通道技术和Spooling技术。

• 掌握：数据传输方式及各自特点，熟悉设备管理的功能和任务并能够在实践中灵活运用设备调度算法。

• 分析：通过学习本章提供的案例，学会分析中断控制、DMA、通道等数据传输方式。

• 培养：问题分析能力、设计开发能力、研究能力和使用现代工具的能力，由设备管理的方式培养学生团队合作能力的提升。

6.1 设备管理概述

设备管理模块涉及物理设备的硬件构造、使用方式、数据传送格式、I/O 组织和控制形式等。本节主要介绍外围设备的分类、I/O控制方式、设备管理的功能与结构。

6.1.1 外围设备

计算机的外围设备种类繁多，有低速设备，也有高速设备。低速设备每秒只能传送一到两个字节；高速设备每秒能够传送几兆字节。图6-1所示为几种典型外围设备的数据传输性能（其中，纵坐标是数据传输速率 bit/s）。

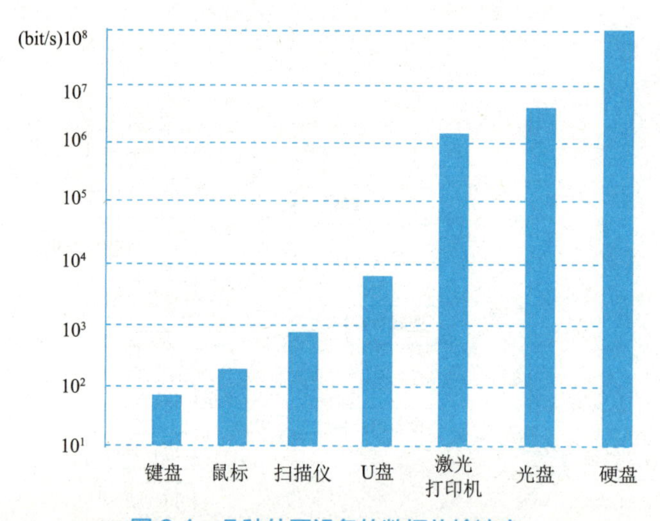

图 6-1 几种外围设备的数据传输速率

按照操作系统的不同管理方式，外围设备大体可以分为两种：独享设备和共享设备。

1. 独享设备

这是一类输入/输出速度比较低，在使用的某个环节需要人工进行干预的设备。在多进程并行运行的系统中，独享设备一般由一个作业独占，直到该作业使用完为止。

常见的独享设备有打印机、绘图仪、终端机，以及早期计算机上使用的卡片输入/输出机、穿孔机和光电阅读机等。从工作方式上讲，大部分独享设备的输入/输出操作都是按字符的方式进行传送的，因此这种设备又称作“字符设备”。

2. 共享设备

共享设备是一类操作速度较快的设备，它允许多个作业以共享方式使用。从逻辑上讲，一台共享设备可以看成是多台独享设备的联合体。

使用共享设备的每一个作业，在该设备上有一个单独的区域，它们对共享设备的访问都被限定在各自的区域中。由于共享设备具有良好的直接存取特性，使得它在区域之间寻址的时间非常短，因而一台共享设备可以采用"分时"方式从容地为多个进程服务。从宏观上讲，每个进程都在访问共享设备中属于自己的区域，就好像在使用自己的独享设备一样。

确定共享设备中各个区域的分配方案，既可以在进程创建时完成，也可以在进程运行过程中以动态方式进行。

共享设备可以供多个进程共同进行存入和读出。每次操作时，它总是一次传输若干数据，因此共享设备也被称作"块设备"。从利用率上讲，共享设备比独享设备高得多。磁盘是最常见的共享设备。

6.1.2 I/O 控制方式

计算机系统中的I/O控制方式是与硬件的配置紧密相关的，大体可分为以下四种方式：程序查询方式、中断控制方式、DMA方式和通道控制方式。

1. 程序查询方式

在早期的计算机系统中，外围设备的输入/输出管理主要采用查询方式。若进程需要使用外围设备进行输入/输出时，系统测试设备的状态。如果设备状态为"忙碌"，则继续以循环方式进行测试；如果设备状态为"不忙碌"，则启动设备进行数据传送。这种方式造成的结果是，CPU绝大部分时间浪费在等待低速设备的操作上。因为CPU除了主动测试外围设备的操作状态以外，无其他方法得知其操作情况，只能在一个循环程序上反复运行消耗时间。

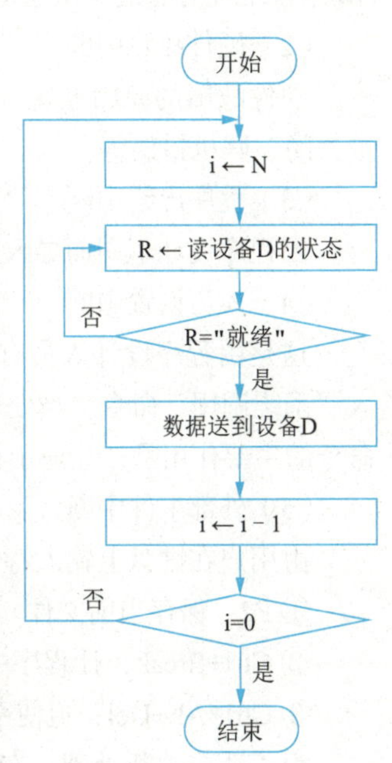

图 6-2 程序查询流程图

实现程序查询方式通常要执行下述三条指令：

① 测试指令：查询设备状态是否准备就绪。

② 传送指令：当设备就绪时，执行该指令进行数据传送。

③ 转移指令：当设备尚未就绪时，执行转移指令转到测试指令继续测试设备状态。

这种方式中，数据传送要占用CPU中的寄存器。若这些寄存器中存着一些有用的数据，则需要保护起来。另外，传送中往往不止一项数据，而是一批数据，故应事前设置好传送计数值。图6-2所示为程序查询方式的数据输出流程图。图中，N为传输的数据量。可以看出，这是一种效率很低的方式。因为程序中循环读设备D的状态，无形中浪费了大量CPU时间。

2. 中断控制方式

中断机构的引入使系统的管理方式得到改善。在有中断机构的系统中，管理程序将外围设备启动后，便不再在原来的程序上继续运行，而是阻塞当前进程，让处理器转到其他进程去运行。

视 频

中断控制方式

那么，管理程序怎样得知外围设备的操作状态？

答案很简单，当外围设备完成一项数据传送任务后，通过硬件上连接的一条中断请求（INTR）信号线，将中断信号送给CPU。CPU接到该信号后，便自动转到相应的中断处理程序去运行。这样，程序设计者可以在中断处理程序中设计读外围设备状态的指令，以便掌握设备的当前状态。

当CPU接收了外围设备的中断信号，并读入设备状态后，发现该设备已经正常完成了一项数据的输入/输出任务，则可以启动下一项数据的传送，同时将等待这项数据传送的进程唤醒（由阻塞状态转为就绪状态）。中断处理结束后，CPU再转回到被中断的程序去继续运行。

中断，是外围设备向CPU报告操作结果的一种手段。CPU响应外围设备的中断请求后，转入“中断处理程序”运行，进行必要的处理后再返回到被中断的程序。

在多道程序运行的系统中，一个任务A在运行过程中遇到I/O操作时，为了不让处理器闲置，可将处理器切换给另一个任务B。当B运行中也遇到I/O操作时，再将处理器切换给任务C，如此方式切换下去。当一个I/O操作完成后，系统通过中断机制能够随时感知到外围设备发生了什么，据此做相应处理。

从用户角度看，中断就是将正常的处理器执行序列打断，把控制权转给其他程序。用户不需要为中断添加任何代码，由操作系统负责暂停当前程序，中断处理后，让当前进程恢复运行。

引起中断的原因很多，大体可分为以下五类：

（1）I/O设备中断

外围设备启动后，一旦准备就绪或者完成了一项I/O任务，设备控制器便向处理器发出中断请求（如果系统配有通道，由通道负责向处理器发出中断请求）。这类中断与设备的配置情况有关。

（2）硬件故障中断

硬件故障的原因五花八门，如电源掉电、打印机缺纸、磁盘表面损坏、插件接触不良、驱动器门未关闭、联机错误等。

（3）程序出错中断

因程序设计不周而导致运行出现错误。常见的有除法“非法”操作、数据溢出错、地址定位错等。

（4）人为设置中断

这是由程序设计人员有意安排的中断，即“自愿”中断。编程者可以在程序中需要中断的地方插入“系统调用”命令。当处理器执行至该命令时产生中断，使处理器转到系统程序中去运行。系统调用命令的主要作用是；让应用程序得到系统的支持，如文件访问、设备控制等。

（5）外部事件中断

由用户在键盘上输入特殊控制键产生的中断属于外部事件中断。例如以下三种：

① F2：保存当前文件。

② Ctrl+Break：让程序中断运行。

③ Ctrl+Alt+Del：迫使系统初始化。

为了适应中断处理，在硬件设计中，每条指令执行结束时，处理器检查是否有中断信号出现。如果没有，处理器就进入下一条指令的取指周期；否则，在当前指令周期中加入一个“中断周期”。期间，处理器需要暂停当前程序，并将控制权交给“中断处理程序”运行，如图6-3所示。

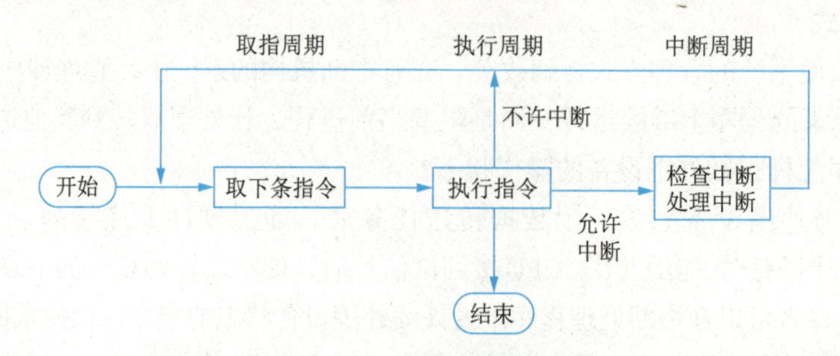

图6-3　一个指令周期示意图

中断周期中的处理步骤如下：

视 频

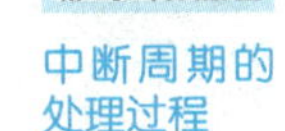

中断周期的处理过程

① 处理器对中断进行测定，给提出中断的设备发一个中断确认（INTA）信号，以便使该设备清除它的中断请求信号。

② 保存被中断程序的断点——程序状态字（PSW）和程序计数器（PC）的值。这两项信息被压入系统栈中保护起来。

③ 处理器将响应本次中断的处理程序入口地址装入程序计数器中。

一般来说，每一类中断都有一个中断处理程序，处理器必须决定调用其中的哪一个。在大多数情况下，中断信号中都包含关于中断源的信息，据此可以得出中断处理程序的入口地址。如果没有，硬件设计中必须考虑让CPU发信号给相关设备，请求中断源信息。图6-4所示为中断周期的处理示意图。

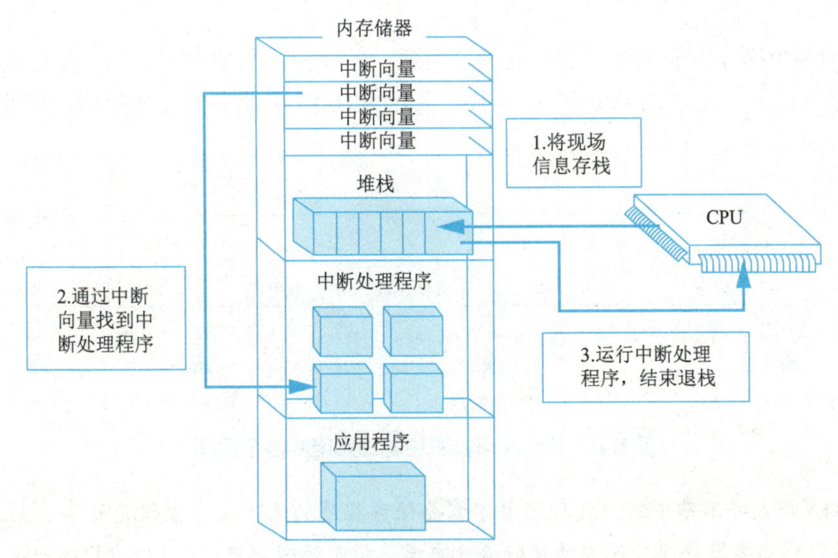

图6-4 中断周期处理示意图

3. DMA方式

在DMA（direct memory access，直接存储器访问）控制方式中，数据传送可以绕过处理器，直接利用DMA控制器实现内存和外围设备的数据交换。每交换一次，可传送一个或多个数据块，因此这是一种效率很高的传输方式。图6-5所示为DMA控制器的逻辑图。

图6-5中左侧是一组与DMA控制器相连的系统总线，其另一端连接着内存储器和处理器。在这种总线结构中，DMA控制器只能与处理器共享系统总线。一般情况下，当DMA控制器需要使用总线时，必须强迫处理器临时挂起，挪用一个总线周期实现数据传输。这就是所谓的周期挪用技术（cycle stealing）。

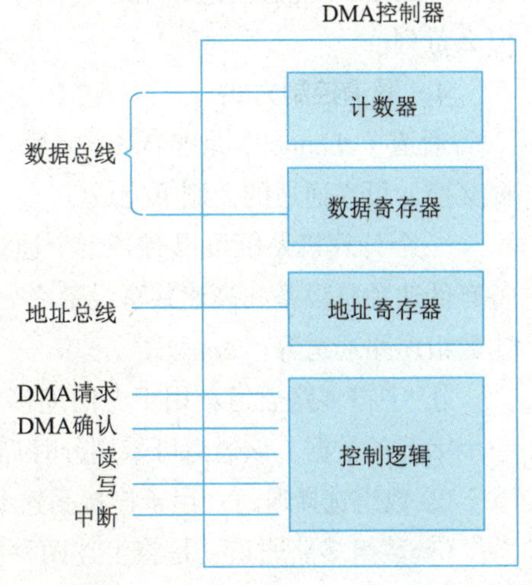

图6-5 DMA控制器的逻辑图

当进程要从某台外围设备，如磁盘，读出一个数据块时，处理器便向DMA控制器发送本次数据被装入的内存地址，该地址存放于DMA控制器的地址寄存器内。处理器还要向DMA控制器发送本次数据的传送量，存于DMA控制器的计数器中。此外，磁盘访问的源地址也将发送至DMA控制器，存于I/O控制

逻辑内。然后，再发出启动DMA的指令，要求DMA进行数据传输。

DMA控制器通过挪用总线周期的方式进行数据传输，工作流程如下：

① 从磁盘读出一个字节数据，送入数据寄存器中暂存。

② 挪用一个系统总线周期（也就是内存周期），将该字节送到地址寄存器指示的内存单元中。

③ 地址寄存器自动加1，同时让计数器减1。

④ 若计数器的值不为0，表示磁盘读操作尚未结束，则转①，准备接收下一个数据。

⑤ 若计数器的值为0，表示磁盘读操作结束，DMA控制器向处理器发出中断信号。处理器接到DMA发来的中断信号后，转入相应的中断处理程序，读DMA的状态，判断本次传送是否成功，依此做相应处理。

处理器上的一个指令周期中包含多个处理器周期。各处理器周期内完成的工作依次为取指、指令解码、取操作数、执行指令、结果保存等。图6-6所示为DMA可能发生总线挪用，将处理器挂起的各个瞬间。

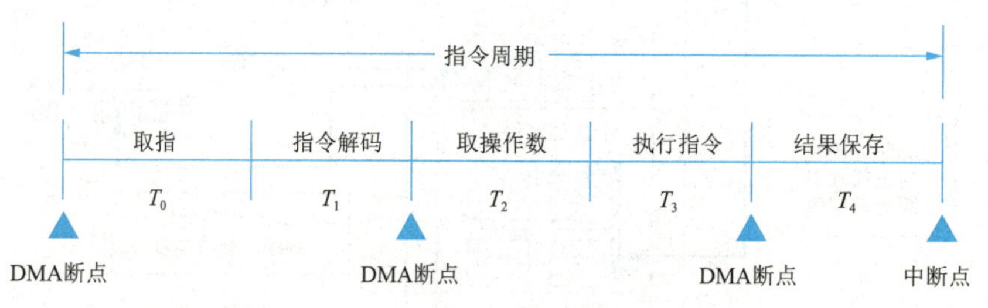

图6-6　DMA可能发生总线挪用的各个瞬间

【提示】DMA断点并不是中断，处理器并不需要保存程序的上下文，仅仅是暂停一个总线周期而已。这一技术的实施，总体效果将使处理器的执行速度减缓，但是处理器可以从I/O中摆脱出来。

目前，许多DMA中设有数据缓冲区来缓和数据传输中的不匹配。例如，在用DMA控制的磁盘存储系统中，磁盘一旦开始传输，无论DMA是否做好准备，数据流都以恒速从磁盘设备传来。如果总线正忙，DMA不能成功地挪用总线将可能出现数据丢失。而配置了缓冲区的DMA，对时间的要求就不会那么苛刻。

4．通道控制方式

通道（channel）是继DMA之后，使处理器摆脱I/O操作的又一项发明。外围设备与内存之间的数据交换，可在通道的控制下完成。

一个计算机系统可以有若干个通道，每个通道与一台或多台外围设备的控制器相连。由于外围设备有低速独享设备和高速共享设备之分，所以通道也相应地分为低速字符多路通道、数组选择通道和高速数组多路通道等。

① 字符多路通道：用于专门连接低速独享设备。一个通道可同时连接多台，每台设备一次只传送一个字节的数据。该通道可采用分时循环控制方式进行数据传输。

② 数组选择通道：用于连接高速共享设备。每次可传送一批数据，因此速度比较快。

③ 数组多路通道：是将上述两种技术结合而成的一种快速数据传输设备。一个通道可同时连接多台共享设备，每台共享设备一次能传送一批数据（即一个或多个数据块）。该通道可采用循环控制方式

进行数据传输。

为了实现主机与外围设备的数据传送，系统至少要有一条数据传输路径。当然，从提高效率的观点上讲，系统要设多条路径以防止负荷不平衡造成I/O狭口。从容错角度上讲，系统也应当具有替代某些发生故障设备的路径。因此，通常希望系统中的每一台设备连接到两个或更多设备控制器上、每个控制器连接到两台或更多台通道设备上，甚至系统配置两台或更多台处理器（多处理器系统）构成多条数据传输路径。图6-7所示为几种数据连接示意图。

作为专门的I/O处理器，通道具有执行程序的能力。它可以访问内存，读取指令，并按指令的要求进行操作。它执行的指令常称为CCW（channel control word，通道控制字），其功能一般比较弱，格式简单，但它的指令位数一般都比较长。例如，IBM 370计算机的通道指令长度为64位。

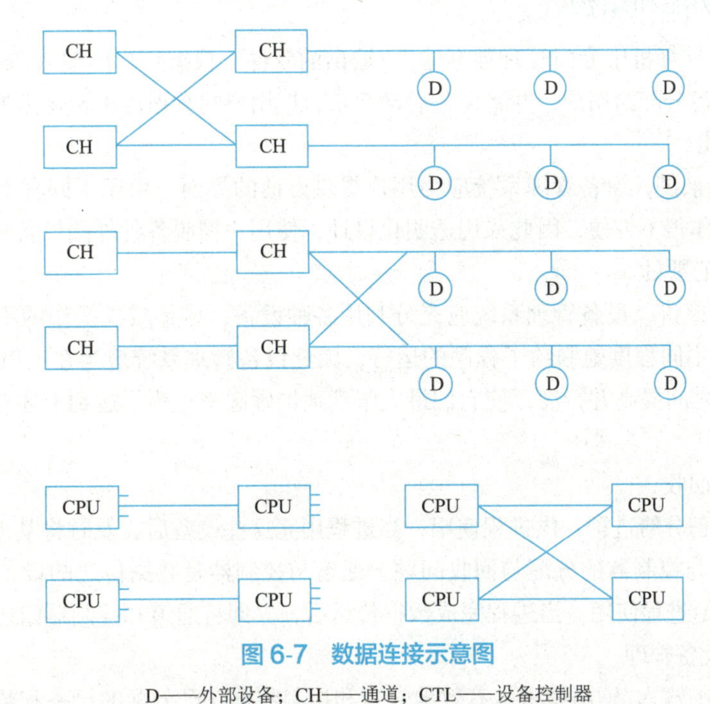

图 6-7 数据连接示意图

D——外部设备；CH——通道；CTL——设备控制器

CCW是通道执行的指令，可用以组成通道程序，其功能比一般的处理器指令简单得多。

当通道被主机启动后，便自动访问内存，独立运行通道程序，完成主机交付的输入/输出任务，然后再通过中断方式向主机报告完成情况。

CCW通常有以下几种：数据读、数据写、转移、传送控制、结束指令、其他类指令。

下面看一下通道控制中的数据传送过程。当一个运行的进程需要进行数据传送时，向系统提供要传送的数据量和内存地址，系统将启动输入/输出管理程序运行。

（1）输入/输出管理程序做的工作

① 组织一个由CCW指令组成的通道程序，放在内存的约定区域中。

② 执行“启动通道”指令。

（2）通道被启动后做的工作

① 访问通道程序，逐一执行CCW，按CCW的含义向控制器发出操作命令，控制器操纵外围设备完成实际的输入/输出操作。

② 对于数据输入操作，产生访问内存的地址及“写入”信号，连同设备读出的数据一起送内存储器。

③ 对于数据输出操作，产生访问内存的地址，从内存读出数据后，将读出的数据送设备控制器。

④ 从设备控制器中取出设备的状态信息，送内存的指定区域。

⑤ 向CPU发中断信号后自行停止操作。

（3）控制器接到通道的操作命令后完成的工作

① 对于数据输入操作，启动设备的机械部件读入数据，送给通道，经通道传送到内存中。

② 对于数据输出操作，接收通道上传送来的数据，启动设备的机械部件将数据输出。

6.1.3 设备管理功能和结构

设备管理系统是计算机中专门管理数据输入/输出的软件。根据用户的输入/输出要求，设备管理系统将可用的外围设备分配给用户，并将设备启动起来，把用户的数据需求转化为外围设备的操作。

1. 设备管理功能

从使用者的角度来讲，设备管理系统应为用户提供方便的界面。由于不同种类的外围设备物理特性差异较大，用户操作很不方便，因此采用透明化设计，使用户摆脱各种外围设备的物理特性，提供简便统一的使用方法是必要的。

从系统效率方面来讲，设备管理系统应充分利用各种设备，尽量减少操作的不均衡性。由于外围设备操作的速度慢，不同程度地制约了程序的运行，因此设备管理系统应当在CPU与外围设备之间，外围设备与外围设备之间提高并行度，使它们最大限度地忙碌起来。为了达到上述要求，设备管理系统应具有以下功能：

（1）设备分配与回收

将系统的可用设备分给进程，供进程使用，当进程用完这些设备后，及时将其占有的设备回收。

此外，还有通道与控制器的分配与回收问题。通道与控制器是数据传送的设备，系统将为数不多的通道与控制器分配给进程使用。当进程完成数据传送后，立即将通道和控制器归还给系统。

（2）输入/输出设备管理

接受各进程提出的输入/输出请求，有效地管理和控制数据在已分配的设备和数据通路上传送。如果系统中收到的输入/输出请求多于系统当前可用的设备和传送路径，那么系统就需要做出选择：先满足哪些，后满足哪些。

（3）设备驱动

启动设备，通过通道与控制器操纵数据的传送。为此，设备驱动模块应制定一种算法，将各台设备收到的数据传送任务安排一个合适的读/写序列，实现真正的传送，而这种读写序列应当最大限度地减少设备的驱动次数，以达到快速低耗的传送。

另外，设备管理系统还应设有一个接口程序，将用户的输入/输出操作与系统的基本输入/输出系统（BIOS）联系起来。后者作为底层的设备驱动程序，通常被固化在ROM中。这样，就可以有效地实现应用程序与设备物理特性的隔离。

（4）缓冲区管理

为了提高数据传送的速度，使外围设备的操作不至于因为没有数据缓冲区而等待，在系统中增设一些数据缓冲区是很有必要的。设备管理程序应当对缓冲区这种临界资源提供有效的管理。

（5）出错处理

当外围设备在操作中发生设备故障，控制器的“正常/出错”状态寄存器将给出出错标志。若通道程序具有处理错误的能力，可由通道自行解决；否则，由设备驱动程序处理。例如，因在存储介质的表面粘有灰尘导致读/写错误时，可采用反复读/写的方式将错误排除。如果进行了某些处理仍然不能排除故障，可把故障情况上报给输入/输出管理程序或用户进程。

2. 设备独立性要求

设备管理的一个重要目标是提高设备的独立性，让应用进程通过逻辑设备名申请I/O，而系统则通过对物理设备的驱动和控制来实现具体的I/O。

设备独立性，又称设备无关性，指的是应用程序所涉及的I/O设备与系统中具体使用的物理设备是互相无关的。

在此，系统要建立逻辑设备与物理设备的映射机制，将用户对逻辑设备的请求转化为对物理设备的操作。设备独立性带来的好处有以下两点：

① 设备分配的灵活性提高。当进程请求外围设备时，如果系统具有设备独立性，则系统会允许使用逻辑设备名进行请求。这种情况下，系统可以从当前空闲的物理设备中任选一台分给用户。相反，如果系统不具有设备性，那么进程只能通过物理设备名来请求设备I/O，系统的分配余地很小。这样，可能会出现一部分设备被多个进程竞争，而另一部分设备无人问津的情况。

② 易于实现I/O重定向。现代操作系统中，一般支持I/O重定向技术，也就是根据用户的需求，或系统的配置现状来更换输入/输出设备。系统可以在不更改应用程序代码的前提下，只要让程序中I/O命令所涉及的逻辑设备名映射到另外的物理设备上即可。如果不采取设备独立性原则，要想实现I/O重定向，修改程序代码是不可避免的。

3. 模块化结构

计算机上配置的外围设备大多数是速度低下的设备，远远不能与处理器的速度相匹配，使I/O操作形成了计算机系统的瓶颈。因此，如何提高系统的效率，克服I/O操作的瓶颈制约是设备管理的主要目标。

设备管理的另一个目标是提高通用性问题。外围设备的性能差异很大，要使管理规范化，实现统一性管理是一件很难的事情。唯一能够做到的是将管理模块进行层次化分割，将大部分底层的操作细节隐藏起来，使处理方式对上层透明。这样，用户进程及操作系统高层部分就可采用一些规范的I/O操作。

在这种分层设计方法中，处于最高层的部分主要担负与用户的通信。用户以一种比较悠闲的速度发出访问命令，设备管理的最高层部分接收这些命令，然后逐层向下传递。最底层的程序将直接与设备的硬件进行交互，完成规定的操作。

这里，把设备管理模块分为三个层次，由高到低依次为：逻辑I/O层、设备I/O层、调度与控制层。其中，前两层是与设备无关的部分。

（1）逻辑I/O层

逻辑I/O层的管理软件是面向用户的一部分管理软件，其主要职责是：根据用户的请求启动下层软件实现相关的操作。当下层软件完成所要的操作后，再由它负责向用户反馈操作结果。

（2）设备I/O管理

设备I/O管理属于系统的中层管理，负责把上层的请求操作转换为具体的I/O指令序列。为了提高传输速度，这一层软件中需要配置一些数据缓冲区，以缓和物理设备与处理器速度不匹配的矛盾。

（3）调度与控制

这是最底层的软件，直接与具体的物理设备打交道。其主要实现的功能是I/O任务调度、读、写及控制等。该层软件还要对中断进行处理，收集设备状态信息向上层报告。

此外，在磁盘设备的管理中，文件目录管理、文件系统和物理组织部分将取代逻辑I/O管理部分。对于通信设备的管理来说，逻辑I/O管理部分将被通信协议管理部分取代。通信协议管理部分本身也由许多层次组成，如TCP/IP等。图6-8所示为一个具有代表性的设备管理分层模型。

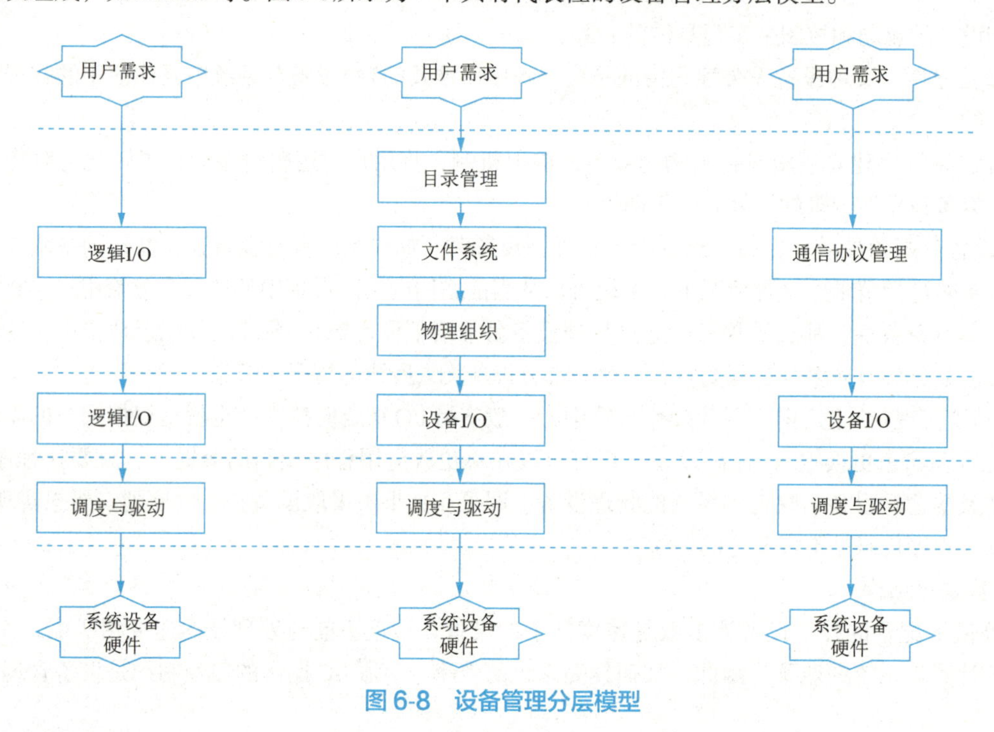

图6-8　设备管理分层模型

6.2 逻辑 I/O

作为高层的管理软件，逻辑I/O管理软件并不关注具体设备的操作细节，它只是接收用户发出的设备访问请求，实现设备管理与用户的接口。

例如，用户对设备的需求有读、写、打开、关闭加锁、开锁等。逻辑I/O层予以接收，将逻辑设备映射成物理设备，将用户的操作需求转化成具体的I/O任务交给下层软件去实现。至于底层程序如何对设备进行操作，必然因具体设备而异。当下层软件将操作结果提交上来时，再由它负责交付给用户。

具体来说，逻辑I/O管理主要包括以下功能：

① 为用户分配设备，用户使用完设备后回收回来。为了实现这一目的，系统要设一些表格，对设备数据进行登记和管理。随时查阅这些表格，掌握各台设备的运行情况。

② 当用户提出对某台设备的访问请求（如read或write）时，它负责对用户的访问需求进行合法性检查。当此次访问不合法时，将拒绝访问。

③ 随时接收下层的处理结果，整理后反馈给用户。处理结果中包含成功或失败信息。

6.2.1 设备分配

1. 数据结构

（1）系统设备表

系统设备表（SDT）是一个登记系统设备配置情况的表格，登记系统拥有的各类设备，每一类设备各配置了多少台。该表格供设备分配和回收使用，每类设备在该表中占用一个表项，图6-9所示为系统设备表的构造。

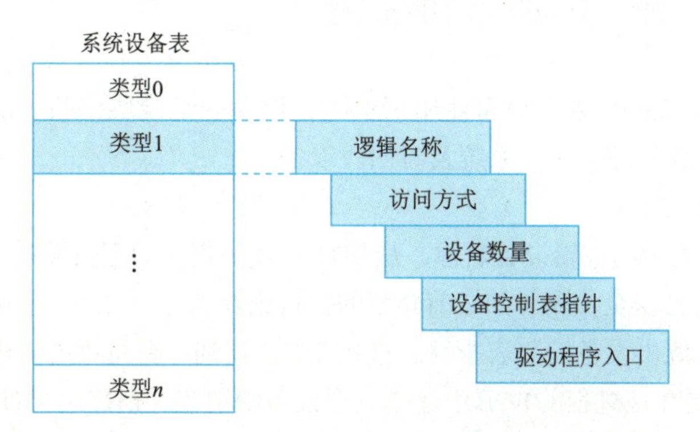

图6-9 系统设备表的构造

① 逻辑名称：指系统公布给用户的设备名称。例如，用PRN表示打印机，OOM表示通信端口等。实际上，设备逻辑名称体现的是设备的种类。

② 访问方式：指的是该类设备的使用方式为输入还是输出。

③ 设备数量：指系统中当前各类物理设备的可用数量。例如，系统中以PRN为命名的打印机，当前的可用量为N台。

④ 设备控制表指针：指一个指向"设备控制表"的指针。

⑤ 驱动程序入口：指用来驱动该类设备的驱动程序入口地址。每一个逻辑名称关联着一类设备，同时也关联着一个设备驱动程序。系统对本类设备的驱动控制，都要通过相关的驱动程序实现。

（2）设备控制表

设备控制表（DCT）是一个用来登记系统设备使用情况的表格。每台设备在该表中占用一个表项。图6-10所示为设备控制表的构造。

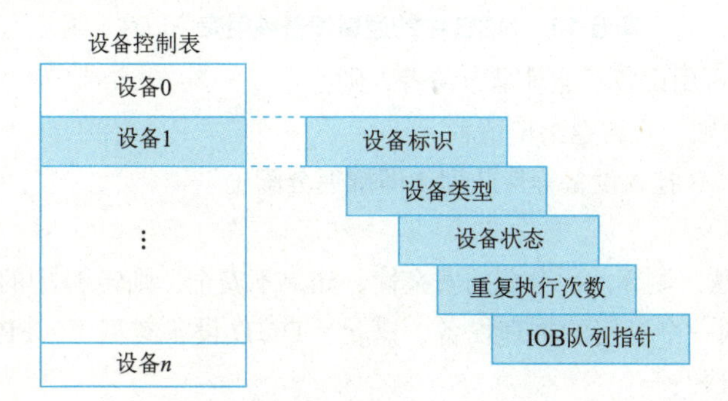

图6-10 设备控制表DCT

① 设备标识：指系统为物理设备命名的内部编码。每台物理设备都有自己的唯一标识，供系统管理使用。

② 设备类型：指本设备属于哪种类型。每台设备应当有一个设备类型，多台设备允许有相同的设备类型。

③ 设备状态：登记本设备的当前状态如何，如忙碌或空闲、正常或故障、等待或不等待。

④ 重复执行次数：是一个常数，表明本设备在数据传送时，若发生故障可重新传送的次数。例如，在光盘访问中发生读/写故障，可能是光盘表面受损所致，通过重复读/写，有望使读/写成功。

⑤ IOB队列指针：指一个指向输入/输出任务块IOB（input and output block）队列的指针。IOB队列中的每个IOB是一个描述输入/输出任务的数据结构。

2. 设备分配算法

当一个进程向操作系统提出外围设备使用请求时，设备分配模块按照一定的分配策略把系统的可用设备分配给它。当进程使用完毕时，系统及时回收设备。

分配过程可分为以下两步：

视频

设备分配过程

① 根据用户提出的逻辑设备名称，从SDT中找到相应的逻辑设备，并获取该类型设备的可用数量N，据此进行安全检测（如之前介绍的银行家算法），如果检验不通过，则将进程阻塞。

② 从SDT中取出设备控制表指针，查找DCT找到一台可用的外围设备，将设备分配给进程。其间系统需要在该进程的PCB中建立一个设备映射表（LDT），将用户的逻辑设备名称和对应的物理设备标识对应起来。当进程需要访问自己的逻辑设备时，系统可以很快地查到对应的物理设备。

图6-11所示为进程PCB中的逻辑设备映射表。其中，进程分配了一台打印机，设备标识为0053。下面以进程请求外围设备（如PRN）为例，说明分配的执行过程。

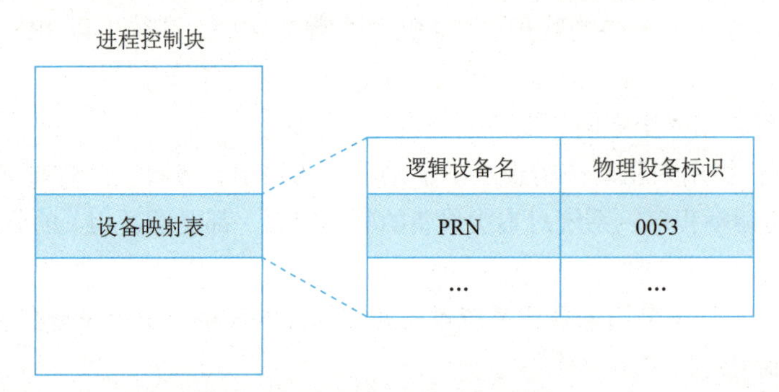

图6-11　PCB中的逻辑设备映射表（LDT）

① 若SDT中所示的可用设备不能满足申请者，则：

- -1：编制“分配失败”报告返给申请者。
- -2：将该进程的PCB挂入设备等待队列（即推迟分配）。
- -3：转④。

② 调用“银行家算法”测算此次分配的安全性，如果不安全，则转① 中的-1。

③ 查找DCT，找到一个可用的物理设备，满足：DCT(设备类型）= PRN 且 DCT（设备状态）=“空闲”。按下述步骤分配：

- -1：DCT（设备状态）← “忙碌”。
- -2：将分配的DCT（设备标识）连同逻辑设备名一起登记到申请者的PCB（LUT）中。

④ 结束。

3. 控制器表和通道表

为了使输入/输出任务能够顺利进行，还要有一个空闲的控制器和通道。系统要参照控制器表（CCT）和通道表（CHT），分配一条数据传输路径。图6-12所示为CCT和CHT的示意图。

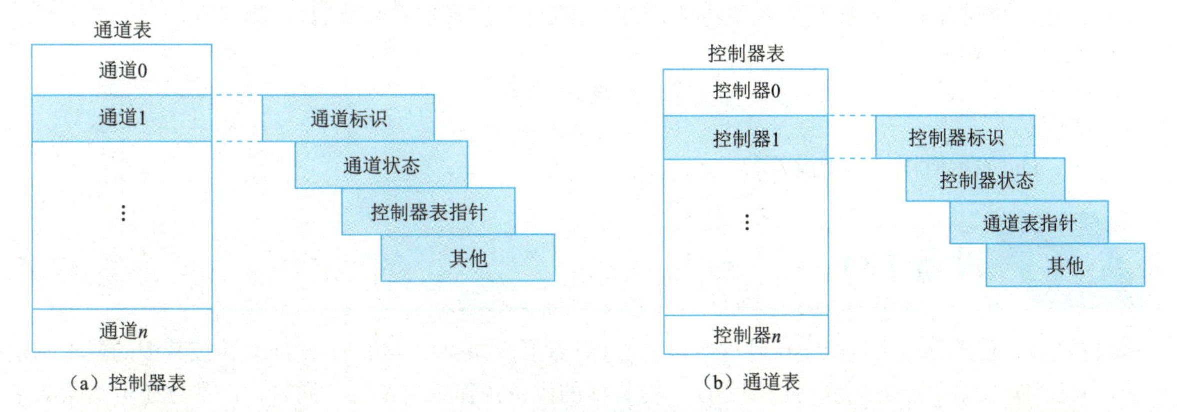

图6-12 控制器表和通道表

① 控制器标识：指系统为设备控制器命名的内部编码。每个设备控制器都有自己的唯一标识，供系统管理使用。

② 控制器状态：登记本设备控制器的当前状态，如忙碌或空闲、正常或故障等。

③ 通道表指针：指一个指向“通道表”的指针，该指针指明了本控制器与哪个通道相连接。

④ 通道标识：指系统为通道命名的内部编码。每个通道有自己的唯一标识，供系统管理使用。

⑤ 通道状态：登记该通道的当前状态，如忙碌或空闲、正常或故障等。

⑥ 控制器表指针：是一个指向“控制器表”的指针，该指针指明了本通道与哪个设备控制器相连接。

⑦ 其他：为了管理方便而登记的一些相关数据项。

进程在运行过程中，利用I/O命令对外围设备进行数据传送时，便向系统提出输入/输出请求。例如，某个进程的一项请求是：

```
<OP, MO, Size, Device>
```

其中，OP是操作码（read或write）；MO表示此次传送的内存起始地址；Size是本次传送的数据量；Device表示所用的逻辑设备名。

系统除了从其PCB(LUT)中查出PRN的对应设备(0053)外，还要查看控制器表和通道表，将空闲的控制器和通道分配给该任务使用。如果当前找不到空闲的控制器或通道，系统将该任务搁置起来（阻塞到控制器表或通道表上）。当通道和控制器完成了当前的传输后，再启动一个搁置的任务进行传输。

6.2.2 安全性

为了防止用户的某些违法操作，逻辑I/O系统需要对用户的访问进行合法性检查，例如，用户希望访问一台不属于自己的设备时，系统将予以拒绝。还有，若用户要求用打印机来输入数据，显然也是不可能的。

首先，对于用户给出的逻辑设备名Device，系统需要查看逻辑设备表（logical unit table，LUT），确定用户是否已分得了该设备。如果没有，对于动态分配方式，可以临时调用设备分配程序为用户分配所要的设备。如果系统采用的是静态分配方式，系统将拒绝此次访问。

其次，系统需要根据用户提出的Device查看SDT，获得该类设备的访问方式，判断此次访问是否与SDT中的规定一致。若不一致将拒绝访问，否则为正常。

通过用户访问合法性检查后，系统将从LUT中得到该逻辑设备映射的具体物理设备，可向下层软件传递该项操作要求：

```
<OP, MO, Size, Did>
```

其中，Did表示所用的物理设备名。

6.3 设备I/O

设备I/O处理部分负责接收上层软件传送来的I/O需求，如<OP, M0, Size, Did>，按其中的要求构造一个I/O任务，发给下层的调度与控制程序，将具体的设备操作托付给它。同时，该部分还负责接收来自调度与控制程序的数据，填入I/O缓冲区，或交给上层软件。为了提高传输速度，该层软件需要高效率地管理输入/输出缓冲区，以提高系统性能。

6.3.1 I/O任务

一个I/O任务可以用一个输入/输出任务块（IOB）来表示。

IOB是一种动态数据结构，每个IOB用于描述一项输入/输出任务。当系统收到一个输入输出时就构造一个IOB，并按IOB的信息进行传输控制。当数据传送完毕时，IOB将被删除。IOB的内容如图6-13所示。

I/O任务块
进程标识
内存地址
传输方向
传送数量
设备号
连接指针

图6-13 I/O任务块

① 进程标识：该数据项指示请求本次传送任务的进程。当用户请求数据传送时，系统将它的进程标识填入该数据项，供I/O完成后查找用。

② 内存地址：每个用户进程运行时有自己的内存用户区，其部分空间存放数据。当用户请求数据传送时，应将数据区首地址作为调用参数通知给系统。

③ 传送方向：指出本次传送任务是“读”还是“写”。

④ 传送数量：该数据项给出传送的字节数。

⑤ 设备号：本次进行读/写的设备标识Did。

⑥ 连接指针：若通道或控制器忙碌需要等待时，该数据项用于形成一个等待的IOB队列。

系统为每一次I/O传输形成一个IOB，挂在外围设备的DCT上等待设备空闲后传输。有时，IOB也可能挂在控制器或通道上，等待控制器或通道空闲。当系统完成一次I/O操作后，首先查看通道表，找到一个等待的IOB，启动传输。如果没有，再查控制器表；如果也没有，最后查设备表。

6.3.2 缓存管理

外围设备和主机在处理速度上存在着巨大差异，缓解这种差异带来的负面影响是引入缓冲技术的初衷。在不断实施中发现，缓冲技术还会带来更多的好处。

1. 缓冲技术的必要性

在虚拟存储器系统中，若没有引入缓冲技术，I/O操作可能要干扰操作系统的置换策略。例如，一个进程使用虚拟存储空间进行数据输入/输出时，如果正在访问的页已在内存系统置换策略中就应将该页锁定，不得将其换出；若不这样做，其他进程就可能将数据装入该页中，造成数据丢失。因此，锁定机制就显得尤为重要。

如果用户请求的页面不在内存中，系统需要将该进程阻塞，等待较慢的I/O完成。而此时其他进程掌握CPU控制权也可能将页面装入该地址，造成页面混乱。

引入缓冲技术以后，系统对设备的读/写可以实行“提前读”和“延迟写”方式。也就是说，在进程发出读数据请求之前，系统早就已经开始了数据输入操作。在进程发出写数据请求后系统将要写的数据搁置一段时间再进行实际的输出操作。这样做可大幅减弱I/O操作对置换策略的干扰。

例如，当进程要求读文件的一条记录时，可以先查看缓冲区，若所要的记录已经在里面就立即从中读出而不必读盘，也不必阻塞进程。只有当缓冲区被取空时才阻塞进程，启动磁盘将一批记录读入，这就是所谓的提前读。

另一方面，当某个进程要把一段信息（一条记录）写入磁盘时，只要将这条记录写入缓冲区中即可。这时系统没有必要立即为此驱动磁盘，而是让进程连续不断地将记录填入，直到填满一个缓冲区时再驱动磁盘写入。这样，系统既减少了输出操作和中断的次数，又提高了传送速度。利用缓冲区实现的这种功能，就是所谓的延迟写。

延迟写和提前读，是由缓冲技术支持的一种外围设备访问方式，指的是系统对于进程的写操作，推迟到缓冲空间填满后再写。而读操作可以在进程尚未提出要求之前就开始读。

延迟写和提前读都是在缓冲区的支持下实现的功能。如果没有缓冲区，进程的每次输入/输出请求都需要启动磁盘，必然会增加机构的耗损，降低访问的速度，那样，系统的运作也是不堪设想的。

引入缓冲技术后的系统，呈现以下特点：

① 减少设备驱动次数。

② 可以缓解I/O操作对缺页置换策略的干扰。

③ 缓解CPU与外围设备速度不匹配的矛盾，使数据处理的速度提高。

普通的缓冲区包括单缓冲、双缓冲和循环缓冲等。它们可适用于单个用户作业的某种特定场合，专门供作业内部的诸合作进程共享使用。

2. 性能分析

在无缓冲区的情况下，外围设备的数据直接进入应用程序的存储区，而后交CPU计算。图6-14（a）所示为无缓冲区的例子。

从图6-14（a）中可以看出，一个数据块的处理需要两步：数据输入和数据计算，分别用T和C表示。为了保证数据的安全性，这两项操作需要串行进行：

$$T \rightarrow C \rightarrow T \rightarrow C \rightarrow T \rightarrow C \cdots\cdots$$

平均处理一个数据块的时间是T+C。

图6-14（b）所示为一个单缓冲的例子。其中，外围设备的数据不直接进入应用区，而是装入内存缓冲区中，再由缓冲区转到应用区，而后交CPU进行计算。

这种情况下，数据的处理需增加一个操作——将数据块从缓冲区转存到应用程序区（该操作记作M）。操作增加了，但某些操作可以并行进行。例如，第一个数据块从缓冲区移出后，系统就可以一边处理一边开始输入下一个数据块。处理序列如下：

$$T \rightarrow M \rightarrow C$$
$$\quad\quad T \rightarrow M \rightarrow C$$
$$\quad\quad\quad\quad T \rightarrow M \rightarrow C$$

可以看出，前一次的C操作可与后一次的 T 操作并行进行。程序平均处理一个数据块的时间是Max(T,C)+M。其中，M所花费的时间相对于外围设备访问来说是可以忽略不计的，因此平均处理一个数据块的时间可粗略地记为Max(T,C)。这比T+C要快得多，而且系统中实现了输入和计算的并行处理。

图6-14（c）所示为双缓冲区的例子。当系统采用双缓存时，外围设备的一个数据块装入其中的一个缓冲区后，在向用户数据区转移数据的过程中，外围设备可同时装入下一个数据块。处理序列如下：

$$T \rightarrow M \rightarrow C$$
$$\quad\quad T \rightarrow M \rightarrow C$$
$$\quad\quad\quad\quad T \rightarrow M \rightarrow C$$

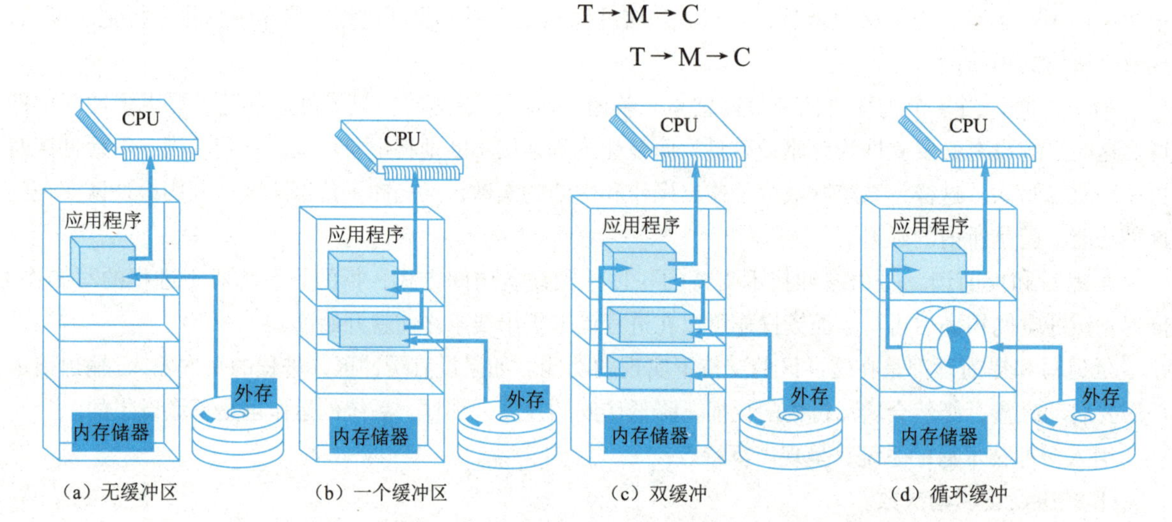

图6-14　缓存技术的例子

因为后一个数据的T操作可与前一个数据的M操作并行，后一个数据的M操作却不可以与前一个数据的C操作并行，而是应当等待C完成后，所以平均处理一个数据块的时间是Max(T,M+C)。如果仍然认为M所花费的时间可以忽略不计，那么在这个例子中单缓冲区和双缓冲区所花费的时间基本持平。双缓冲区方案比较适合存入速度与取出速度相匹配的场合。

当存入速度与取出速度相差很大时，可通过增加缓冲区的方法予以改善，由此引入循环缓冲方案，也就是缓冲区环，如图6-14（d）所示。循环缓冲作为一个临界资源，可被存数进程和取数进程互斥访问。系统中需要设有循环移动的输入指针和输出指针，分别指示存入的位置和取出的位置。

3. 缓冲池技术

一种可以被多用户多任务共享的缓冲区，就是著名的 UNIX 操作系统采用的缓冲池。缓冲池是系统提供的一种共享结构，不归某个进程所有，任何程序都可以申请缓冲池中的一个存储块，用来存放自己的缓冲数据。

缓冲池主要由三个队列组成：

① 空闲缓冲队列（emq）：该队列上挂有全部可用的空闲缓冲区。

② 输入队列（inq）：该队列上挂有装满输入数据的缓冲区。

③ 输出队列（outq）：该队列上挂有装满输出数据的缓冲区。

下面是缓冲池机制的操作分析：

① 当某台设备输入第一个数据时，可在emq队列上摘下一个空闲块作为收容输入缓冲区（记作hin），将输入的数据装入。以后再输入的数据可直接填入hin。当hin被填满后就挂在输入队列inq上。

② 当一个需要该设备输入数据的进程提出数据需求时，系统可查看队列inq，如果inq队列为空就令其等待；若不空，就摘下一个装满数据的存储块作为提取输入缓冲区（记作Sin），将其中的一项数据取出，交给用户。以后每次需要数据时，就到Sin中来取。一旦Sin中的数据被取空，可将Sin作为空闲缓冲区挂在emq队列。

③ 当某个进程需要输出一个数据时，可在emq队列上摘下一个空闲块作为收容输出缓冲区（记作hout），将输出的数据装入。以后每次要输出的数据填入hout中，当hout被填满后就挂在输出队列outq上。

④ 当一台输出设备空闲时，系统可查看队列outq，如果outq队列为空就不做什么；若不为空，就摘下一个装满数据的存储块作为提取输出缓冲区（记作Sout），将其中的一项数据送输出设备。当输出设备再次空闲时，可继续到Sout中来取。一旦Sout中的数据被取空，可将Sout作为空闲缓冲区挂入emq队列中。图6-15所示为一个缓冲池的例子。

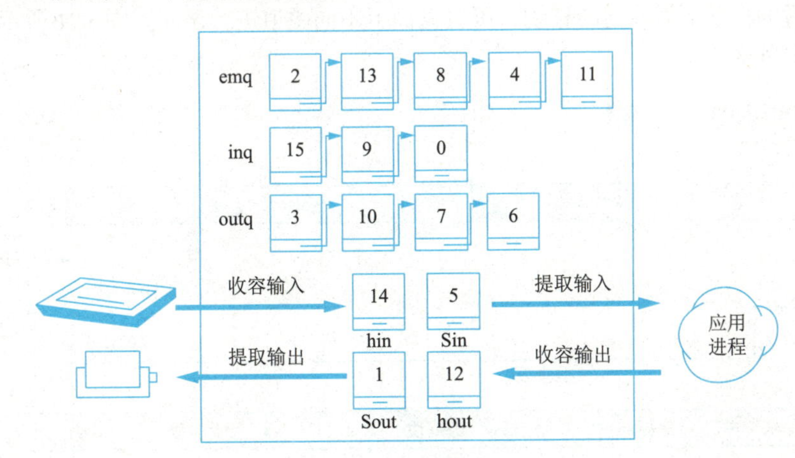

图6-15 缓存池例子

图6-15中的缓冲池有16个存储块，编号为0,…,15。系统的当前状态为：14号块是hin块，5号块是Sin块，12号块是hout块，1号块是Sout块。

6.4 I/O调度与驱动

设备驱动程序负责接收上层软件传送来的IOB，并将其转换成具体的操作发给通道或设备控制器。同时，它还负责接收来自通道或设备控制器的数据，发送给上一层软件。其主要有以下功能：

① I/O调度：按设备的任务队列中各IOB的要求构造一个优化的I/O操作序列，旨在减少操作时间。对于具有通道的计算机系统，还需要构造通道程序，存储于内存的约定位置。

② 设备驱动：完成指定的I/O操作。

③ 通过设备中断处理，对设备的I/O情况进行收集和处理，交给上层软件。

设备I/O处理的特点：

设备驱动程序是设备管理的底层软件，不同类型的设备有不同的设备驱动程序。设备驱动程序与硬件结构紧密相关，部分程序必须用汇编语言编写，并固化在ROM中。

6.4.1 I/O调度

外围设备的操作速度是很慢的，即使较快的磁盘设备（图6-1中给出了它的传输速度）与主机的速度相比也要低四个数量级以上。为了解决输入/输出瓶颈，许多研究都致力于如何提高设备的I/O速度，采用的措施如下：

① 研制更高性能的外围设备，加快其读/写速度。

② 设置高速大容量的设备缓冲区。

③ 采用好的I/O调度算法。

下面以磁盘调度为例，讨论I/O调度算法。

1. 磁盘传输性能

磁盘是由若干盘片组成的存储设备。这些盘片表面涂有磁性材料，形成一组可存储信息的盘面。每个盘面有一个读/写磁头，负责盘面内的数据读出和写入。在正常工作时，磁盘以一种稳定的速度旋转，磁头在磁头臂的拉动下做径向的移动，可对盘面上不同磁道进行访问。图6-16所示为ISOT-1370型磁盘的一个磁道记录格式。

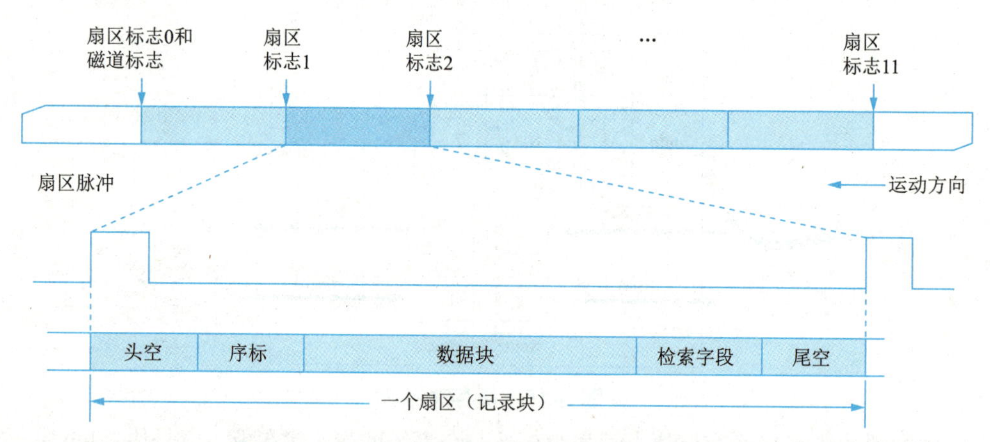

图6-16 ISOT-1370型磁盘的一个磁道记录格式

在活动头系统中，磁盘访问需要将磁头移动到要访问的磁道上。定位磁道所需的时间称为寻道时间(seek time)。一旦选好磁道，磁盘控制器就开始等待，直到所要的扇区转到磁头下面。通常，将扇区到达磁头处的时间称为旋转延迟（rotational delay）。扇区到达磁头处时磁盘控制器就开始工作，对扇区进行读/写。扇区的读/写时间也称为数据传输时间（transmit time）。图6-17所示为活动头磁盘示意图。

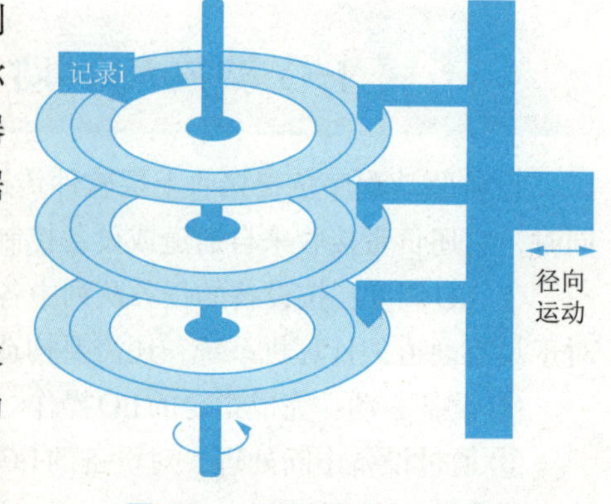

图6-17 活动头磁盘示意图

（1）寻道时间

这是磁头寻找磁道的时间，也就是磁头臂作径向移动，最终定位到目标磁道的时间，这个时间由两部分组成：最初启动时间和磁头臂需要横跨磁道的时间。受设备物理性能的限制，启动时间通常为数毫秒，而当磁头臂达到一定速度后，平均每跨越一个磁道大约需要数十微秒，乃至0.1 ms左右。因此，寻道时间T_s可按下述计算公式进行估算：

$$T_s=s+m\times n$$

其中，s是磁盘启动时间；m是磁头平均跨越一道的时间；n是跨越的道数。

【提示】T_s与n并非严格的线性关系，有许多性能因素无法描述，所以这里给出的计算公式只能进行粗略的估算。

（2）旋转延迟时间

这一时间是指磁头到达目标磁道以后，需要等待盘片旋转，直到目标扇区到达磁头位置的时间。它主要取决于硬件的性能和制作工艺。目前，硬盘转速通常在5 400～10 000 r/min之间。例如，对于一台旋转速度为10 000 r/min的硬盘来说，旋转一周的时间大约为6 ms，平均延迟时间只有3 ms。

（3）传输时间

传输时间取决于要传输的字节数量、磁表面的存储密度，以及盘片的旋转速度。传输时间T_t的计算公式为

$$T_t=\frac{b}{rN}$$

其中，b为要传输的字节数；N为一个磁道中能容纳的字节数；r为盘片旋转速度，单位是r/s，旋转延迟时间与磁盘转速有直接关系，则T_r平均=1/(2r)。磁盘访问时间T是上述三部分的总和，即

$$T=T_s+\frac{1}{2r}+\frac{b}{rN}$$

2. 调度算法

从上面的叙述可以看出，要想减少磁盘的访问时间，应当从扇区的访问顺序入手。通过合理的调度来减少磁头臂的移动距离，从而减少访问时间。

磁盘调度程序的目标是制定一种访问策略，使磁头臂移动较少的距离就可访问到所要的各柱面上的数据。常见的磁盘调度算法有四种：先来先服务、最短寻道优先、扫描算法和循环扫描算法。

（1）先来先服务（FCFS）

这是一种公平调度算法，该算法严格按照请求访问的先后顺序进行调度，先请求的先被访问。这种算法实现起来比较简单，只要按先来后到原则将各个请求的扇区排好队列即可，但执行效率不高。

（2）最短寻道优先（SSTF）

该算法以寻道距离最短为调度原则。不论是新到的请求，还是等候多时的请求，谁的扇区离磁头当前的位置最近就先调度谁。SSTF的实现过程中需要随时记下磁头的当前位置，并比较所有访问请求，挑出一个距离最近的进行访问。

最短寻道优先算法是一个效率较高的算法，但是它的致命缺点是：如果系统频繁收到一些短距离的访问请求，会使一些远距离的访问被冷落，处于“饥饿”状态。

（3）扫描算法（SCAN）

扫描算法也称电梯调度算法，其思想与电梯运行机制颇为相似。它将磁头臂的移动方向作为调度的重要因素来考虑，每次调度总是选择一个与磁头当前运行方向一致的且距离最近的扇区进行访问。当磁头在一个方向边运行边访问，直到完成一个最远的访问后，再做反方向运行。在磁头的反方向运行中，依旧遵循“先近后远”原则进行访问，直至将全部存储块访问完毕为止。

该算法实现起来有较大难度，系统除了要记下磁头的当前位置，还要记下磁头的当前运行方向。其优点是：不会出现“饥饿”现象，算法的执行效率也比较理想。

（4）循环扫描算法（CSCAN）

这是扫描算法的一个修改算法。它每次调度也要选择一个与磁头当前运行方向一致的、距离最近的扇区进行访问。当磁头在一个方向边运行边访问，直到完成一个最远的访问后，做反方向运行时“空挡返回”，也就是不做任何访问，快速到达始点。该运行机制就好比一个电梯，只负责一次次地将楼上的人员向下运，而不往上运。由于该算法不需要记下磁头的运行方向，实现起来稍容易些。表6-1对于一个给定的访问请求序列，比较了上述四种算法的性能。

表6-1 四种算法性能比较

请求序列	FCFS（磁头当前处于50#）		SSTF（磁头当前处于50#）		SCAN（磁头当前处于50#，运行方向由外向内）		CSCAN（磁头当前处于50#，运行方向由外向内）	
	访问顺序	跨越道数	访问顺序	跨越道数	访问顺序	跨越道数	访问顺序	跨越道数
18	18	32	51	1	51	1	51	1
39	39	21	41	10	66	15	66	15
41	41	2	39	2	125	59	125	59
137	137	96	35	4	137	12	137	12
25	25	112	25	10	170	33	170	33
9	9	16	18	7	184	14	184	14
170	170	161	9	9	41	143	9	175
66	66	104	66	57	39	2	18	9
184	184	118	125	59	35	4	25	7
35	35	149	137	12	25	10	35	10
125	125	90	170	33	18	7	39	4
51	51	74	184	14	9	9	41	2
平均寻道长度	975/12=81.25		218/12=18.2		309/12=25.75		341/12=28.4	

图6-18所示为FCFS和SSTF算法的访问曲线。

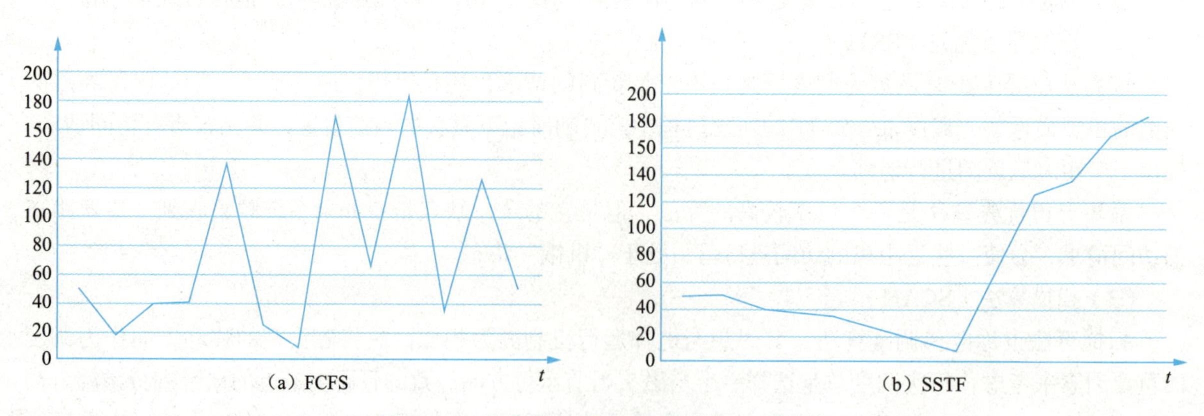

图6-18 FCFS和SSTF算法的访问曲线

图6-19所示为SCAN和CSCAN算法的访问曲线。

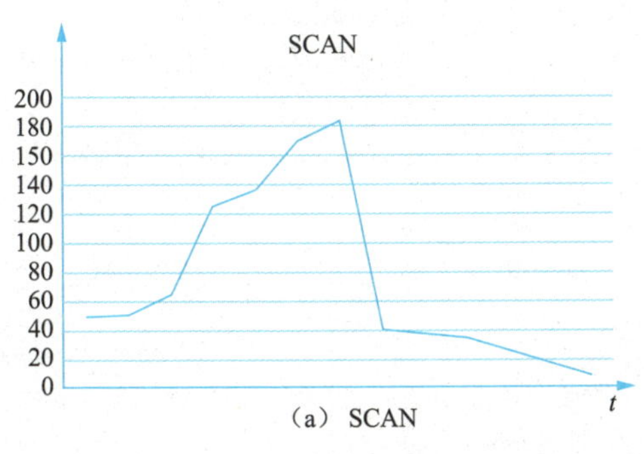

（a） SCAN

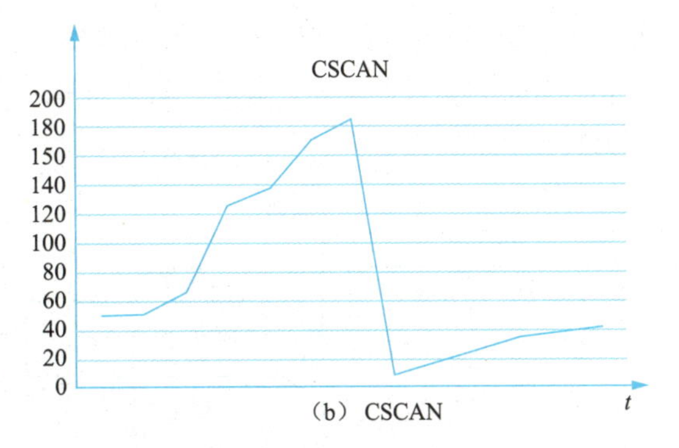

（b） CSCAN

图 6-19　SCAN 和 CSCAN 算法的访问曲线

6.4.2　通道程序

在配置了通道的计算机系统中，输入/输出操作可以在通道的控制下完成。因此，输入/输出处理程序应当具有构造通道程序和启动通道操作的能力。构造通道程序的依据主要有数据传送方向（读/写）、数据传送的字节数、传送出错时的最大重复传送次数、数据传送的内存地址和底层的设备驱动程序入口等。这些信息主要来自系统设备表（SDT）、设备控制表（DCT）和I/O任务块（IOB）。

通道程序是通道运行的程序，通常置于内存的约定地址中。作为实施数据传送控制的依据，通道程序的编制主要依赖于SDT、DCT和IOB中的信息。

图 6-20所示为一个通道程序的例子，其功能是将内存中的数据写到外围设备上。本例中通道程序构造好后存储于内存约定地址16384开始的空间中。图中所示的内存中有六个数据块中存放了数据。其中，前三块的数据共计512 B构成第一条记录，第四块的512 B构成了第二条记录，最后两块合计512 B构成了第三条记录。通道程序也由六条通道命令字（channel command word，CCW）组成，其功能是将图中六个存储块中的数据分成三条记录写到外围设备中。

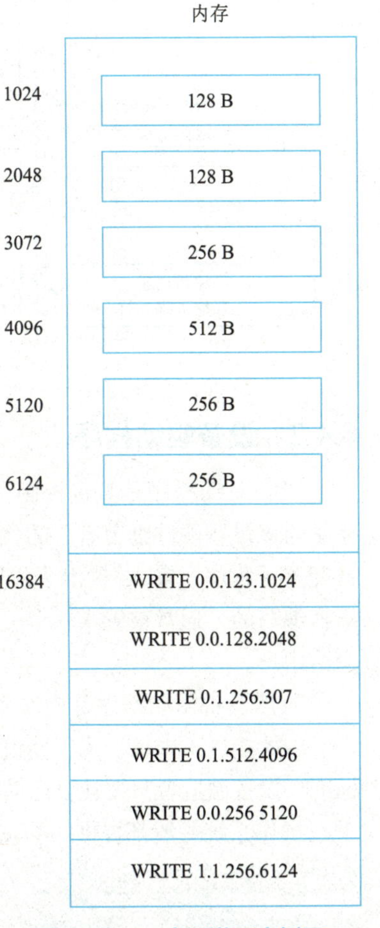

图 6-20　一个通道程序例子

这里采用的CCW格式中包含五个参数，含义为：

第一个参数：传送方向（READ——读，WRITE——写）。

第二个参数：程序结束标志（0——不结束，1——结束）。

第三个参数：记录结束标志位（0——不结束，1——结束）。

第四个参数：传送数据。

第五个参数：内存首地址。

CCW的功能比主机执行的指令功能要简单得多，格式也相对简单些。系统在构造通道程序时，应严格遵循CCW的规定格式。

从这里可以看出，通道的作用十分类似于脱机I/O系统中的外围机。当设备I/O系统将一个通道程序编制好后，存入内存指定区域，并发出启动通道的命令，通道开始工作。它就像外围机一样，忠实地按程序完成I/O工作。

视　频

通道控制下的I/O操作

图6-21所示为通道控制下的I/O操作示意图。图中通道地址字（channel address word，CAW）用来存放通道程序的首地址的单元。显然，引入通道之后操作系统与通道、进程与通道、通道与设备控制器都可以并行处理。

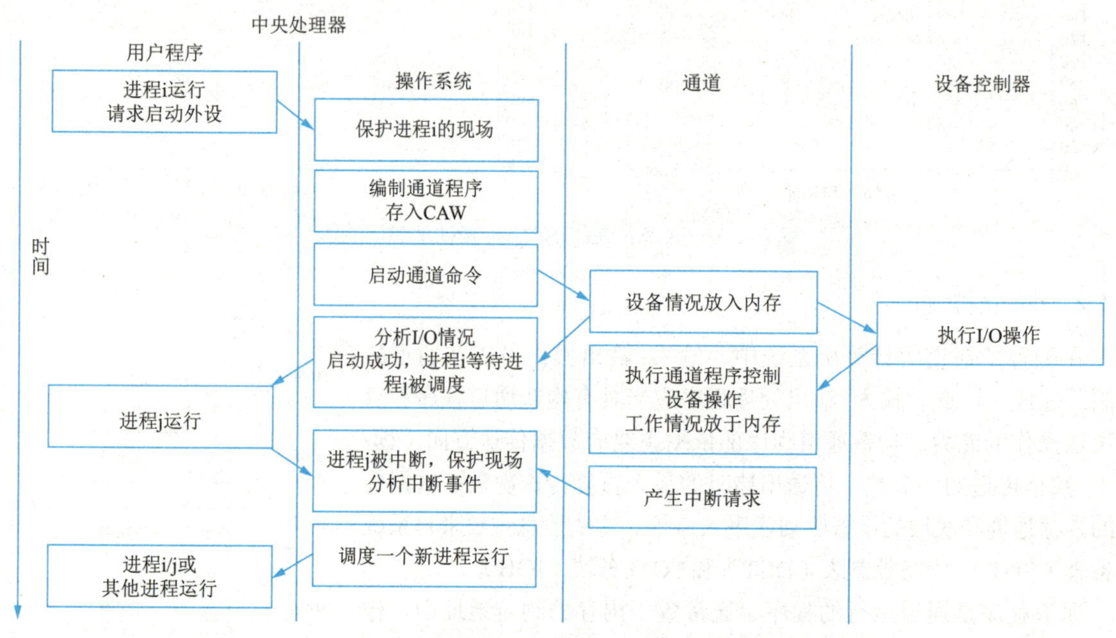

图6-21　通道控制下的I/O操作示意图

6.4.3　设备驱动程序

设备驱动程序是直接控制设备运转的软件，不同的设备有不同的设备驱动程序。一个设备驱动程序是与该设备硬件细节有关的代码集合，包含了控制该设备操作的一组代码，如设备初始化子程序、设备配置子程序、输入/输出子程序、中断处理子程序等。设备驱动程序基本上是由设备制造者使用汇编语言编写的，通常被置入一个（或者多个）文件中。当用户购买设备时，驱动程序往往作为设备的附件交给用户。

虽然设备驱动程序是操作系统内核的一部分，但它经常位于内核以外，需要时经重新安装（重编译）后才能进入内核。为了使设备有较好的兼容性，操作系统一般都制定了内核与设备驱动程序的接口标准。设备制造者只要让自己的设备满足接口标准，不需要了解操作系统内核即可。

操作系统一般都提供一些设备驱动程序的装、卸命令。例如，DOS中的命令：

```
device=ANSI.SYS
device=VDISK.SYS
```

就是安装设备驱动程序的例子。它把指定的设备驱动程序ANSI.SYS和VDISK.SYS加载到内存中，并置入设备驱动程序队列上。然后，它们就在内核管理下发挥设备驱动作用。用户调用设备驱动程序的方法，应严格遵循制造者提供的驱动程序编程指南中给出的详细规定。

6.4.4　设备中断处理程序

当设备输入/输出操作完成后，设备控制器将产生中断信号送CPU。如果系统配有通道，则在产生中断信号之前需要将I/O的结果送到内存的约定区域，然后再产生中断。CPU接到中断信号，经过对中断源的分析，转去运行相应的中断处理程序。

一般来说，中断处理程序是操作系统的一部分，它决定了本次中断属于哪一种性质，采取何种动作。其处理过程如下：

① 关中断。处理器响应中断后，首先要保护程序的现场状态，在保护现场过程中，CPU不应该响应更高级中断源的中断请求。

② 保护进程上下文。注意，被中断的程序除了程序状态字寄存器（PSW）和程序计数器（PC）中的信息已被硬件机制压栈，其余寄存器中尚有一部分残留数据。而中断处理程序运行时可能要用到其中一部分寄存器，因此需要将中断处理程序中涉及的寄存器内容保存起来（通常也压入系统栈中）。

③ 设备中断处理（不同的设备有不同的设备中断处理程序）。在处理期间，处理器要检查相关设备控制器的状态，判断本次传输是否正常完成。若正常完成，可将设备传送来的数据转交到用户区，并唤醒等待该数据的进程，或者将下一批要传送出去的数据传送到设备控制器中，重新启动设备。若为非正常完成，可根据发生的情况进行异常处理。

④ 恢复被中断的程序。首先将保存在栈中的寄存器内容弹出来，置入处理器的相关寄存器中。然后，从栈中弹出PSW和PC的值，置入处理器中。这就意味着被中断的程序又恢复了运行。

⑤ 开中断。中断处理结束后，驱动程序需要检查本次传输是否发生了错误，以便向上一层软件汇报，内容包括设备标识、成功与否、出错原因。

驱动程序据此进行适当处理，例如，如果传送出错，需要查看DCT（重复次数），决定是否需要重新传送。如果传送正确，则组织下一次数据传输，例如从IOB队列取一个任务启动I/O操作。

6.5 虚拟设备

目前计算机上配置的独享外围设备，如打印机、绘图仪等，都属于低速设备。这种设备一旦开始进行输入/输出操作，便需要较长时间。此时，若有更多请求时只有等待，因此严重地妨碍了 CPU 的使用效率。

因为这些设备的传输速率都稳定在一个低速的水平上，如果进程对设备的请求与设备传输速度相匹配，系统能发挥最高效率。而实际运行过程中往往对设备的请求是不均匀的。有时进程忙于计算，一小时内可能不使用一次设备，而计算出结果后，可能在几秒钟内产生数千次请求。若进程的请求速率比设备传输快，那么进程就需要等待相当长的时间；如果进程的请求速率比设备传输慢，设备就会有很多空闲。

对于这种“浪涌”式的操作请求，解决的方法有两个：

① 利用缓冲技术和多道程序设计技术。此两项技术可使该问题得到缓解，但不能从根本上解决。

② 虚拟设备技术。利用快速共享设备来接收输入和输出的数据，使浪涌式的I/O请求变得平稳，让该问题明显减弱或不复存在。

实现虚拟设备的一项标志性的技术就是Spooling。

6.5.1 Spooling 的基本概念

Spooling是操作系统用于管理低速外围设备的一种实用技术。它是simultaneous peripheral operations on line的缩写，意指“联机外设并行访问”，是将独享设备模拟成共享设备的一种技术。

Spooling的指导思想，是利用高速共享设备（通常是磁鼓或者磁盘）将低迷的独享设备模拟为高速的共享设备。这样从逻辑上讲，计算机系统为每一个用户都配备了一台高速独享设备。

Spooling由一组负责输入/输出的程序模块组成，这组模块通常被创建为“系统进程”，由此形成一个比较复杂的Spooling机构。

该机构需要与其他用户进程共享处理器，对外存的输入/输出井进行管理，还需要存储器的支持。因此，Spooling 是直接依赖于操作系统的进程管理、存储管理、文件管理和设备管理的特殊机构。在一个综合性的操作系统中，由于各种管理比较齐全，Spooling机构的功能可能是次要的。但是，在一个简化了的操作系统中，它可能要包含许多操作功能。它的存在会使计算机系统的性能大幅改善。

下面通过一个例子说明Spooling的基本功能。我们设想的系统内包含一台作业输入机和一台打印机，它们都是独享设备。

假设有五个作业提交给系统，某瞬间各作业的推进情况如图6-22所示。

系统中的作业1已经运行完毕，作业2、作业3和作业4处在运行阶段，作业5正在提交。图6-22中下部的方框内给出了内存中当前活跃的七个进程，有三个是用户作业创建的，另四个属于Spooling。

Spooling的四个进程，主要用来担负数据（或作业）的输入/输出。可将Spooling的功能分给以下四个进程实现：

① 收容输入：该功能负责启动输入设备，将数据（或作业）从输入设备读进来，在文件管理系统的支持下，把数据存放到外存的输入井上。

② 提取输入：从输入井上提取数据（或作业），送入内存的用户区中，供进程使用。

③ 收容输出：将用户进程需要输出的数据从其用户区取出来，送到输出井上。

④ 提取输出：到外存上取出输出井上的数据，送到输出设备（如打印机）上。

从输入设备来看，它的每一次输入都能得到及时的响应，并安全地放到外存的输入井中。即使像例题中作业5那样尚未运行的作业，也会得到及时输入和保存。当进程运行中需要提取输入数据时，Spooling可立即将输入井的数据送入用户区。因此，数据输入的速度已不再是独享设备的低速度。五个作业的推进情况如图6-22所示。

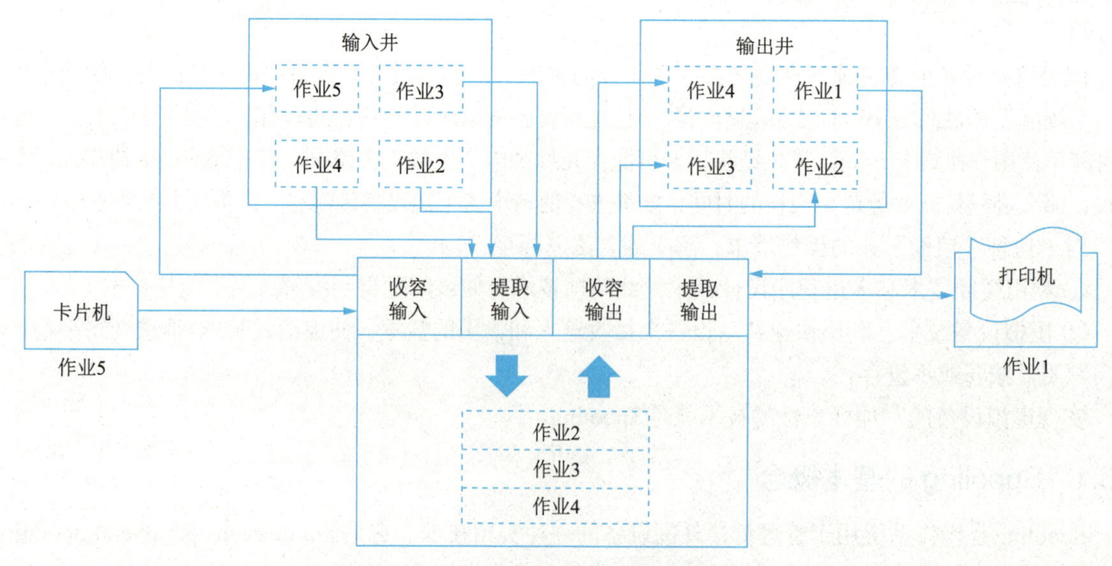

图6-22 五个作业的推进情况

数据输出的运作过程与输入过程恰好相反。系统为每个进程在输出井上开辟相应的存储空间，进程的数据输出被送到该空间的某个位置。由于磁盘的读/写速度远远高于打印机的速度（如图 6-1 中所示，磁盘的速度要高出三个数量级）。因此，进程的数据输出决不会像直接操纵打印机那样长时间等待。

这样一来，多个进程的数据输入和输出都通过同一个高速共享设备实现。这就是 Spooling 将共享设备虚拟成独享设备的原理。

从用户角度讲，系统提供了以下两条访管指令：

```
CALL READNEXT(BUFFER)   // 读一条记录
CALL WRITENEXT(BUFFER)  // 打印一条记录
```

用户将它们用到程序中就可以实现读/写。当然，实际上在调用这两项功能时，系统既不真正读，也不真正写，因为系统使用的是虚拟设备。这一点对于用户来说是感觉不到的。

6.5.2 Spooling 虚拟输入设备

Spooling 的虚拟输入设备技术包括两个操作：

① 物理地从外围设备读一个记录并存储到磁盘输入井上。

② 进程可以从缓冲区访问到输入记录的一个副本。

按上面所讲，将这两步操作设计成两个进程：收容输入（表示为 Provide-In）和提取输入（表示为 Extract-In）。当输入设备完成一条记录的输入后，产生中断信号启动收容输入进程，这种启动方式称作“中断启动”。

当一个作业运行时遇到访管指令 CALL READNEXT (BUFFER) 时，提取输入进程即可被启动。访管指令启动是一种软中断启动（也可归入中断启动）。

下面是 Stuart E. 给出的一个 Spooling 工作机制，其中的输入过程分为两部分：收容输入和提取输入，如图 6-23 所示。

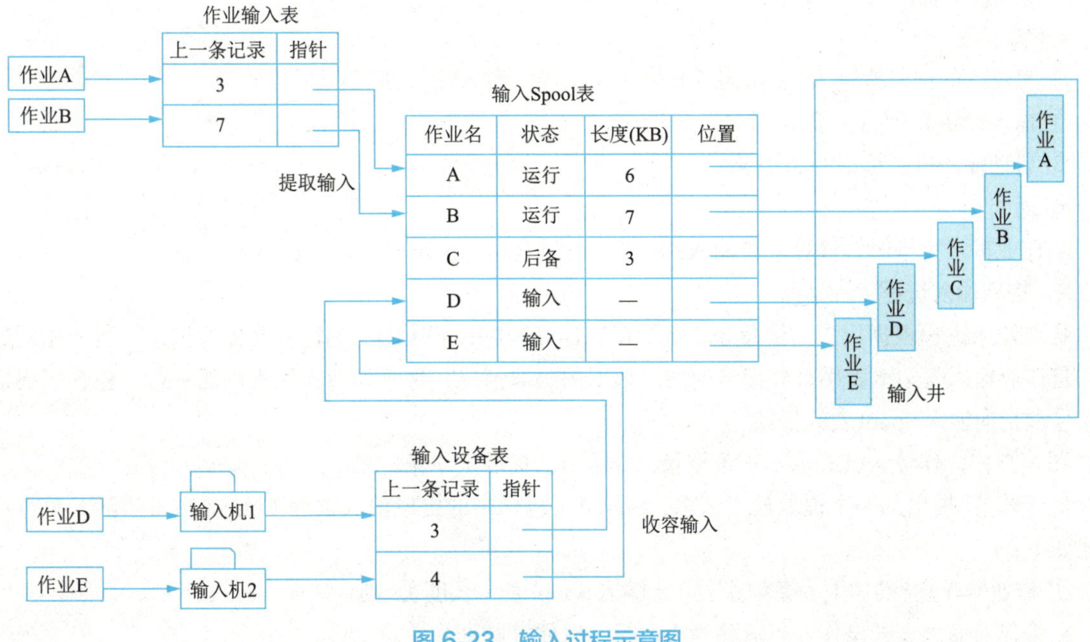

图 6-23 输入过程示意图

图6-23中，输入Spool表存放着各个作业在输入井上的存储位置。它的长度字段保存着作业的记录数量。状态字段的值可以是输入、后备、运行。

Spooling的输入输出

① 输入：表示该作业当前正在进行输入。

② 后备：表示该作业当前已输入完毕，正等待运行。

③ 运行：表示该作业当前正在运行。

如果给输入Spool表扩充若干字段，用来记录作业的优先数、估计运行时间、资源需求等信息，该表就可以充当“后备作业队列”，供作业调度程序使用。

1. 收容输入进程

收容输入进程需要一个数据结构——输入设备表，用来登记系统中各台设备输入情况。每台输入机占用表内一行，包含输入的记录号和输入Spool表指针。

图6-23中，系统有两台输入机输入五个作业，其中作业A和作业B已经输入完，并已投入运行；作业C也已输入完，但未运行；作业D和作业E正在输入。系统在“输入 Spool表”为每个作业建立一个表项，查阅“指针”将读入的记录存入。

输入设备表中的“上一条记录号”指出了已经输入的记录数。

Spooling机构中的收容输入进程，由某一台输入机i的I/O中断启动，执行过程可描述为如下算法：

① 输入的记录是作业说明书吗？如果不是，转③。

② 按下列步骤登记输入 Spool 表：

- 在输入 Spool 表中索取一个空表项j，填上作业名。
- 输入设备表i（指针）←j。
- 输入 Spool 表j（状态）← “输入”。
- 在输入井上申请一个空闲的存储块k。
- 输入 Spool 表j（指针）←k。
- 输入设备表i（上一条记录号）←0。
- 转⑤。

③ 将输入的记录按输入Spool表（指针）的引导，存入输入井。

④ 输入设备表i（上一条记录号）+1。

⑤ 启动输入机，读下一条记录。

⑥ 返回。

当作业输入完毕时，该算法将输入的记录数记入输入 Spool 表j（长度）中。

2. 提取输入进程

提取输入进程根据用户的读命令CALL READNEXT(BUFFER)，到输入井提取记录，所依据的数据结构是作业输入表。该表用来登记当前用户数据的提取情况，每个作业占用表内的一行，包含已提取的记录号和指向输入Spool表的指针。

图6-23中，作业A已提取了三条记录，作业B已提取了7条记录。

对于作业i提出的一个提取输入请求，Spooling机构中的提取输入进程 Extract-In被激活。执行过程描述如下：

① 作业输入表i的“上一条记录号”= 输入Spool表（长度），则：

- 将作业输入表的该作业行清除为空白行，以便接收新作业。

- 编制无记录可读信息返给作业。
- 将输入Spool表的对应表项删除。
- 回收外存空间。
- 转⑤。

② 作业输入表i（上一条记录号）+1。

③ 按顺序读出输入井的一条记录。

④ 将该记录存入用户指定的BUFFER缓冲区。

⑤ 返回。

如果一个作业i希望读的记录号大于输入Spool表i（长度）中记载的总长度，则产生“无记录可读”的出错信息。

6.5.3 Spooling 虚拟输出设备

Spooling的虚拟输出设备技术也分为两步操作：

① 将作业的一条输出记录收容到磁盘的输出井中。

② 从磁盘输出井中读一条记录送到输出设备上。

将这两步操作分别设计为两个进程：收容输出（表示为Provide-Out）和提取输出（表示为Extract-Out）。收容输出进程是CPU运行用户程序时，遇到访管指令CALL WRITENEXT (BUFFER)被启动起来的。

而提取输出进程的启动是由设备中断引起的。当输出设备（如打印机）完成一条记录的输出后产生中断请求，启动该进程。图6-24所示为输出操作的处理过程。

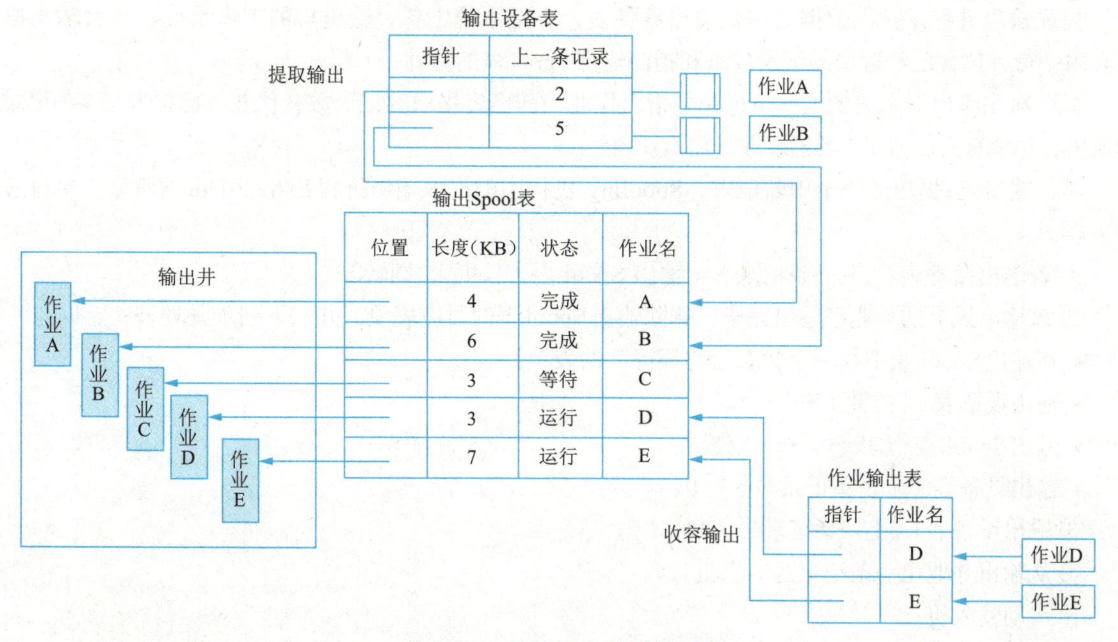

图6-24 输出操作的处理过程

1. 收容输出进程

这里的数据结构是作业输出表，用来登记各个正在输出的作业工作情况。每个作业占用表内一行，包含输出的记录号和输出Spool表指针。

例如，系统有两台输出机，其中一台正在输出作业A的数据，另一台输出作业B的数据。作业D和作业E当前处于运行状态，运算的结果正放入输出井。作业C已运行完，但尚未开始输出。系统在“输出Spool表”中为每个作业建立一个表项，“指针”指出外存的位置。

Spooling机构中的收容输出进程Provide-Out由作业i的写命令CALL WRITENEXT(BUFFER)启动。执行过程可描述为如下算法：

① 查作业在作业输出表中的位置，若能查到，则转③ 。

② 在作业输出表中索取一个新表项j，并进行下列步骤：

- 作业输出表j（作业名）←i。
- 在输出Spool表中索取一个新表项k。
- 作业输出表j（指针）←k。
- 输出Spool表k（作业名）←i。
- 输出Spool表k（状态）← “运行”。
- 输出Spool表k（长度）←0。
- 在输出井上请求一个存储空间。
- 首地址填入输出Spool表k（指针）中。

③ 将用户指定的BUFFER缓冲区内的一条记录存入输出井。

④ 输出Spool表i（长度）+1 。

⑤ 返回。

2．提取输出进程

提取输出进程用到的数据结构是输出设备表，登记系统中各台输出机的工作情况。每台输出机占用表内一行，包含已经输出的记录数量和指向输出Spool表的指针。

图6-24中输出设备表的上一条记录号指出作业当前已经提取的记录数：作业A已提取了2条记录进行输出，作业B已提取了5条记录进行输出。

对于输出机i提出的一个中断请求，Spooling 机构中的提取输出进程Extract-Out被激活。执行过程描述如下：

① 若输出设备表i（上一条记录）<输出 Spool 表（长度），则转③ 。

② 该输出机上的作业已输出完毕，删除输出Spool表的对应表项，并按下列步骤处理：

- 在输出Spool 表中找一个状态为“等待”的表项j。
- 输出设备表i（指针）←j。
- 输出Spool 表j（状态）← “完成”。
- 输出设备表（上一条记录号）←0。

③ 输出设备表i（上一条记录号）+1。

④ 从输出井取出一条记录送输出机。

⑤ 启动输入机。

⑥ 返回。

如果在输出Spool表中找不到状态为“等待”的表项时，说明当前无等待输出的作业，此时需要将输出设备表的对应表项清除，该设备将闲置，直到有一个进程将数据收容完毕为止（该算法中没有包含此处理过程细节）。

这里省略的另一个细节是，Spooling中用到的输入Spool表和输出Spool表，应视为临界资源，需要有一些互斥和同步的操作。在不同的操作系统中，输入/输出处理的形式有所不同。常见的处理方式是：在操作系统中设立专门的输入/输出进程，统一负责整个系统的输入/输出工作。有些系统为了简化设计，将输入和输出分开，形成“输入进程”和“输出进程”。

本书中使用四个输入/输出进程，各司其职，条理清楚。如果系统规模不大，也可以不设进程，而是直接将它们全部或部分放在中断处理程序中实现。相反，如果系统的某类设备负担过重，也可以专门为它设立输入或输出进程，如“打印进程”“磁盘读/写进程”等。

小　结

设备管理是操作系统的重要组成部分，对设备进行抽象，屏蔽设备的物理细节和操作过程，配置驱动程序，提供统一界面，供用户或高层软件使用。

将物理设备抽象为文件系统中的节点，统一管理，设备管理的主要任务是对各类输入、输出设备进行控制和管理，实现计算机操作系统和I\O设备的信息交换。从而满足系统和用户的各项操作要求。克服设备和CPU速度不匹配所引起的问题。令主机和设备并行工作，本章主要完成对硬件设备的管理，其中包括对输入/输出设备的分配、启动、完成和回收，从而提高设备使用效率。

拓展阅读

破釜沉舟，百二秦关终属楚

思考与练习

一、单选题

1. (　　)是CPU与I/O设备之间的接口，它接收CPU发来的命令并去控制I/O设备的工作，使CPU从繁忙的设备控制事务中解脱出来。

　A. 中断装置　　B. 系统设备表　　C. 设备控制器　　D. 逻辑设备表

2. 在设备控制器中用于实现对设备控制功能的是(　　)。

　A. CPU　　B. 设备控制器与CPU的接口

　C. I/O逻辑　　D. 设备控制器与设备的接口

3. 以下关于计算机外围设备说法中错误的是(　　)。

　A. 计算机外围设备可以分为存储型设备和输入/输出型设备

　B. 存储型设备可以作为内存的扩充，信息传输以块为单位

　C. 输入/轴出型设备负责内存与外围设备间的信息传递，信息传输单位是字符

　D. 存储型设备一般属于共享设备，而输入/输出型设备则属于独占设备

4. 移动头磁盘访问数据的时间不包括(　　)。

　A. 移臂时间　　B. 寻道时间　　C. 旋转延迟时间　　D. 数据传输时间

5. (　　)是操作系统中采用以空间换取时间的技术。

　A. SPOOLing技术　　B. 虚拟存储技术　　C. 覆盖和交换技术　　D. 通道技术

二、判断题

1. 最短寻道时间优先（SSTF）算法的调度原则是要求磁头的移动距离最小，该算法有产生“饥饿”的可能。（ ）

2. 缓冲技术是借用外存储器的一部分区域作为缓冲池。（ ）

3. 固定头磁盘存储器的存取时间包括寻道时间和旋转延迟时间。（ ）

4. I/O设备管理程序的主要功能是管理内存、控制器和通道。（ ）

5. 引入缓冲的主要目的是提高I/O设备的利用率。（ ）

三、简答题

1. 什么是独享设备？什么是共享设备？

2. 有哪几种I/O控制方式？分别适用于何种场合？

3. 什么是字节多路通道？什么是数组选择通道和数组多路通道？

4. 简述中断处理过程。

5. 简述DMA的工作流程。

6. 设备管理系统应具备哪些功能？

7. 什么是设备独立性？实现设备独立性将带来哪些好处？

8. 引入缓冲的主要原因是什么？

9. 目前常用的磁盘调度算法有哪几种？每种算法优先考虑的问题是什么？

10. 某移动臂磁盘的柱面由外向里顺序编号，假定当前磁头停在100号柱面且移动臂方向是向里的，现有下表所示的请求序列在等待访问磁盘：

请求次序	1	2	3	4	5	6	7	8	9	10
柱 面 号	190	10	160	80	90	125	130	20	140	25

回答下面的问题：

（1）写出分别采用“最短查找时间优先算法”和“电梯调度算法”时，实际处理上述请求的秩序。

（2）针对本题比较上述两种算法，就移动臂所用的时间（忽略移动臂改向时间）而言，哪种算法更合适？

11. 某磁盘组共有200个柱面、10个盘面、16个扇区，该磁盘组共有多少块？若采用位示图方式管理磁盘空间，位示图需要占用多大空间？

12. SPOOLing技术与虚拟设备之间的关系是什么？虚拟设备与缓存技术之间的关系是什么？

第二部分 操作系统实验

本部分为操作系统实验部分，实验基础软件环境为openEuler操作系统，从实验环境配置开始完成共计八个实验项目，分别为openEuler操作系统安装、openEuler基础命令及文本编辑器的使用、进程创建、进程同步及通信、openEuler用户及权限管理、openEuler软件管理、openEuler存储技术文件系统管理、shell脚本语言基础。

第 7 章

openEuler 操作系统安装实验

7.1 实验目的

安装和新建虚拟机，下载并安装openEuler操作系统，配置实验环境。

7.2 实验内容

① 安装和新建虚拟机。
② 下载openEuler镜像文件。
③ 在虚拟机上安装openEuler操作系统。
④ 安装完成后登录openEuler操作系统。

7.3 实验指导

7.3.1 下载 openEuler 镜像

下载openEuler镜像的操作步骤如下：

① 在百度网站搜索openEuler下载，如图7-1所示。

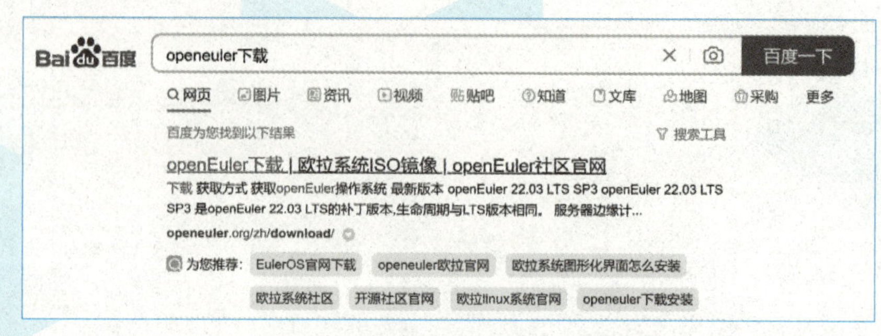

图 7-1 搜索 openEuler 下载

② 打开openEuler社区官网，选择社区发行版openEuler 22.03 LTS SP3，如图7-2所示。

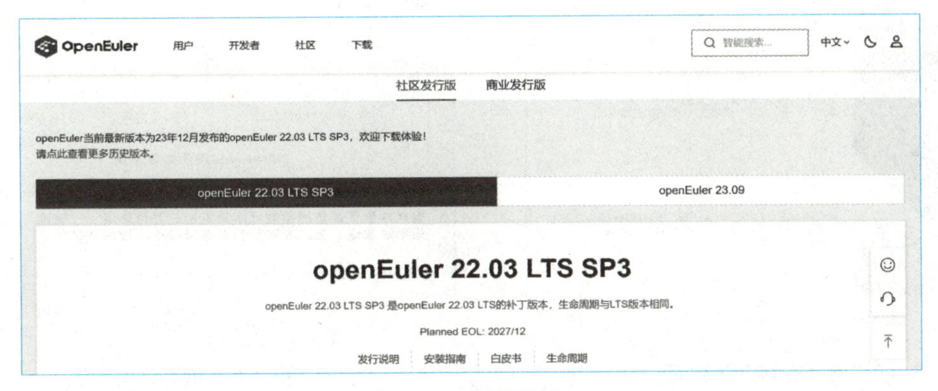

图 7-2　选择版本

③ 架构选择“x86_64”，场景选择“服务器”，软件包类型选择Offline Standard ISO，单击“立即下载”按钮，如图7-3所示。

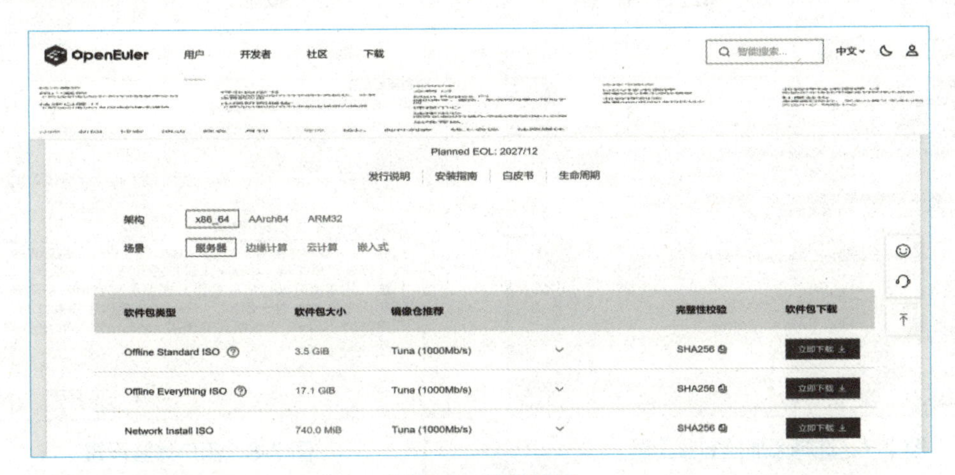

图 7-3　环境选择

④ 下载openEuler镜像文件，如图7-4所示。

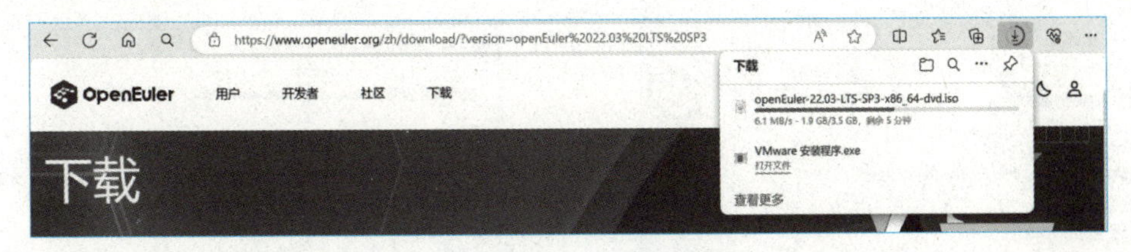

图 7-4　下载镜像文件

7.3.2　安装 VMware 虚拟机软件

安装VMware虚拟机软件的操作步骤如下：

① 双击运行下载的VMware 安装程序，打开如图7-5所示的安装向导界面，单击“下一步”按钮，如图7-5所示。

② 接受许可协议中的条款，单击“下一步”按钮，如图7-6所示。

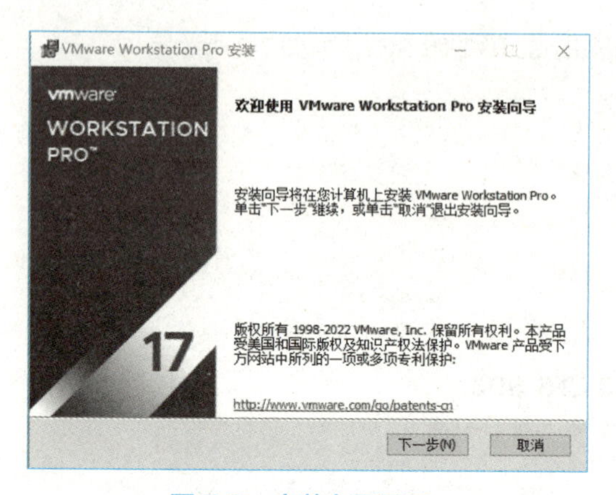

图 7-5　安装向导界面

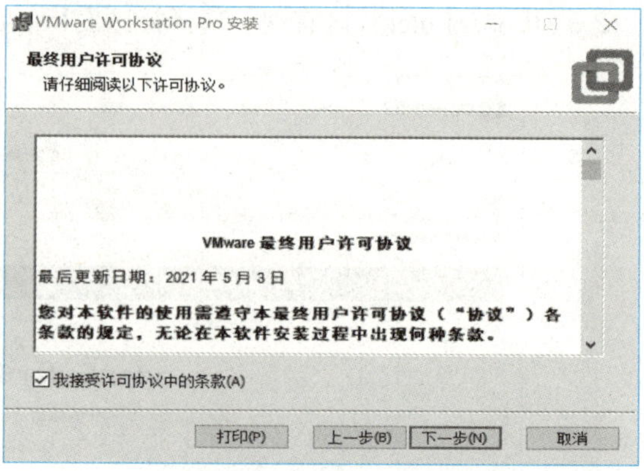

图 7-6　接受许可协议

③ 选中“将VMware Workstation控制台工具添加到系统PATH”复选框，单击“下一步”按钮，如图7-7所示。

④ 自行选择图7-8中的选项进行用户体验设置，单击“下一步”按钮。

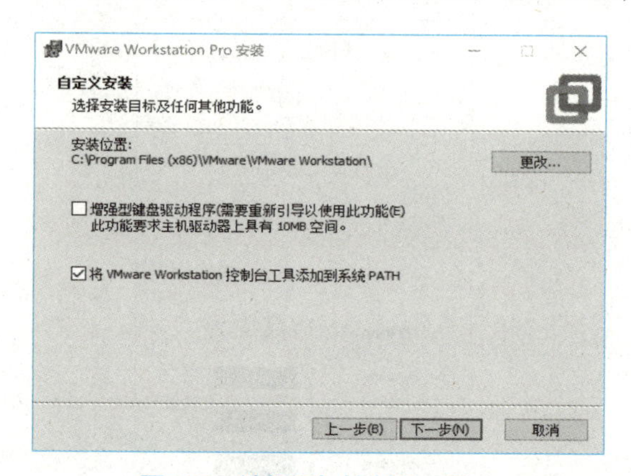

图 7-7　选择添加控制台工具

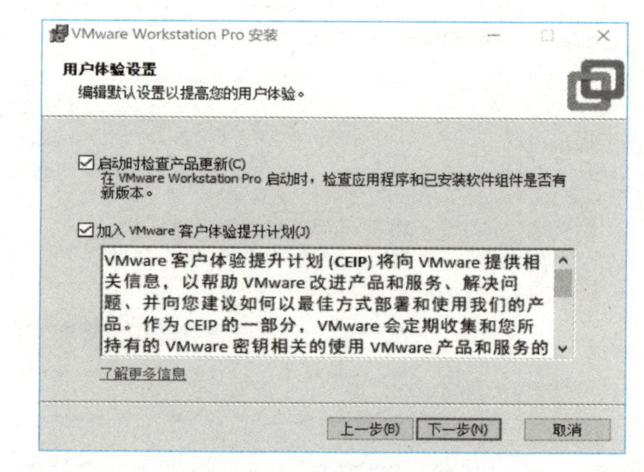

图 7-8　用户体验设置

⑤ 根据自己情况选中“桌面”和“开始菜单程序文件夹”复选框，单击“下一步”按钮，如图7-9所示。

⑥ 单击“安装”按钮，开始安装VMware虚拟机软件，如图7-10、图7-11所示。

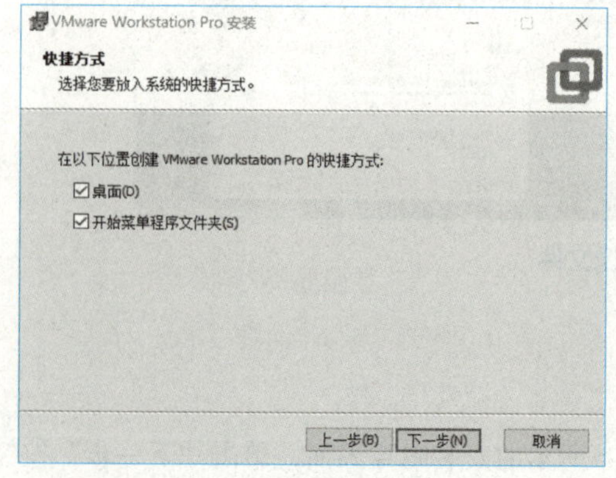

图 7-9　勾选快捷方式

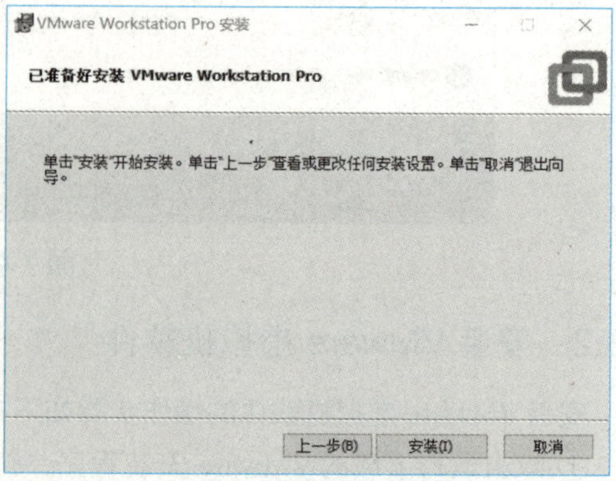

图 7-10　安装界面

⑦ 点击“完成”按钮，完成VMware虚拟机软件安装，如图7-12所示。

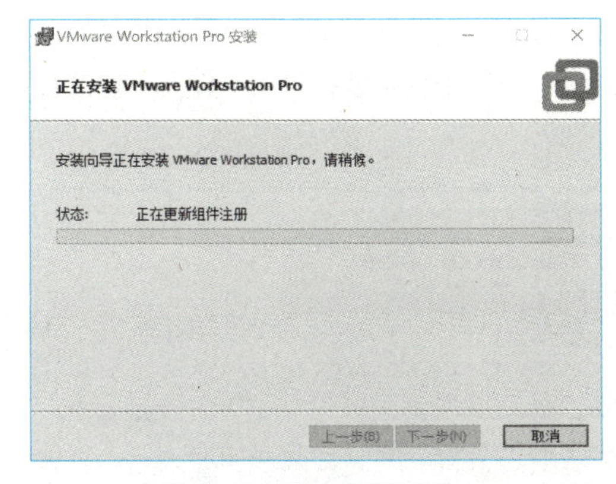

图 7-11　正在安装界面

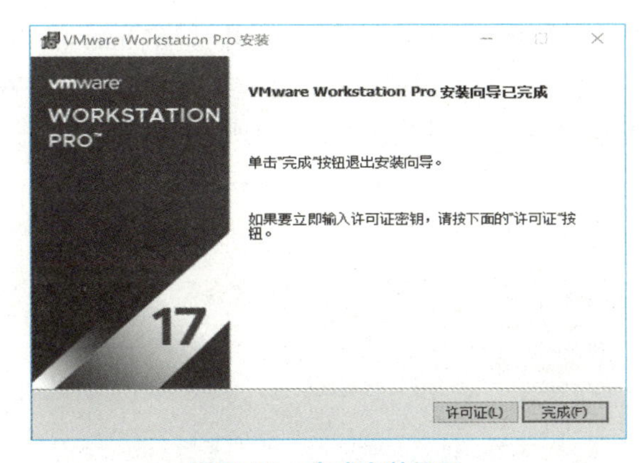

图 7-12　完成安装界面

7.3.3　新建虚拟机

新建虚拟机的操作步骤如下：

① 打开 VMware，单击“创建新的虚拟机”按钮，如图 7-13 所示。

② 选择“自定义”安装，单击“下一步”按钮，如图 7-14 所示。

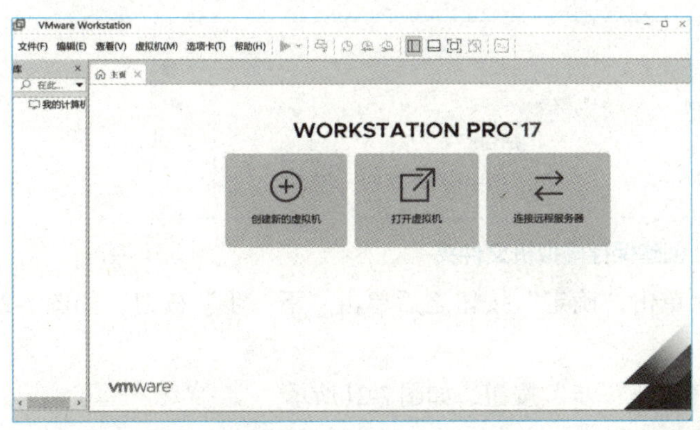

图 7-13　打开 VMware

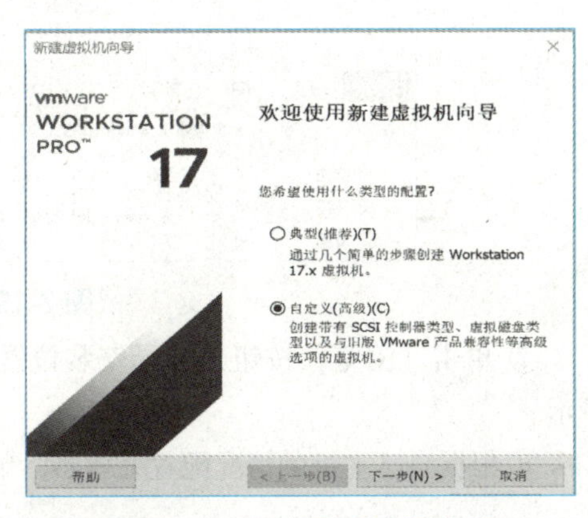

图 7-14　选择“自定义”安装

③ 选择虚拟机兼容性，默认即可，单击“下一步”按钮，如图 7-15 所示。

④ 安装客户机操作系统，选中“稍后安装操作系统”单选按钮，单击“下一步”按钮，如图 7-16 所示。

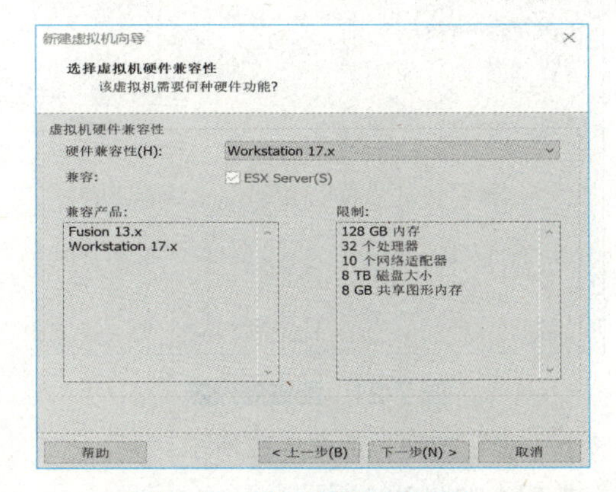

图 7-15　选择虚拟机兼容性

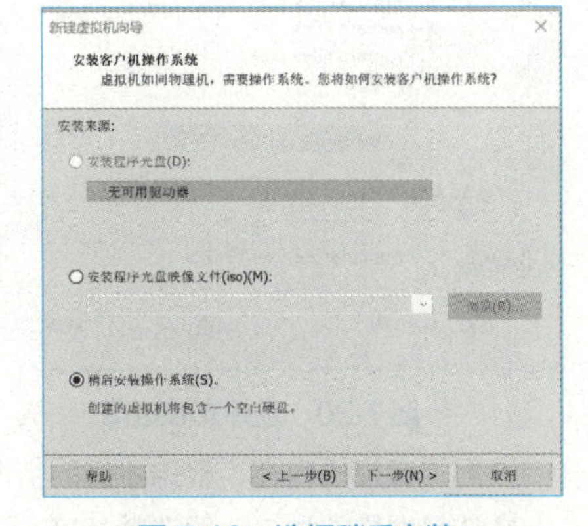

图 7-16　选择稍后安装

⑤ 选择客户机操作系统，版本选择Linux 4.x内核64位，单击“下一步”按钮，如图7-17所示。

⑥ 建议修改虚拟机的名称，如openEuler；在磁盘上创建一个用于保存虚拟机的文件夹，修改虚拟机安装位置，如图7-18、图7-19所示。

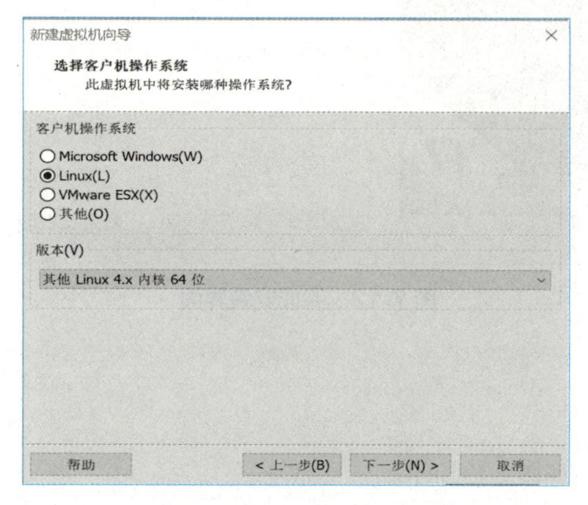

图7-17　选择Linux内核

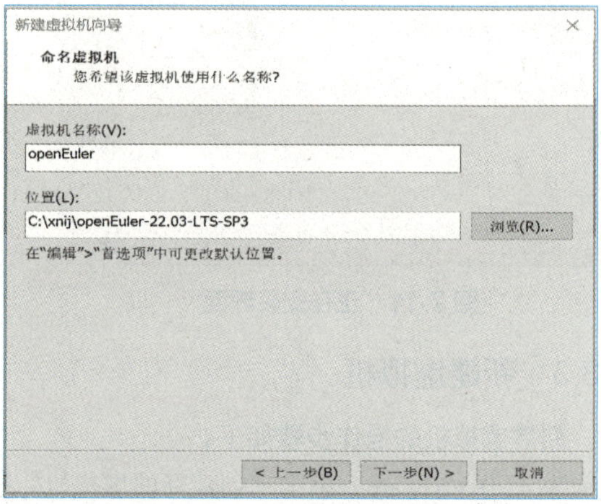

图7-18　命名虚拟机

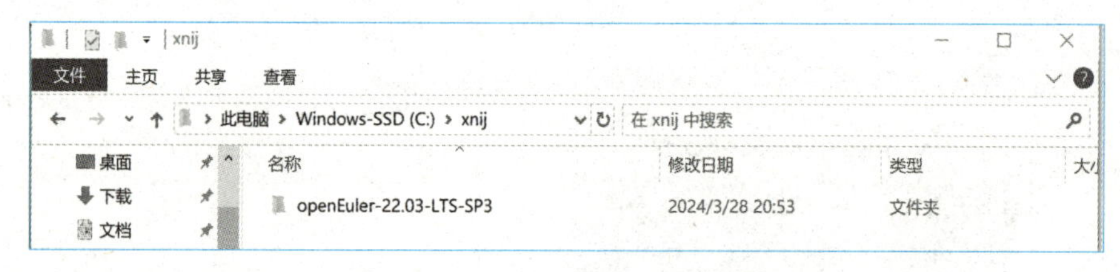

图7-19　创建保存虚拟机文件夹

⑦ 单击“浏览”按钮，选择安装位置，单击“确定”按钮之后单击“下一步”按钮，如图7-20所示。

⑧ 根据自己主机的情况配置处理器，单击“下一步”按钮，如图7-21所示。

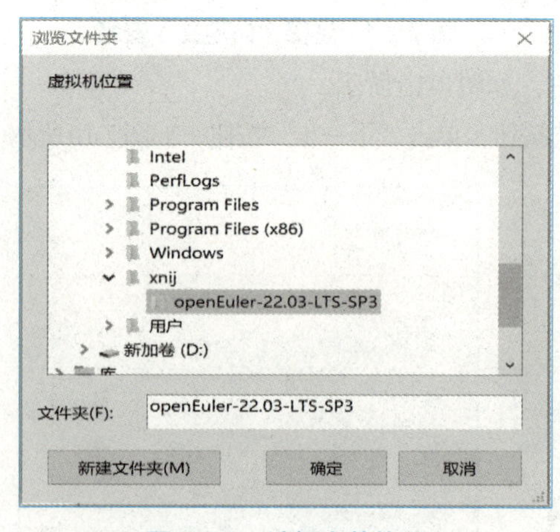

图7-20　选择安装位置

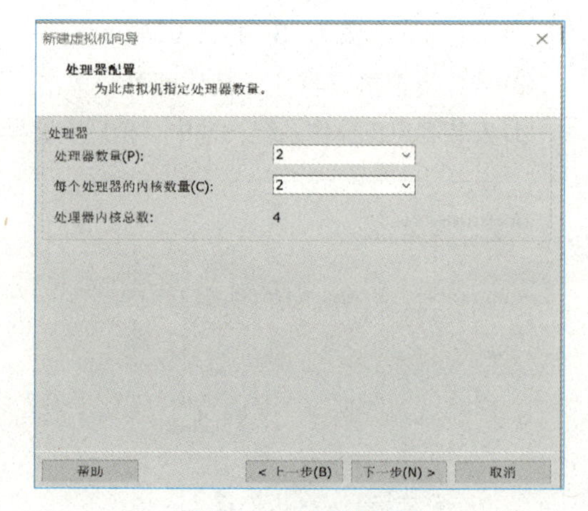

图7-21　配置处理器

⑨ 配置虚拟机内存，根据主机的情况进行选择，单击“下一步”按钮，如图7-22所示。

⑩ 选择网络类型，一般选择NAT模式，单击“下一步”按钮，如图7-23所示。

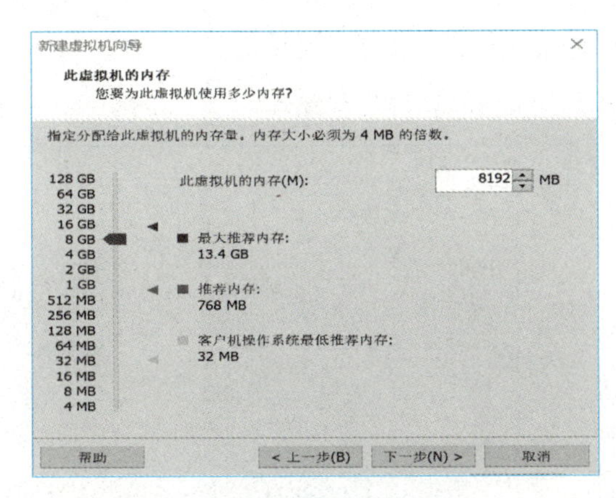

图 7-22　配置虚拟机内存

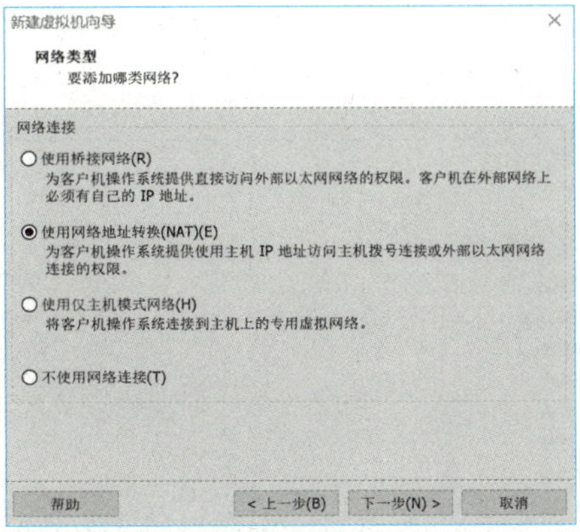

图 7-23　选择网络类型

⑪ 选择I/O控制器类型，默认即可，单击“下一步”按钮，如图7-24所示。

⑫ 选择磁盘类型，默认即可，单击“下一步”按钮，如图7-25所示。

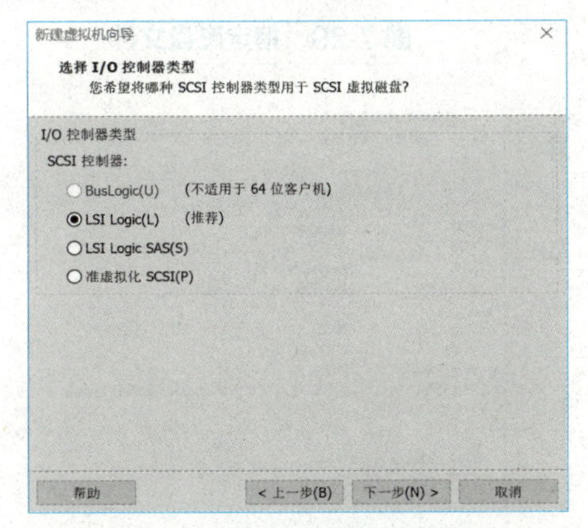

图 7-24　选择 I/O 控制器类型

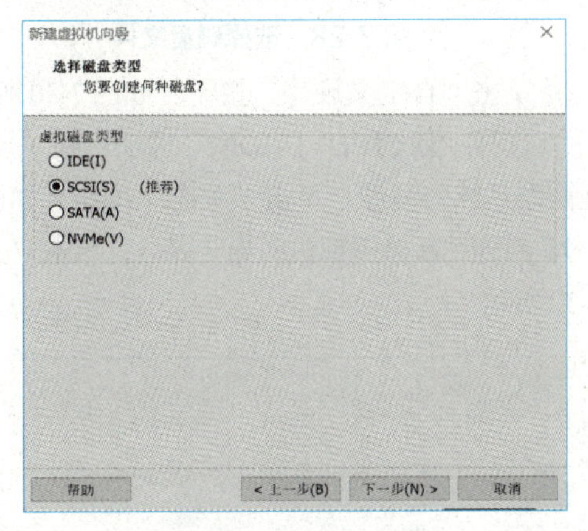

图 7-25　选择磁盘类型

⑬ 选择磁盘，默认即可，单击“下一步”按钮，如图7-26所示。

⑭ 指定虚拟机磁盘大小，根据需求，一般设置为20 GB，单击“下一步”按钮，如图7-27所示。

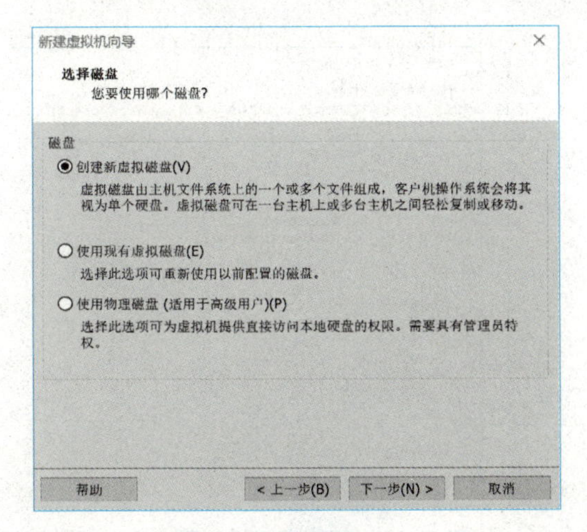

图 7-26　选择磁盘

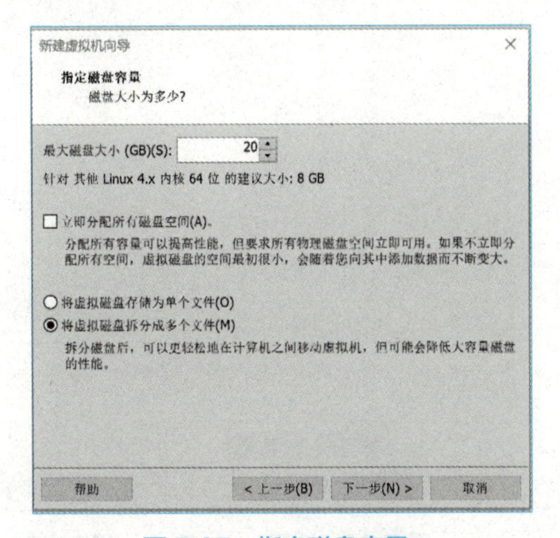

图 7-27　指定磁盘容量

⑮ 指定磁盘文件，和虚拟机保存在一个文件夹，单击“保存”按钮，再单击“下一步”按钮，如图7-28、图7-29所示。

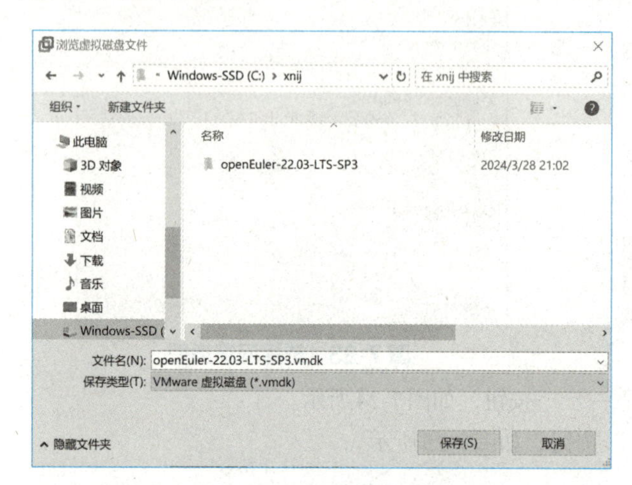

图7-28　选择磁盘文件

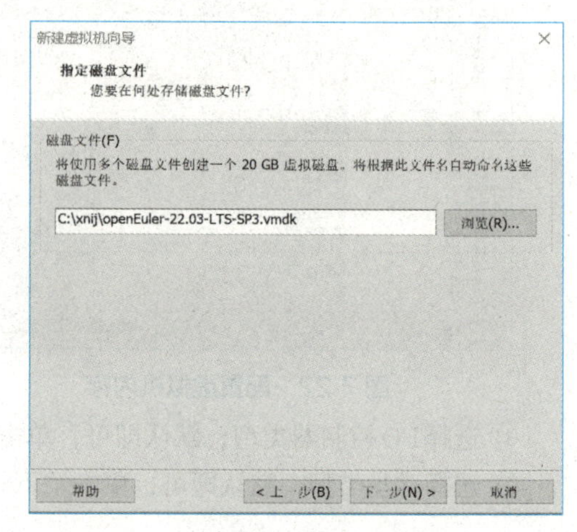

图7-29　指定磁盘文件

⑯ 单击“自定义硬件”按钮，如图7-30所示。

⑰ 选择“新CD/DVD(IDE)”选项，在“连接”栏处选择安装操作系统的镜像，单击“关闭”按钮，如图7-31所示。

⑱ 回到“新建虚拟机向导”界面，单击“完成”按钮，如图7-32所示。

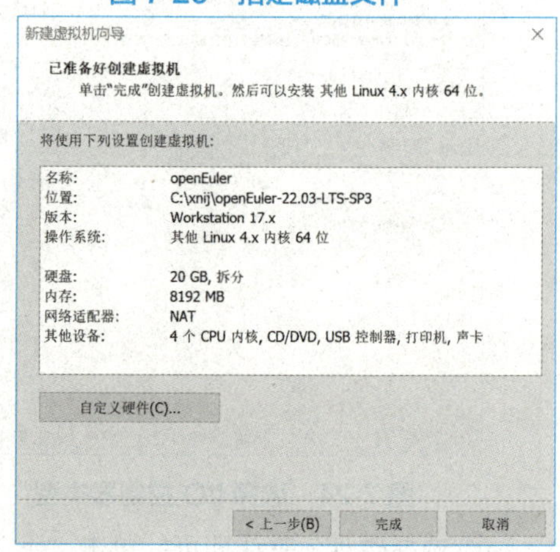

图7-30　新建虚拟机向导自定义硬件界面

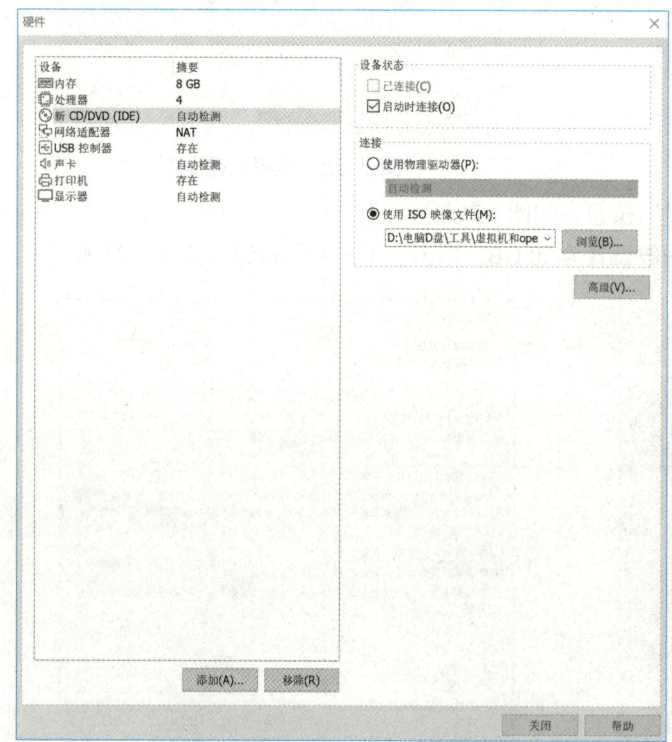

图7-31　选择openEuler镜像文件

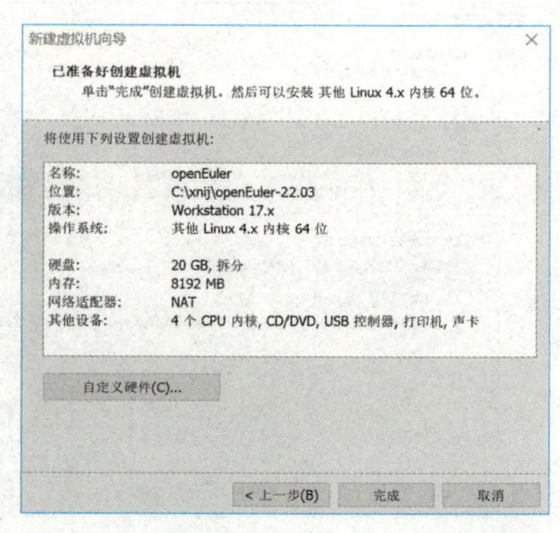

图7-32　新建虚拟机向导自定义硬件界面

7.3.4　安装 openEuler 操作系统

安装openEuler操作系统的步骤如下：

① 打开VMware窗口，单击“开启此虚拟机”，如图7-33所示。

② 单击灰色任意区域，按【Enter】键，如图7-34所示。

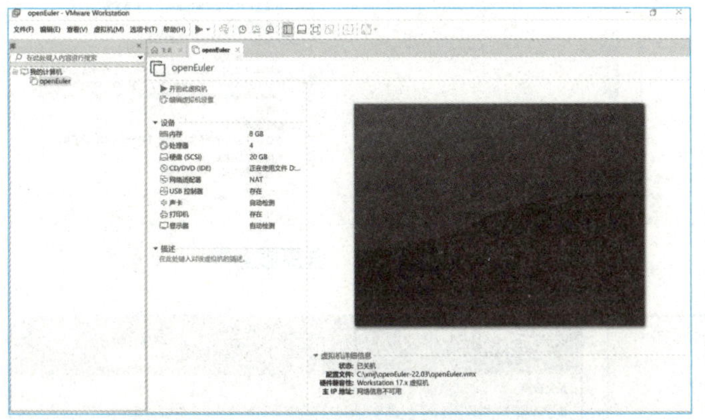

图 7-33　开启虚拟机界面

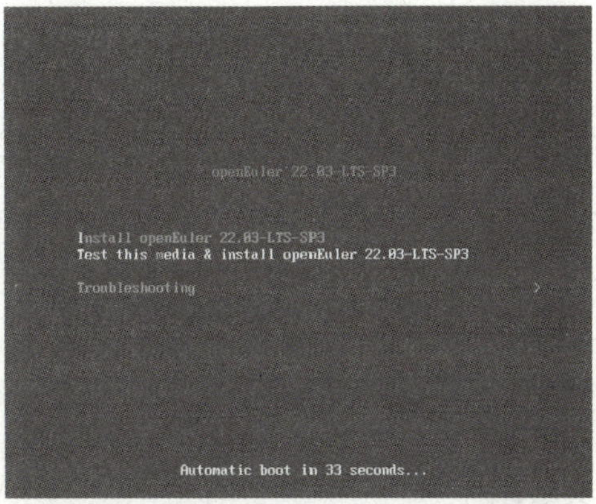

图 7-34　启动安装界面

③ 检测镜像，可按【Esc】键跳过检测，如图7-35所示。

④ 选择操作系统语言，如图7-36所示。

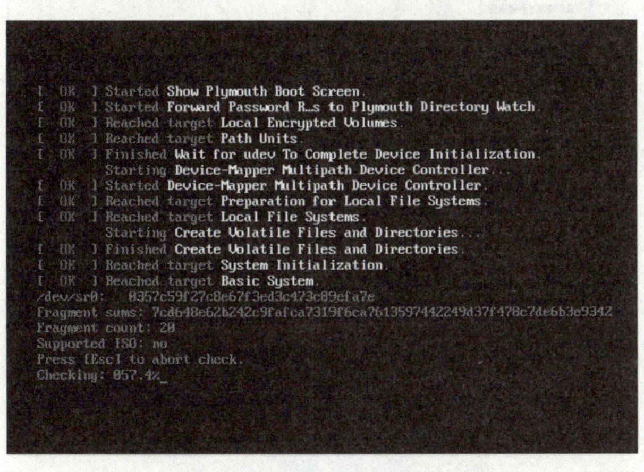

图 7-35　检测镜像界面

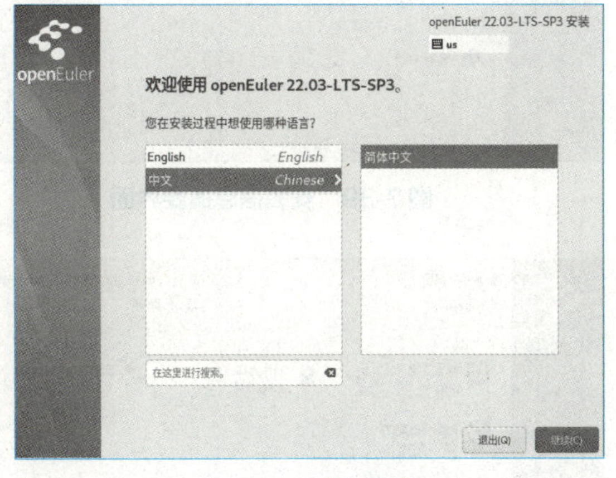

图 7-36　选择语言

⑤ 在“安装信息摘要”界面，单击“软件选择”，选择“服务器”，单击“完成”按钮。华为欧拉系统暂时没有自建的图形桌面，但可以使用深度dde桌面，安装完系统之后配置，如图7-37、图7-38所示。

⑥ 回到“安装信息摘要”界面，单击“安装目的地”，默认即可，单击“完成”，按钮如图7-39、图7-40所示。

⑦ 回到“安装信息摘要”界面，在“用户设置”部分，单击“Root账户”，选择“启用root账户”，设置Root密码，密码至少包含三种字符类型，不能太短，单击“完成”按钮，如图7-41、图7-42所示。

图 7-37　安装信息摘要界面

图 7-38　选择服务器

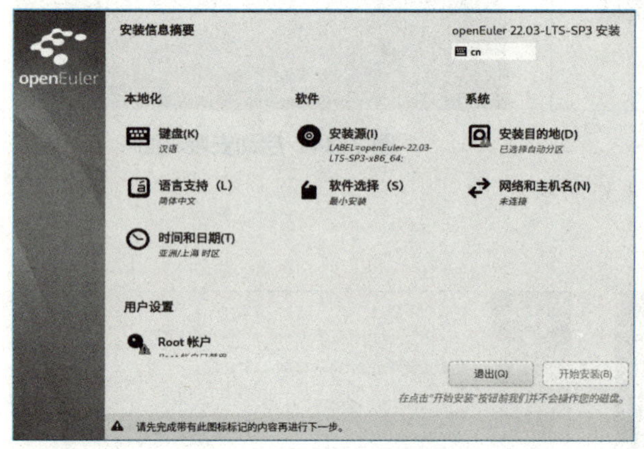

图 7-39　安装信息摘要界面

图 7-40　选择安装目的地

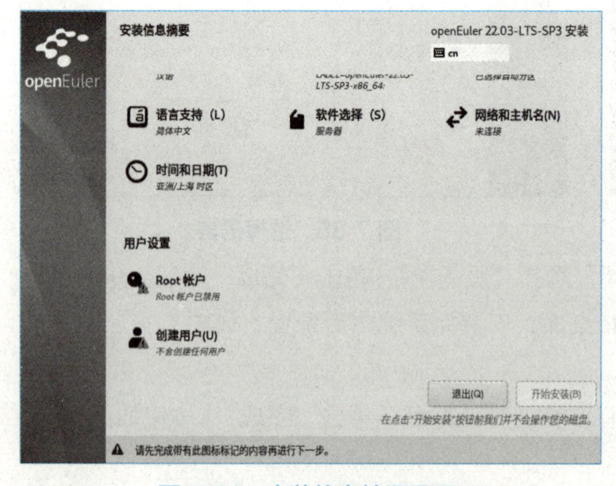

图 7-41　安装信息摘要界面

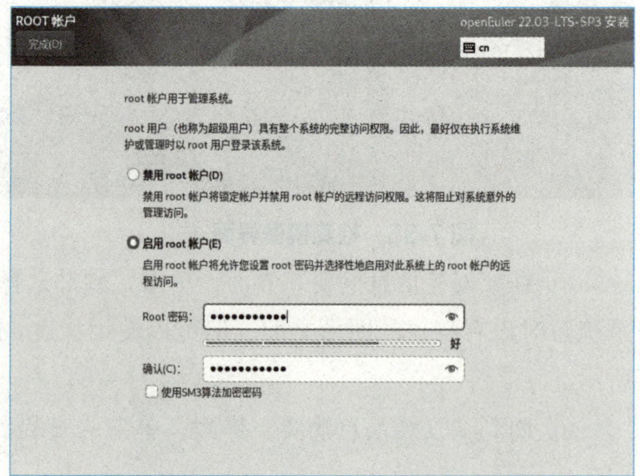

图 7-42　设置 Root 账户密码

⑧ 回到“安装信息摘要”界面，单击“开始安装”按钮，开始安装操作系统，等待安装完成后重启系统，如图 7-43、图 7-44 所示。

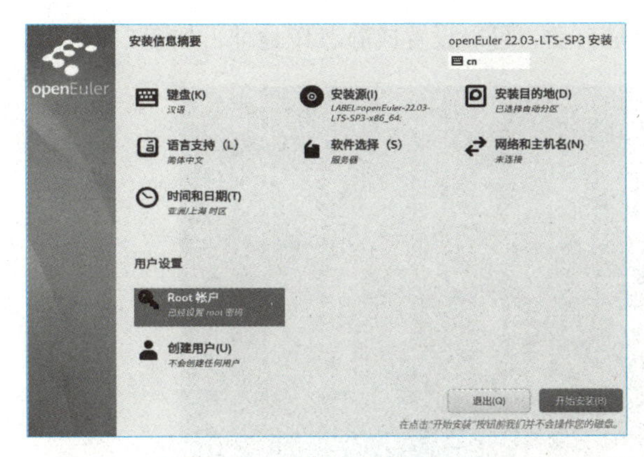

图 7-43　安装信息摘要界面

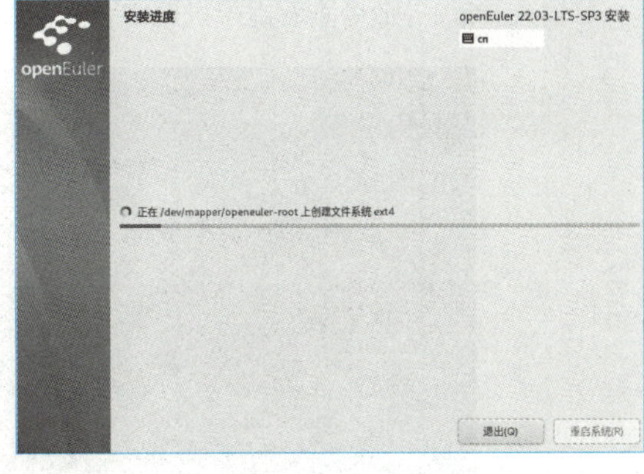

图 7-44　安装进度页面

7.3.5　登录虚拟机

登录虚拟机的操作步骤如下：

① 系统安装完成后，重启系统，如图 7-45 所示。

② 输入用户名和密码，登录虚拟机。注意，输入密码时不显示，输入正确的密码后按【Enter】键即可，如图 7-46 所示。

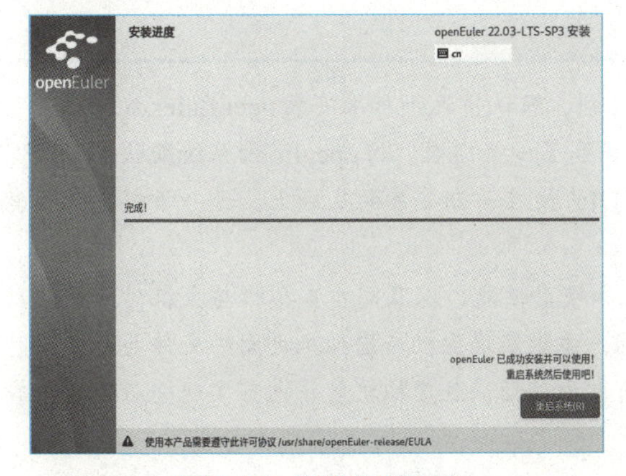

图 7-45　安装完成界面

```
Authorized users only. All activities may be monitored and reported.
Activate the web console with: systemctl enable --now cockpit.socket

localhost login: root
Password: _
```

图 7-46　登录虚拟机

③ 登录完成，如图 7-47 所示。

```
Authorized users only. All activities may be monitored and reported.
Activate the web console with: systemctl enable --now cockpit.socket

localhost login: root
Password:
Last failed login: Fri Mar 29 14:03:34 CST 2024 on tty1
There was 1 failed login attempt since the last successful login.

Authorized users only. All activities may be monitored and reported.


Welcome to 5.10.0-182.0.0.95.oe2203sp3.x86_64

System information as of time:  Fri Mar 29 02:04:31 PM CST 2024

System load:    0.31
Processes:      164
Memory used:    3.2%
Swap used:      0%
Usage On:       13%
IP address:     192.168.56.129
Users online:   1


[root@localhost ~]# _
```

图 7-47　登录完成界面

④ 输入“ip a”命令查看虚拟机网络，默认情况是自动，可以设置成静态IP地址，如图7-48所示。

```
Authorized users only. All activities may be monitored and reported.
Activate the web console with: systemctl enable --now cockpit.socket

localhost login: root
Password:
Last failed login: Fri Mar 29 14:03:34 CST 2024 on tty1
There was 1 failed login attempt since the last successful login.

Authorized users only. All activities may be monitored and reported.


Welcome to 5.10.0-182.0.0.95.oe2203sp3.x86_64

System information as of time:  Fri Mar 29 02:04:31 PM CST 2024

System load:    0.31
Processes:      164
Memory used:    3.2%
Swap used:      0%
Usage On:       13%
IP address:     192.168.56.129
Users online:   1


[root@localhost ~]# ip a
1: lo: <LOOPBACK,UP,LOWER_UP> mtu 65536 qdisc noqueue state UNKNOWN group default qlen 1000
    link/loopback 00:00:00:00:00:00 brd 00:00:00:00:00:00
    inet 127.0.0.1/8 scope host lo
       valid_lft forever preferred_lft forever
    inet6 ::1/128 scope host
       valid_lft forever preferred_lft forever
2: ens33: <BROADCAST,MULTICAST,UP,LOWER_UP> mtu 1500 qdisc fq_codel state UP group default qlen 1000
    link/ether 00:0c:29:99:55:f3 brd ff:ff:ff:ff:ff:ff
    inet 192.168.56.129/24 brd 192.168.56.255 scope global dynamic noprefixroute ens33
       valid_lft 1488sec preferred_lft 1488sec
    inet6 fe80::20c:29ff:fe99:55f3/64 scope link noprefixroute
       valid_lft forever preferred_lft forever
[root@localhost ~]#
```

图7-48 查看虚拟机网络界面

练　习

1. 通过前面的openEuler操作系统安装过程可以看到，默认情况下标准安装openEuler系统后是字符界面，对于想体验桌面版本或不会使用Linux的同学提高了一个门槛。但openEuler系统默认也带了图形环境，分别是深度（deepin）的DDE和优麒麟的UKUI，请在前期安装的基础上，进一步查阅资料尝试安装DDE或UKUI（选其一即可），体验桌面环境。

2. VMware Tools是VMware提供的增强虚拟显卡和硬盘性能，以及同步虚拟机与主机时钟的驱动程序。只有在VMware虚拟机中安装好了VMware Tools，才能实现主机与虚拟机之间的文件共享，同时可支持自由拖动的功能，鼠标也可在虚拟机与主机之间自由移动，且虚拟机屏幕也可实现全屏化。请查阅资料，完成VMware Tools的下载及安装。

第 8 章

openEuler 基础命令及文本编辑器的使用实验

8.1 实验目的

掌握openEuler操作系统的bash命令、文件管理命令、vim/vi文本编辑器的使用方法。

8.2 实验内容

① 掌握bash命令的基本操作。

② 掌握文件管理命令的常见操作。

③ 学习使用vim/vi编写C及C++代码。

④ 学习使用gcc及g++编译、连接C及C++代码，学习使用gdb进行代码调试。

8.3 实验指导

8.3.1 bash 命令的基本操作

1. 登录虚拟机

打开虚拟机，启动openEuler虚拟机，并使用root用户身份登录虚拟机。

2. 练习使用基本的bash命令

① 使用reboot命令重启openEuler操作系统，如图8-1所示。

② 重启之后使用root账户重新登录到openEuler操作系统。

③ 使用logout或exit退出登录。之后再次使用root账户重新登录到openEuler操作系统，如图8-2所示。

```
[root@localhost ~]# reboot_
```

图 8-1 使用 reboot 命令

```
[root@localhost ~]# logout
```

图 8-2 使用 logout 命令

④ 用useradd命令创建新用户openEuler，如图8-3所示。

⑤ 用su命令切换到openEuler用户，如图8-4所示。

```
[root@localhost ~]# useradd openEuler
```

图8-3 使用useradd命令

```
[root@localhost ~]# su openEuler
```

图8-4 使用su命令

⑥ 使用logout或exit命令退出登录。输入exit命令后按【Enter】键，退出当前用户，回到root用户，如图8-5所示。

```
[openEuler@localhost root]$ exit
exit
[root@localhost ~]# _
```

图8-5 使用exit命令

exit命令也可以操作退出登录，但是如果经常切换用户，建议每次切换后都使用exit命令退出当前用户。

8.3.2 目录及文件基本操作

1. 查看目录位置

使用pwd命令查看当前所在目录位置，回显表示当前是在/root根目录下，如图8-6所示。

2. ls查看命令

① 使用ls命令查看当前目录下的文件及文件夹，回显表示当前目录有一个anaconda-ks.cfg文件，如图8-7所示。

```
[root@localhost ~]# pwd
/root
[root@localhost ~]#
```

图8-6 使用pwd命令

```
[root@localhost ~]# ls
anaconda-ks.cfg
[root@localhost ~]#
```

图8-7 使用ls命令

② 使用ls..命令（注意中间有空格）显示上一级目录的文件及文件夹，如图8-8所示。

```
[root@localhost ~]# ls ..
afs  bash_completion.d  bin  boot  dev  etc  home  lib  lib64  lost+found  media  mnt  opt  proc  root  run  sbin  srv  sys  tmp  usr  var
[root@localhost ~]# _
```

图8-8 使用ls..命令

③ 使用ls/tmp命令查看/tmp目录下的文件及文件夹，如图8-9所示。

```
[root@localhost ~]# ls /tmp
systemd-private-b8aadeb0d3194e9b9aa5121eb2571749-chronyd.service-B0Ouvx  systemd-private-b8aadeb0d3194e9b9aa5121eb2571749-systemd-logind.service-hfY9UF
[root@localhost ~]# _
```

图8-9 使用ls/tmp命令

④ 使用ls -a命令显示当前目录的所有文件及文件夹，回显表示当前目录存在隐藏文件及目录，如图8-10所示。

```
[root@localhost ~]# ls -a
.  ..  anaconda-ks.cfg  .bash_history  .bash_logout  .bash_profile  .bashrc  .cshrc  .tcshrc
[root@localhost ~]# _
```

图8-10 使用ls-a命令

⑤ 使用ls -l命令显示当前目录非隐藏的文件及文件夹详细信息，如图8-11所示。

⑥ 使用ls -al命令显示当前目录所有文件及文件夹详细信息，如图8-12所示。

3. cd切换目录

① 使用cd/命令切换到系统根目录。注意观察，“~”变成了“/”，如图8-13所示。

② 使用cd/etc命令切换到“/etc/”目录，如图8-14所示。

```
[root@localhost ~]# ls -l
total 4
-rw-------. 1 root root 709 Mar 29 21:55 anaconda-ks.cfg
[root@localhost ~]#
```

图 8-11　使用 ls-l 命令

```
[root@localhost ~]# ls -al
total 36
dr-xr-x---.  2 root root 4096 Mar 29 14:16 .
dr-xr-xr-x. 20 root root 4096 Mar 29 21:48 ..
-rw-------.  1 root root  709 Mar 29 21:55 anaconda-ks.cfg
-rw-------.  1 root root   19 Mar 30 09:15 .bash_history
-rw-r--r--.  1 root root   18 Dec 16 23:51 .bash_logout
-rw-r--r--.  1 root root  176 Dec 16 23:51 .bash_profile
-rw-r--r--.  1 root root  176 Dec 16 23:51 .bashrc
-rw-r--r--.  1 root root  100 Dec 16 23:51 .cshrc
-rw-r--r--.  1 root root  129 Dec 16 23:51 .tcshrc
[root@localhost ~]# _
```

图 8-12　使用 ls-al 命令

```
[root@localhost ~]# cd /
[root@localhost /]# _
```

图 8-13　使用 cd/ 命令

```
[root@localhost /]# cd /etc
[root@localhost etc]#
```

图 8-14　切换到 /etc/ 目录

③ 使用相对路径方法，切换到“/etc/sysconfig/”目录，如图8-15所示。

④ 使用绝对路径方法，切换到“/etc/sysconfig/”目录，如图8-16所示。

```
[root@localhost etc]# cd sysconfig
[root@localhost sysconfig]#
```

图 8-15　使用相对路径切换目录

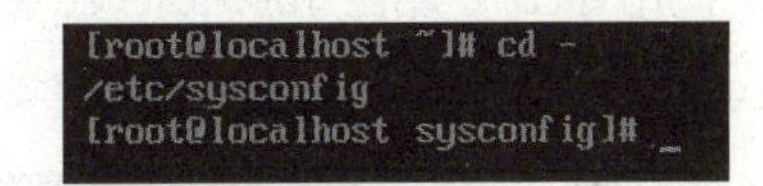

图 8-16　使用绝对路径切换目录

⑤ 使用cd切换到用户家目录，如图8-17所示。

⑥ 使用cd -返回进入此目录之前所在的目录，如图8-18所示。

```
[root@localhost sysconfig]# cd
[root@localhost ~]# _
```

图 8-17　使用 cd 命令切换到用户家

```
[root@localhost ~]# cd -
/etc/sysconfig
[root@localhost sysconfig]# _
```

图 8-18　使用 cd- 命令返回之前目录

⑦ 使用cd ~切换到用户家目录，如图8-19所示。

4．mkdir命令创建目录

① 使用mkdir在当前文件夹快速创建test1目录，并用ls命令查看，如图8-20所示。

```
[root@localhost sysconfig]# cd ~
[root@localhost ~]#
```

图 8-19　使用 cd ~命令切换到用户家目录

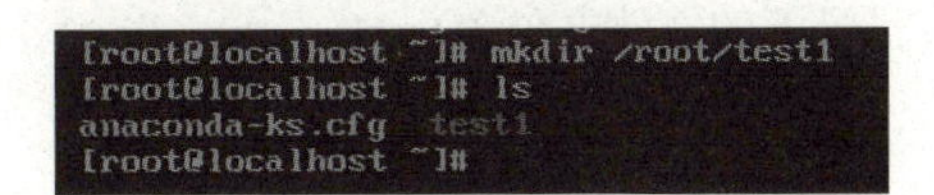

图 8-20　使用 mkdir 命令

② 使用绝对路径创建目录，如图8-21所示。

③ 使用相对路径创建目录，如图8-22所示。

```
[root@localhost ~]# mkdir ./test2
[root@localhost ~]# ls
anaconda-ks.cfg  test1  test2
[root@localhost ~]#
```

图 8-21　使用绝对路径创建目录

```
[root@localhost ~]# mkdir test3
[root@localhost ~]# ls
anaconda-ks.cfg  test1  test2  test3
[root@localhost ~]#
```

图 8-22　使用相对路径创建目录

5．touch命令创建文件

切换到test1目录，使用touch命令和绝对路径在root目录下创建huawei.txt1文件，使用touch命令和相对路径在test1目录下创建huawei.txt2文件。用ls命令分别查看各目录下的文件，如图8-23所示。

```
[root@localhost test1]# touch /root/huawei.txt1
[root@localhost test1]# touch huawei.txt2
[root@localhost test1]# ls
huawei.txt2
[root@localhost test1]# ls /root
anaconda-ks.cfg  huawei.txt1  test1  test2  test3
[root@localhost test1]#
```

图 8-23 touch 命令和绝对路径创建文件界面

6．cp复制命令

① 使用cp命令复制当前目录test1下的huawei.txt2文件到/root/test2目录，并命名为huawei.txt2.bak，查看复制结果，如图8-24所示。

```
[root@localhost test1]# cp huawei.txt2  /root/test2/huawei.txt2.bak
[root@localhost test1]# ls /root/test2
huawei.txt2.bak
[root@localhost test1]#
```

图 8-24 使用 cp 命令复制文件

② 使用cp -r命令复制/root/test1目录到/root/test2目录，如图8-25所示。

```
[root@localhost test1]# cp -r /root/test1 /root/test2
[root@localhost test1]# ls /root/test2
huawei.txt2.bak  root  test1
[root@localhost test1]#
```

图 8-25 使用 cp-r 命令复制目录

7．rm删除命令

① 使用rm命令删除/root/test1目录下的huawei.txt2文件，回显问“是否删除普通空文件‘huawei.txt2’，这里输入y，同意删除。用ls命令查询，test1目录下已无此文件，如图8-26所示。

```
[root@localhost test1]# rm /root/test1/huawei.txt2
rm: remove regular empty file '/root/test1/huawei.txt2'? y
[root@localhost test1]# ls
[root@localhost test1]#
```

图 8-26 使用 rm 命令删除文件

② 使用rmdir命令删除/root目录下的test1文件夹。用cd命令回到root目录下，用ls命令查看，此时该目录下的文件夹包含test1，用rmdir命令删除/root目录下的test1，用ls命令再查看，该文件夹已被删除，如图8-27所示。

③ 使用rm -r命令删除/root目录下的test1文件夹。先在/root目录下创建test1文件夹，之后用rmdir -r命令删除，会回显确认是否删除，如图8-28所示。

```
[root@localhost test1]# cd
[root@localhost ~]# ls
anaconda-ks.cfg  huawei.txt1  test1  test2  test3
[root@localhost ~]# rmdir  /root/test1
[root@localhost ~]# ls
anaconda-ks.cfg  huawei.txt1  test2  test3
[root@localhost ~]# _
```

图 8-27 使用 rmdir 命令删除文件夹

```
[root@localhost ~]# mkdir /root/test1
[root@localhost ~]# rm -r /root/test1
rm: remove directory '/root/test1'? y
[root@localhost ~]# _
```

图 8-28 使用 rmdir 命令删除文件夹

8．mv剪切命令

首先查看/root目录下的文件，没有huawei.txt。用mv命令剪切/root/test2目录下的huawei.txt2.bak文件到/root目录下，并重命名为huawei.txt文件。查看发现/root目录下已存在huawei.txt文件。查看/root/

test2目录，该目录下已无huawei.txt2.bak文件（被剪切），如图8-29所示。

```
[root@localhost ~]# ls  /root/test2
huawei.txt2.bak  root  test1
[root@localhost ~]# ls
anaconda-ks.cfg  huawei.txt1  test2  test3
[root@localhost ~]# mv /root/test2/huawei.txt2.bak   ~/huawei.txt
[root@localhost ~]# ls
anaconda-ks.cfg  huawei.txt  huawei.txt1  test2  test3
[root@localhost ~]# ls /root/test2
root  test1
[root@localhost ~]# _
```

图8-29 使用mv命令

9．ln链接命令

① 用ln命令创建huawei.txt的硬链接到/test3，并命名为huawei.txt1。用ln -s命令创建huawei.txt的软链接到/test3，并命名为huawei.txt2，如图8-30所示。

```
[root@localhost ~]# ln huawei.txt /root/test3/huawei.txt1
[root@localhost ~]# ln -s huawei.txt /root/test3/huawei.txt2
[root@localhost ~]#
```

图8-30 使用ln命令

② 使用ls -li命令查看文件的inode节点信息。可以看到，huawei.txt文件的节点信息和huawei.txt1的节点信息是一致的。huawei.txt文件的节点信息和huawei.txt2的节点信息是不一致的，huawei.txt2指向huawei.txt，如图8-31所示。

③ 删除huawei.txt文件，再次查看文件内容。删除huawei.txt源文件后，打开硬链接文件huawei.txt1正常，打开软链接文件失败，回显没有那个文件或目录，如图8-32所示。

```
[root@localhost ~]# ls -li
total 12
131081 -rw-------. 1 root root  709 Mar 29 21:55 anaconda-ks.cfg
131088 -rw-r--r--. 2 root root    0 Mar 30 11:55 huawei.txt
131086 -rw-r--r--. 1 root root    0 Mar 30 11:24 huawei.txt1
131084 drwxr-xr-x. 4 root root 4096 Mar 30 12:49 test2
131085 drwxr-xr-x. 2 root root 4096 Mar 30 13:04 test3
[root@localhost ~]# cd test3
[root@localhost test3]# ls -li
total 0
131088 -rw-r--r--. 2 root root  0 Mar 30 11:55 huawei.txt1
131083 lrwxrwxrwx. 1 root root 10 Mar 30 13:04 huawei.txt2 -> huawei.txt
[root@localhost test3]# _
```

图8-31 使用ls-li命令

```
[root@localhost test3]# rm /root/huawei.txt
rm: remove regular empty file '/root/huawei.txt'? y
[root@localhost test3]# ls
huawei.txt1  huawei.txt2
[root@localhost test3]# cat huawei.txt1
[root@localhost test3]# cat huawei.txt2
cat: huawei.txt2: No such file or directory
[root@localhost test3]# _
```

图8-32 查看删除结果

【提示】自主查阅Linux硬链接和软链接的相关知识。

8.3.3 文件查看

1．复制文件

复制/etc/passwd文件到/root目录，如图8-33所示。

```
[root@localhost test3]# cd
[root@localhost ~]# cp /etc/passwd ~
[root@localhost ~]#
```

图8-33 复制文件

2．cat查看命令

使用cat命令查看passwd文件的内容，如图8-34所示。

```
[root@localhost ~]# cat passwd
root:x:0:0:root:/root:/bin/bash
bin:x:1:1:bin:/bin:/sbin/nologin
daemon:x:2:2:daemon:/sbin:/sbin/nologin
adm:x:3:4:adm:/var/adm:/sbin/nologin
lp:x:4:7:lp:/var/spool/lpd:/sbin/nologin
sync:x:5:0:sync:/sbin:/bin/sync
shutdown:x:6:0:shutdown:/sbin:/sbin/shutdown
halt:x:7:0:halt:/sbin:/sbin/halt
mail:x:8:12:mail:/var/spool/mail:/sbin/nologin
operator:x:11:0:operator:/root:/sbin/nologin
games:x:12:100:games:/usr/games:/sbin/nologin
ftp:x:14:50:FTP User:/var/ftp:/sbin/nologin
nobody:x:65534:65534:Kernel Overflow User:/:/sbin/nologin
systemd-coredump:x:999:997:systemd Core Dumper:/:/sbin/nologin
tss:x:59:59:Account used for TPM access:/dev/null:/sbin/nologin
saslauth:x:998:76:Saslauthd user:/run/saslauthd:/sbin/nologin
unbound:x:997:996:Unbound DNS resolver:/etc/unbound:/sbin/nologin
libstoragemgmt:x:996:995:daemon account for libstoragemgmt:/var/run/lsm:/sbin/nologin
dhcpd:x:177:177:DHCP server:/:/sbin/nologin
sshd:x:74:74:Privilege-separated SSH:/var/empty/sshd:/sbin/nologin
dbus:x:81:81:D-Bus:/var/run/dbus:/sbin/nologin
polkitd:x:995:993:User for polkitd:/:/sbin/nologin
rpc:x:32:32:Rpcbind Daemon:/var/lib/rpcbind:/sbin/nologin
setroubleshoot:x:994:991::/var/lib/setroubleshoot:/sbin/nologin
cockpit-ws:x:993:990:User for cockpit-ws:/:/sbin/nologin
chrony:x:992:989::/var/lib/chrony:/sbin/nologin
tcpdump:x:72:72::/:/sbin/nologin
systemd-network:x:987:987:systemd Network Management:/:/usr/sbin/nologin
systemd-resolve:x:986:986:systemd Resolver:/:/usr/sbin/nologin
systemd-timesync:x:985:985:systemd Time Synchronization:/:/usr/sbin/nologin
openEuler:x:1000:1000::/home/openEuler:/bin/bash
[root@localhost ~]#
```

图 8-34　使用 cat 命令查看文件

3. head查看命令

① 使用head命令查看文件前10行内容。head命令不加任何参数默认查看文件前10行内容，如图8-35所示。

② 使用head -n命令查看文件前5行内容，如图8-36所示。

```
[root@localhost ~]# head passwd
root:x:0:0:root:/root:/bin/bash
bin:x:1:1:bin:/bin:/sbin/nologin
daemon:x:2:2:daemon:/sbin:/sbin/nologin
adm:x:3:4:adm:/var/adm:/sbin/nologin
lp:x:4:7:lp:/var/spool/lpd:/sbin/nologin
sync:x:5:0:sync:/sbin:/bin/sync
shutdown:x:6:0:shutdown:/sbin:/sbin/shutdown
halt:x:7:0:halt:/sbin:/sbin/halt
mail:x:8:12:mail:/var/spool/mail:/sbin/nologin
operator:x:11:0:operator:/root:/sbin/nologin
[root@localhost ~]#
```

图 8-35　使用 head 命令查看文件

```
[root@localhost ~]# head -n 5 passwd
root:x:0:0:root:/root:/bin/bash
bin:x:1:1:bin:/bin:/sbin/nologin
daemon:x:2:2:daemon:/sbin:/sbin/nologin
adm:x:3:4:adm:/var/adm:/sbin/nologin
lp:x:4:7:lp:/var/spool/lpd:/sbin/nologin
[root@localhost ~]# _
```

图 8-36　使用 head-n 命令查看文件前 5 行

③ 使用head -n命令查看文件除最后40行以外的全部内容。该实验中的passwd文件不够40行，所以无回显，如图8-37所示。

④ 使用head -c命令查看文件前10个字节内容，如图8-38所示。

```
[root@localhost ~]# head -n -40 passwd
[root@localhost ~]# _
```

图 8-37　使用 head-n 命令查看文件 40 行以外内容

```
[root@localhost ~]# head -c 10 passwd
root:x:0:0[root@localhost ~]#
```

图 8-38　使用 head-c 命令查看文件字节

【思考】如何查看文件除了最后50个字节以外的全部内容？

4. tail查看命令

① 使用tail命令查看文件最后10行内容。同head一样，默认显示最后10行内容，如图8-39所示。

```
root:x:0:0[root@localhost ~]# tail passwd
polkitd:x:995:993:User for polkitd:/:/sbin/nologin
rpc:x:32:32:Rpcbind Daemon:/var/lib/rpcbind:/sbin/nologin
setroubleshoot:x:994:991::/var/lib/setroubleshoot:/sbin/nologin
cockpit-ws:x:993:990:User for cockpit-ws:/:/sbin/nologin
chrony:x:992:989::/var/lib/chrony:/sbin/nologin
tcpdump:x:72:72::/:/sbin/nologin
systemd-network:x:987:987:systemd Network Management:/:/usr/sbin/nologin
systemd-resolve:x:986:986:systemd Resolver:/:/usr/sbin/nologin
systemd-timesync:x:985:985:systemd Time Synchronization:/:/usr/sbin/nologin
openEuler:x:1000:1000::/home/openEuler:/bin/bash
[root@localhost ~]# _
```

图 8-39　使用 tail 命令查看文件

② 使用tail -n命令查看文件最后3行内容，如图8-40所示。

```
[root@localhost ~]# tail -n 3 passwd
systemd-resolve:x:986:986:systemd Resolver:/:/usr/sbin/nologin
systemd-timesync:x:985:985:systemd Time Synchronization:/:/usr/sbin/nologin
openEuler:x:1000:1000::/home/openEuler:/bin/bash
[root@localhost ~]# _
```

图 8-40　使用 tail-n 命令查看文件最后 3 行

③ 使用tail -c命令查看文件最后100个字节的内容，如图8-41所示。

```
[root@localhost ~]# tail -c 100 passwd
5:systemd Time Synchronization:/:/usr/sbin/nologin
openEuler:x:1000:1000::/home/openEuler:/bin/bash
[root@localhost ~]#
```

图 8-41　使用 tail-c 命令查看文件末尾字节

④ 使用tail -f命令持续查看文件的最新内容。若想退出tail命令，可直接按【Ctrl+C】组合键。

5．more查看命令

使用more命令查看文件，按空格键向下翻页，直至退出。也可以按【Q】键退出，如图8-42所示。

```
[root@localhost ~]# more passwd
root:x:0:0:root:/root:/bin/bash
bin:x:1:1:bin:/bin:/sbin/nologin
daemon:x:2:2:daemon:/sbin:/sbin/nologin
adm:x:3:4:adm:/var/adm:/sbin/nologin
lp:x:4:7:lp:/var/spool/lpd:/sbin/nologin
sync:x:5:0:sync:/sbin:/bin/sync
shutdown:x:6:0:shutdown:/sbin:/sbin/shutdown
halt:x:7:0:halt:/sbin:/sbin/halt
mail:x:8:12:mail:/var/spool/mail:/sbin/nologin
operator:x:11:0:operator:/root:/sbin/nologin
games:x:12:100:games:/usr/games:/sbin/nologin
ftp:x:14:50:FTP User:/var/ftp:/sbin/nologin
nobody:x:65534:65534:Kernel Overflow User:/:/sbin/nologin
systemd-coredump:x:999:997:systemd Core Dumper:/:/sbin/nologin
tss:x:59:59:Account used for TPM access:/dev/null:/sbin/nologin
saslauth:x:998:76:Saslauthd user:/run/saslauthd:/sbin/nologin
unbound:x:997:996:Unbound DNS resolver:/etc/unbound:/sbin/nologin
libstoragemgmt:x:996:995:daemon account for libstoragemgmt:/var/run/lsm:/sbin/nologin
dhcpd:x:177:177:DHCP server:/:/sbin/nologin
sshd:x:74:74:Privilege-separated SSH:/var/empty/sshd:/sbin/nologin
dbus:x:81:81:D-Bus:/var/run/dbus:/sbin/nologin
polkitd:x:995:993:User for polkitd:/:/sbin/nologin
rpc:x:32:32:Rpcbind Daemon:/var/lib/rpcbind:/sbin/nologin
setroubleshoot:x:994:991::/var/lib/setroubleshoot:/sbin/nologin
cockpit-ws:x:993:990:User for cockpit-ws:/:/sbin/nologin
chrony:x:992:989::/var/lib/chrony:/sbin/nologin
tcpdump:x:72:72::/:/sbin/nologin
systemd-network:x:987:987:systemd Network Management:/:/usr/sbin/nologin
systemd-resolve:x:986:986:systemd Resolver:/:/usr/sbin/nologin
systemd-timesync:x:985:985:systemd Time Synchronization:/:/usr/sbin/nologin
openEuler:x:1000:1000::/home/openEuler:/bin/bash
[root@localhost ~]#
```

图 8-42　使用 more 命令

8.3.4 查找命令

1. find命令的使用

① 查找/etc目录下以passwd命名的文件，如图8-43所示。

② 查找/root/目录下属于root用户的文件，如图8-44所示。

```
[root@localhost ~]# find /etc -name passwd
/etc/pam.d/passwd
/etc/passwd
[root@localhost ~]# _
```

图8-43 使用find命令查找已知文件

```
[root@localhost ~]# find /root -user root
/root
/root/test2
/root/test2/root
/root/test2/root/test2
/root/test2/root/test2/huawei.txt2.bak
/root/test2/root/anaconda-ks.cfg
/root/test2/root/.bashrc
/root/test2/root/test1
/root/test2/root/test1/huawei.txt2
/root/test2/root/.tcshrc
/root/test2/root/.bash_logout
/root/test2/root/.cshrc
/root/test2/root/.bash_profile
/root/test2/root/.bash_history
/root/test2/test1
/root/test2/test1/huawei.txt2
/root/anaconda-ks.cfg
/root/.bashrc
/root/test3
/root/test3/huawei.txt2
/root/test3/huawei.txt1
/root/.tcshrc
/root/.bash_logout
/root/.cshrc
/root/.bash_profile
/root/huawei.txt1
/root/.bash_history
/root/passwd
[root@localhost ~]#
```

图8-44 使用find命令查找隶属于用户的文件

③ 查找/etc/目录下大于1 024 KB的文件，如图8-45所示。

```
[root@localhost ~]# find /etc -size +1024
/etc/ima/digest_lists/0-metadata_list-rpm-kernel-5.10.0-182.0.0.95.oe2203sp3.x86_64
/etc/ima/digest_lists/0-metadata_list-rpm-kernel-tools-5.10.0-182.0.0.95.oe2203sp3.x86_64
/etc/ima/digest_lists/0-metadata_list-rpm-python3-perf-5.10.0-182.0.0.95.oe2203sp3.x86_64
/etc/ima/digest_lists.tlv/0-metadata_list-compact_tlv-kernel-5.10.0-182.0.0.95.oe2203sp3.x86_64
/etc/ima/digest_lists.tlv/0-metadata_list-compact_tlv-python3-3.9.9-28.oe2203sp3.x86_64
/etc/services
/etc/selinux/targeted/policy/policy.33
/etc/udev/hwdb.bin
/etc/ssh/moduli
[root@localhost ~]#
```

图8-45 使用find命令查找限定大小的文件

2. which命令的使用

查看passwd文件的绝对路径。which是根据用户所配置的PATH变量内的目录去搜寻可运行文件的，所以，不同的PATH配置内容所找到的内容是不一样的，如图8-46所示。

3. whereis命令的使用

该指令只能用于查找二进制文件、源代码文件和man手册页。使用指令whereis查看指令bash的位置，如图8-47所示。

```
[root@localhost ~]# which passwd
/usr/bin/passwd
[root@localhost ~]#
```

图8-46 使用which命令查看文件路径

```
[root@localhost ~]# whereis bash
bash: /usr/bin/bash
[root@localhost ~]#
```

图8-47 使用whereis命令查找

8.3.5　打包和压缩命令

1. zip命令的使用

① 使用zip命令制作.zip格式的压缩包，如图8-48所示。

```
[root@localhost ~]# zip -r -o -q passwd.zip passwd
[root@localhost ~]# ls
anaconda-ks.cfg  huawei.txt1  passwd  passwd.zip  test2  test3
[root@localhost ~]#
```

图 8-48　使用 zip 命令压缩

第一行命令中，-r参数表示递归打包包含子目录的全部内容；-o，表示输出文件；-q参数表示为安静模式，即不向屏幕输出信息，需要在其后紧跟打包输出文件名。要被打包的参数可以是文件也可以是目录。

② 按照不同级别压缩文件。压缩级别为 9 和 1（9 最大，1 最小），重新打包。

压缩水平调节压缩速度，zip压缩级别的总数为10，从0到9，其中0表示无压缩（存储所有文件），1表示最快的压缩速度（压缩程度较低），9表示最慢的压缩速度（最佳压缩，忽略后缀列表），默认压缩级别为6，如图8-49所示。

```
[root@localhost ~]# zip -r -9 -q -o passwd1.zip passwd
[root@localhost ~]# zip -r -1 -q -o passwd2.zip passwd
[root@localhost ~]# ls -lh
total 28K
-rw-------. 1 root root  709 Mar 29 21:55 anaconda-ks.cfg
-rw-r--r--. 1 root root    0 Mar 30 11:24 huawei.txt1
-rw-r--r--. 1 root root 1.6K Mar 30 13:46 passwd
-rw-r--r--. 1 root root  822 Mar 30 13:46 passwd1.zip
-rw-r--r--. 1 root root  860 Mar 30 13:46 passwd2.zip
-rw-r--r--. 1 root root  860 Mar 30 13:46 passwd.zip
drwxr-xr-x. 4 root root 4.0K Mar 30 12:49 test2
drwxr-xr-x. 2 root root 4.0K Mar 30 13:04 test3
[root@localhost ~]#
```

图 8-49　使用 zip 命令按级别压缩

2. unzip命令的使用

① 使用unzip解压passwd.zip文件到当前目录下，如图8-50所示。

```
[root@localhost ~]# unzip passwd.zip
Archive:  passwd.zip
replace passwd? [y]es, [n]o, [A]ll, [N]one, [r]ename: y
  inflating: passwd
[root@localhost ~]# ls
anaconda-ks.cfg  huawei.txt1  passwd  passwd1.zip  passwd2.zip  passwd.zip  test2  test3
[root@localhost ~]# _
```

图 8-50　使用 unzip 命令解压缩

② 使用unzip解压到指定文件夹下。将压缩文件passwd1.zip在指定目录/root/test3下解压缩，如果已有相同的文件存在，要求unzip命令不覆盖原先的文件。-n解压缩时不覆盖原有文件，本例中将passwd1.zip解压缩后自动命名为passwd，如图8-51所示。

③ 将压缩文件passwd2.zip在指定目录/root/test3下解压缩，如果已有相同的文件存在，要求unzip命令覆盖原先的文件。-o解压缩时覆盖原有文件，不进行询问，如图8-52所示。

3. tar命令的使用

① 使用tar -c将/root/test3目录中的所有文件打包。tar压缩命令中-c表示创建一个tar包文件，-f用

于指定创建的文件名，注意文件名必须紧跟在-f参数之后。会自动去掉表示绝对路径的“/”，也可以使用-p保留绝对路径符。

```
[root@localhost ~]# unzip -n passwd1.zip -d /root/test3
Archive:  passwd1.zip
  inflating: /root/test3/passwd
[root@localhost ~]# ls /root/test3
huawei.txt1  huawei.txt2  passwd
[root@localhost ~]# _
```

图8-51　使用unzip-n命令

```
[root@localhost ~]# unzip -o passwd2.zip -d/root/test3
Archive:  passwd2.zip
  inflating: /root/test3/passwd
[root@localhost ~]# ls
anaconda-ks.cfg  huawei.txt1  huawei.txt1.zip  passwd  passwd1.zip  passwd2.zip  passwd.zip  test2  test3
[root@localhost ~]#
```

图8-52　使用unzip-o命令

回到/root/test3目录，查看该目录下的文件。用tar -cf打包该目录中的所有文件，命名为test.tar，再次查看，打包文件test.tar存在，如图8-53所示。

② 解压文件使用tar -x解压一个文件到指定路径的已存在目录，-C用于指定路径，还可以加上-v参数以可视的方式输出打包的文件，如图8-54所示。

```
[root@localhost ~]# cd test3
[root@localhost test3]# ls
huawei.txt1  huawei.txt2  passwd
[root@localhost test3]# tar -cf test.tar ./
tar: ./test.tar: file is the archive; not dumped
[root@localhost test3]# ls
huawei.txt1  huawei.txt2  passwd  test.tar
[root@localhost test3]# _
```

图8-53　使用tar命令打包文件

```
[root@localhost test3]# ls
huawei.txt1  huawei.txt2  passwd  test.tar
[root@localhost test3]# tar -xvf test.tar -C/root/test2
./
./huawei.txt2
./huawei.txt1
./passwd
[root@localhost test3]# cd /root/test2
[root@localhost test2]# ls
huawei.txt1  huawei.txt2  passwd  root  test1
[root@localhost test2]# _
```

图8-54　使用tar-x命令解压文件

4．gzip命令的使用

① 使用gzip工具创建*.gz压缩文件。把/root/test3目录下的文件passwd使用gzip进行压缩，通过压缩前后查看可见，压缩形成文件passwd.gz，如图8-55所示。

② 使用gzip -d 解压文件。查看可见/root/test3目录下的文件passwd.gz解压成文件passwd，如图8-56所示。

```
[root@localhost test3]# ls
huawei.txt1  huawei.txt2  passwd  test.tar
[root@localhost test3]# gzip passwd
[root@localhost test3]# ls
huawei.txt1  huawei.txt2  passwd.gz  test.tar
[root@localhost test3]#
```

图8-55　使用gzip命令

```
[root@localhost test3]# ls
huawei.txt1  huawei.txt2  passwd.gz  test.tar
[root@localhost test3]# gzip -d passwd.gz
[root@localhost test3]# ls
huawei.txt1  huawei.txt2  passwd  test.tar
[root@localhost test3]# _
```

图8-56　使用gzip-d命令

8.3.6　帮助命令

help命令的使用。-d输出每个命令的简短描述，-m以类似于man手册的格式描述命令，-s只显示命令使用格式，如图8-57所示。

```
[root@localhost test3]# help -d pwd
pwd - Print the name of the current working directory.
[root@localhost test3]# help -m pwd
NAME
    pwd - Print the name of the current working directory.

SYNOPSIS
    pwd [-LP]

DESCRIPTION
    Print the name of the current working directory.

    Options:
      -L        print the value of $PWD if it names the current working
                directory
      -P        print the physical directory, without any symbolic links

    By default, `pwd' behaves as if `-L' were specified.

    Exit Status:
    Returns 0 unless an invalid option is given or the current directory
    cannot be read.

SEE ALSO
    bash(1)

IMPLEMENTATION
    GNU bash, version 5.1.8(1)-release (x86_64-openEuler-linux-gnu)
    Copyright (C) 2020 Free Software Foundation, Inc.
    License GPLv3+: GNU GPL version 3 or later <http://gnu.org/licenses/gpl.html>

[root@localhost test3]# help -s pwd
pwd: pwd [-LP]
[root@localhost test3]#
```

图 8-57　使用 help 命令

8.3.7　其他常见命令

1. last命令

last 命令显示用户最近登录信息，如图 8-58 所示。

2. history命令

history 命令为查看历史命令，如图 8-59 所示。

```
[root@localhost test3]# last
root     tty1                          Sat Mar 30 20:03   still logged in
reboot   system boot  5.10.0-182.0.0.9 Sat Mar 30 01:05   still running
root     tty1                          Sat Mar 30 09:17 - crash  (-8:12)
root     tty1                          Sat Mar 30 09:13 - 09:15  (00:02)
reboot   system boot  5.10.0-182.0.0.9 Fri Mar 29 14:16   still running
root     tty1                          Fri Mar 29 14:04 - down   (00:12)
reboot   system boot  5.10.0-182.0.0.9 Fri Mar 29 22:02 - 14:16  (-7:45)

wtmp begins Fri Mar 29 22:02:03 2024
[root@localhost test3]# _
```

图 8-58　使用 last 命令

```
[root@localhost test3]# history
    1  ip a
    2  reboot
    3  logout
    4  ls
    5  cd /root/test3
    6  ls
    7  gzip passwd
    8  ls
    9  gzip -d passwd.gz
   10  ls
   11  help pwd
   12  help -d pwd
   13  help -s pwd
   14  last
   15  history
[root@localhost test3]#
```

图 8-59　使用 history 命令

3. uptime命令

uptime 命令用于查看系统负载，如图 8-60 所示。

```
[root@localhost test3]# uptime
 20:27:11 up 27 min,  1 user,  load average: 0.00, 0.00, 0.00
[root@localhost test3]# _
```

图 8-60　使用 uptime 命令

4. tab自动补齐命令

当输入命令时可以使用【Tab】键自动补齐命令、文件路径等。例如，输入 wh 按【Tab】键之后，就会给出以下提示，如图 8-61 所示。

```
[root@localhost test3]# wh
whatis          whatis.man-db  whereis   which   while   whiptail   who   whoami
[root@localhost test3]# wh
whatis          whatis.man-db  whereis   which   while   whiptail   who   whoami
[root@localhost test3]# wh
```

图 8-61 使用 tab 命令

5. date命令

date命令可以用来显示或设置系统的日期与时间；-s用来设置日期和时间。

① 使用date命令显示当前的系统日期与时间，如图8-62所示。

② 用“%Y-%m-%d”格式化输出，如图8-63所示。

```
[root@localhost test3]# date
Sat Mar 30 08:56:08 PM CST 2024
```

图 8-62 使用 date 命令

```
[root@localhost test3]# date +"%Y-%m-%d"
2024-03-30
```

图 8-63 使用 date 命令格式化输出日期

③ 用“%C”显示世纪，如图8-64所示。

④ 用-s设置日期和时间，如图8-65所示。

```
[root@localhost test3]# date "+%C"
20
```

图 8-64 使用 date 命令显示世纪

```
[root@localhost test3]# date -s "2024-04-01 01:01:01"
Mon Apr  1 01:01:01 AM CST 2024
```

图 8-65 使用 date-s 命令设置日期和时间

8.3.8 openEuler 文本编辑器的使用

1. vi/vim简介

vi/vim是Linux、UNIX字符界面下常用的编辑工具，也是系统管理员常用的一种编辑工具。很多Linux发行版都默认安装了vi/vim。vim是vi的升级版，与vi的基本操作相同，其相对于vi的优点主要在于可以根据文件类型高亮显示某些关键字（如C语言关键字），便于编程。

vi/vim有两种状态：命令状态和编辑状态。

① 命令状态：可以输入相关命令，如文件保存、退出、字符搜索、剪切等操作；vi/vim启动时，默认进入命令状态。在编辑状态下，按【Esc】键，即可进入命令状态。

② 编辑状态：在该状态下进行字符编辑。在命令状态下，按i/a/I/A/O/o等键即可进入编辑状态。

2. vi/vim常用命令

vi/vim常用命令见表8-1。

表 8-1 vi/vim 常用命令（命令状态下使用）

命　令	功能说明
插入字符、行，执行下面操作后，进入编辑状态	
a	非编辑状态下按a键进入插入模式，在光标前面添加文本
i	按“i”键进入编辑模式，在光标所在处前面添加文本
A	非编辑状态下按A键进入插入模式，在光标所在行末尾添加文本
I	非编辑状态下按I键进入插入模式，在光标所在行行首添加文本（非空字符前）
o	非编辑状态下按o键进入插入模式，在光标所在行下新建一行
O	非编辑状态下按O键进入插入模式，在光标所在行上新建一行
R	非编辑状态下按R键进入替换模式，覆盖光标所在处文本

续表

命 令	功能说明
	剪切、粘贴、恢复操作
dd	剪切光标所在行
Ndd	N代表一个数字，剪切从光标所在行开始的连续N行
yy	复制光标所在行
Nyy	N代表一个数字，复制从光标所在行开始的连续N行
yw	复制从光标开始到行末的字符
Nyw	N代表一个数字，复制从光标开始到行末的N个单词
y^	复制从光标开始到行首的字符
y$	复制从光标开始到行末的字符
p	粘贴剪贴板的内容在光标后（或所在行的下一行，针对整行复制）
P	粘贴剪贴板的内容在光标前（或所在行的上一行，针对整行复制）
u	撤销上一步所做的操作
	保存、退出、打开多个文件
:q!	强制退出，不保存
:w	保存文件，使用“:w file”将当前文件保存为file
:wq	保存退出
:new	在当前窗口新建一个文本，使用“:new file”打开file文件，使用Ctrl+ww在多个窗口间切换
	设置行号，跳转
:set nu	显示行号，使用“:set nu!”或“:set nonu”可以取消显示行号
n+	向下跳n行
n-	向上跳n行
nG	跳到行号为n的行
G	跳到最后一行
H	跳到第一行
	查找、替换
/***	查找并高亮显示 *** 的字符串，如/abc
:s	① :s/old/new//，用new替换行中首次出现的old； ② :s/old/new/g，用new替换行中所有的old； ③ :n,m s/old/new/g，用new替换从n到m行中所有new； ④ :%s/old/new/g，用new替换当前文件中所有的old

3. vi/vim使用示例

如果要编辑当前目录下名为helloworld.c的文件：

① 输入vim helloworld.c或vi helloworld.c，即可进入vim窗口，如helloworld.c不存在，则新建该文件，否则是打开该文件。vim默认处于命令状态如图8-66所示。

```
[root@openEuler ~]# vi hello.c
```

图 8-66 使用 vi/vim 新建或打开文件

② 按i，进入编辑状态，底部可见INSRT。

③ 编辑代码，如图8-67所示。

④ 按【Esc】键，回到命令状态。底部INSRT消失，如图8-68所示。

⑤ 输入：wq，保存并退出。如图8-69所示，输入：wq后底部可见。按【Enter】键后返回openEuler命令状态，如图8-70所示。

图8-67 进入编辑状态　　图8-68 回到命令状态　　图8-69 输入保存退出命令

```
"helloworld.c" 5L, 71B written
[root@localhost ~]# _
```

图8-70 返回openEuler命令状态

4. openEuler/ Linux下C程序开发

GCC（GNU compiler collection）是GNU推出的功能强大、性能优越的多平台编译器，即以前的GNU C编译器（GNU C Compiler）。GCC是可以在多种平台上编译出可执行程序的编译器集合，集成C、C++、Objective-C、Fortran、Java、Fortran和Pascal等多种语言编译器。openEuler系统中，也可使用GCC编译器。下面以HelloWorld为例，简单介绍openEuler下C语言的开发过程。

（1）简要C语言程序开发过程：

① 使用vim编辑helloworld.c，如前面所述的vi/vim使用示例。

② 使用#gcc -o命令编译helloworld.c源文件为hello，格式为#gcc -o hello helloworld.c，如图8-71所示。

gcc命令将helloworld.c编译成可执行文件hello，如果不加-o选项，编译器会把编译后的可执行文件命名为a.out。

③ 用./执行hello，如图8-72所示。

在hello前面添加“./”，是让shell在当前目录下寻找可执行文件，如不添加“./”，shell会在PATH环境变量设置的目录中去寻找该可执行文件，但这些目录中通常不会包含当前目录。

```
"helloworld.c" 5L, 71B written
[root@localhost ~]# gcc -o hello helloworld.c
[root@localhost ~]#
```

图8-71 使用gcc编译C源程序

```
[root@localhost ~]# ./hello
Hello World!
[root@localhost ~]#
```

图8-72 使用./运行程序

【提示】对于复杂的大型程序，一般编写makefile文件来进行编译、连接，makefile文件的编写请参考相关资料。

gcc选项很多，表8-2列出了gcc常用的一些选项。

表 8-2　gcc 常用选项

选　　项	说　　明
-c	只做预处理、编译和汇编，不进行连接，常用于不含main的子程序
-S	只进行预处理和编译，生成.s汇编文件
-o	指定输出的目标文件名
-Idir	头文件搜索路径中添加目录dir
-Ldir	库文件搜索路径中添加目录dir
-lname	连接libname.so库来编译程序
-g	编译器编译时加入debug信息，供gdb使用
-O[0～3]	编译器优化，数字越大，优化级别越高，0表示不优化

（2）openEuler/ Linux下C++程序开发：

openEuler下C++程序开发过程和C程序开发过程类似，但编译时使用g++命令。下面仍以helloworld为例，简要说明其开发过程。g++常用编译选项和gcc类似，这里不再赘述。

① 使用vim编辑helloworld.cpp，如图8-73、图8-74所示。

```
[root@localhost ~]# vim helloworld.cpp_
```

图 8-73　新建或打开 C++ 文件

```
#include<iostream>
int main( )
{
        std::cout<<"Hello World!\n";
}
```

图 8-74　编辑文件

② 使用g++编译helloworld.cpp为可执行程序hello1，如图8-75所示。

③ 用“./”执行hello1，如图8-76所示。

```
[root@localhost ~]# g++ -o hello1 helloworld.cpp
[root@localhost ~]#
```

图 8-75　使用 g++ 编译 C++ 源程序

```
[root@localhost ~]# ./hello1
Hello World!
```

图 8-76　使用“./”运行程序

【提示】以g++编译，如果发现没有g++指令，则需要进行安装，安装指令如下：

```
yum install gcc gcc-c++
```

练　习

用vi编写一个简单程序，如列举50以内所有质数，尽可能多地使用vi各种命令。

第9章

进程创建实验

9.1 实验目的

① 掌握在openEuler操作系统环境上编辑、编译、调试、运行一个C语言程序的全过程。

② 掌握进程的概念，明确进程的含义。

③ 熟悉在C语言源程序中使用openEuler所提供的系统调用界面的方法。

9.2 实验内容

① 掌握openEuler的编辑器，特别是字符界面的编辑器vi或vim的使用。

② 父进程创建子进程。实现父进程创建一个子进程，返回后父子进程都分别循环输出字符串“I am parent.”或“I am child.”五次，每输出一次后使用sleep（1）延时1 s，然后再进入下一次循环。将该源程序编译、连接后执行，观察并分析运行结果。

9.3 实验指导

9.3.1 查看进程

用ps命令可以查看进程的当前状态。可运行状态为R，可中断等待状态为S，不可中断等待状态为D，僵死状态为Z，停止状态为T。

TASK_RUNNING是就绪态，进程当前只等待CPU资源。

TASK_INTERRUPTIBLE是可中断的睡眠状态，TASK_UNINTERRUPTIBLE是不可中断的睡眠状态，进程当前正在等待除CPU外的其他系统资源。前者可以被信号唤醒；后者不可以被唤醒，只有当其申请的资源有效时才能被唤醒。这个状态应用在内核中某些场景中，例如，当进程需要对磁盘进行读/写，而此刻正在直接存储器访问（DMA）中进行数据到内存的复制，如果这时进程休眠被打断（如强制退出信号），就很可能会出现问题，所以这时进程就会处于不可被打断的状态。

TASK_ZOMBIE是僵尸态，进程已经结束运行，但是进程控制块尚未注销。

TASK_STOPPED是挂起状态，主要用于调试目的。进程接收到SIGSTOP信号后会进入该状态，在接收到SIGCONT信号后又会恢复运行。图9-1所示为Linux中的进程状态。

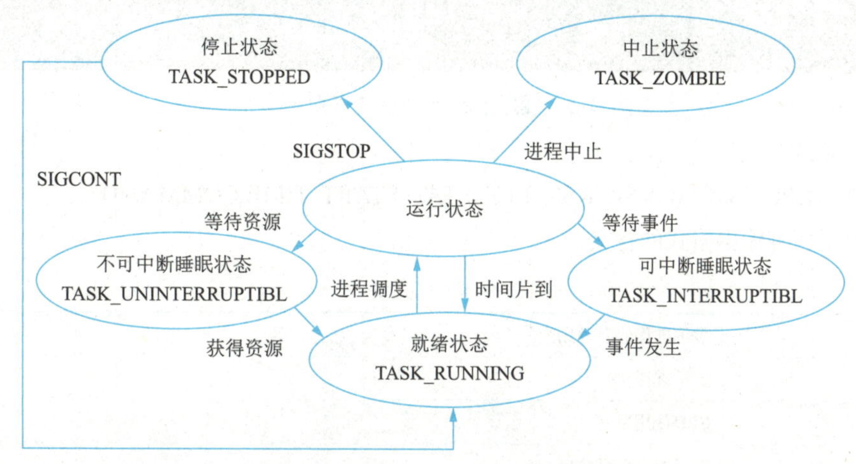

图 9-1　Linux 中的进程状态

1. 查看进程的方法如下：

① 输入ps，可以查看当前的进程，如图9-2所示，但是不详细。

```
[root@localhost ~]# ps
   PID TTY          TIME CMD
  1701 tty1     00:00:00 bash
  1828 tty1     00:00:00 ps
[root@localhost ~]# _
```

图 9-2　使用 ps 命令查看进程

② 可以输入ps -aux命令，按【Enter】键后，可以查看详细的进程信息，如图9-3所示。

```
root       588  0.0  0.0      0     0 ?        I<   08:11   0:00 [ext4-rsv-conver]
root       686  0.1  0.0      0     0 ?        I    08:11   0:01 [kworker/0:3-events]
root       701  0.0  0.1  22520  9128 ?        Ss   08:11   0:00 /usr/lib/systemd/systemd-journald
root       726  0.0  0.1  30200 10800 ?        Ss   08:11   0:00 /usr/lib/systemd/systemd-udevd
root       867  0.0  0.0      0     0 ?        S    08:11   0:00 [jbd2/sda1-8]
root       868  0.0  0.0      0     0 ?        I<   08:11   0:00 [ext4-rsv-conver]
root       875  0.0  0.0      0     0 ?        I<   08:11   0:00 [kworker/u257:1-hci0]
rpc        882  0.0  0.0  10916  5376 ?        Ss   08:11   0:00 /usr/bin/rpcbind -r -w -f
root       889  0.0  0.0  91460  2208 ?        S<sl 08:11   0:00 /sbin/auditd
root       891  0.0  0.0   6740  3060 ?        S<   08:11   0:00 /usr/sbin/sedispatch
dbus       909  0.0  0.0   7876  4796 ?        Ss   08:11   0:00 /usr/bin/dbus-daemon --system --a
libstor+   914  0.0  0.0   2704  1996 ?        Ss   08:11   0:00 /usr/bin/lsmd -d
polkitd    916  0.0  0.1 235616  9696 ?        Ssl  08:11   0:00 /usr/lib/polkit-1/polkitd --no-de
root       918  0.8  0.0  89592  6164 ?        Ssl  08:11   0:11 /sbin/rngd -f
root       920  0.0  0.1  15912  9120 ?        Ss   08:11   0:00 /usr/lib/systemd/systemd-logind
root       927  0.0  0.0  79352  1644 ?        Ssl  08:11   0:00 /usr/sbin/irqbalance --pid=/var/r
chrony     933  0.0  0.0  84428  3296 ?        S    08:11   0:00 /usr/sbin/chronyd
root       978  0.0  0.0  10504  4228 ?        Ss   08:11   0:00 /usr/sbin/restorecond
root       985  0.0  0.5 146480 40800 ?        Ssl  08:11   0:00 /usr/bin/python3 -s /usr/sbin/fir
root      1082  0.0  0.2 271572 21480 ?        Ssl  08:11   0:00 /usr/sbin/NetworkManager --no-dae
root      1097  0.0  0.0  13936  6780 ?        Ss   08:11   0:00 sshd: /usr/sbin/sshd -D [listener
root      1101  0.0  0.3 356108 28088 ?        Ssl  08:11   0:01 /usr/bin/python3 -Es /usr/sbin/tu
root      1108  0.0  0.0   3772  2264 ?        Ss   08:11   0:00 /usr/sbin/atd -f
root      1109  0.0  0.0  23288  3544 ?        Ss   08:11   0:00 /usr/sbin/crond -n
root      1115  0.0  0.0   9988  5224 ?        Ss   08:11   0:00 login -- root
root      1313  0.0  0.0   9100  5036 ?        S    08:11   0:00 /sbin/dhclient -d -q -sf /usr/lib
root      1405  0.0  0.0 163800  7432 ?        Ssl  08:11   0:00 /usr/sbin/rsyslogd -n -i/var/run/
root      1701  0.0  0.0  24264  5792 tty1     Ss   08:12   0:00 -bash
```

图 9-3　使用 ps-aux 查看进程

```
root        1812  0.0  0.0      0     0 ?        I    08:25   0:00 [kworker/3:2-events]
root        1815  0.0  0.0      0     0 ?        I    08:27   0:00 [kworker/0:0]
root        1816  0.0  0.0      0     0 ?        I    08:28   0:00 [kworker/1:0-events]
root        1817  0.0  0.0      0     0 ?        I    08:28   0:00 [kworker/2:1-ata_sff]
root        1826  0.0  0.0      0     0 ?        I    08:32   0:00 [kworker/u256:1-events_unbound]
root        1827  0.0  0.0      0     0 ?        I    08:33   0:00 [kworker/1:1-mm_percpu_wq]
root        1829  0.0  0.0      0     0 ?        I    08:34   0:00 [kworker/2:0-ata_sff]
root        1830  100  0.0  26420  4924 tty1     R+   08:35   0:00 ps -aux
[root@localhost ~]#
```

图 9-3　使用 ps-aux 查看进程（续）

ps aux输出格式：

USER PID %CPU %MEM VSZ RSS TTY STAT START TIME COMMAND

表9-1列出了各种输出格式的含义。

表 9-1　格式说明

USER	显示进程的启动用户
PID	显示进程ID
%CPU	CPU使用率
%MEM	占用的内存百分比
VSZ	占用的虚拟内存量（KB）
RSS	占用的物理内存大小
TTY	显示进程所在终端
STAT	该进程的状态，Linux的进程有五种状态
D	不可中断的休眠状态
R	运行
S	可中断休眠状态
T	暂停执行
Z	僵尸进程
<	高优先级
N	低优先级
L	内存分页分配并锁定
START	显示进程的启动时间
TIME	显示进程启动以来使用的CPU时间
CMD	显示启动该进程的命令

【提示】查询结果中的大S表示休眠状态，小s表示此为父进程。Ss是两个在一起表示。I表示task_idle，即空闲的任务（进程），这是在比较新的内核中增加的状态。

③ 如果要查询某个进程，可以使用命令ps -aux|grep +进程英文名，如图9-4所示。

```
[root@openEuler ~]# ps -aux|grep gcc
root        8144  0.0  0.0 213180   892 tty1     R+   22:24   0:00 grep --color=auto gcc
[root@openEuler ~]# _
```

图 9-4　使用 ps-aux|grep+ 命令查询进程

④ 如果要查看实时更新进程，输入top命令，此刻看到正在实时更新的进程信息，如图9-5所示。如果要退出，可输入q命令。

```
top - 22:26:32 up 15 min,  1 user,  load average: 0.02, 0.12, 0.27
Tasks: 101 total,   3 running,  98 sleeping,   0 stopped,   0 zombie
%Cpu(s):  0.3 us,  1.0 sy,  0.0 ni, 97.0 id,  0.0 wa,  1.3 hi,  0.3 si,  0.0 st
MiB Mem :   1477.7 total,    960.4 free,    201.5 used,    315.9 buff/cache
MiB Swap:   4096.0 total,   4096.0 free,      0.0 used.    943.6 avail Mem

    PID USER      PR  NI    VIRT    RES    SHR S  %CPU  %MEM     TIME+ COMMAND
   8142 root      20   0       0      0      0 I   1.0   0.0   0:01.11 kworker/0:1-events_power_ef+
    362 root       0 -20       0      0      0 I   0.3   0.0   0:01.15 kworker/0:1H-kblockd
   2039 root      20   0   16836   7676   6208 S   0.3   0.5   0:01.03 pmdaproc
      1 root      20   0  106124  14764   9216 S   0.0   1.0   0:01.73 systemd
      2 root      20   0       0      0      0 S   0.0   0.0   0:00.00 kthreadd
      3 root       0 -20       0      0      0 I   0.0   0.0   0:00.00 rcu_gp
      4 root       0 -20       0      0      0 I   0.0   0.0   0:00.00 rcu_par_gp
      6 root       0 -20       0      0      0 I   0.0   0.0   0:00.00 kworker/0:0H
      8 root       0 -20       0      0      0 I   0.0   0.0   0:00.00 mm_percpu_wq
      9 root      20   0       0      0      0 S   0.0   0.0   0:00.08 ksoftirqd/0
     10 root      20   0       0      0      0 I   0.0   0.0   0:00.12 rcu_sched
     11 root      20   0       0      0      0 I   0.0   0.0   0:00.00 rcu_bh
     12 root      rt   0       0      0      0 S   0.0   0.0   0:00.00 migration/0
     13 root      20   0       0      0      0 S   0.0   0.0   0:00.00 cpuhp/0
     15 root      20   0       0      0      0 S   0.0   0.0   0:00.00 kdevtmpfs
     16 root       0 -20       0      0      0 I   0.0   0.0   0:00.00 netns
     17 root      20   0       0      0      0 S   0.0   0.0   0:00.00 kauditd
     18 root      20   0       0      0      0 S   0.0   0.0   0:00.00 khungtaskd
     19 root      20   0       0      0      0 S   0.0   0.0   0:00.00 oom_reaper
     20 root       0 -20       0      0      0 I   0.0   0.0   0:00.00 writeback
     21 root      20   0       0      0      0 S   0.0   0.0   0:00.00 kcompactd0
     22 root      25   5       0      0      0 S   0.0   0.0   0:00.00 ksmd
     23 root      39  19       0      0      0 S   0.0   0.0   0:00.02 khugepaged
     24 root       0 -20       0      0      0 I   0.0   0.0   0:00.00 crypto
     25 root       0 -20       0      0      0 I   0.0   0.0   0:00.00 kintegrityd
     26 root       0 -20       0      0      0 I   0.0   0.0   0:00.00 kblockd
     27 root       0 -20       0      0      0 I   0.0   0.0   0:00.00 md
     28 root       0 -20       0      0      0 I   0.0   0.0   0:00.00 edac-poller
     29 root      rt   0       0      0      0 S   0.0   0.0   0:00.00 watchdogd
     37 root      20   0       0      0      0 S   0.0   0.0   0:00.00 kswapd0
```

图 9-5 使用 top 命令查看进程实时更新

表9-2列出了各种输出格式的含义。

表 9-2 格式说明

格　式	说　明
PID	进程描述符
USER	运行该进程的用户
PR	进程的优先级
NI	进程的Nice值，表示进程的优先级调整
VIRT	进程使用的虚拟内存大小
RES	进程实际使用的物理内存大小
SHR	进程使用的共享内存大小
S	进程的当前状态，如R（运行）、S（睡眠）、Z（僵尸）等
%CPU	CPU使用率
%MEM	物理内存的使用占比
TIME+	进程占用的总CPU时间
COMMAND	启动该进程的命令

⑤ 如果要查看所有的进程，可输入ps -lA命令，就会列出所有的进程，如图9-6所示。

⑥ 如果要查看父子进程之间的关系，输入可pstree命令，此时将会以树状显示出来，如图9-7所示。

⑦ 通过ps命令查看PID和STAT，输入ps -eo pid,stat，结果如图9-8所示。

```
4 S    0   726     1  0  80   0 -  7550 ep_pol ?        00:00:00 systemd-udevd
1 S    0   867     2  0  80   0 -     0 kjourn ?        00:00:00 jbd2/sda1-8
1 I    0   868     2  0  60 -20 -     0 rescue ?        00:00:00 ext4-rsv-conver
1 I    0   875     2  0  60 -20 -     0 worker ?        00:00:00 kworker/u257:1-hci0
4 S   32   882     1  0  80   0 -  2729 do_pol ?        00:00:00 rpcbind
5 S    0   889     1  0  76  -4 - 22865 do_sel ?        00:00:00 auditd
0 S    0   891   889  0  76  -4 -  1685 unix_s ?        00:00:00 sedispatch
4 S   81   909     1  0  80   0 -  1969 ep_pol ?        00:00:00 dbus-daemon
4 S  996   914     1  0  80   0 -   676 do_sel ?        00:00:00 lsmd
4 S  995   916     1  0  80   0 - 58904 do_pol ?        00:00:00 polkitd
4 S    0   918     1  0  80   0 - 22398 do_pol ?        00:00:11 rngd
4 S    0   920     1  0  80   0 -  3978 ep_pol ?        00:00:00 systemd-logind
5 S    0   927     1  0  80   0 - 19838 do_pol ?        00:00:00 irqbalance
5 S  992   933     1  0  80   0 - 21107 do_sel ?        00:00:00 chronyd
1 S    0   978     1  0  80   0 -  2626 wait_w ?        00:00:00 restorecond
4 S    0   985     1  0  80   0 - 36620 do_pol ?        00:00:00 firewalld
4 S    0  1082     1  0  80   0 - 67893 do_pol ?        00:00:00 NetworkManager
4 S    0  1097     1  0  80   0 -  3484 do_sel ?        00:00:00 sshd
4 S    0  1101     1  0  80   0 - 89027 futex_ ?        00:00:02 tuned
4 S    0  1108     1  0  80   0 -   943 do_sys ?        00:00:00 atd
4 S    0  1109     1  0  80   0 -  5822 hrtime ?        00:00:00 crond
4 S    0  1115     1  0  80   0 -  2497 do_wai ?        00:00:00 login
4 S    0  1313  1082  0  80   0 -  2275 do_sel ?        00:00:00 dhclient
4 S    0  1405     1  0  80   0 - 40950 do_sel ?        00:00:00 rsyslogd
4 S    0  1701  1115  0  80   0 -  6066 do_wai tty1     00:00:00 bash
1 I    0  1880     2  0  80   0 -     0 worker ?        00:00:02 kworker/0:1-events
1 I    0  1882     2  0  80   0 -     0 worker ?        00:00:00 kworker/u256:1-events_unbound
1 S    0  1912     1  0  80   0 -  5583 sigsus ?        00:00:00 anacron
1 I    0  1934     2  0  80   0 -     0 worker ?        00:00:00 kworker/0:2
1 I    0  1936     2  0  80   0 -     0 worker ?        00:00:00 kworker/3:0-events
1 I    0  1938     2  0  80   0 -     0 worker ?        00:00:00 kworker/1:1-events
1 I    0  1940     2  0  80   0 -     0 worker ?        00:00:00 kworker/1:0-events
1 I    0  1941     2  0  80   0 -     0 worker ?        00:00:00 kworker/u256:2-events_unbound
1 I    0  1968     2  0  80   0 -     0 worker ?        00:00:00 kworker/2:2-ata_sff
1 I    0  1969     2  0  80   0 -     0 worker ?        00:00:00 kworker/2:0-ata_sff
4 R    0  1970  1701 99  80   0 -  6515 -      tty1     00:00:00 ps
[root@localhost ~]# _
```

图 9-6　使用 ps-lA 命令查看所有进程

```
[root@localhost ~]# pstree
systemd─┬─NetworkManager─┬─dhclient
        │                └─2*[{NetworkManager}]
        ├─anacron
        ├─atd
        ├─auditd─┬─sedispatch
        │        └─2*[{auditd}]
        ├─chronyd
        ├─crond
        ├─dbus-daemon
        ├─firewalld───{firewalld}
        ├─irqbalance───{irqbalance}
        ├─login───bash───pstree
        ├─lsmd
        ├─polkitd───2*[{polkitd}]
        ├─restorecond
        ├─rngd───{rngd}
        ├─rpcbind
        ├─rsyslogd───2*[{rsyslogd}]
        ├─sshd
        ├─systemd-journal
        ├─systemd-logind
        ├─systemd-udevd
        └─tuned───4*[{tuned}]
[root@localhost ~]#
```

图 9-7　使用 pstree 命令

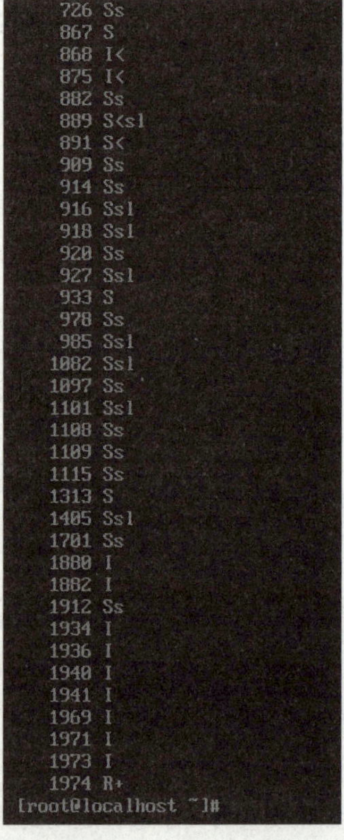

图 9-8　使用 ps-eo 查看指定进程信息

9.3.2　创建进程

1．fork()函数介绍

fork()用于创建一个新进程。

系统调用格式：

```
pid=fork()
```

参数定义：

```
int fork()
```

fork()返回值的意义如下：

① 为0，表示在子进程中。pid变量保存的fork()返回值为0，表示当前进程是子进程。

② 大于0，表示在父进程中。pid变量保存的fork()返回值为子进程的id值。

③ 为-1，表示创建失败。

调用fork()函数后，当前进程分裂为两个进程：一个是原来的父进程；另一个是刚创建的子进程。父进程调用fork后返回值是子进程的ID，子进程中返回值是0，若进程创建失败，只返回-1。失败原因一般是父进程拥有的子进程个数超过了规定限制（返回EAGAIN）或者内存不足（返回ENOMEM）。可以依据返回值判断进程，一般情况下调用fork()函数后父子进程谁先执行是未定的，取决于内核所使用的调度算法。一般情况下，OS让所有进程享有同等执行权，除非某些进程优先级高。

2．特殊的进程标识

① 0号进程：通常也称为idle进程，或者也称为swapper进程，其pid等于0，是Linux启动的第一个进程。0号进程是唯一一个没有通过fork或者kernel_thread产生的进程，其他进程的pcb都是fork或者kernel_thread动态申请内存创建的。

② 1 号进程：通常称为 init 进程，其pid等于1，是Linux内核启动的第一个用户级进程。init有许多很重要的任务，如启动getty（用于用户登录）、实现运行级别、处理孤立进程等。init进程完成系统的初始化，是系统中所有其他用户进程的祖先进程。

③ 2号进程：称为 kthreadd 进程，其 pid 等于2。kthreadd进程由idle进程通过kernel_thread创建，并始终运行在内核空间，负责所有内核线程的创建。

总之，Linux启动的第一个进程是0号进程，是静态创建的，在0号进程启动后会接连创建两个进程，分别是1号进程和2号进程；1号进程最终会去调用init可执行文件，init进程最终会去创建所有的应用进程；2号进程会在内核中负责创建所有的内核线程。所以，0号进程是1号和2号进程的父进程，1号进程是所有用户态进程的父进程，2号进程是所有内核线程的父进程。

3．获取进程ID的常用函数

```
#include <sys/types.h>
#include <unistd.h>
pid_t getpid(void);     //返回：调用进程的进程 ID
pid_t getppid(void);    //返回：调用进程的父进程 ID
uid_t getuid(void);     //返回：调用进程的实际用户 ID
uid_t geteuid(void);    //返回：调用进程的有效用户 ID
gid_t getgid(void);     //返回：调用进程的实际组 ID
```

```
gid_t getegid(void);    //返回：调用进程的有效组 ID
```
【提示】这些函数都没有出错返回。

例如，通过fork()函数创建一个进程，并观察新创建进程的进程ID。

```
#include<sys/types.h>
#include<unistd.h>
#include<stdio.h>
int main()
{
    int pid;
    printf("PID before fork() :%d\n",(int)getpid());
    pid = fork();
    if(pid < 0)
         printf("error in fork!\n");
    else if(pid==0)
        printf("I'm the child process, CurrPID is %d,MyPID is %d \n",pid,(int)getpid());
    else
        printf("I'm the parent process,child PID is %d, ParentPID is %d\n",pid,(int)getpid());
return 0;}
```

运行结果如图9-9所示。

```
[root@openEuler ~]# gcc -o g g.c
[root@openEuler ~]# ./g
PID before fork():9407
I'm the parent process,child PID is 9408,ParentPID is 9407
I'm the child process,CurrPID is 0,MyPID is 9408
```

图9-9 第一次运行结果

再次运行，结果如图9-10所示。观察进程ID，并思考两次结果为何不同。

```
[root@openEuler ~]# ./g
PID before fork():9435
I'm the parent process,child PID is 9436,ParentPID is 9435
I'm the child process,CurrPID is 0,MyPID is 9436
```

图9-10 再次运行结果

从程序执行结果可以看出：调用fork()函数后返回两个值，子进程返回值为0，而父进程的返回值为创建的子进程的进程ID。

4. 深入理解fork()

第一次使用fork()函数的读者可能会有一个疑问：fork()函数怎么会得到两个返回值，而且两个返回值都使用变量pid存储，这样不会冲突吗？

在使用fork()函数创建子进程时，始终要有一个概念：在调用fork()函数前是一个进程在执行这段代码，而调用fork()函数后就变成了两个进程在执行这段代码。两个进程所执行的代码完全相同，都会执行接下来的if...else判断语句块。

当子进程从父进程内复制后，父进程与子进程内都有一个pid变量：在父进程中，fork()函数会将子进程的PID返回给父进程，即父进程的pid变量内存储的是一个大于0的整数；而在子进程中，fork()函数会返回0，即子进程的pid变量内存储的是0；如果创建进程出现错误，则会返回-1，不会创建子进程。

fork()函数一般不会返回错误，若fork()函数返回错误，则可能是当前系统内进程已经达到上限，或者内存不足。

【提示】父子进程的运行先后顺序是完全随机的（取决于系统的调度），也就是说在fork()函数的默认情况下，无法控制父进程在子进程前进行还是子进程在父进程前进行。

fork()创建子进程需要将父进程的每种资源都复制一个副本，系统开销很大，不过这些开销并不是所有的情况都是必需的。例如，一个进程调用fork()函数创建一个子进程后，子进程接下来调用exec()执行另一个可执行文件，则调用fork()中对于虚存空间的复制将是多余的。Linux中采用copy-on-write技术，fork()函数复制数据段和堆栈段是"逻辑"的，而非"物理"上的。即实际执行fork()时，物理空间上两个进程的数据段和堆栈段都还是共享的，一旦有一个进程写入了某个数据后，系统才会将有区别的"页面"从物理上真正分离。因此，系统在空间上的开销就可以达到最小。

9.3.3　实验内容参考程序源代码

程序代码如下：

```
main()
{
    int p1,i;
    while((p1=fork())==-(1);
    if (p1>0)
        for (i=0;i<5;i++)
    {
        printf("I am parent.\n");
        sleep(1);
    }
else
    for(i=0;i<5;i++)
    {
        printf("I am child.\n");
        sleep(1);
     }
}
```

【提示】以上参考代码仅提供参考思路，有问题处需要自己调试完善才可得到正确结果。

练　习

前面例子中头文件#include<sys/types.h>、#include<unistd.h>的作用是什么？观察新进程ID，两次运行结果为何不同？

第10章 进程同步及通信实验

10.1 实验目的

① 掌握操作系统的进程同步和通信原理。

② 熟悉Linux的进程同步原语，了解管道通信方式。

③ 设计程序，实现经典的进程同步问题。

④ 编写程序，完成进程的管道通信。

10.2 实验内容

1．设计进程同步程序

设计程序，假设有10个缓冲区，生产者、消费者线程若干。生产者和消费者相互等待，只要缓冲池未满，生产者便可将消息送入缓冲池；只要缓冲池未空，消费者便可从缓冲池中取走一个消息。也可选择一些经典的进程同步问题进行设计。

2．实现进程的管道通信

编写一段程序，实现进程的管道通信。使用系统调用pipe()建立一条管道线。两个子进程p1和p2分别向通道各写一句话：

```
child1 process is sending message!
child2 process is sending message!
```

而父进程则从管道中读出来自两个进程的信息，显示在屏幕上。

10.3 实验指导

10.3.1 进程同步原理

1．P、V操作

P、V操作与信号量的处理相关，P表示通过，V表示释放。P、V操作是典型的同步机制之一，用一个信号量与一个消息联系起来，当信号量的值为0时，表示期望的消息尚未产生；当信号量的值非0时，表示期望的消息已经存在。用P、V操作实现进程同步时，调用P操作测试消息是否到达，调用V操作发送消息。对于一个信号量变量可以进行两种原语操作：P操作和V操作。对于具体的实现，方法非常多，可以用硬件实现，也可以用软件实现。P、V操作描述如下：

```
Procedure p(var s:samephore);
{    s.value=s.value-1;
     if(s.value<0)asleep(s.quque);
}
Procedure v(var s:samephore);
{    s.value=s.value+1;
     if(s.value<=0)wakeup(s.quque);
}
```

其中用到两个标准过程：

① asleep(s.queue)：执行此操作的进程控制块进入s.queue尾部，进程变成等待状态。

② wakeup(s.quque)：将s.queue头进程唤醒插入就绪队列。

对于这个过程，s.value初值为1时，用来实现进程的互斥。

2. 信号量

信号量（semaphore）的数据结构为一个值和一个指针，指针指向等待该信号量的下一个进程。信号量的值与相应资源的使用情况有关。当它的值大于0时，表示当前可用资源的数量；当它的值小于0时，其绝对值表示等待使用该资源的进程个数。

【提示】信号量的值仅能由P、V操作来改变。

一般来说，信号量S＞0时，S表示可用资源的数量。执行一次P操作意味着请求分配一个单位资源，因此S的值减1；当S<0时，表示已经没有可用资源，请求者必须等待别的进程释放该类资源，它才能运行下去。而执行一个V操作意味着释放一个单位资源，因此S的值加1；若S<0，表示有某些进程正在等待该资源，因此要唤醒一个等待状态的进程，使之运行下去。

3. Linux的进程同步原语

① wait()：阻塞父进程，子进程执行。

② #include <sys/types.h>

#include <sys/ipc.h>

key_t ftok (char *pathname, char proj)

返回与路径pathname相对应的一个键值。

③ int semget(key_t key, int nsems, int semflg)：参数key是一个键值，由ftok获得，唯一标识一个信号灯集，用法与msgget()中的key相同；参数nsems指定打开或者新创建的信号灯集中将包含的信号灯的数目；semflg参数是一些标志位。参数key和semflg的取值，以及何时打开已有信号灯集或者创建一个新的信号灯集与msgget()中的对应部分相同。该调用返回与键值key相对应的信号灯集描述字。调用返回：成功返回信号灯集描述字，否则返回-1。

④ int semop(int semid, struct sembuf *sops, unsigned nsops)：semid是信号灯集ID，sops指向数组的

每一个sembuf结构都刻画一个在特定信号灯上的操作。nsops为sops指向数组的大小。

⑤ int semctl(int semid，int semnum，int cmd，union semun arg)：该系统调用实现对信号灯的各种控制操作，参数semid指定信号灯集，参数cmd指定具体的操作类型；参数semnum指定对哪个信号灯操作，只对几个特殊的cmd操作有意义；arg用于设置或返回信号灯信息。

10.3.2 进程通信

进程间通信（interprocess communication，IPC）是指在不同进程之间传播或交换信息。IPC的方式通常有管道（包括无名管道和命名管道）、消息队列、信号量、共享内存、Socket（套接字）等。这里主要介绍信号和管道方式。

1．信号

信号（signal）机制是UNIX系统中最古老的进程之间的通信机制。它用于在一个或多个进程之间传递异步信号，很多条件可以产生一个信号。Linux下的进程通信手段基本上是从UNIX平台上的进程通信手段继承而来的，在早期的Linux版本中又把信号称为软中断。

① 当用户按某些终端键时，产生信号。在终端按【Delete】键通常产生中断信号（SIGINT），这是停止一个已失去控制程序的方法。

② 硬件异常产生信号：如除数为0、无效的存储访问等。这些条件通常由硬件检测到，并将其通知内核，然后内核为该条件发生时正在运行的进程产生适当的信号。例如，对于执行一个无效存储访问的进程产生一个SIGSEGV信号。

③ 进程用kill(2)函数可将信号发送给另一个进程或进程组。当然有一些限制：接收信号进程和发送信号进程的所有者都必须相同，或者发送信号进程的所有者必须是超级用户。

④ 用户可用Kl（ID值）命令将信号发送给其他进程。此程序是kill()函数的界面，常用此命令终止一个失控的后台进程。

⑤ 当检测到某种软件条件已经发生并将其通知有关进程时，也产生信号。这里并不是指硬件产生条件（如被0除），而是软件条件。例如，SIGURG（在网络链接上传来非规定波特率的数据）、SIGPIPE（在管道的读进程已终止后一个进程写此管道），以及SIGALRM（进程所设置的闹钟时间已经超时）。

内核为进程生产信号响应不同的事件，这些事件就是信号源。主要信号源如下：

① 异常：进程运行过程中出现异常。

② 其他进程：一个进程可以向另一个或一组进程发送信号。

③ 终端中斯：Ctrl+C、Ctrl+\等。

④ 作业控制：前台、后台进程的管理。

⑤ 分配额：CPU超时或文件大小突破限制。

⑥ 通知：通知进程某事件发生，如I/O就绪等。

⑦ 报警：计时器到期。

（1）常用的信号

① SIGHUP：从终端发出的结束信号。

② SIGINT：来自键盘的中断信号（Ctrl+C）。

③ SIGQUIT：来自键盘的退出信号。

④ SIGFPE：浮点异常信号（如浮点运算溢出）。

⑤ SIGKLLL：该信号结束接收信号的进程。

⑥ SIGALRM：进程的定时器到期时，发送该信号。

⑦ SIGTERM：kill命令生出的信号。

⑧ SIGCHLD：标识子进程停止或结束的信号。

⑨ SIGSTOP：来自键盘（Ctrl+Z）或调试程序的停止扫行信号。

（2）信号的发送

信号的发送函数kill()与捕捉函数raise()：kill()不仅可以中止进程，也可以向进程发送其他信号；与kill()函数不同的是，raise()函数运行向进程自身发送信号。信号发送函数定义如下：

```
#include<sys/types.h>
#include<signal.h>
int kill(pid_t pid ,int signo);
int raise(int signo);
```

函数返回：若成功则为0，若出错则为-1 。

（3）信号的处理

当系统捕捉到某个信号时，可以忽略该信号或者使用指定的处理函数来处理该信号，或者使用系统默认的方式。例如，使用简单的signal()函数。signal()函数定义如下：

```
signal()
#include<signal.h>
void(*signal(int signo ,void(*func)(int)))(int)
```

函数返回：若成功，则为以前的信号处理配置；若出错，则为SIG_ERR。

func值是：a常数SIGIGN，或b常数SIGDFL，或c当接到此信号后要调用的函数的地址。如果指定SIGIGN，则向内核表示忽略此信号（有两个信号，SIGKILL和SIGTOP不能忽略）。如果指定SIGDFL，则表示接到此信号后的动作是系统默认动作。当指定函数地址时，称此为捕捉信号，称此函数为信号处理程序（signal handler）或信号捕捉函数（Signal-Catching Function）。

部分源程序代码如下：

```
#include<stdio.h>
#include<signal.h>
#include<unistd.h>
int wait_flag;
void stop();
main()
{  int pid1,pid2;                     //定义两个进程号变量
   signal(3,stop);                    //或者  signal(14,stop);
   while((pid1=fork())==-1);          //若创建子进程1不成功，则空循环
   if(pid1>0)                         //子进程创建成功，pid1为进程号
{  while((pid2=fork())==-1);          //创建子进程2
     if(pid2>0)
     {  wait_flag=1;
         sleep(5);                    // 父进程等待5s
```

```
        kill(pid1,1 6);                         //杀死进程1
        kill(pid2,1 7);                         //杀死进程2
    wait(0);                                    //等待第1个子进程1结束的信号
    wait(0);                                    //等待第2个子进程2结束的信号
        printf("\n Parent process is killed ! !\n");
    exit(0);                                    //父进程结束
    }
    else
    {   wait_flag=1;
        signal(17,stop);                        //等待进程2被杀死的中断号1 7
        printf("\n Child process 2 is killed by parent!! \n");
        exit(0);
    }
  }
  else
  {  wait_flag=1;
  signal(16,stop);                              //等待进程1被杀死的中断号16
  printf("\n Child process 1 is killed by parent! \n");
    exit(0);
  }
  void stop()
  wait_flag=0;
  }
```

2. 管道的相关概念

所谓管道，是指能够连接一个写进程和一个读进程并允许它们以生产者-消费者方式进行通信的一个共享文件，又称为pipe文件。由写进程从管道的写入端（句柄1）将数据写入管道，而读进程则从管道的读出端（句柄0）读出数据。

（1）有名管道

有名管道是指一个可以在文件系统中长期存在的、具有路径名的文件。用系统调用mknod()建立。它克服无名管道使用上的局限性，可让更多的进程也能利用管道进行通信。因而其他进程可以知道它的存在，并能利用路径名来访问该文件。对有名管道的访问方式与访问其他文件一样，需要先用open()打开。

（2）无名管道

无名管道是一个临时文件，是利用pipe()建立起来的无名文件（无路径名）。只用该系统调用所返回的文件描述符来标识该文件，故只有调用pipe()的进程及其子孙进程才能识别此文件描述符，才能利用该文件（管道）进行通信。当这些进程不再使用此管道时，核心收回其索引节点。

（3）pipe文件的建立

分配磁盘和内存索引节点、为读进程分配文件表项、为写进程分配文件表项、分配用户文件描述符。

（4）读/写进程互斥

内核为地址设置一个读指针和一个写指针，按先进先出顺序读、写。为使读、写进程互斥地访问

pipe文件，需要使各进程互斥地访问pipe文件索引节点中的直接地址项。因此，每次进程在访问pipe文件前，都需要检查该索引文件是否已被上锁。若是，进程便睡眠等待，否则，将其上锁，进行读/写。操作结束后解锁，并唤醒因该索引节点上锁而睡眠的进程。

3．所涉及的系统调用

（1）pipe( )

系统调用格式：

```
pipe(filedes);
```

功能：建立一个无名管道。

参数定义：

```
int  pipe(filedes);
int  filedes[2];
```

其中，filedes[1]是写入端，filedes[0]是读出端。

该函数使用头文件如下：

```
#include <unistd.h>
#inlcude <signal.h>
#include <stdio.h>
```

（2）read()

系统调用格式：

```
read(fd,buf,nbyte);
```

功能：从fd所指示的文件中读出nbyte个字节的数据，并将它们送至由指针buf所指示的缓冲区中。如果该文件被加锁，则等待直到锁打开为止。

参数定义：

```
int  read(fd,buf,nbyte);
int  fd;
char *buf;
unsigned  nbyte;
```

（3）write()

系统调用格式：

```
write(fd,buf,nbyte)
```

功能：把nbyte个字节的数据，从buf所指向的缓冲区写到由fd所指向的文件中。如果文件加锁，暂停写入，直至开锁。

参数定义：

```
int  write(fd,buf,nbyte);
int  fd;
char *buf;
unsigned  nbyte;
```

10.3.3 实验源程序参考代码

① 编程实现进程同步问题，假设缓冲区大小为10，生产者、消费者线程若干。生产者和消费者相互等待，只要缓冲池未满，生产者便可将消息送入缓冲池，只要缓冲池未空，消费者便可从缓冲池中取走一个消息。参考代码如下：

```
#include <stdio.h>
#include <pthread.h>
#include <semaphore.h>
#include <string.h>
#include <time.h>
#include <stdlib.h>
#include <unistd.h>
#define TRUE  1
#define FALSE 0
#define SIZE 11
typedef int QueueData;                //定义一个整型变量QueueData，与为基本数据类型定义新的别名
                                      //方法一样
typedef struct _queue                 //队列结构体
{
    int data[SIZE];
    int front;                        // 指向队头的下标
    int rear;                         // 指向队尾的下标
}Queue;
 struct data                          //信号量结构体
{
    sem_t count;
    Queue q;
};
struct data sem;
pthread_mutex_t mutex;                //互斥变量使用特定的数据类型
int num = 0;
int InitQueue (Queue *q)              // 队列初始化
{
    if (q == NULL)
    {
        return FALSE;
    }
    q->front = 0;
    q->rear  = 0;
    return TRUE;
}
int QueueEmpty (Queue *q)             //判断空队情况
{
```

```
    if (q == NULL)
    {
        return FALSE;
    }
    return q->front == q->rear;
}
int QueueFull (Queue *q)              //判断队满的情况
{
    if (q == NULL)
    {
        return FALSE;
    }
    return q->front == (q->rear+1)%SIZE;
}
int DeQueue (Queue *q, int x)         //出队函数
{
    if (q == NULL)
    {
        return FALSE;
    }
    if (QueueEmpty(q))
    {
        return FALSE;
    }
    q->front = (q->front + 1) % SIZE;
    x = q->data[q->front];
    return TRUE;
}
int EnQueue (Queue *q, int x)         //进队函数
{
    if (q == NULL)
    {
        return FALSE;
    }
    if (QueueFull(q))
    {
        return FALSE;
    }
    q->rear = (q->rear+1) % SIZE;
    q->data[q->rear] = x;
    return TRUE;
}
void *Producer()
```

```
{
    int i=0;
    while(i<10)
    {
        i++;
        int time = rand() % 10 + 1;           //随机使程序睡眠0点几秒
        usleep(time * 100000);
        sem_wait(&sem.count);                 //信号量的P操作（使信号量的值减一）
        pthread_mutex_lock(&mutex);           //互斥锁上锁
        if(!QueueFull(&sem.q))                //若队未满
        {
            num++;
            EnQueue (&sem.q, num);            //消息进队
            printf("produce a message,count=%d\n", num);
        }
        else printf("Full\n");
        pthread_mutex_unlock(&mutex);         //互斥锁解锁
      sem_post(&sem.count);                   //信号量的V操作（使信号量的值加一）
    }
    printf("i(producer)=%d\n",i);
}
 void *Customer()
{
    int i=0;
    while(i<10)
    {
        i++;
        int time = rand() % 10 + 1;           //随机使程序睡眠0点几秒
        usleep(time * 100000);
        sem_wait(&sem.count);                 //信号量的P操作
        pthread_mutex_lock(&mutex);           //互斥锁上锁
        if(!QueueEmpty(&sem.q))               //若队未空
        {
            num--;
            DeQueue (&sem.q, num);            //消息出队
            printf("consume a message ,count=%d\n",num);
        }
        else printf("Empty\n");
        pthread_mutex_unlock(&mutex);         //互斥锁解锁
        sem_post(&sem.count);                 //信号量的V操作
    }
    printf("i(customer)=%d\n",i);
}
```

```
int main()
{
    srand((unsigned int)time(NULL));          //信号量地址，信号量在线程间共享，信号量的
                                              //初始值
    sem_init(&sem.count, 0, 10);              //信号量初始化(最多容纳10条消息，容纳了
                                              //10条生产者将不会生产消息)
    pthread_mutex_init(&mutex, NULL);         //互斥锁初始化
    InitQueue(&(sem.q));                      //队列初始化
    pthread_t producid;
    pthread_t consumid;
    pthread_create(&producid, NULL, Producer, NULL);     //创建生产者线程
    pthread_create(&consumid, NULL, Customer, NULL);     //创建消费者线程
    pthread_join(consumid, NULL);             //线程等待,如果没有这一步,主程序会直接结束,
                                              //导致线程也直接退出。
    sem_destroy(&sem.count);                  //信号量的销毁
    pthread_mutex_destroy(&mutex);            //互斥锁的销毁
    return 0;
}
```

【提示】上面的程序编译时需要加入一个多线程-pthread。

运行结果如图 10-1 所示。

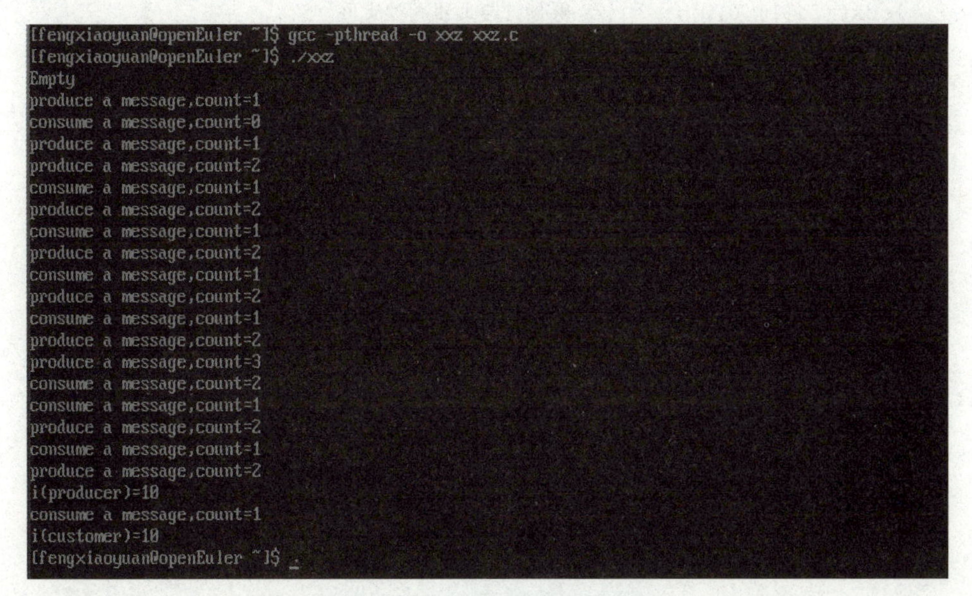
```
[fengxiaoyuan@openEuler ~]$ gcc -pthread -o xxz xxz.c
[fengxiaoyuan@openEuler ~]$ ./xxz
Empty
produce a message,count=1
consume a message,count=0
produce a message,count=1
produce a message,count=2
consume a message,count=1
produce a message,count=2
consume a message,count=1
produce a message,count=2
consume a message,count=1
produce a message,count=2
consume a message,count=1
produce a message,count=2
produce a message,count=3
consume a message,count=2
consume a message,count=1
produce a message,count=2
consume a message,count=1
produce a message,count=2
i(producer)=10
consume a message,count=1
i(customer)=10
[fengxiaoyuan@openEuler ~]$ _
```

图 10-1 进程同步问题运行结果

② 编写一段程序，实现进程的管道通信。使用系统调用pipe()建立一条管道线。两个子进程p1和p2分别向通道各写一句话：

```
child1 process is sending message!
child2 process is sending message!
```

而父进程则从管道中读出来自两个进程的信息，显示在屏幕上。参考代码如下：

```
#include<stdio.h>
#include<stdlib.h>
#include<sys/wait.h>
#include<unistd.h>
#include<sys/types.h>
#include<signal.h>
int pid1,pid2;                    //存储子进程pid号
int main()
{
    int fd[2];                    //打开文件的文件描述符
    char OutPipe[100],InPipe[100];
    pipe(fd);
    while((pid1=fork())==-1);
    if(pid1==0)
    {
        lockf(fd[1],1,0);         //上锁，为了两个子进程之间的互斥在子进程1写入的过
                                  //程中，禁止子进程2写入
    sprintf(OutPipe,"child1 process is sending message!\n");
        write(fd[1],OutPipe,50);
        sleep(1);                 //休眠1 s，防止写冲突
        lockf(fd[1],0,0);         //解锁，与上锁成对使用
        exit(0);
    }
    else
    {
        while((pid2=fork())==-1);
        if(pid2==0)
        {
        lockf(fd[1],1,0);
        sprintf(OutPipe,"child2 process is sending message!\n");
        write(fd[1],OutPipe,50);
        sleep(1);
        lockf(fd[1],0,0);
        exit(0);
        }
        else
        {
        wait(0);
        wait(0);
        read(fd[0],InPipe,50);
        printf("%s\n",InPipe);
        read(fd[0],InPipe,50);
```

```
            printf("%s\n",InPipe);
            exit(0);
            }
        }
    return 0;
}
```

运行结果如图10-2所示。

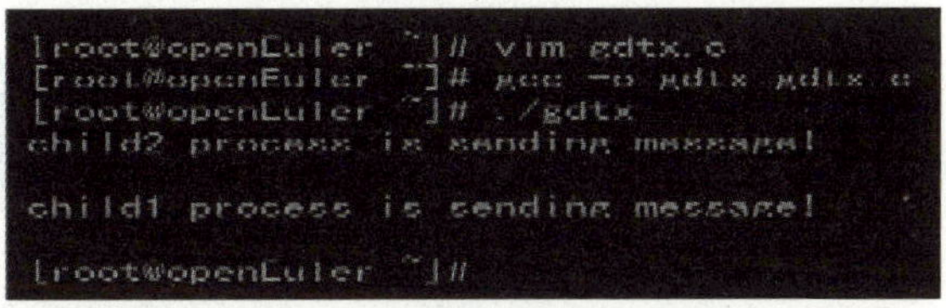

```
[root@openEuler ~]# vim gdtx.c
[root@openEuler ~]# gcc -o gdtx gdtx.c
[root@openEuler ~]# ./gdtx
child2 process is sending message!

child1 process is sending message!

[root@openEuler ~]#
```

图10-2 管道通信问题运行结果

【提示】参考代码仅供参考思路，在使用管道连接多个命令时，输出的顺序可能不是按照输入命令的顺序来的。这取决于每个命令的执行时间和缓冲区的大小，因此可能需要特别注意。

练 习

1. 使用信号量操作实现进程间的同步和互斥时，分析所用信号量的含义和初值的确定。
2. 创建管道的方式有哪些？

第 11 章 openEuler 用户及权限管理实验

11.1 实验目的

openEuler操作系统的用户和权限管理命令的使用。

11.2 实验内容

① 掌握用户和组的管理。

② 掌握文件权限的管理。

③ 掌握文件访问控制。

11.3 实验指导

11.3.1 用户的管理

管理用户的方法如下：

① who命令是显示目前登录系统的用户信息，如图11-1所示。

```
[root@openeuler ~]# who
root     tty1         2024-02-17 15:24
```

图11-1 显示用户信息

② id命令用于显示用户的ID，以及所属群组的ID，如图11-2所示。

```
[root@openeuler ~]# id
uid=0(root) gid=0(root) groups=0(root) context=unconfined_u:unconfined_r:unconfined_t:s0-s0:c0.c1023
```

图11-2 显示用户ID

③ 以root用户登录到系统，创建用户tom、bob、jack，且创建jack 用户时指定其UID为1024，如图11-3所示。

```
[root@openeuler ~]# useradd tom
[root@openeuler ~]# useradd bob
[root@openeuler ~]# useradd -u 1024 jack
[root@openeuler ~]# tail -3 /etc/passwd
tom:x:1204:1205::/home/tom:/bin/bash
bob:x:1205:1206::/home/bob:/bin/bash
jack:x:1024:1024::/home/jack:/bin/bash
[root@openeuler ~]# useradd -d /home/myd bob1
[root@openeuler ~]# useradd -d /usr/local/apache -g apache -s /bin/false bob2
useradd: group 'apache' does not exist
```

图 11-3　创建用户

④ 将用户tom的用户名改为tony，并将其家目录改为/home/tony，如图11-4所示。

```
[root@openeuler ~]# usermod -l tony tom
failed to rename mailbox: File exists
[root@openeuler ~]# cp -r /home/tom/ /home/tony/
[root@openeuler ~]# cd /home/tony/
[root@openeuler tony]# cd ~
[root@openeuler ~]# usermod -d /home/tony/ tony
[root@openeuler ~]# tail -3 /etc/passwd
bob:x:1205:1206::/home/bob:/bin/bash
jack:x:1024:1024::/home/jack:/bin/bash
tony:x:1204:1205::/home/tony/:/bin/bash
```

图 11-4　更改用户名及目录

将原tom用户的私有组名tom改为tony，如图11-5所示。

```
[root@openeuler ~]# groupmod -n tony tom
[root@openeuler ~]# tail -1 /etc/group
tony:x:1205:
```

图 11-5　修改用户名

⑤ 将用户bob及家目录一并删除，如图11-6所示。

图11-6显示了用户配置文件的末尾2行，可以看到这里没有了bob用户，在家目录中也没有了bob目录，如图11-7所示。

```
[root@openeuler ~]# userdel -r bob
[root@openeuler ~]# tail -2 /etc/passwd
jack:x:1024:1024::/home/jack:/bin/bash
tony:x:1204:1205::/home/tony/:/bin/bash
```

图 11-6　删除用户

```
[root@openeuler ~]# ls /home/
huawei  jack  tom  tony  user1  user2
```

图 11-7　查看 home 目录

⑥ su和su-切换用户。在终端从当前root用户切换到jack用户，如图11-8、图11-9所示。

```
[root@openeuler ~]# su jack


Welcome to 4.19.90-2003.4.0.0036.oe1.x86_64

System information as of time:  Sun Feb 18 20:16:24 CST 2024

System load:    0.00
Processes:      95
Memory used:    10.7%
Swap used:      0.0%
Usage On:       38%
IP address:     192.168.1.110
Users online:   1


[jack@openeuler root]$ pwd
/root
[jack@openeuler root]$ exit
exit
[root@openeuler ~]#
```

图 11-8　su 切换用户

```
[root@openeuler ~]# su - jack
Last login: Sun Feb 18 20:16:24 CST 2024 on tty1


Welcome to 4.19.90-2003.4.0.0036.oe1.x86_64

System information as of time:  Sun Feb 18 20:19:01 CST 2024

System load:     0.00
Processes:       96
Memory used:     10.5%
Swap used:       0.0%
Usage On:        38%
IP address:      192.168.1.110
Users online:    1


[jack@openeuler ~]$ pwd
/home/jack
[jack@openeuler ~]$ exit
```

图 11-9　su- 切换用户

请分析图11-9和图11-8两种命令切换用户有什么不同。

11.3.2　用户账号的锁定操作

锁定用户账号的操作步骤如下：

① 分别给tony账号和jack账号设置密码为Huawei@123，此处输入密码不会有显示，如图11-10所示。

```
[root@openeuler ~]# passwd tony
Changing password for user tony.
New password:
Retype new password:
passwd: all authentication tokens updated successfully.
[root@openeuler ~]# passwd jack
Changing password for user jack.
New password:
Retype new password:
passwd: all authentication tokens updated successfully.
```

图 11-10　设置密码

② 将jack账号锁定，测试效果后再解锁，查看jack账号当前的状态，如图11-11所示。

```
[root@openeuler ~]# passwd -S jack
jack PS 2024-02-18 0 99999 7 -1 (Password set, SHA512 crypt.)
[root@openeuler ~]# passwd -l jack
Locking password for user jack.
passwd: Success
[root@openeuler ~]# passwd -S jack
jack LK 2024-02-18 0 99999 7 -1 (Password locked.)
[root@openeuler ~]# passwd -uf jack
Unlocking password for user jack.
passwd: Success
[root@openeuler ~]# passwd -S jack
jack PS 2024-02-18 0 99999 7 -1 (Password set, SHA512 crypt.)
```

图 11-11　账号解锁过程

③ 用chage命令查看编辑密码过期时间，如图11-12所示。

编辑用户密码过期时间，其他参数说明：

- -m：密码可更改的最小天数，为零时代表任何时候都可以更改密码。
- -M：密码保持有效的最大天数。
- -W：用户密码到期前，提前收到警告信息的天数。

```
[root@openeuler ~]# chage -l jack
Last password change                                    : Feb 18, 2024
Password expires                                        : never
Password inactive                                       : never
Account expires                                         : never
Minimum number of days between password change          : 0
Maximum number of days between password change          : 99999
Number of days of warning before password expires       : 7
```

图 11-12 查看密码过期时间

- -E：账号到期的日期。过了这天，此账号将不可用。
- -d：上一次更改的日期
- -i：停滞时期。如果一个密码已过期这些天，那么此账号将不可用。
- -l：列出当前的设置。由非特权用户来确定他们的密码或账号何时过期。

11.3.3 用户组管理

管理用户组的方法如下：

① 创建hatest组，且将用户tony、jack加到hatest组中，如图11-13所示。

```
[root@openeuler ~]# groupadd hatest
[root@openeuler ~]# gpasswd -M tony,jack hatest
[root@openeuler ~]# tail -1 /etc/group
hatest:x:1206:tony,jack
```

图 11-13 创建用户组

② 删除、修改用户组，如图11-14所示。

```
[root@openeuler ~]# groupadd group1
[root@openeuler ~]# groupadd -g 101 group2
[root@openeuler ~]# groupdel group1
[root@openeuler ~]# groupmod -g 102 group2
[root@openeuler ~]# cat /etc/group
systemd-coredump:x:997:
systemd-network:x:192:
systemd-resolve:x:193:
systemd-timesync:x:996:
unbound:x:995:
```

图 11-14 删除修改用户组

11.3.4 手工及批量创建账号

手工及批量创建账号的方法如下：

① 编辑一个文本用户文件，每一列按照/etc/passwd密码文件的格式书写，要注意每个用户的用户名、UID、宿主目录都不可以相同，其中密码栏可以留作空白或输入x号，如图11-15所示。

```
[root@openeuler ~]# vim users.txt
user1:x:1200:1200:user001:/home/user1:/bin/bash
user2:x:1201:1201:user002:/home/user2:/bin/bash
user3:x:1202:1202:user003:/home/user3:/bin/bash
```

图 11-15 编辑文本用户文件

② 以root身份执行命令newusers，从刚创建的用户文件users.txt中导入数据，创建用户，如图11-16所示。

```
[root@openeuler ~]# newusers < users.txt
[root@openeuler ~]# tail -3 /etc/passwd
user1:x:1200:1200:user001:/home/user1:/bin/bash
user2:x:1201:1201:user002:/home/user2:/bin/bash
user3:x:1202:1202:user003:/home/user3:/bin/bash
```

图 11-16　newusers 命令运行界面

11.3.5　查看常见用户关联文件

查看常见用户关联文件的方法如下：

① 查看用户账号信息文件/etc/passwd，如图 11-17 所示。

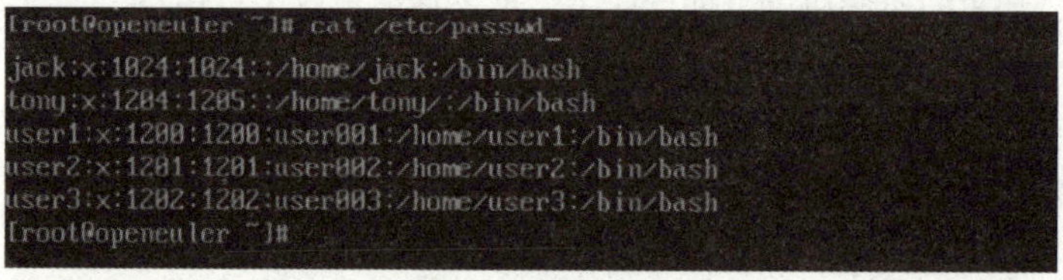

```
[root@openeuler ~]# cat /etc/passwd_
jack:x:1024:1024::/home/jack:/bin/bash
tony:x:1204:1205::/home/tony/:/bin/bash
user1:x:1200:1200:user001:/home/user1:/bin/bash
user2:x:1201:1201:user002:/home/user2:/bin/bash
user3:x:1202:1202:user003:/home/user3:/bin/bash
[root@openeuler ~]#
```

图 11-17　查看账户信息

② 查看用户账号信息加密文件/etc/shadow，如图 11-18 所示。

```
[root@openeuler ~]# cat /etc/shadow
jack:$6$WmILTwkV0vVhbpmV$yhce0LFR6UiVMpLfPytHJiaZd3FYE0WqFu8vWlezOwruxcUwuYrP5vv.JXMZIhoJxmR3oix9Kcy
K2B03.Y.Qw0:19771:0:99999:7:::
tony:$6$VRSenRQigEBJWnZq$94SuCQfuSwx.WG7N1QQF0nCcxhipLZGesZb3t5yRNdxjYvmfoLjiwEHOmw63IA74XqSzHo8nfVY
j1mkFZqaW1.:19771:0:99999:7:::
user1:$6$EL4CfaeUZM/xm$dcQU0S/Q5pUZrylmyzf0h2H4bTbIJNUtoYgHA8obAHV0EgVVzP7147VovDMf77sJAYP/0xY5eV0nM
HLUwBQcu.:19771:0:99999:7:::
user2:$6$urlMR/XNW$QE6F1/.Kr1hlWZCrDhMMMxAxJH8z9Ssw7KqGoB6evygNH19sfbIXxVvGofU0XqQFv4HWlGigRPZShY8q2
AsBx0:19771:0:99999:7:::
user3:$6$urlMR/XNW$QE6F1/.Kr1hlWZCrDhMMMxAxJH8z9Ssw7KqGoB6evygNH19sfbIXxVvGofU0XqQFv4HWlGigRPZShY8q2
AsBx0:19771:0:99999:7:::
[root@openeuler ~]#
```

图 11-18　查看账户信息加密文件

③ 查看组信息文件/etc/group，如图 11-19 所示。

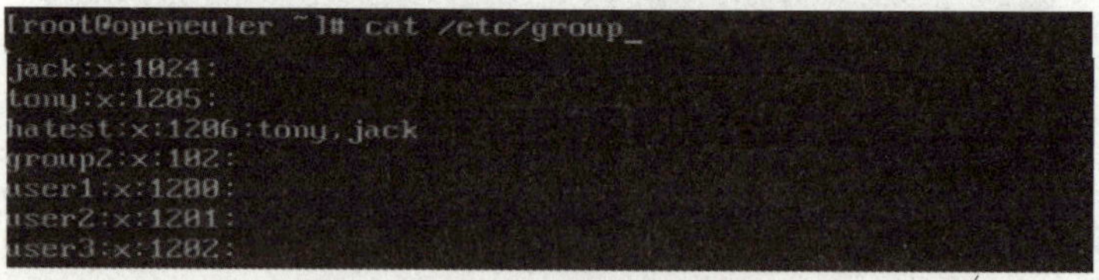

```
[root@openeuler ~]# cat /etc/group_
jack:x:1024:
tony:x:1205:
hatest:x:1206:tony,jack
group2:x:102:
user1:x:1200:
user2:x:1201:
user3:x:1202:
```

图 11-19　查看组信息文件

④ 查看组信息加密文件/etc/gshadow，如图 11-20 所示。

```
[root@openeuler ~]# cat /etc/gshadow
jack:!::
tony:!::
hatest:!::tony,jack
group2:!::
user1:*::
user2:*::
user3:*::
[root@openeuler ~]#
```

图 11-20　查看信息加密文件

11.3.6　设置文件及目录的权限及归属

① 使用root 用户创建目录/test 以及在其下创建文件file1、file2，并查看其默认的权限及归属，如图11-21所示。

```
[root@openeuler ~]# mkdir test
[root@openeuler ~]# cd test
[root@openeuler test]# touch file1
[root@openeuler test]# touch file2
[root@openeuler test]# ls -l
total 0
-rw-------. 1 root root 0 Feb 18 21:38 file1
-rw-------. 1 root root 0 Feb 18 21:39 file2
[root@openeuler test]# ls -l / | grep test
```

图 11-21　创建目录和文件

② 将/test 目录修改为公共共享目录即给其设置t位权限位，如图11-22所示。

```
[root@openeuler test]# cd
[root@openeuler ~]# chmod 1777 test
[root@openeuler ~]# ls -l / | grep test
```

图 11-22　设置指定目录为公共目录

③ 将文件file1和file2设置权限为755，如图11-23所示。

```
[root@openeuler ~]# cd test
[root@openeuler test]# chmod 755 file1 file2
[root@openeuler test]# ls -l
total 0
-rwxr-xr-x. 1 root root 0 Feb 18 21:38 file1
-rwxr-xr-x. 1 root root 0 Feb 18 21:39 file2
```

图 11-23　设置文件权限

④ 将文件file1设为所有人皆可读取，如图11-24所示。

```
[root@openeuler test]# chmod ugo+r file1
```

图 11-24　设置文件可读权限

⑤ 将文件 file1设为所有人皆可读取，用户自己也拥有读权限，如图11-25所示。

```
[root@openeuler test]# chmod a+r file1
```

图 11-25　用户拥有读权限

⑥ 将文件 file1 与 file2 设为该文件拥有者，与其所属同一个群体者可写入，但其他以外的人则不可写入，如图11-26所示。

```
[root@openeuler test]# chmod ug+w,o-w file1 file2
```

图 11-26　设置文件所属权限

⑦ 将当前目录下的所有文件与子目录皆设为任何人可读取，如图11-27所示。

```
[root@openeuler test]# chmod -R a+r *
```

图 11-27　设置文件和子目录任何人可读

⑧ 将文件file1的所属用户改为jack，所属用户组改为hatest组，如图11-28所示。

⑨ 修改文件群组属性，如图11-29所示。

⑩ 通过umask查看修改权限掩码前umask的值，如图11-30所示。

⑪ 使用umask命令进行权限的修改，如图11-31所示。

```
[root@openeuler test]# chown jack:hatest file1
[root@openeuler test]# ls -l
total 0
-rwxrwxr-x. 1 jack hatest 0 Feb 18 21:38 file1
-rwxrwxr-x. 1 root root   0 Feb 18 21:39 file2
```

图 11-28 更改用户组名

```
[root@openeuler test]# chgrp -v bin file1
changed group of 'file1' from hatest to bin
[root@openeuler test]# ll
total 0
-rwxrwxr-x. 1 jack bin  0 Feb 18 21:38 file1
-rwxrwxr-x. 1 root root 0 Feb 18 21:39 file2
```

图 11-29 修改文件属性

```
[root@openeuler test]# umask
0077
```

图 11-30 运行 umask 命令

```
[root@openeuler test]# umask 022
[root@openeuler test]# umask
0022
```

图 11-31 运行 umask 命令修改权限

练 习

1. 创建一个目录/data。
2. 创建user1、user2、user3三个用户，要求如下：
（1）user1家目录在/data目录下，该用户的描述为testuser。
（2）user2用户的uid应当为2000。
（3）user3用户应当使用 /bin 3/tcsh这个登录shell。
3. 设置user1用户密码过期时间为15天，过期前3天提醒。

第 12 章 openEuler 软件管理实验

12.1 实验目的

① 掌握openEuler系统的软件管理方法。

② 掌握rpm命令管理软件。

③ 掌握个人网盘应用的安装方法。

12.2 实验内容

掌握openEuler软件管理的操作，主要包含rpm操作命令、软件源码安装的操作命令、yum操作命令和systemd/systemctl管理服务的操作命令。要求如下：

① 配置Yum源。

② 使用rpm命令管理软件。

③ 安装个人网盘应用。

12.3 实验指导

12.3.1 配置 Yum 源

配置Yum源的方法如下：

① 进入yum repo目录，如图12-1所示。

```
[root@openEuler ~]# cd /etc/yum.repos.d/
[root@openEuler yum.repos.d]# 
```

图 12-1 进入 yum repo 目录

② 新建名为openeuler的repo，如图12-2所示。

```
[root@openEuler yum.repos.d]# wget -O /etc/yum.repos.d/openEulerOS.repo https://mirrors.huaweicloud.com/repository/conf/openeuler_x86_64.repo
--2024-02-28 20:23:25--  https://mirrors.huaweicloud.com/repository/conf/openeuler_x86_64.repo
正在解析主机 mirrors.huaweicloud.com (mirrors.huaweicloud.com)... 124.70.125.153, 124.70.125.167
正在连接 mirrors.huaweicloud.com (mirrors.huaweicloud.com)|124.70.125.153|:443... 已连接。
已发出 HTTP 请求，正在等待回应... 200 OK
长度：未指定 [application/octet-stream]
正在保存至: "/etc/yum.repos.d/openEulerOS.repo"

/etc/yum.repos.d/openEulerOS      [ <=>                                          ]    886  --.-KB/s  用时 0s

2024-02-28 20:23:25 (12.2 MB/s) - "/etc/yum.repos.d/openEulerOS.repo" 已保存 [886]

[root@openEuler yum.repos.d]# |
```

图 12-2　新建 repo 目录

【提示】此处的网址需要与华为云最新地址保持一致。

③ 在系统中输入，图12-3所示命令。

```
[root@openEuler yum.repos.d]# ls
openEulerOS.repo  openEuler_x86_64.repo
[root@openEuler yum.repos.d]# mv  openEuler_x86_64.repo openEuler_x86_64.repo.back
[root@openEuler yum.repos.d]# ls
openEulerOS.repo  openEuler_x86_64.repo.back
[root@openEuler yum.repos.d]# |
```

图 12-3　修改文件名

④ 输入如下命令刷新列出软件列表。

```
[root@openEuler yum.repos.d]# yum list all
```

12.3.2　使用 rpm 命令管理软件

1．rpm查询命令

① 执行图12-4中的命令，通过yum方式查询openjdk包名称。

```
[root@openEuler yum.repos.d]# cd
[root@openEuler ~]#  yum list all | grep 1.8.0-openjdk
java-1.8.0-openjdk.x86_64                    1:1.8.0.242.b08-1.h5.oe1          @openEuler-os
java-1.8.0-openjdk-demo.x86_64               1:1.8.0.242.b08-1.h5.oe1          @openEuler-everything
java-1.8.0-openjdk-devel.x86_64              1:1.8.0.242.b08-1.h5.oe1          @openEuler-os
java-1.8.0-openjdk-headless.x86_64           1:1.8.0.242.b08-1.h5.oe1          @openEuler-os
java-1.8.0-openjdk-javadoc.noarch            1:1.8.0.242.b08-1.h5.oe1          @openEuler-everything
java-1.8.0-openjdk-src.x86_64                1:1.8.0.242.b08-1.h5.oe1          @openEuler-everything
java-1.8.0-openjdk.src                       1:1.8.0.242.b08-1.h5.oe1          openEuler-source
[root@openEuler ~]# |
```

图 12-4　查询包名称

② 执行以下命令，安装所有yum：

```
[root@openEuler ~]#yum -y install java-1.8.0-openjdk*
```

③ 通过rpm查询openjdk是否安装，如图12-5所示。

```
[root@openEuler ~]#  rpm -q java-1.8.0-openjdk
java-1.8.0-openjdk-1.8.0.242.b08-1.h5.oe1.x86_64
[root@openEuler ~]# |
```

图 12-5 查询是否安装

2. rpm安装命令

① 分别执行图 12-6 和图 12-7 中命令，下载 openjdk 和 zziplib 安装包。

```
[root@openEuler ~]#  wget https://repo.openeuler.org/openEuler-20.03-LTS/everything/x86_64/Packages/java-1.8.0-open
jdk-1.8.0.242.b08-1.h5.oe1.x86_64.rpm
--2024-02-28 20:45:59--  https://repo.openeuler.org/openEuler-20.03-LTS/everything/x86_64/Packages/java-1.8.0-openj
dk-1.8.0.242.b08-1.h5.oe1.x86_64.rpm
正在解析主机 repo.openeuler.org (repo.openeuler.org)... 49.0.230.196
正在连接 repo.openeuler.org (repo.openeuler.org)|49.0.230.196|:443... 已连接。
已发出 HTTP 请求，正在等待回应... 200 OK
长度：398792 (389K) [application/x-redhat-package-manager]
正在保存至："java-1.8.0-openjdk-1.8.0.242.b08-1.h5.oe1.x86_64.rpm.1"

java-1.8.0-openjdk-1.8.0.242 100%[==========================================>] 389.45K  1.14MB/s  用时 0.3s

2024-02-28 20:46:00 (1.14 MB/s) - 已保存 "java-1.8.0-openjdk-1.8.0.242.b08-1.h5.oe1.x86_64.rpm.1" [398792/398792])
```

图 12-6 下载安装 openjdk

```
[root@openEuler ~]# wget https://repo.openeuler.org/openEuler-20.03-LTS/everything/x86_64/Packages/zziplib-0.13.69-
5.oe1.x86_64.rpm
--2024-02-28 20:46:14--  https://repo.openeuler.org/openEuler-20.03-LTS/everything/x86_64/Packages/zziplib-0.13.69-
5.oe1.x86_64.rpm
正在解析主机 repo.openeuler.org (repo.openeuler.org)... 49.0.230.196
正在连接 repo.openeuler.org (repo.openeuler.org)|49.0.230.196|:443... 已连接。
已发出 HTTP 请求，正在等待回应... 200 OK
长度：100460 (98K) [application/x-redhat-package-manager]
正在保存至："zziplib-0.13.69-5.oe1.x86_64.rpm"

zziplib-0.13.69-5.oe1.x86_64 100%[==========================================>]  98.11K  563KB/s  用时 0.2s

2024-02-28 20:46:15 (563 KB/s) - 已保存 "zziplib-0.13.69-5.oe1.x86_64.rpm" [100460/100460])
```

图 12-7 下载安装 zziplib

【提示】下载地址可能会发生变化，要与 openEuler 同步更新。

② rpm 安装 openjdk 1.8，结果无法解决软件包的依赖关系，结果如图 12-8 所示。

```
[root@openEuler ~]# rpm -ivh java-1.8.0-openjdk-1.8.0.242.b08-1.h5.oe1.x86_64.rpm
Verifying...                          ################################# [100%]
准备中...                          ################################# [100%]
        软件包 java-1.8.0-openjdk-1:1.8.0.242.b08-1.h5.oe1.x86_64 已经安装
```

图 12-8 使用 rpm 安装 openjdk

③ 使用 yum 安装 openjdk，如图 12-9 所示。

```
[root@openEuler ~]# yum -y install java-1.8.0-openjdk-1.8.0.242.b08-1.h5.oe1.x86_64.rpm
Last metadata expiration check: 0:28:14 ago on 2024年02月28日 星期三 20时30分18秒.
Package java-1.8.0-openjdk-1:1.8.0.242.b08-1.h5.oe1.x86_64 is already installed.
Dependencies resolved.
Nothing to do.
Complete!
```

图 12-9 使用 yum 安装 openjdk

④ 验证openjdk安装成功，如图12-10所示。

```
[root@openEuler ~]# java -version
openjdk version "1.8.0_242"
OpenJDK Runtime Environment (build 1.8.0_242-b08)
OpenJDK 64-Bit Server VM (build 25.242-b08, mixed mode)
```

图12-10　验证安装

⑤ 使用rpm安装zziplib，如图12-11所示。

```
[root@openEuler ~]#  rpm -ivh zziplib-0.13.69-5.oe1.x86_64.rpm
Verifying...                          ################################# [100%]
准备中...                             ################################# [100%]
正在升级/安装...
   1:zziplib-0.13.69-5.oe1            ################################# [100%]
```

图12-11　安装zziplib

3. rpm升级命令

① 执行以下命令，升级openjdk，如图12-12所示。

```
[root@openEuler ~]# rpm -Uvh java-1.8.0-openjdk-1.8.0.242.b08-1.h5.oe1.x86_64.rpm
Verifying...                          ################################# [100%]
准备中...                             ################################# [100%]
        软件包 java-1.8.0-openjdk-1:1.8.0.242.b08-1.h5.oe1.x86_64 已经安装
```

图12-12　升级openjdk

② 执行以下命令，升级zziplib，如图12-13所示。

```
[root@openEuler ~]# rpm -Uvh zziplib-0.13.69-5.oe1.x86_64.rpm
Verifying...                          ################################# [100%]
准备中...                             ################################# [100%]
        软件包 zziplib-0.13.69-5.oe1.x86_64 已经安装
```

图12-13　升级zziplib

4. rpm常用参数

① 查询已安装的软件包中的文件列表和完整目录，如图12-14所示。

```
[root@openEuler ~]# rpm -ql python3-libxml2-2.9.8-9.oe1.x86_64
/usr/lib64/python3.7/site-packages/__pycache__/drv_libxml2.cpython-37.opt-1.pyc
/usr/lib64/python3.7/site-packages/__pycache__/drv_libxml2.cpython-37.pyc
/usr/lib64/python3.7/site-packages/__pycache__/libxml2.cpython-37.opt-1.pyc
/usr/lib64/python3.7/site-packages/__pycache__/libxml2.cpython-37.pyc
/usr/lib64/python3.7/site-packages/drv_libxml2.py
/usr/lib64/python3.7/site-packages/libxml2.py
/usr/lib64/python3.7/site-packages/libxml2mod.so
/usr/share/doc/python3-libxml2
/usr/share/doc/python3-libxml2/TODO
/usr/share/doc/python3-libxml2/apibuild.py
/usr/share/doc/python3-libxml2/index.py
/usr/share/doc/python3-libxml2/libxml2class.txt
/usr/share/doc/python3-libxml2/python.html
```

图12-14　查询文件列表和目录

② 查询软件包的详细信息，如图12-15所示。

5. rpm卸载命令

① 执行图12-16中命令，显示已安装zziplib。

② 执行图12-17中命令，卸载zziplib。

③ 再次输入rpm -qa | grep zziplib有报错提示未安装，说明zziplib已经卸载。

```
[root@openEuler ~]# rpm -qi python3-libxml2-2.9.8-9.oe1.x86_64
Name        : python3-libxml2
Version     : 2.9.8
Release     : 9.oe1
Architecture: x86_64
Install Date: 2024年02月17日 星期六 22时35分54秒
Group       : Development/Libraries
Size        : 1337388
License     : MIT
Signature   : RSA/SHA1, 2020年03月24日 星期二 03时15分34秒, Key ID d557065eb25e7f66
Source RPM  : libxml2-2.9.8-9.oe1.src.rpm
Build Date  : 2020年03月24日 星期二 03时08分40秒
Build Host  : obs-worker-100-0002.novalocal
Packager    : http://openeuler.org
Vendor      : http://openeuler.org
URL         : http://xmlsoft.org/
Summary     : Python 3 bindings for the libxml2 library
Description :
The libxml2-python3 package contains a Python 3 module that permits
applications written in the Python programming language, version 3, to use the
interface supplied by the libxml2 library to manipulate XML files.

This library allows to manipulate XML files. It includes support
to read, modify and write XML and HTML files. There is DTDs support
this includes parsing and validation even with complex DTDs, either
at parse time or later once the document has been modified.
```

图 12-15　查询详细信息

```
[root@openEuler ~]# rpm -qa | grep zziplib
zziplib-0.13.69-5.oe1.x86_64
```

图 12-16　已安装 zziplib

```
[root@openEuler ~]# rpm -e zziplib-0.13.69-5.oe1.x86_64
```

图 12-17　卸载 zziplib

12.3.3　安装个人网盘应用

1．网盘应用介绍

Nextcloud是一款非常热门的开源个人网盘应用，通过编译安装依赖组件、dnf安装软件包等方式，在openEuler服务器上安装部署Nextcloud应用并完成验证。

2．安装流程

安装流程如图12-18所示。

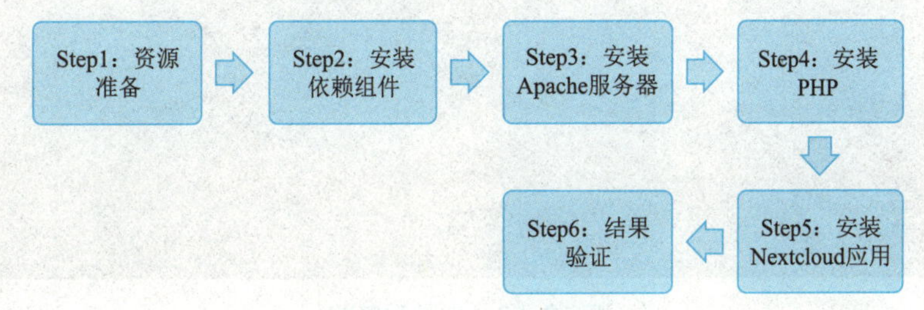

图 12-18　安装流程

3．安装依赖组件

执行以下命令，安装依赖和基础工具：

```
[root@openEuler ～]# dnf install -y unzip curl wget bash-completion policycoreutils-
python-utils mlocate bzip2
```

4．安装Apache服务器

① 执行以下命令，安装Apache web服务器，执行结果如图12-19所示。

```
[root@openEuler ～]# dnf install -y httpd
```

```
[root@openEuler ~]# dnf install -y httpd
Last metadata expiration check: 1:20:08 ago on 2024年02月28日 星期三 23时32分23秒.
Dependencies resolved.
================================================================================
 Package              Architecture   Version            Repository        Size
================================================================================
Installing:
 httpd                x86_64         2.4.34-15.oe1      openEuler-os     1.2 M
Installing dependencies:
 apr                  x86_64         1.6.5-4.oe1        openEuler-os     104 k
 apr-util             x86_64         1.6.1-11.oe1       openEuler-os     110 k
 httpd-filesystem     noarch         2.4.34-15.oe1      openEuler-os     9.0 k
 httpd-tools          x86_64         2.4.34-15.oe1      openEuler-os      67 k
 mod_http2            x86_64         1.10.20-4.oe1      openEuler-os     126 k

Transaction Summary
================================================================================
Install  6 Packages

Total download size: 1.6 M
Installed size: 5.4 M
Downloading Packages:
(1/6): apr-util-1.6.1-11.oe1.x86_64.rpm              624 kB/s | 110 kB   00:00
(2/6): httpd-filesystem-2.4.34-15.oe1.noarch.rpm     170 kB/s | 9.0 kB   00:00
(3/6): apr-1.6.5-4.oe1.x86_64.rpm                    422 kB/s | 104 kB   00:00
(4/6): httpd-tools-2.4.34-15.oe1.x86_64.rpm          1.2 MB/s |  67 kB   00:00
(5/6): mod_http2-1.10.20-4.oe1.x86_64.rpm            1.2 MB/s | 126 kB   00:00
(6/6): httpd-2.4.34-15.oe1.x86_64.rpm                351 kB/s | 1.2 MB   00:03
--------------------------------------------------------------------------------
Total                                                466 kB/s | 1.6 MB   00:03
Running transaction check
Transaction check succeeded.
Running transaction test
Transaction test succeeded.
Running transaction
  Preparing        :                                                        1/1
  Running scriptlet: apr-1.6.5-4.oe1.x86_64                                 1/6
  Installing       : apr-1.6.5-4.oe1.x86_64                                 1/6
  Running scriptlet: apr-1.6.5-4.oe1.x86_64                                 1/6
  Running scriptlet: apr-util-1.6.1-11.oe1.x86_64                           2/6
  Installing       : apr-util-1.6.1-11.oe1.x86_64                           2/6
  Running scriptlet: apr-util-1.6.1-11.oe1.x86_64                           2/6
  Installing       : httpd-tools-2.4.34-15.oe1.x86_64                       3/6
  Running scriptlet: httpd-filesystem-2.4.34-15.oe1.noarch                  4/6
  Installing       : httpd-filesystem-2.4.34-15.oe1.noarch                  4/6
  Installing       : mod_http2-1.10.20-4.oe1.x86_64                         5/6
  Installing       : httpd-2.4.34-15.oe1.x86_64                             6/6
  Running scriptlet: httpd-2.4.34-15.oe1.x86_64                             6/6
  Verifying        : apr-1.6.5-4.oe1.x86_64                                 1/6
  Verifying        : apr-util-1.6.1-11.oe1.x86_64                           2/6
  Verifying        : httpd-2.4.34-15.oe1.x86_64                             3/6
  Verifying        : httpd-filesystem-2.4.34-15.oe1.noarch                  4/6
  Verifying        : httpd-tools-2.4.34-15.oe1.x86_64                       5/6
  Verifying        : mod_http2-1.10.20-4.oe1.x86_64                         6/6

Installed:
  httpd-2.4.34-15.oe1.x86_64              apr-1.6.5-4.oe1.x86_64             apr-util-1.6.1-11.oe1.x86_64
  httpd-filesystem-2.4.34-15.oe1.noarch   httpd-tools-2.4.34-15.oe1.x86_64   mod_http2-1.10.20-4.oe1.x86_64

Complete!
```

图12-19 安装服务器

② 执行图12-20中命令，启动Apache网络服务。

```
[root@openEuler ~]# systemctl enable httpd.service
Created symlink /etc/systemd/system/multi-user.target.wants/httpd.service →/usr/lib/systemd/system/httpd.service.
[root@openEuler ~]# systemctl start httpd.service
```

图12-20 启动网络服务

5. 安装PHP

① 执行以下命令，重置并安装PHP，执行结果如图12-21所示。

```
[root@openEuler ~]# dnf install -y php php-devel
```

```
[root@openEuler ~]# dnf install -y php php-devel
Last metadata expiration check: 0:33:47 ago on 2024年03月04日 星期一 10时42分41秒.
Dependencies resolved.
================================================================================================
 Package            Architecture    Version                       Repository              Size
================================================================================================
Installing:
 php                x86_64          7.2.10-3.oe1                  openEuler-everything    1.4 M
 php-devel          x86_64          7.2.10-3.oe1                  openEuler-everything    657 k
Installing dependencies:
 autoconf           noarch          2.69-30.oe1                   openEuler-os            610 k
 automake           noarch          1.16.1-6.oe1                  openEuler-os            454 k
 gcc-c++            x86_64          7.3.0-20190804.h31.oe1        openEuler-os            8.1 M
 libstdc++-devel    x86_64          7.3.0-20190804.h31.oe1        openEuler-os            1.1 M
 libtool            x86_64          2.4.6-32.oe1                  openEuler-os            583 k
 m4                 x86_64          1.4.18-13.oe1                 openEuler-os             90 k
 pcre-devel         x86_64          8.43-5.oe1                    openEuler-os            417 k
 php-cli            x86_64          7.2.10-3.oe1                  openEuler-everything    2.8 M
 php-common         x86_64          7.2.10-3.oe1                  openEuler-everything    478 k

Transaction Summary
================================================================================================
Install  11 Packages

Total download size: 17 M
Installed size: 75 M
Downloading Packages:
(1/11): automake-1.16.1-6.oe1.noarch.rpm                         2.6 MB/s | 454 kB     00:00
(2/11): autoconf-2.69-30.oe1.noarch.rpm                          2.5 MB/s | 610 kB     00:00
(3/11): libstdc++-devel-7.3.0-20190804.h31.oe1.x86_64.rpm        7.5 MB/s | 1.1 MB     00:00
(4/11): libtool-2.4.6-32.oe1.x86_64.rpm                          6.3 MB/s | 583 kB     00:00
(5/11): m4-1.4.18-13.oe1.x86_64.rpm                              1.7 MB/s |  90 kB     00:00
(6/11): pcre-devel-8.43-5.oe1.x86_64.rpm                         8.1 MB/s | 417 kB     00:00
(7/11): gcc-c++-7.3.0-20190804.h31.oe1.x86_64.rpm                 20 MB/s | 8.1 MB     00:00
(8/11): php-7.2.10-3.oe1.x86_64.rpm                               17 MB/s | 1.4 MB     00:00
(9/11): php-common-7.2.10-3.oe1.x86_64.rpm                       5.2 MB/s | 478 kB     00:00
(10/11): php-devel-7.2.10-3.oe1.x86_64.rpm                        13 MB/s | 657 kB     00:00
(11/11): php-cli-7.2.10-3.oe1.x86_64.rpm                         2.2 MB/s | 2.8 MB     00:01
------------------------------------------------------------------------------------------------
Total                                                             10 MB/s |  17 MB     00:01
Running transaction check
Transaction check succeeded.
Running transaction test
Transaction test succeeded.
Running transaction
  Preparing        :                                                                        1/1
  Installing       : php-common-7.2.10-3.oe1.x86_64                                        1/11
  Installing       : php-cli-7.2.10-3.oe1.x86_64                                           2/11
  Installing       : pcre-devel-8.43-5.oe1.x86_64                                          3/11
  Installing       : m4-1.4.18-13.oe1.x86_64                                               4/11
  Installing       : autoconf-2.69-30.oe1.noarch                                           5/11
  Installing       : automake-1.16.1-6.oe1.noarch                                          6/11
  Installing       : libtool-2.4.6-32.oe1.x86_64                                           7/11
  Installing       : libstdc++-devel-7.3.0-20190804.h31.oe1.x86_64                         8/11
  Installing       : gcc-c++-7.3.0-20190804.h31.oe1.x86_64                                 9/11
  Installing       : php-devel-7.2.10-3.oe1.x86_64                                        10/11
  Installing       : php-7.2.10-3.oe1.x86_64                                              11/11
  Running scriptlet: php-7.2.10-3.oe1.x86_64                                              11/11
  Verifying        : autoconf-2.69-30.oe1.noarch                                           1/11
  Verifying        : automake-1.16.1-6.oe1.noarch                                          2/11
  Verifying        : gcc-c++-7.3.0-20190804.h31.oe1.x86_64                                 3/11
  Verifying        : libstdc++-devel-7.3.0-20190804.h31.oe1.x86_64                         4/11
  Verifying        : libtool-2.4.6-32.oe1.x86_64                                           5/11
  Verifying        : m4-1.4.18-13.oe1.x86_64                                               6/11
  Verifying        : pcre-devel-8.43-5.oe1.x86_64                                          7/11
  Verifying        : php-7.2.10-3.oe1.x86_64                                               8/11
  Verifying        : php-cli-7.2.10-3.oe1.x86_64                                           9/11
  Verifying        : php-common-7.2.10-3.oe1.x86_64                                       10/11
  Verifying        : php-devel-7.2.10-3.oe1.x86_64                                        11/11

Installed:
  php-7.2.10-3.oe1.x86_64         php-devel-7.2.10-3.oe1.x86_64                 autoconf-2.69-30.oe1.noarch
  automake-1.16.1-6.oe1.noarch    gcc-c++-7.3.0-20190804.h31.oe1.x86_64         libstdc++-devel-7.3.0-20190804.h31.oe1.x86_64
  libtool-2.4.6-32.oe1.x86_64     m4-1.4.18-13.oe1.x86_64                       pcre-devel-8.43-5.oe1.x86_64
  php-cli-7.2.10-3.oe1.x86_64     php-common-7.2.10-3.oe1.x86_64

Complete!
```

图 12-21 重置并安装 PHP

② 执行以下命令，安装PHP所需模块：

```
[root@openEuler ~ ]# dnf install -y php php-gd php-mbstring php-intl php-mysqlnd php-opcache php-json php-pgsql php-fpm php-dom
```

③ 执行以下命令，安装cMake：

```
[root@openEuler ~ ]# dnf -y install cmake
```

④ 执行以下命令，安装软件包libzip：

```
[root@openEuler ~ ]# dnf -y install zlib-devel
[root@openEuler ~ ]# wget https://nih.at/libzip/libzip-1.2.0.tar.gz
[root@openEuler ~ ]# tar -zxvf libzip-1.2.0.tar.gz
[root@openEuler ~ ]# cd libzip-1.2.0
[root@openEuler libzip-1.2.0]# ./configure
[root@openEuler libzip-1.2.0]# make -j2 && make install
```

⑤ 执行以下命令，安装php-zip：

```
[root@openEuler libzip-1.2.0]# cp /usr/local/lib/libzip/include/zipconf.h /usr/local/include/zipconf.h
[root@openEuler libzip-1.2.0]# cd
[root@openEuler ~ ]# wget http://pecl.php.net/get/zip-1.19.0.tgz
[root@openEuler ~ ]# tar -zxvf zip-1.19.0.tgz
[root@openEuler ~ ]# cd zip-1.19.0
[root@openEuler zip-1.19.0]# /usr/bin/phpize
[root@openEuler zip-1.19.0]# ./configure --with-php-config=/usr/bin/php-config
[root@openEuler zip-1.19.0]# make && make install
```

⑥ 使用vi命令打开/etc/php.ini文件，在[PHP]下面添加如图12-22所示代码。

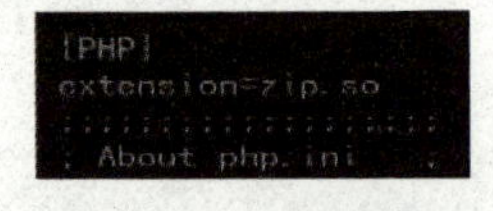

图12-22 添加代码

⑦ 启动php-fpm：

```
[root@openEuler zip-1.19.0]# cd
[root@openEuler ~ ]# systemctl start php-fpm
```

⑧ 执行图12-23中命令，验证PHP安装版本。

```
[root@openEuler ~]# php -v
PHP 7.2.10 (cli) (built: Mar 23 2020 20:08:27) ( NTS )
Copyright (c) 1997-2018 The PHP Group
Zend Engine v3.2.0, Copyright (c) 1998-2018 Zend Technologies
    with Zend OPcache v7.2.10, Copyright (c) 1999-2018, by Zend Technologies
```

图12-23 验证版本

⑨ 执行以下命令，验证PHP安装模块，结果如图12-24所示。

```
[root@openEuler ~ ]# php -m
```

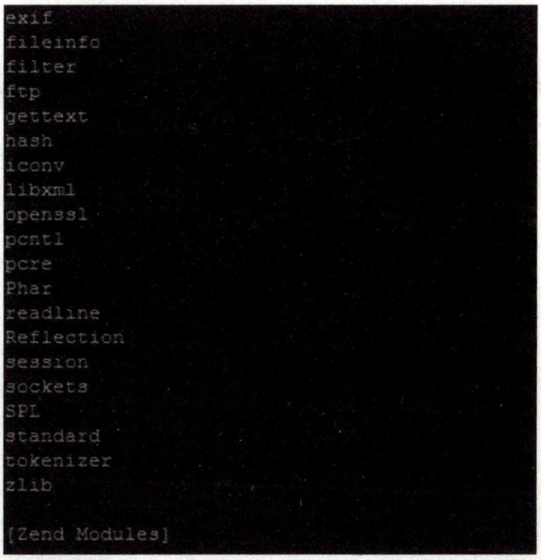

```
exif
fileinfo
filter
ftp
gettext
hash
iconv
libxml
openssl
pcntl
pcre
Phar
readline
Reflection
session
sockets
SPL
standard
tokenizer
zlib

[Zend Modules]
```

图 12-24　验证模块

6. 安装Nextcloud应用

① 执行以下命令，进入/home目录，下载Nextcloud软件包：

```
[root@openEuler ~ ]# wget https://download.nextcloud.com/server/releases/nextcloud-18.0.4.tar.bz2
```

② 执行以下命令，解压Nextcloud软件包：

```
[root@openEuler home]# tar -jxvpf nextcloud-18.0.4.tar.bz2
```

③ 复制文件夹至apache web服务器的根目录：

```
[root@openEuler home]# cp -R nextcloud/ /var/www/html/
```

④ 执行以下命令，创建数据文件夹：

```
[root@openEuler home]# mkdir /var/www/html/nextcloud/data
```

⑤ 执行以下命令，更改Apache对nextCloud文件夹的读/写权限：

```
[root@openEuler home]# chown -R apache:apache /var/www/html/nextcloud
```

⑥ 执行以下命令，重启Apache：

```
[root@openEuler home]# systemctl restart httpd.service
```

⑦ 执行以下命令，关闭防火墙：

```
[root@openEuler home]# systemctl stop firewalld.service
```

⑧ 执行以下命令，临时关闭SElinux：

```
[root@openEuler home]# setenforce 0
```

7. 验证结果

① 在本地浏览器中访问http://IP地址/nextcloud，如图12-25所示。

②输入自定义的管理员用户名和密码，单击“安装完成”按钮，如图12-26所示。

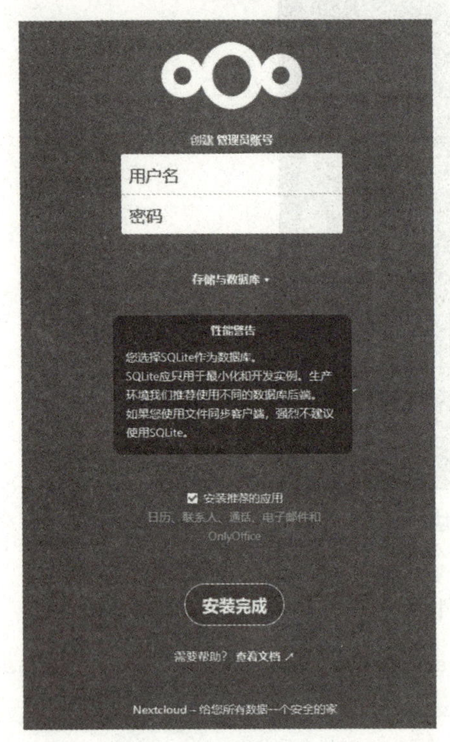

图12-25 访问网址

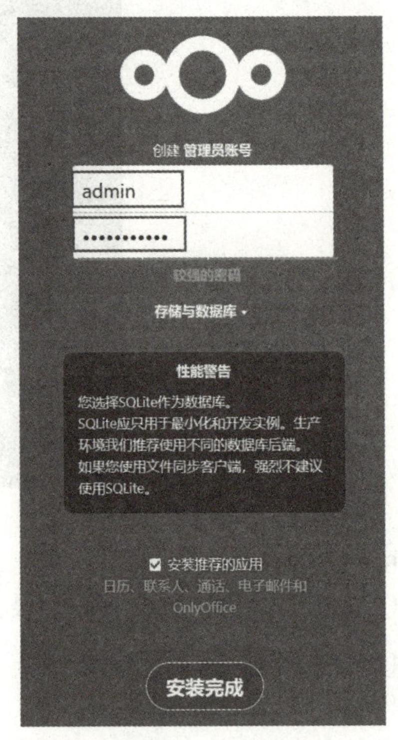

图12-26 登录

【提示】若遇到页面长时间在加载的情况，可以使用浏览器“停止加载页面”，然后刷新页面。

③稍作等待，系统初始化完毕，如图12-27所示，单击右上角的关闭按钮，进入网盘主界面，如图12-28所示。

图12-27 系统初始化

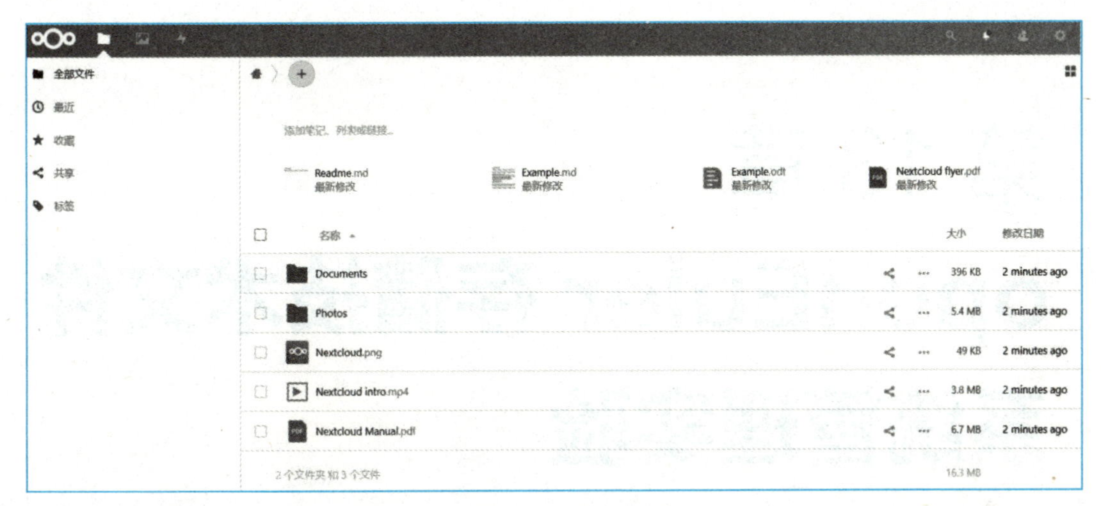

图 12-28 主界面

练 习

1. 常见的软件包安装方法有哪些？
2. 如何测试软件包是否能够正常安装？

第 13 章 openEuler 存储技术文件系统管理实验

13.1 实验目的

① 掌握MBR分区表模式下主分区创建方法。
② 掌握MBR分区表模式下扩展分区创建及逻辑分区创建方法。
③ 掌握GPT分区表模式下的分区配置方法及分区格式化文件系统方法。
④ 掌握文件系统挂载mount及卸载umount。
⑤ 掌握ISO文件挂载。
⑥ 掌握/etc/fstab文件配置。
⑦ 掌握逻辑卷创建步骤。
⑧ 掌握逻辑卷扩容、缩容方法。
⑨ 掌握逻辑卷删除步骤。

13.2 实验内容

磁盘存储器在磁盘计算机系统中主要用于存储数据，对于操作系统而言，通常会将磁盘格进行分区，再格式化成一个文件系统，用于存储系统的文件数据。本实验将介绍如何对磁盘分区进行格式化，以及在逻辑卷的配置。

13.3 实验指导

13.3.1 添加磁盘

添加磁盘的操作步骤如下：

① 将虚拟机关机。
② 打开VMware的openEuler01虚拟机控制台，单击“编辑虚拟机设置”，如图13-1所示。
③ 单击“虚拟机设置”对话框下方的“添加”按钮，如图13-2所示。

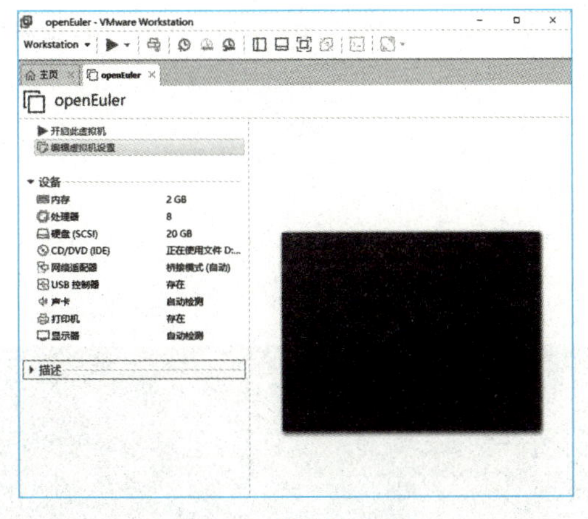

图 13-1　控制台界面

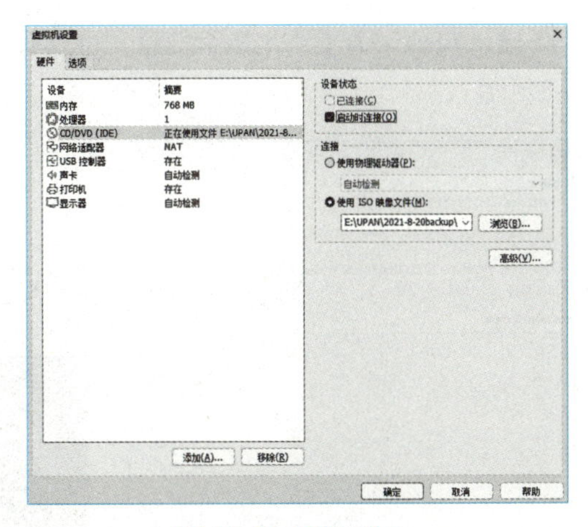

图 13-2　添加 ISO

④ 在弹出的“添加硬件向导”对话框的“硬件类型”列表中，选择“硬盘”，单击“下一步”按钮，如图 13-3 所示。

⑤ 虚拟磁盘类型选择 SCSI，单击“下一步”按钮，如图 13-4 所示。

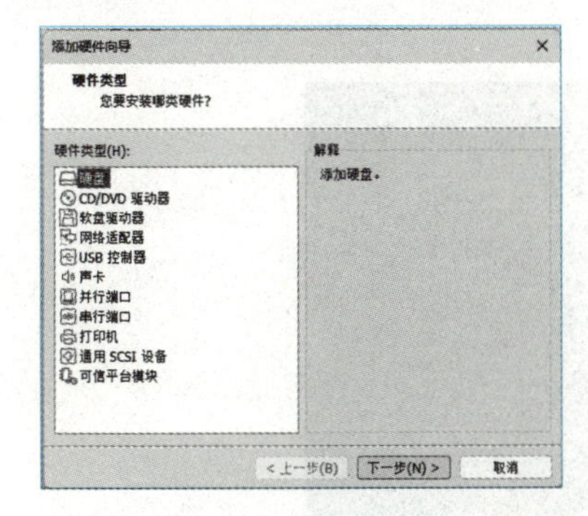

图 13-3　添加硬盘

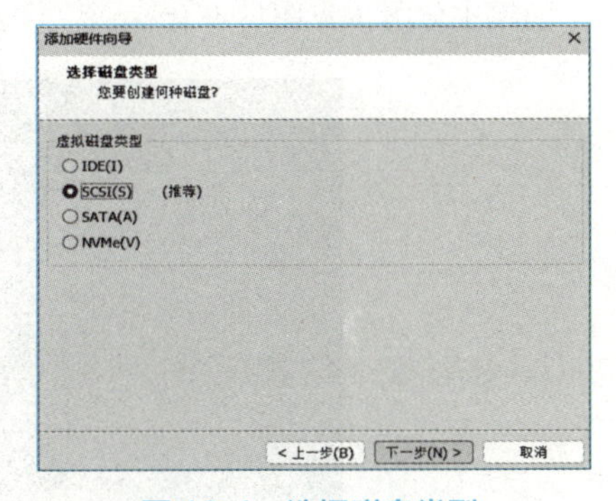

图 13-4　选择磁盘类型

⑥ 选择“创建新虚拟磁盘”，单击“下一步”按钮，如图 13-5 所示。

⑦ 指定磁盘容量为 40 GB，同时选择“将虚拟磁盘拆分成多个文件”选项，完成后单击“下一步”按钮，如图 13-6 所示。

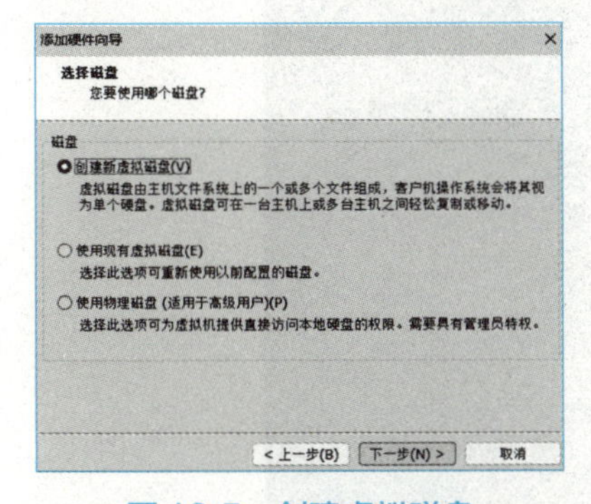

图 13-5　创建虚拟磁盘

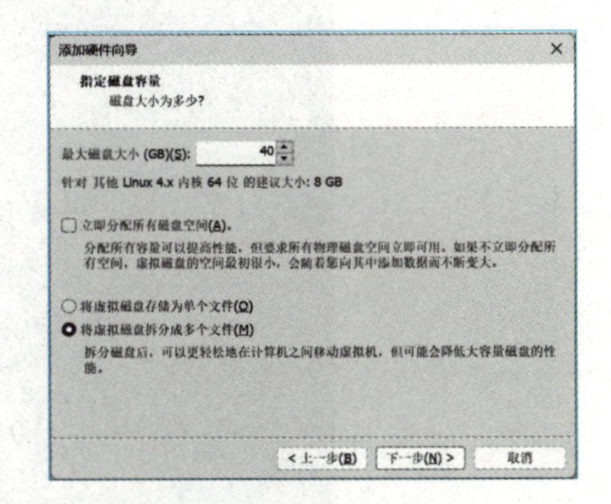

图 13-6　指定容量

⑧ 单击“完成”按钮，完成磁盘的添加，如图 13-7 所示。

⑨ 重复步骤③ 至步骤⑦，并将步骤⑦ 中的磁盘容量改为 10 GB。重复三遍添加剩余三块磁盘。

⑩ 输入fdisk -l查看本地磁盘信息，可以看到多出了/dev/sdb ～/dev/sdd三块大小10 G的磁盘，如图13-8所示。

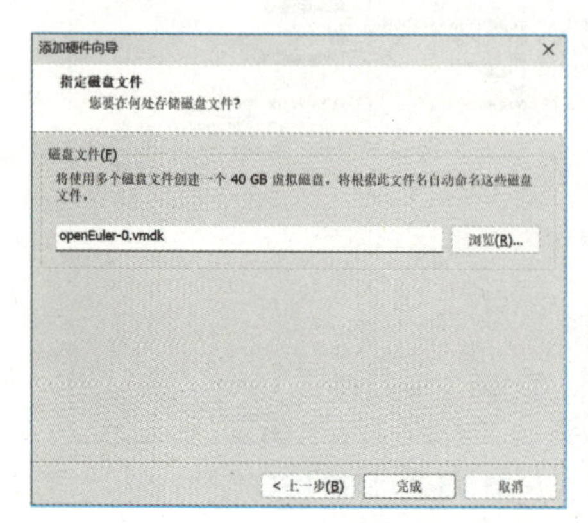

图13-7 完成磁盘添加

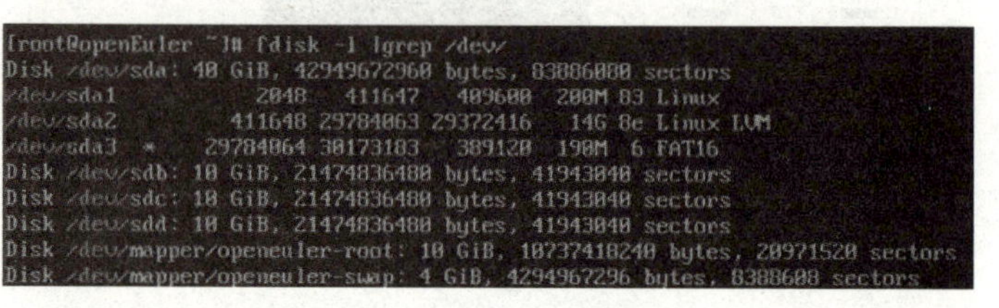

图13-8 查看磁盘信息

13.3.2 MBR分区表模式下磁盘分区管理

1. 创建主分区（见图13-9）

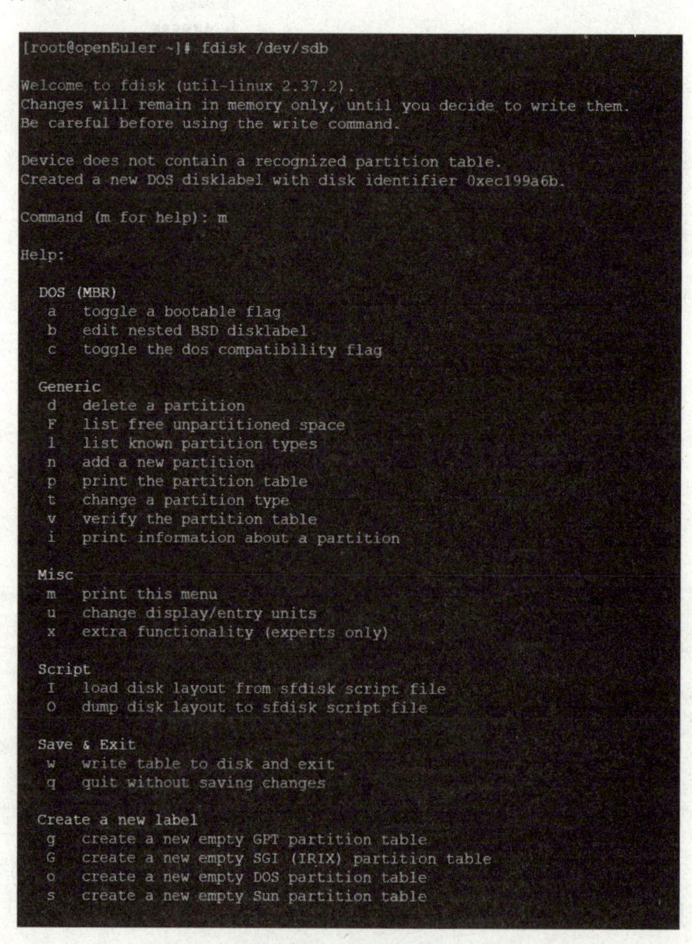

图13-9 帮助信息

① 执行 fdisk /dev/sdb 磁盘做操作。

② 在 "Command(m for help):" 命令行处输入命令 m，查看帮助。

③ 依次执行图 13-10 中的命令。

- 在 "Command(m for help):" 命令行处输入命令 "n"，添加一个新的分区；
- "Select (default p):" 命令行默认是主分区，可以保持，不输入，直接按【Enter】键。
- "Partition number (1-4, default 1):" 命令行为设置分区编号，默认从 1 开始依次往后。MBR 模式主分区只能有四个，这里可以保持默认 1，不输入数字，直接按【Enter】键。
- "First sector (2048-20971519, default 2048):" 命令行为设置分区的起始柱面，可以保持默认，按【Enter】键。
- 在 "Last sector, +/-sectors or +/-size{K,M,G,T,P}(2048-20971519, default 20971519):" 输入命令 "+2G"，意味着新建一个大小为 2 GB 的分区。
- 在 "Command (m for help):" 命令行处输入命令 w，保存分区表配置，并退出。
- 在 "root@localhost ~]#" 命令行处输入命令 "#fdisk -l/dev/sdb" 查看 /dev/sdb 磁盘信息。

```
Command (m for help): n
Partition type
   p   primary (0 primary, 0 extended, 4 free)
   e   extended (container for logical partitions)
Select (default p):

Using default response p.
Partition number (1-4, default 1):
First sector (2048-20971519, default 2048):
Last sector, +/-sectors or +/-size{K,M,G,T,P} (2048-20971519, default 20971519): +2G

Created a new partition 1 of type 'Linux' and of size 2 GiB.

Command (m for help): w
The partition table has been altered.
Calling ioctl() to re-read partition table.
Syncing disks.

[root@openEuler ~]# fdisk -l /dev/sdb
Disk /dev/sdb: 10 GiB, 10737418240 bytes, 20971520 sectors
Disk model: VMware Virtual S
Units: sectors of 1 * 512 = 512 bytes
Sector size (logical/physical): 512 bytes / 512 bytes
I/O size (minimum/optimal): 512 bytes / 512 bytes
Disklabel type: dos
Disk identifier: 0xec199a6b

Device     Boot Start     End Sectors Size Id Type
/dev/sdb1        2048 4196351 4194304   2G 83 Linux
```

图 13-10　创建分区

2. 创建扩展分区及逻辑分区

执行 fdisk /dev/sdb 命令对 /dev/sbd 配置扩展分区及逻辑分区，如图 13-11 所示。

3. 修改分区类型（见图13-12、图13-13）

① 执行 fdisk /dev/sdb 命令。

② 在 "Command (m for help):" 命令行处输入命令 t 修改分区类型。

③ "Partition number (1,2,5, default 5):" 命令行保持默认，修改第五个分区。

④ 在“Hex code (type L to list all codes):”命令行处输入命令L，列出分区类型及修改代码。

⑤ 在“Hex code (type L to list all codes):”命令行处输入命令8e，设置分区类型为Linux LVM。

⑥ 在“Command (m for help):”命令行处输入命令p，输出当前分区信息。

⑦ 在“Command (m for help):”命令行处输入命令w，保存分区表配置。

4．删除分区（见图13-14）

① 执行fdisk /dev/sdb命令。

② 在“Command (m for help):”命令行处输入命令d删除分区。

③ 在“Partition number (1,2,5, default 5):”命令行处输入1，选择要删除的分区编号为1。

④ 在“Command (m for help):”命令行处输入命令p查看现有分区信息，此时已经没有“/dev/sdb1”的信息了。

⑤ 在“Command (m for help):”命令行处输入命令w，保存分区表配置。

```
[root@openEuler ~]# fdisk /dev/sdb

Welcome to fdisk (util-linux 2.37.2).
Changes will remain in memory only, until you decide to write them.
Be careful before using the write command.


Command (m for help): n
Partition type
   p   primary (1 primary, 0 extended, 3 free)
   e   extended (container for logical partitions)
Select (default p): e
Partition number (2-4, default 2):
First sector (4196352-20971519, default 4196352):
Last sector, +/-sectors or +/-size{K,M,G,T,P} (4196352-20971519, default 20971519):

Created a new partition 2 of type 'Extended' and of size 8 GiB.

Command (m for help): n
All space for primary partitions is in use.
Adding logical partition 5
First sector (4198400-20971519, default 4198400):
Last sector, +/-sectors or +/-size{K,M,G,T,P} (4198400-20971519, default 20971519): +3G

Created a new partition 5 of type 'Linux' and of size 3 GiB.

Command (m for help): w
The partition table has been altered.
Calling ioctl() to re-read partition table.
Syncing disks.

[root@openEuler ~]# fdisk -l /dev/sdb
Disk /dev/sdb: 10 GiB, 10737418240 bytes, 20971520 sectors
Disk model: VMware Virtual S
Units: sectors of 1 * 512 = 512 bytes
Sector size (logical/physical): 512 bytes / 512 bytes
I/O size (minimum/optimal): 512 bytes / 512 bytes
Disklabel type: dos
Disk identifier: 0xec199a6b

Device     Boot   Start      End  Sectors Size Id Type
/dev/sdb1          2048  4196351  4194304   2G 83 Linux
/dev/sdb2       4196352 20971519 16775168   8G  5 Extended
/dev/sdb5       4198400 10489855  6291456   3G 83 Linux
```

图13-11　配置扩展逻辑分区

```
[root@openEuler ~]# fdisk /dev/sdb

Welcome to fdisk (util-linux 2.37.2).
Changes will remain in memory only, until you decide to write them.
Be careful before using the write command.


Command (m for help): t
Partition number (1,2,5, default 5):
Hex code or alias (type L to list all): L

00 Empty            24 NEC DOS          81 Minix / old Lin  bf Solaris
01 FAT12            27 Hidden NTFS Win  82 Linux swap / So  c1 DRDOS/sec (FAT-
02 XENIX root       39 Plan 9           83 Linux            c4 DRDOS/sec (FAT-
03 XENIX usr        3c PartitionMagic   84 OS/2 hidden or   c6 DRDOS/sec (FAT-
04 FAT16 <32M       40 Venix 80286      85 Linux extended   c7 Syrinx
05 Extended         41 PPC PReP Boot    86 NTFS volume set  da Non-FS data
06 FAT16            42 SFS              87 NTFS volume set  db CP/M / CTOS / .
07 HPFS/NTFS/exFAT  4d QNX4.x           88 Linux plaintext  de Dell Utility
08 AIX              4e QNX4.x 2nd part  8e Linux LVM        df BootIt
09 AIX bootable     4f QNX4.x 3rd part  93 Amoeba           e1 DOS access
0a OS/2 Boot Manag  50 OnTrack DM       94 Amoeba BBT       e3 DOS R/O
0b W95 FAT32        51 OnTrack DM6 Aux  9f BSD/OS           e4 SpeedStor
0c W95 FAT32 (LBA)  52 CP/M             a0 IBM Thinkpad hi  ea Linux extended
0e W95 FAT16 (LBA)  53 OnTrack DM6 Aux  a5 FreeBSD          eb BeOS fs
0f W95 Ext'd (LBA)  54 OnTrackDM6       a6 OpenBSD          ee GPT
10 OPUS             55 EZ-Drive         a7 NeXTSTEP         ef EFI (FAT-12/16/
11 Hidden FAT12     56 Golden Bow       a8 Darwin UFS       f0 Linux/PA-RISC b
12 Compaq diagnost  5c Priam Edisk      a9 NetBSD           f1 SpeedStor
14 Hidden FAT16 <3  61 SpeedStor        ab Darwin boot      f4 SpeedStor
16 Hidden FAT16     63 GNU HURD or Sys  af HFS / HFS+       f2 DOS secondary
17 Hidden HPFS/NTF  64 Novell Netware   b7 BSDI fs          fb VMware VMFS
18 AST SmartSleep   65 Novell Netware   b8 BSDI swap        fc VMware VMKCORE
1b Hidden W95 FAT3  70 DiskSecure Mult  bb Boot Wizard hid  fd Linux raid auto
1c Hidden W95 FAT3  75 PC/IX            bc Acronis FAT32 L  fe LANstep
1e Hidden W95 FAT1  80 Old Minix        be Solaris boot     ff BBT

Aliases:
   linux          - 83
   swap           - 82
   extended       - 05
   uefi           - EF
   raid           - FD
   lvm            - 8E
   linuxex        - 85
Hex code or alias (type L to list all): 8e

Changed type of partition 'Linux' to 'Linux LVM'.
```

图 13-12　修改分区类型

```
Command (m for help): p
Disk /dev/sdb: 10 GiB, 10737418240 bytes, 20971520 sectors
Disk model: VMware Virtual S
Units: sectors of 1 * 512 = 512 bytes
Sector size (logical/physical): 512 bytes / 512 bytes
I/O size (minimum/optimal): 512 bytes / 512 bytes
Disklabel type: dos
Disk identifier: 0xec199a6b

Device     Boot   Start      End  Sectors Size Id Type
/dev/sdb1          2048  4196351  4194304   2G 83 Linux
/dev/sdb2       4196352 20971519 16775168   8G  5 Extended
/dev/sdb5       4198400 10489855  6291456   3G 8e Linux LVM

Command (m for help): w
The partition table has been altered.
Calling ioctl() to re-read partition table.
Syncing disks.
```

图 13-13　输出并保存分区信息

```
[root@openEuler ~]# fdisk /dev/sdb

Welcome to fdisk (util-linux 2.37.2).
Changes will remain in memory only, until you decide to write them.
Be careful before using the write command.


Command (m for help): d
Partition number (1,2,5, default 5): 1

Partition 1 has been deleted.

Command (m for help): p
Disk /dev/sdb: 10 GiB, 10737418240 bytes, 20971520 sectors
Disk model: VMware Virtual S
Units: sectors of 1 * 512 = 512 bytes
Sector size (logical/physical): 512 bytes / 512 bytes
I/O size (minimum/optimal): 512 bytes / 512 bytes
Disklabel type: dos
Disk identifier: 0xec199a6b

Device     Boot   Start      End  Sectors Size Id Type
/dev/sdb2       4196352 20971519 16775168   8G  5 Extended
/dev/sdb5       4198400 10489855  6291456   3G 8e Linux LVM

Command (m for help): w
The partition table has been altered.
Calling ioctl() to re-read partition table.
Syncing disks.
```

图 13-14　删除分区

13.3.3　GPT 分区表模式下磁盘分区管理

1．parted交互式创建分区（见图13-15）

① 执行parted /dev/sdc命令。

② 若不清楚如何操作，可以在“(parted)”命令行处输入help查看帮助信息。

③ 输入mkpart命令创建新分区，“Partition name?”处输入gpt1设置分区名称，“File system type?”处输入xfs设置分区格式化时采用的文件系统类型，“Start? ”处输入0KB设置分区起始位置，“End?”处输入2GB设置分区结束位置，“Yes/No?”处输入yes确认，“Ignore/Cancel?”处输入ignore忽略警告。

④ 操作完成后在“(parted)”命令行处输入print命令查看分区信息；随后输入quit命令退出。

2．非交互式创建分区（见图13-16）

① 输入parted /dev/sdc mkpart gpt2 2001M 5G命令，创建分区，设置起始和结束位置。

② 输入parted /dev/sdc p命令，输出分区信息。

【提示】因为/dev/sdc磁盘已经设置了分区表格式是GPT，所以这里没有重复设置。若是一块新的磁盘，需要输入命令# parted /dev/sdc mklabel gpt。

3．删除分区

分别输入parted /dev/sdc rm 1和“parted /dev/sdc p命令，如图13-17所示。

```
[root@openEuler ~]# parted /dev/sdc
GNU Parted 3.4
Using /dev/sdc
Welcome to GNU Parted! Type 'help' to view a list of commands.
(parted) help
  align-check TYPE N                      check partition N for TYPE(min|opt) alignment
  help [COMMAND]                          print general help, or help on COMMAND
  mklabel,mktable LABEL-TYPE              create a new disklabel (partition table)
  mkpart PART-TYPE [FS-TYPE] START END    make a partition
  name NUMBER NAME                        name partition NUMBER as NAME
  print [devices|free|list,all|NUMBER]    display the partition table, available devices,
        free space, all found partitions, or a particular partition
  quit                                    exit program
  rescue START END                        rescue a lost partition near START and END
  resizepart NUMBER END                   resize partition NUMBER
  rm NUMBER                               delete partition NUMBER
  select DEVICE                           choose the device to edit
  disk_set FLAG STATE                     change the FLAG on selected device
  disk_toggle [FLAG]                      toggle the state of FLAG on selected device
  set NUMBER FLAG STATE                   change the FLAG on partition NUMBER
  toggle [NUMBER [FLAG]]                  toggle the state of FLAG on partition NUMBER
  unit UNIT                               set the default unit to UNIT
  version                                 display the version number and copyright
        information of GNU Parted
(parted) mklabel gpt
(parted) mkpart
Partition name?  []? gpt1
File system type?  [ext2]? xfs
Start? 0KB
End? 2GB
Warning: You requested a partition from 0.00B to 2000MB (sectors 0..3906250).
The closest location we can manage is 17.4kB to 2000MB (sectors 34..3906250).
Is this still acceptable to you?
Yes/No? yes
Warning: The resulting partition is not properly aligned for best performance: 34s % 2048s !=
0s
Ignore/Cancel? ignore
(parted) print
Model: VMware, VMware Virtual S (scsi)
Disk /dev/sdc: 10.7GB
Sector size (logical/physical): 512B/512B
Partition Table: gpt
Disk Flags:

Number  Start   End     Size    File system  Name  Flags
 1      17.4kB  2000MB  2000MB  xfs          gpt1

(parted) quit
Information: You may need to update /etc/fstab.
```

图 13-15 交互式创建分区

```
[root@openEuler ~]# parted /dev/sdc mkpart gpt2 2001M 5G
Information: You may need to update /etc/fstab.

[root@openEuler ~]# parted /dev/sdc p
Model: VMware, VMware Virtual S (scsi)
Disk /dev/sdc: 10.7GB
Sector size (logical/physical): 512B/512B
Partition Table: gpt
Disk Flags:

Number  Start   End     Size    File system  Name  Flags
 1      17.4kB  2000MB  2000MB               gpt1
 2      2001MB  5000MB  2999MB               gpt2
```

图 13-16 非交互式创建分区

```
[root@openEuler ~]# parted /dev/sdc rm 1
Information: You may need to update /etc/fstab.

[root@openEuler ~]# parted /dev/sdc p
Model: VMware, VMware Virtual S (scsi)
Disk /dev/sdc: 10.7GB
Sector size (logical/physical): 512B/512B
Partition Table: gpt
Disk Flags:

Number  Start   End     Size    File system  Name  Flags
 2      2001MB  5000MB  2999MB               gpt2
```

图 13-17　删除分区

13.3.4　格式化与挂载

1. 格式化文件系统

输入mkfs -t xfs /dev/sdc2命令格式化文件系统，随后输入parted /dev/sdc2 p命令查看分区详细信息，如图13-18所示。

```
[root@openEuler ~]# mkfs -t xfs /dev/sdc2
meta-data=/dev/sdc2              isize=512    agcount=4, agsize=183040 blks
         =                       sectsz=512   attr=2, projid32bit=1
         =                       crc=1        finobt=1, sparse=1, rmapbt=0
         =                       reflink=1    bigtime=0 inobtcount=0
data     =                       bsize=4096   blocks=732160, imaxpct=25
         =                       sunit=0      swidth=0 blks
naming   =version 2              bsize=4096   ascii-ci=0, ftype=1
log      =internal log           bsize=4096   blocks=2560, version=2
         =                       sectsz=512   sunit=0 blks, lazy-count=1
realtime =none                   extsz=4096   blocks=0, rtextents=0
[root@openEuler ~]# parted /dev/sdc2 p
Model: Unknown (unknown)
Disk /dev/sdc2: 2999MB
Sector size (logical/physical): 512B/512B
Partition Table: loop
Disk Flags:

Number  Start  End     Size    File system  Flags
 1      0.00B  2999MB  2999MB  xfs
```

图 13-18　查看分区信息

2. 挂载文件系统（见图13-19）

① 输入mkdir /mnt/xfs01命令，创建文件系统挂载点。

② 输入mount /dev/sdc2 /mnt/xfs01/命令，挂载文件系统。

③ 输入df -h命令，查看系统挂载情况。

④ 输入mount|grep/dev/sdc2命令，查看文件系统挂载情况。

```
[root@openEuler ~]# mkdir /mnt/xfs01
[root@openEuler ~]# mount /dev/sdc2 /mnt/xfs01/
[root@openEuler ~]# df -h
Filesystem                     Size  Used Avail Use% Mounted on
devtmpfs                       699M     0  699M   0% /dev
tmpfs                          716M     0  716M   0% /dev/shm
tmpfs                          287M  8.0M  279M   3% /run
tmpfs                          4.0M     0  4.0M   0% /sys/fs/cgroup
/dev/mapper/openeuler-root     9.8G  2.6G  6.8G  28% /
tmpfs                          716M     0  716M   0% /tmp
/dev/sda1                      182M   88M   81M  52% /boot
/dev/sda3                      200M  8.0K  200M   1% /boot/efi
/dev/mapper/openeuler-swap     3.9G   24K  3.7G   1% /swap
/dev/sdc2                      2.8G   53M  2.8G   2% /mnt/xfs01
[root@openEuler ~]# mount | grep /dev/sdc2
/dev/sdc2 on /mnt/xfs01 type xfs (rw,relatime,seclabel,attr2,inode64,logbufs=8,logbsize=32k,noquota)
```

图 13-19　挂载文件系统

3. 挂载 ISO 文件

① 使用WinSCP工具将openEuler-20.03-LTS-x86_64-dvd.iso上传至openEuler01虚拟机的/root目录下。

② 执行如图13-20步骤挂载ISO文件：

- 输入mkdir /mnt/cdrom命令，创建挂载点。
- 输入mount openEuler-20.03-LTS-x86_64-dvd.iso /mnt/cdrom/命令挂载ISO，有些系统需要加上[-o loop]选项才可以挂载。
- 输入ls命令，查看磁盘中的数。

```
[root@openEuler ~]# mkdir /mnt/cdrom
[root@openEuler ~]# mount openEuler-20.03-LTS-x86_64-dvd.iso /mnt/cdrom
mount: /mnt/cdrom: WARNING: source write-protected, mounted read-only.
[root@openEuler ~]# cd /mnt/cdrom
[root@openEuler cdrom]# ls
docs  EFI  images  isolinux  ks  Packages  repodata  RPM-GPG-KEY-openEuler  TRANS.TBL
```

图 13-20　挂载 ISO 文件

4. 设置开机自动挂载

① 执行blkid /dev/sdc2命令查看分区的UUID，这里以/dev/sdc2为例，如图13-21所示。

```
[root@openEuler ~]# blkid /dev/sdc2
/dev/sdc2: UUID="b6bee262-2b09-44c4-8d85-a40bdee88d66" BLOCK_SIZE="512" TYPE="xfs" PARTLABEL=
"gpt2" PARTUUID="8cbd9245-becf-4c63-9fa0-ee824c3f8f7e"
```

图 13-21　设置自动挂载

② 参考图13-22，编写/etc/fstab文件，配置开机自动挂载。

- 输入df -h|grep/dev/sdc命令，查看/dev/sdc2的挂载情况。
- 输入umount -a命令，卸载所有额外挂载。
- 输入df -h | grep /dev/sdc命令。
- 输入vim /etc/fstab命令，编辑/etc/fstab文件，配置自动挂载，在文件的最后一行加入如下信息：UUID=ab72ab7d-93e6-4857-8a82-54374473d44b/mnt/xfs01 xfs defaults 0 0。
- 输入mount -a命令，挂载所有设备。
- 输入df -h|grep/dev/sdc命令，查看设备挂载情况。

```
[root@openEuler ~]# df -h | grep /dev/sdc
/dev/sdc2                      2.8G   53M  2.8G   2% /mnt/xfs01
[root@openEuler ~]# umount -a
umount: /: target is busy.
umount: /sys/fs/cgroup/systemd: target is busy.
umount: /sys/fs/cgroup: target is busy.
umount: /run: target is busy.
umount: /dev: target is busy.
[root@openEuler ~]# df -h |grep /dev/sdc
[root@openEuler ~]# df -h
Filesystem                     Size  Used Avail Use% Mounted on
devtmpfs                       699M     0  699M   0% /dev
tmpfs                          287M  8.1M  279M   3% /run
tmpfs                          4.0M     0  4.0M   0% /sys/fs/cgroup
/dev/mapper/openeuler-root     9.8G  6.7G  2.6G  73% /
[root@openEuler ~]# vim /etc/fstab
[root@openEuler ~]# mount -a
[root@openEuler ~]# df -h |grep /dev/sdc
/dev/sdc2                      2.8G   53M  2.8G   2% /mnt/xfs01
```

图 13-22　配置自动挂载

13.3.5　逻辑卷管理

1. 创建逻辑卷并格式化

① 执行图13-23～图13-25中命令创建逻辑卷。

```
[root@openEuler ~]# pvcreate /dev/sdb5
  Physical volume "/dev/sdb5" successfully created.
[root@openEuler ~]# pvdisplay
  --- Physical volume ---
  PV Name               /dev/sda2
  VG Name               openeuler
  PV Size               14.00 GiB / not usable 4.00 MiB
  Allocatable           yes (but full)
  PE Size               4.00 MiB
  Total PE              3584
  Free PE               0
  Allocated PE          3584
  PV UUID               WxSour-mD1A-xkfB-D008-xEiR-mGDf-8Jd6Gg

  "/dev/sdb5" is a new physical volume of "3.00 GiB"
  --- NEW Physical volume ---
  PV Name               /dev/sdb5
  VG Name
  PV Size               3.00 GiB
  Allocatable           NO
  PE Size               0
  Total PE              0
  Free PE               0
  Allocated PE          0
  PV UUID               tBZwfp-9Cqv-PDj0-DQfT-ncjD-H1d9-evSVus
```

图 13-23　创建物理卷

```
[root@openEuler ~]# vgcreate testvg /dev/sdb5
  Volume group "testvg" successfully created
[root@openEuler ~]# vgdisplay testvg
  --- Volume group ---
  VG Name               testvg
  System ID
  Format                lvm2
  Metadata Areas        1
  Metadata Sequence No  1
  VG Access             read/write
  VG Status             resizable
  MAX LV                0
  Cur LV                0
  Open LV               0
  Max PV                0
  Cur PV                1
  Act PV                1
  VG Size               <3.00 GiB
  PE Size               4.00 MiB
  Total PE              767
  Alloc PE / Size       0 / 0
  Free  PE / Size       767 / <3.00 GiB
  VG UUID               J5WT82-IuiD-u4FZ-DWHZ-qXt0-GKq4-jbZreO
```

图 13-24　创建卷组

```
[root@openEuler ~]# lvcreate -L 2G -n testlv testvg
  Logical volume "testlv" created.
[root@openEuler ~]# lvdisplay /dev/testvg/testlv
  --- Logical volume ---
  LV Path                /dev/testvg/testlv
  LV Name                testlv
  VG Name                testvg
  LV UUID                sGqJLa-nPnz-M9HS-uLAS-HnBM-HJVd-5OYp5i
  LV Write Access        read/write
  LV Creation host, time openEuler, 2024-01-28 20:24:05 +0800
  LV Status              available
  # open                 0
  LV Size                2.00 GiB
  Current LE             512
  Segments               1
  Allocation             inherit
  Read ahead sectors     auto
  - currently set to     8192
  Block device           253:2
```

图 13-25　创建逻辑卷

② 执行图 13-26 中命令格式化 LV 并挂载。

```
[root@openEuler ~]# mkfs -t ext4 /dev/testvg/testlv
mke2fs 1.46.4 (18-Aug-2021)
Creating filesystem with 524288 4k blocks and 131072 inodes
Filesystem UUID: 0616475f-bb1b-4962-84d7-6d1aeea1f65a
Superblock backups stored on blocks:
        32768, 98304, 163840, 229376, 294912

Allocating group tables: done
Writing inode tables: done
Creating journal (16384 blocks): done
Writing superblocks and filesystem accounting information: done

[root@openEuler ~]# mkdir /mnt/testlv
[root@openEuler ~]# mount /dev/testvg/testlv /mnt/testlv
[root@openEuler ~]# df -h | grep testvg
/dev/mapper/testvg-testlv   2.0G   24K  1.8G   1% /mnt/testlv
```

图 13-26　格式化 LV 并挂载

2. 逻辑卷扩容与缩容

① 执行图 13-27、图 13-28 中命令扩展逻辑卷与文件系统。

```
[root@openEuler ~]# fdisk /dev/sdd

Welcome to fdisk (util-linux 2.37.2).
Changes will remain in memory only, until you decide to write them.
Be careful before using the write command.

Device does not contain a recognized partition table.
Created a new DOS disklabel with disk identifier 0x6c2ad654.

Command (m for help): n
Partition type
   p   primary (0 primary, 0 extended, 4 free)
   e   extended (container for logical partitions)
Select (default p):

Using default response p.
Partition number (1-4, default 1):
First sector (2048-20971519, default 2048):
Last sector, +/-sectors or +/-size{K,M,G,T,P} (2048-20971519, default 20971519): +3G

Created a new partition 1 of type 'Linux' and of size 3 GiB.

Command (m for help): t
Selected partition 1
Hex code or alias (type L to list all): 8e
Changed type of partition 'Linux' to 'Linux LVM'.

Command (m for help): p
Disk /dev/sdd: 10 GiB, 10737418240 bytes, 20971520 sectors
Disk model: VMware Virtual S
Units: sectors of 1 * 512 = 512 bytes
Sector size (logical/physical): 512 bytes / 512 bytes
I/O size (minimum/optimal): 512 bytes / 512 bytes
Disklabel type: dos
Disk identifier: 0x6c2ad654

Device     Boot Start     End Sectors Size Id Type
/dev/sdd1        2048 6293503 6291456   3G 8e Linux LVM

Command (m for help): w
The partition table has been altered.
Calling ioctl() to re-read partition table.
Syncing disks.
```

图 13-27　新建分区

```
[root@openEuler ~]# pvcreate /dev/sdd1
  Physical volume "/dev/sdd1" successfully created.
[root@openEuler ~]# vgextend testvg /dev/sdd1
  Volume group "testvg" successfully extended
[root@openEuler ~]# vgdisplay testvg
  --- Volume group ---
  VG Name               testvg
  System ID
  Format                lvm2
  Metadata Areas        2
  Metadata Sequence No  3
  VG Access             read/write
  VG Status             resizable
  MAX LV                0
  Cur LV                1
  Open LV               1
  Max PV                0
  Cur PV                2
  Act PV                2
  VG Size               5.99 GiB
  PE Size               4.00 MiB
  Total PE              1534
  Alloc PE / Size       512 / 2.00 GiB
  Free  PE / Size       1022 / 3.99 GiB
  VG UUID               J5WT82-IuiD-u4FZ-DWHZ-qXt0-GKq4-jbZreO

[root@openEuler ~]# pvs
  PV         VG        Fmt  Attr PSize   PFree
  /dev/sda2  openeuler lvm2 a--  14.00g        0
  /dev/sdb5  testvg    lvm2 a--  <3.00g 1020.00m
  /dev/sdd1  testvg    lvm2 a--  <3.00g   <3.00g
[root@openEuler ~]# vgs
  VG        #PV #LV #SN Attr   VSize  VFree
  openeuler   1   2   0 wz--n- 14.00g     0
  testvg      2   1   0 wz--n-  5.99g 3.99g
[root@openEuler ~]# lvs /dev/testvg/testlv
  LV     VG     Attr       LSize Pool Origin Data%  Meta%  Move Log Cpy%Sync Convert
  testlv testvg -wi-ao---- 2.00g
[root@openEuler ~]# lvextend -L +3G /dev/testvg/testlv
  Size of logical volume testvg/testlv changed from 2.00 GiB (512 extents) to 5.00 GiB (1280
extents).
  Logical volume testvg/testlv successfully resized.
[root@openEuler ~]# lvs /dev/testvg/testlv
  LV     VG     Attr       LSize Pool Origin Data%  Meta%  Move Log Cpy%Sync Convert
  testlv testvg -wi-ao---- 5.00g
[root@openEuler ~]# resize2fs /dev/testvg/testlv
resize2fs 1.46.4 (18-Aug-2021)
Filesystem at /dev/testvg/testlv is mounted on /mnt/testlv; on-line resizing required
old_desc_blocks = 1, new_desc_blocks = 1
The filesystem on /dev/testvg/testlv is now 1310720 (4k) blocks long.

[root@openEuler ~]# df -h /dev/testvg/testlv
Filesystem                  Size  Used Avail Use% Mounted on
/dev/mapper/testvg-testlv  4.9G  8.0M  4.7G   1% /mnt/testlv
```

图13-28 扩展分区

② 执行图 13-29 中的步骤，缩容文件系统与 LV。（此步骤是高危操作，在工作中须谨慎！）

```
[root@openEuler ~]# umount /mnt/testlv
[root@openEuler ~]# e2fsck -f /dev/testvg/testlv
e2fsck 1.46.4 (18-Aug-2021)
Pass 1: Checking inodes, blocks, and sizes
Pass 2: Checking directory structure
Pass 3: Checking directory connectivity
Pass 4: Checking reference counts
Pass 5: Checking group summary information
/dev/testvg/testlv: 11/327680 files (0.0% non-contiguous), 39006/1310720 blocks
[root@openEuler ~]# resize2fs /dev/testvg/testlv 2G
resize2fs 1.46.4 (18-Aug-2021)
Resizing the filesystem on /dev/testvg/testlv to 524288 (4k) blocks.
The filesystem on /dev/testvg/testlv is now 524288 (4k) blocks long.

[root@openEuler ~]# lvs /dev/testvg/testlv
  LV     VG     Attr       LSize Pool Origin Data%  Meta%  Move Log Cpy%Sync Convert
  testlv testvg -wi-a----- 5.00g
[root@openEuler ~]# lvchange -a n /dev/testvg/testlv
[root@openEuler ~]# lvreduce -L 2G /dev/testvg/testlv
  Size of logical volume testvg/testlv changed from 5.00 GiB (1280 extents) to 2.00 GiB (512
extents).
  Logical volume testvg/testlv successfully resized.
[root@openEuler ~]# lvchange -a y /dev/testvg/testlv
[root@openEuler ~]# lvs /dev/testvg/testlv
  LV     VG     Attr       LSize Pool Origin Data%  Meta%  Move Log Cpy%Sync Convert
  testlv testvg -wi-a----- 2.00g
[root@openEuler ~]# e2fsck -f /dev/testvg/testlv
e2fsck 1.46.4 (18-Aug-2021)
Pass 1: Checking inodes, blocks, and sizes
Pass 2: Checking directory structure
Pass 3: Checking directory connectivity
Pass 4: Checking reference counts
Pass 5: Checking group summary information
/dev/testvg/testlv: 11/131072 files (0.0% non-contiguous), 26156/524288 blocks
[root@openEuler ~]# mount /dev/testvg/testlv /mnt/testlv
[root@openEuler ~]# df -h  /dev/testvg/testlv
Filesystem                 Size  Used Avail Use% Mounted on
/dev/mapper/testvg-testlv  2.0G  6.0M  1.8G   1% /mnt/testlv
```

图 13-29　缩容文件系统与 LV

③ 执行图 13-30 中的步骤，删除创建的 LVM 配置。

```
[root@openEuler ~]# umount /mnt/testlv
[root@openEuler ~]# lvremove -y /dev/testvg/testlv
  Logical volume "testlv" successfully removed.
[root@openEuler ~]# vgremove testvg
  Volume group "testvg" successfully removed
[root@openEuler ~]# pvremove /dev/sdb5 /dev/sdd1
  Labels on physical volume "/dev/sdb5" successfully wiped.
  Labels on physical volume "/dev/sdd1" successfully wiped.
```

图 13-30　删除 LVM 配置

练　习

请创建一个 LV，要求 PE 大小为 8 MB，LV 包含 30 个 LE。

第 14 章 shell 脚本语言基础实验

14.1 实验目的

① 掌握全局变量及局部变量。

② 掌握位置化参数使用。

③ 掌握shell中的特殊字符。

④ 掌握常用的shell语句。

14.2 实验内容

① shell变量。

② shell中的特殊字符。

③ 条件判断与循环结构。

14.3 实验指导

14.3.1 shell 变量

1. 用户变量的定义

① 执行图14-1中命令，设置自定义局部变量。

② 执行图14-2中命令，配置用户变量。

③ 执行图14-3中命令，配置系统环境变量。

2. 位置参数

① 在/root目录下新建三个文件 ***m1.c、m2.c、ex1.sh***，分别输入如图14-4中内容。

② 执行脚本ex1.sh，如图14-5所示。

```
[root@openEuler ~]# dir=/usr/tmp
[root@openEuler ~]# echo $dir
/usr/tmp
[root@openEuler ~]# today=Sunday
[root@openEuler ~]# echo $today
Sunday
[root@openEuler ~]# echo $Today

[root@openEuler ~]# str="Happy New Year!"
[root@openEuler ~]# echo "Wish you $str"
Wish you Happy New Year!
[root@openEuler ~]# read name
openeuler
[root@openEuler ~]# echo $namee

[root@openEuler ~]# echo $name
openeuler
[root@openEuler ~]# read a b c
kunpeng 2020 huawei
[root@openEuler ~]# echo $a
kunpeng
[root@openEuler ~]# echo $b
2020
[root@openEuler ~]# echo $c
huawei
```

图 14-1　自定义局部变量

```
[root@openEuler ~]# vim .bash_profile
[root@openEuler ~]# echo $a
kunpeng
[root@openEuler ~]# source .bash_profile
[root@openEuler ~]# echo $a
1000
[root@openEuler ~]# bash


Welcome to 5.10.0-60.18.0.50.oe2203.x86_64

System information as of time:  Mon Jan 29 03:26:26 AM CST 2024

System load:    0.00
Processes:      202
Memory used:    19.6%
Swap used:      0.0%
Usage On:       73%
IP address:     192.168.0.101
IP address:     192.168.122.1
Users online:   2


[root@openEuler ~]# echo $a

[root@openEuler ~]# su - root
Last login: Mon Jan 29 02:50:31 CST 2024 from 192.168.0.104 on pts/0


Welcome to 5.10.0-60.18.0.50.oe2203.x86_64

System information as of time:  Mon Jan 29 03:26:56 AM CST 2024

System load:    0.00
Processes:      207
Memory used:    20.0%
Swap used:      0.0%
Usage On:       73%
IP address:     192.168.0.101
IP address:     192.168.122.1
Users online:   2


[root@openEuler ~]# echo $a
1000
[root@openEuler ~]# exit
```

图 14-2　配置用户变量

```
[root@openEuler ~]# su - root
Last login: Mon Jan 29 03:34:48 CST 2024 on pts/0


Welcome to 5.10.0-60.18.0.50.oe2203.x86_64

System information as of time:  Mon Jan 29 03:39:05 AM CST 2024

System load:    0.00
Processes:      216
Memory used:    20.3%
Swap used:      0.0%
Usage On:       73%
IP address:     192.168.0.101
IP address:     192.168.122.1
Users online:   2


[root@openEuler ~]# echo $b
2000
[root@openEuler ~]# useradd huawei
[root@openEuler ~]# su - huawei


Welcome to 5.10.0-60.18.0.50.oe2203.x86_64

System information as of time:  Mon Jan 29 03:39:30 AM CST 2024

System load:    0.00
Processes:      216
Memory used:    20.5%
Swap used:      0.0%
Usage On:       73%
IP address:     192.168.0.101
IP address:     192.168.122.1
Users online:   2
To run a command as administrator(user "root"),use "sudo <command>".
[huawei@openEuler ~]$ echo $b
2000
[huawei@openEuler ~]$ exit
logout
```

图 14-3　配置系统环境变量

```
#include<stdio.h>
int main()
printf("Begin\n");
return 0;
#include<stdio.h>
int main(){
printf("OK!\n");
return 0;
}

#!/bin/bash
#ex1.sh:shell script to combine files and count lines
cat $1 $2 $3 $4 $5 $6 $7 $8 $9 |wc -l
#end
```

图 14-4　新建文件

```
[root@openEuler ~]# chmod u+x ex1.sh
[root@openEuler ~]# sh ex1.sh m1.c m2.c
9
```

图 14-5　执行脚本 ex1.sn

14.3.2　shell 中的特殊字符

常用的特殊字符：

① *：代表0个或多个字符，如图14-6所示。gdtx后面可以没有任何字符，也可以有多个字符。

② ?：只代表一个任意的字符，如图14-7所示。无论是数字还是字母，只要是一个字符就能被匹配出来。

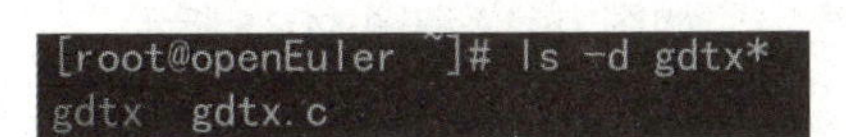

图 14-6　通配符“*”的使用

```
[root@openEuler ~]# touch ex1 ex2 ex3 ex11
[root@openEuler ~]# ls -d ex?
ex1  ex2  ex3
```

图 14-7　通配符“? ”的使用

③ #：表示注释、说明，即忽略“#”后面的内容，如图 14-8 所示。

在不同位置插入#，系统会忽略“#”后面的内容。

④ \：转义字符，将后面的特殊字符（如“*”）还原为普通字符，如图 14-9 所示。

```
[root@openEuler ~]# ls ex1 ex2 ex3
ex1  ex2  ex3
[root@openEuler ~]# ls ex1 #ex2 ex3
ex1
```

图 14-8　注释符“#”的使用

```
[root@openEuler ~]# ls ex\*
ls: 无法访问 'ex*': 没有那个文件或目录
```

图 14-9　转义字符的使用

⑤ |：管道符，将符号前面命令的结果传递给符号后面的命令，如图 14-10 所示。

```
[root@openEuler ~]# yum list all | grep openjdk
java-1.8.0-openjdk.src                      1:1.8.0.242.b08-1.h5.oe1      openEuler-source
java-1.8.0-openjdk.x86_64                   1:1.8.0.242.b08-1.h5.oe1      openEuler-os
java-1.8.0-openjdk.x86_64                   1:1.8.0.242.b08-1.h5.oe1      openEuler-everything
java-1.8.0-openjdk-demo.x86_64              1:1.8.0.242.b08-1.h5.oe1      openEuler-everything
java-1.8.0-openjdk-devel.x86_64             1:1.8.0.242.b08-1.h5.oe1      openEuler-os
java-1.8.0-openjdk-devel.x86_64             1:1.8.0.242.b08-1.h5.oe1      openEuler-everything
java-1.8.0-openjdk-headless.x86_64          1:1.8.0.242.b08-1.h5.oe1      openEuler-os
java-1.8.0-openjdk-headless.x86_64          1:1.8.0.242.b08-1.h5.oe1      openEuler-everything
java-1.8.0-openjdk-javadoc.noarch           1:1.8.0.242.b08-1.h5.oe1      openEuler-everything
java-1.8.0-openjdk-src.x86_64               1:1.8.0.242.b08-1.h5.oe1      openEuler-everything
```

图 14-10　管道符的使用

管道符后的命令并不是任意命令，通常为文档操作的命令，如 cat、grep、cut、head、sort、wc、uniq、tee、tr、split 等。下面进行分别进行介绍。

首先，运行 cat > 命令，创建 cut.txt 文件，如图 14-11 所示。创建完成后按【Ctrl+D】组合键。

- grep：过滤一个或多个字符，如图 14-12 所示。

```
[root@openEuler ~]# cat > cut.txt
1 1 Han Meimei: Hello!
2 3 Han Meimei:My name is Han Meimei.What is your name?
4 2 Li Lei:Hello!
2 5 Li Lei:My name is LI lei.
```

图 14-11　创建 cut.txt 文件

```
[root@openEuler ~]# cat cut.txt | grep Lei
4 2 Li Lei:Hello!
2 5 Li Lei:My name is LI lei.
```

图 14-12　grep 命令的使用

- cut：截取某一个字段。

语法：cut -d “分隔符” [-cf]n

-d 后接分隔符，分隔符要用双引号标注，-c 后接文件内容的第几个字符，-f 后接文件内容的第几列，n 表示数字，如图 14-13 所示。

```
[root@openEuler ~]# cat cut.txt | cut -d " " -f 1
1
2
4
2
```

图 14-13　cut 命令的使用 1

-d 后接分隔符，图 14-13 中以空格作为分隔符，-f 1 表示截取文件内容的第 1 列。

-c后可以是一个数字，也可以是一个区间，也可以是多个数字，如图14-14和图14-15所示。

```
[root@openEuler ~]# cat cut.txt | cut -c1
1
2
4
2
[root@openEuler ~]# cat cut.txt | cut -c5
H
H
L
L
[root@openEuler ~]# cat cut.txt | cut -c1-10
1 1 Han Me
2 3 Han Me
4 2 Li Lei
2 5 Li Lei
[root@openEuler ~]# cat cut.txt | cut -c5-10
Han Me
Han Me
Li Lei
Li Lei
```

图14-14　cut命令的使用2

```
[root@openEuler ~]# head -n2 cut.txt | cut -c1,3,5
11H
23H
```

图14-15　cut命令的使用3

- sort：排序。

语法：sort [-t 分隔符] [-kn1,n2] [-nru]

-t分隔符的作用与cut命令的-d相同，-n为使用纯数字排序，-r为反向排序，-u为去重，-kn1,n2表示由n1排序到n2，可以只写-kn1，表示对第n1个字段排序。

省略参数，只使用head和sort命令的效果如图14-16所示。

使用sort命令-t和-k参数的效果如图14-17所示。

```
[root@openEuler ~]# cat cut.txt
1 1 Han Meimei: Hello!
2 3 Han Meimei:My name is Han Meimei.What is your name?
4 2 Li Lei:Hello!
2 5 Li Lei:My name is LI lei.
[root@openEuler ~]# cat cut.txt | sort
1 1 Han Meimei: Hello!
2 3 Han Meimei:My name is Han Meimei.What is your name?
2 5 Li Lei:My name is LI lei.
4 2 Li Lei:Hello!
```

图14-16　sort命令的使用1

```
[root@openEuler ~]# cat cut.txt | sort -t " " -k2n
1 1 Han Meimei: Hello!
4 2 Li Lei:Hello!
2 3 Han Meimei:My name is Han Meimei.What is your name?
2 5 Li Lei:My name is LI lei.
[root@openEuler ~]# cat cut.txt | sort -t " " -k1,2n
1 1 Han Meimei: Hello!
2 3 Han Meimei:My name is Han Meimei.What is your name?
2 5 Li Lei:My name is LI lei.
4 2 Li Lei:Hello!
```

图14-17　sort命令的使用2

使用sort命令-t、-k和-r参数的效果如图14-18所示。

- wc：统计文档的行数、字符数、词数，常用的选项如下。

-l：统计行数。

-m：统计字符数。

-w：统计词数。

使用wc命令-l、-m和-w参数的效果如图14-19所示。

```
[root@openEuler ~]# cat cut.txt | sort -t " " -k1nr
4 2 Li Lei:Hello!
2 3 Han Meimei:My name is Han Meimei.What is your name?
2 5 Li Lei:My name is LI lei.
1 1 Han Meimei: Hello!
```

图14-18　sort命令的使用3

```
[root@openEuler ~]# cat cut.txt | wc -l
4
[root@openEuler ~]# cat cut.txt | wc -m
127
[root@openEuler ~]# cat cut.txt | wc -w
28
```

图14-19　wc命令的使用

- uniq：去除重复的行，常用的选项只有-c一个，作用为统计重复的行数，并把行数写在前面。创建123.txt文件，运行uniq命令，效果如图14-20所示。

在执行uniq命令前，需要先用sort命令排序，否则结果可能不正确，本例内容已排过序，因此为使用sort命令。

- tee：后接文件名。与重定向类似，但可以把文件内容写入后面文件的同时，还可将内容显示在屏幕上，效果如图14-21所示。

```
[root@openEuler ~]# cat > 123.txt
This is my OpenEuler
This is my OpenEuler2
This is my OpenEuler2
[root@openEuler ~]# cat 123.txt | uniq
This is my OpenEuler
This is my OpenEuler2
[root@openEuler ~]# cat 123.txt | uniq -c
      1 This is my OpenEuler
      2 This is my OpenEuler2
```

图 14-20　uniq 命令的使用

```
[root@openEuler ~]# echo "abcdefg" | tee 1.txt
abcdefg
[root@openEuler ~]# cat 1.txt
abcdefg
```

图 14-21　tee 命令的使用

- tr：替换字符，可以对文档中的字符进行替换，常用选项有两个。

-d：删除某个字符。

-s：去掉重复的字符。

可以使用tr命令转换英文的大小写，如图14-22所示。

```
[root@openEuler ~]# head -n1 cut.txt | tr '[a-z]' '[A-Z]'
1 1 HAN MEIMEI: HELLO!
```

图 14-22　tr 命令的使用

或者替换某个字符，如图14-23所示。

```
[root@openEuler ~]# cat cut.txt | tr 'L' '@'
1 1 Han Meimei: Hello!
2 3 Han Meimei:My name is Han Meimei.What is your name?
4 2 @i @ei:Hello!
2 5 @i @ei:My name is @I lei.
```

图 14-23　tr 命令替换单个字符

使用tr命令都是针对一个字符的，对字符串无效，效果如图14-24所示。

```
[root@openEuler ~]# cat cut.txt | tr -d 'L'
1 1 Han Meimei: Hello!
2 3 Han Meimei:My name is Han Meimei.What is your name?
4 2 i ei:Hello!
2 5 i ei:My name is I lei.
[root@openEuler ~]# cat cut.txt | tr -s 'l'
1 1 Han Meimei: Helo!
2 3 Han Meimei:My name is Han Meimei.What is your name?
4 2 Li Lei:Helo!
2 5 Li Lei:My name is LI lei.
```

图 14-24　tr 命令删除、去重单个字符

- split：分割文档，常用选项如下。

-b：依据大小来分割文档，单位为B。图14-25中最后一行的cut为分割后文件名的前缀，分割后的文件名为cutaa、cutab、cutac等。

-1：依据行数来分割文档，如图14-26所示。

```
[root@openEuler ~]# split -b 50 cut.txt cut
[root@openEuler ~]# ls cut*
cutaa  cutaw  cutbs  cutco  cutdk  cuteg
cutab  cutax  cutbt  cutcp  cutdl  cuteh
cutac  cutay  cutbu  cutcq  cutdm  cutei
```

图14-25　依据大小来分割文档

```
[root@openEuler ~]# split -l 4 cut.txt cut
[root@openEuler ~]# wc -l cut*
 4 cutaa
 2 cutab
 1 cutac
```

图14-26　依据行数来分割文档

⑥ $：除了作为变量钱的标识符外，还可以与“!”相结合使用，表示上条命令中最后的部分，如图14-27所示。

⑦;：在一行中运行多条命令时用作间隔符。平时都是在一行中输入一条命令，然后按【Enter】键即可运行。那么想在一行中运行两条或两条以上的命令应该如何操作呢？这时就需要在命令之间加一个“;”，如图14-28所示。

```
[root@openEuler ~]# ls ex3
ex3
[root@openEuler ~]# ls !$
ls ex3
ex3
```

图14-27　“!$”的使用

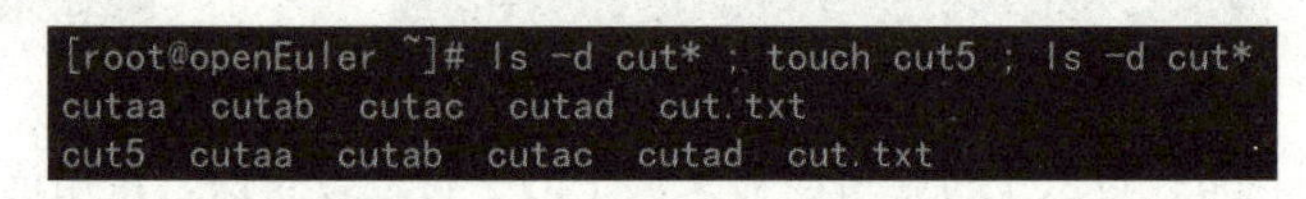

图14-28　在一行中运行多条命令

⑧ ~：代表用户的主目录。如果是超级用户，则主目录为 / root；如果是普通用户，则主目录为 / home / 用户名，如图14-29所示。

⑨ &：如果想把一条命令放到后台执行，则需要加上这个符号，其通常用于命令运行时间非常长的情况，如图14-30所示。

```
[root@openEuler ~]# cd ~
[root@openEuler ~]# pwd
/root
[root@openEuler ~]# su guest
[guest@openEuler root]$ cd ~
[guest@openEuler ~]$ pwd
/home/guest
```

图14-29　返回主目录

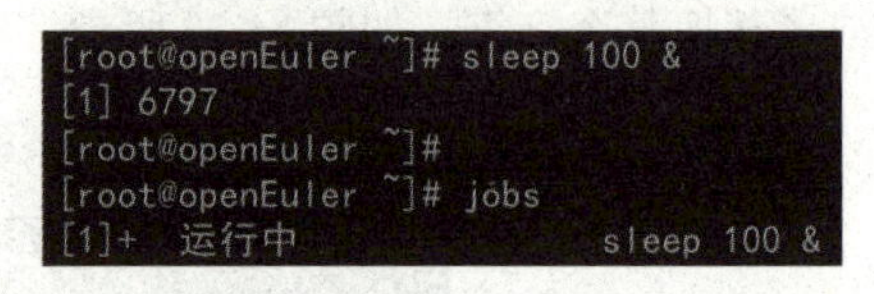

图14-30　放到后台执行命令

当前shell中后台执行的任务可以使用jobs命令进行查看。可以通过fg命令将后台任务调到前台执行，如图14-31所示。sleep命令表示休眠时间，后接数字，单位为s，常用于shell脚本中的循环。

此时按【Ctrl+Z】组合键，暂停执行，然后输入可以再次进入后台执行任务，如图14-32所示。

图14-31　后台任务调到前台

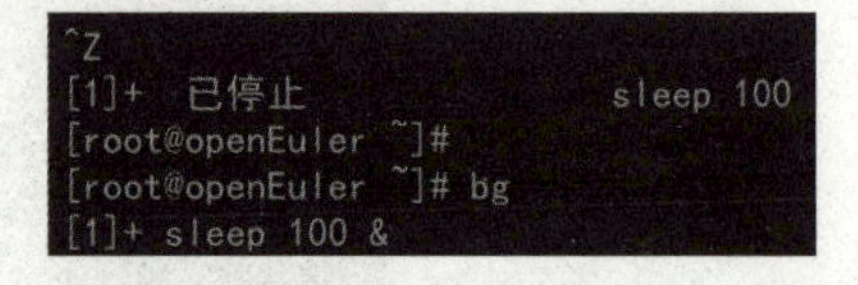

图14-32　前台命令调入后台

在多任务情况下，如果想要把任务调到前台执行，则需要在fg命令后面接任务号，任务号可以使用jobs命令得到，如图14-33所示。

⑩ >、>>、2>、2>>：前文讲过重定向符号“>”和“>>”分别表示取代和追加，而“2>”和“2>>”分别表示错误重定向和追加重定向。当运行一个命令且报错时，报错信息会输出到当前的屏幕上；此时，如果想将其重定向到一个文件中，则要用“2>”或者“2>>”，如图14-34所示。

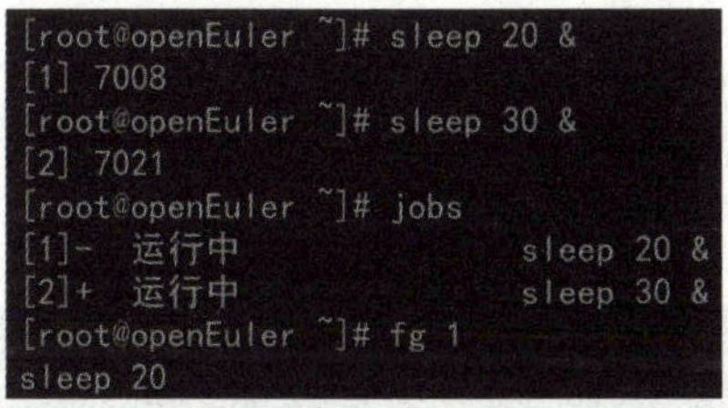

```
[root@openEuler ~]# sleep 20 &
[1] 7008
[root@openEuler ~]# sleep 30 &
[2] 7021
[root@openEuler ~]# jobs
[1]-  运行中                 sleep 20 &
[2]+  运行中                 sleep 30 &
[root@openEuler ~]# fg 1
sleep 20
```

图 14-33　调出指定前台运行的任务

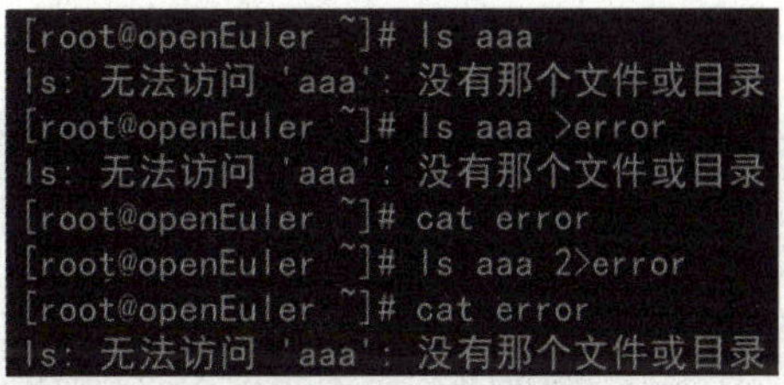

```
[root@openEuler ~]# ls aaa
ls: 无法访问 'aaa': 没有那个文件或目录
[root@openEuler ~]# ls aaa >error
ls: 无法访问 'aaa': 没有那个文件或目录
[root@openEuler ~]# cat error
[root@openEuler ~]# ls aaa 2>error
[root@openEuler ~]# cat error
ls: 无法访问 'aaa': 没有那个文件或目录
```

图 14-34　输出重定向

⑪[ ]：代表中间字符中的任意一个，[ ] 中为字符组合，如图 14-35 所示。

⑫;、& &、||：用于多条命令中间的特殊字符。下面把这三个分隔符的几种情况全部列出。

- command1; command2。command1 是否能够执行不影响 command2 的执行。
- command1 && command2。command1 执行成功后，command2 才会执行，否则不执行。
- command1 || command2。command1 执行成功，则 command2 不执行，反之，command2 执行。

分隔符的使用如图 14-36 所示。

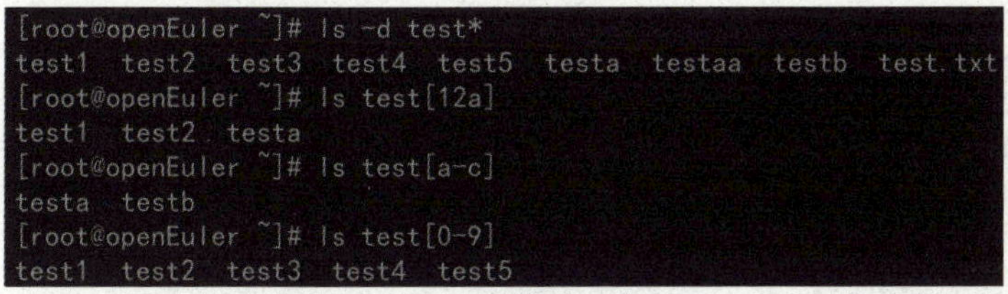

```
[root@openEuler ~]# ls -d test*
test1  test2  test3  test4  test5  testa  testaa  testb  test.txt
[root@openEuler ~]# ls test[12a]
test1  test2  testa
[root@openEuler ~]# ls test[a-c]
testa  testb
[root@openEuler ~]# ls test[0-9]
test1  test2  test3  test4  test5
```

图 14-35　通配符 [ ] 的使用

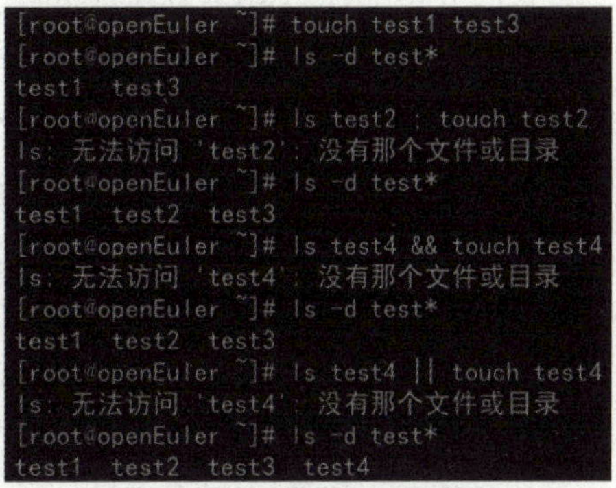

```
[root@openEuler ~]# touch test1 test3
[root@openEuler ~]# ls -d test*
test1  test3
[root@openEuler ~]# ls test2 ; touch test2
ls: 无法访问 'test2': 没有那个文件或目录
[root@openEuler ~]# ls -d test*
test1  test2  test3
[root@openEuler ~]# ls test4 && touch test4
ls: 无法访问 'test4': 没有那个文件或目录
[root@openEuler ~]# ls -d test*
test1  test2  test3
[root@openEuler ~]# ls test4 || touch test4
ls: 无法访问 'test4': 没有那个文件或目录
[root@openEuler ~]# ls -d test*
test1  test2  test3  test4
```

图 14-36　通配符 [ ] 的使用

Linux 中的其他特殊变量见表 14-1。

表 14-1　Linux 中的其他特殊变量

变　量	含　义
$0	当前脚本的文件名
$n	传递给脚本或函数的参数。n 是一个数字，表示第几个参数。例如，第一个参数是 $1，第二个参数是 $2
$#	传递给脚本或函数的参数个数
$*	传递给脚本或函数的所有参数
$@	传递给脚本或函数的所有参数。被双引号（" "）包含时，与 $* 稍有不同，下面将会讲到
$?	上个命令的退出状态，或函数的返回值
$$	当前 Shell 进程 ID。对于 Shell 脚本，就是这些脚本所在的进程 ID

14.3.3　条件判断与循环结构

1. if语句

（1）语法示例

① 新建脚本 ex4.sh，如图 14-37 所示。

② 执行脚本ex4.sh，如图14-38所示。

```
#!/bin/bash
a=3
b=$1
if [ $a == $b ]
then
        echo "You win!"
else
        echo "Please guess again."
fi
~
```

图14-37 新建脚本ex4.sh

```
[root@openEuler ~]# vim ex4.sh
[root@openEuler ~]# ./ex4.sh 3
You win!
[root@openEuler ~]# ./ex4.sh 4
Please guess again.
```

图14-38 执行脚本ex4.sh

（2）if常用判断

① 文件/目录判断：

[-a FILE]：如果FILE存在，则为真。

[-b FILE]：如果FILE存在且是一个块文件，则返回为真。

[-c FILE]：如果FILE存在且是一个字符文件，则返回为真。

[-d FILE]：如果FILE存在且是一个目录，则返回为真。

[-e FILE]：如果指定的文件或目录存在，则返回为真。

[-f FILE]：如果FILE存在且是一个普通文件，则返回为真。

[-g FILE]：如果FILE存在且设置了SGID，则返回为真。

[-h FILE]：如果FILE存在且是一个符号链接文件，则返回为真。（该选项在一些老系统上无效）

[-k FILE]：如果 FILE 存在且已经设置了冒险位，则返回为真。

[-p FILE]：如果 FILE 存并且是命令管道，则返回为真。

[-r FILE]：如果 FILE 存在且是可读的，则返回为真。

[-s FILE]：如果 FILE 存在且大小非0，则返回为真。

[-u FILE]：如果 FILE 存在且设置了 SUID位，则返回为真。

[-w FILE]：如果 FILE 存在且是可写的，则返回为真。（一个目录为了它的内容被访问必然是可执行的）。

[-x FILE]：如果 FILE 存在且是可执行的，则返回为真。

[-O FILE]：如果 FILE 存在且属有效用户ID，则返回为真。

[-G FILE]：如果 FILE 存在且默认组为当前组，则返回为真。（只检查系统默认组）

[-L FILE]：如果 FILE 存在且是一个符号连接，则返回为真。

[-N FILE]：从文件最后被阅读到现在，是否被修改，如果被修改，则返回为真。

[-S FILE]：如果 FILE 存在且是一个套接字，则返回为真。

[FILE1 -nt FILE2]：如果 FILE1 比FILE2新，或者FILE1存在但是FILE2不存在，则返回为真。

[FILE1 -ot FILE2]：如果FILE1比FILE2老，或者FILE2存在但是FILE1不存，在则返回为真。

[FILE1 -ef FILE2]：如果FILE1和FILE2指向相同的设备和节点号，则返回为真。

② 字符串判断：

[-z STRING]：如果STRING的长度为零则返回为真，即空是真。

[-n STRING]：如果STRING的长度非零则返回为真，即非空是真。

[STRING1]：如果字符串不为空，则返回为真，与-n类似。

[STRING1 == STRING2]：如果两个字符串相同，则返回为真。

[STRING1 != STRING2]：如果字符串不相同，则返回为真。

[STRING1 < STRING2]：如果STRING1字典排序在STRING2前面，则返回为真。

[STRING1 > STRING2]：如果STRING1字典排序在STRING2后面，则返回为真。

③ 数值判断：

[INT1 -eq INT2]：INT1和INT2两数相等返回为真。

[INT1 -ne INT2]：INT1和INT2两数不等返回为真。

[INT1 -gt INT2]：INT1大于INT2返回为真。

[INT1 -ge INT2]：INT1大于等于INT2返回为真。

[INT1 -lt INT2]：INT1小于INT2返回为真。

[INT1 -le INT2]：INT1小于等于INT2返回为真。

④ 逻辑判断：

[! EXPR]：逻辑非，如果EXPR是false，则返回为真。

[EXPR1 -a EXPR2]：逻辑与，如果EXPR1和EXPR2全真，则返回为真。

[EXPR1 -o EXPR2]：逻辑或，如果EXPR1或者EXPR2为真，则返回为真。

[ ] || [ ]：用OR来合并两个条件。

[ ] && [ ]：用AND来合并两个条件。

（3）作业

编写一个脚本，该脚本可以判断当前用户是否为root。

2. 测试语句

① 新建脚本ex5.sh，如图14-39所示。

② 执行脚本ex5.sh，如图14-40所示。

```
#!/bin/bash
echo "Please enter your filenaem:"
read filename
if [ -f "$filename" ]
then  cat $filename
      whoami
elif [ -d "$filename" ]
then
        cd $filename
        pwd
        ls -l -a

else
        echo "$filename:bad filename"
fi
```

图 14-39　新建脚本 ex5.sh

```
[root@openEuler ~]# vim ex5.sh
[root@openEuler ~]# chmod u+x ex5.sh
[root@openEuler ~]# mkdir test
[root@openEuler ~]# sh ex5.sh
Please enter your filenaem:
test
/root/test
total 8
drwxr-xr-x. 2 root root 4096 Jan 29 07:34 .
dr-xr-x---. 3 root root 4096 Jan 29 07:34 ..
[root@openEuler ~]# sh ex5.sh
Please enter your filenaem:
ex3.sh
#!/bin/bash
echo "current directory is 'pwd'"
echo "home directory is $HOME"
echo "file*.? "
echo "directory $HOME"
root
```

图 14-40　执行脚本 ex5.sh

3. while语句

① 新建脚本ex6.sh，如图14-41所示。

② 执行脚本ex6.sh，如图14-42所示。

```
#!/bin/bash
while [ $1 ]
do
        if [ -f $1 ]
        then echo "display:$1"
                cat $1
        else echo "$1 is not a file name"
        fi
        shift
done
```

图14-41　新建脚本ex6.sh

```
[root@openEuler ~]# vim ex6.sh
[root@openEuler ~]# chmod u+x ex6.sh
[root@openEuler ~]# sh ex6.sh ex3.sh
display:ex3.sh
#!/bin/bash
echo "current directory is 'pwd'"
echo "home directory is $HOME"
echo "file*.? "
echo "directory $HOME"
[root@openEuler ~]# sh ex6.sh a
a is not a file name
```

图14-42　执行脚本ex6.sh

4. for语句

① 新建脚本ex7.sh，如图14-43所示。

② 执行脚本ex7.sh，如图14-44所示。

③ 新建一个namefile文件，如图14-45所示。

```
#!/bin/bash
for Num in {1..10}
do
        echo $Num
done
```

图14-43　新建脚本ex7.sh

图14-44　执行脚本ex7.sh

图14-45　新建文件

④ 新建脚本ex8.sh，如图14-46所示。

⑤ 执行脚本ex8.sh，如图14-47所示。

```
#!/bin/bash
for Name in $(cat ./namefile)
do
        echo $Name
done
```

图14-46　新建脚本ex8.sh

```
[root@openEuler ~]# sh ex8.sh
user1
user2
user3
user4
```

图14-47　执行脚本ex8.sh

5. case语句

① 新建脚本ex9.sh，如图14-48所示。

② 执行脚本ex9.sh。如图14-49所示。

```
#!/bin/bash
echo 'Input a number between 1 to 4'
printf 'Your number is:\n'
read aNum
case $aNum in
        1) echo'Your select 1'
                ;;
        2) echo'Your select 2'
                ;;
        3) echo'Your select 3'
                ;;
        4) echo'Your select 4'
                ;;
        *) echo'You do not select a number between 1 to 4'
                ;;
esac
```

图 14-48 新建脚本 ex9.sh

```
[root@openEuler ~]# vim ex9.sh
[root@openEuler ~]# chmod u+x ex9.sh
[root@openEuler ~]# sh ex9.sh
Input a number between 1 to 4
Your number is:
1
Your select 1
```

图 14-49 执行脚本 ex9.sh

练 习

1. 反向输出：

（1）当用户输入yes时，显示no。

（2）当用户输入no时，显示yes。

（3）当用户输入其他时，提示用户输入yes/no。

（4）忽略大小写。

2. 新建用户：

（1）新建一个用户名列表namefile。

（2）新建一个脚本，该脚本能够实现根据namefile自动创建用户，且密码随机生成。用户创建后将用户名和密码导入/root/loginname.txt中。

（3）随机密码生成可以使用openssl rand -base64 6。

3. 用脚本实现输出机器信息：

（1）将本机网卡的IP地址和MAC地址截取出来，输出到/root/nic。

（2）将本机的磁盘使用情况截取出来输出到/root/disk。

（3）判断系统空间使用的情况，如果“/”使用率大于30%则删除/tmp的内容。

4. 测试用户是否存在，并判断是否是超级用户：

写一个脚本：如果指定的用户存在，先说明其已经存在，并显示其ID号和SHELL，并判断是否是超级用户；否则，就创建用户，并显示其ID号。

5. 创建目录文件：

（1）该脚本应当有交互功能。

（2）该脚本用于备份系统目录。

（3）需要给予用户提示，提示用户应当输入目录或者文件名。

（4）判断用户要备份的文件是否存在，如果不存在则告知用户，并输出相应错误。

（5）判断用户要备份的目标目录是否存在，如果该目录不存在，则需要问用户是否创建；如果该目录已经存在，则需要问用户是否重命名该目录。

6. 测试IP是否可达：

（1）根据iplist.txt文件中列举的IP地址，判断IP地址是否可达。

（2）只显示可达的IP地址。（不可达的可以使用>>/dev/null）

7.、输出名片：

（1）交互式输入自己的信息，提示信息输入。

（2）输入完成所有个人信息后，一次性打印出个人所有信息，并要求输出格式美观。

参考文献

[1]侯海霞，李雪梅，蔡仲博，等.操作系统实用教程[M].北京：机械工业出版社，2016.

[2]许日滨，孙英华，程亮.操作系统[M].北京:北京邮电大学出版社，2005.

[3]黑新宏，胡元义.操作系统原理习题解析与上机指导[M].北京:电子工业出版社，2018.

[4]任炬，张尧学.openEuler操作系统[M].北京:清华大学出版社，2020.

[5]黑新宏，胡元义.操作系统原理[M].北京:电子工业出版社，2018.

[6]汤小丹，王红玲，姜华，等.计算机操作系统[M].北京:人民邮电出版社，2021.